集成电路系列丛书 · 集成电路设计 ·

国产**EDA**系列教材

显示技术原理与设计实践

——基于华大九天平板显示电路全流程设计平台AetherFPD

康佳昊 / 编著

电子工业出版社

Publishing House of Electronics Industry

北京·BEIJING

内 容 简 介

本书全面系统地介绍了显示技术。全书共 13 章，主要内容包括绪论、液晶显示技术、电子纸显示技术、电子束显示技术、等离子体显示技术、电致发光显示技术、发光二极管显示技术、微型发光二极管显示技术、有机发光二极管显示技术、薄膜晶体管与显示驱动技术、触摸屏与屏下传感器技术、其他新型显示技术和平板显示设计实践。平板显示设计实践的内容可有效指导读者开展相关的设计仿真训练。

本书可作为电子信息、光电子、集成电路、计算机等相关专业高等学校本科生、研究生的教学用书，以及相关领域科研人员和工程技术人员的参考用书。

图书在版编目（CIP）数据

显示技术原理与设计实践 ： 基于华大九天平板显示
电路全流程设计平台 AetherFPD / 康佳昊编著. -- 北京 ：
电子工业出版社，2024. 10. -- （集成电路系列丛书）.
ISBN 978-7-121-48938-9

Ⅰ. TN873

中国国家版本馆 CIP 数据核字第 2024AR0197 号

责任编辑：魏子钧

印　　刷：固安县铭成印刷有限公司
装　　订：固安县铭成印刷有限公司
出版发行：电子工业出版社
　　　　　北京市海淀区万寿路 173 信箱　　　邮编：100036
开　　本：787×1092　　1/16　　印张：24　　字数：614 千字
版　　次：2024 年 10 月第 1 版
印　　次：2025 年 3 月第 2 次印刷
定　　价：95.00 元

前　言

新型显示是数字时代信息展示的载体和人机交互的窗口，是新一代信息技术产业的关键环节，是迈向制造强国的重要支撑，是我国重点培育和发展的战略性新兴产业之一。人工智能和大数据时代对显示技术提出了空间三维、可交互、节能、轻薄、柔性、超大尺寸等要求，从材料、装备、器件到制造技术，整个技术和产业链正在进行一次全新的革命。集成电路、新型显示、通信设备、智能硬件等领域都是我国在数字经济发展中聚焦的重点领域。当前，全球显示产业正在加速向我国转移，"一芯一屏"是我国未来发展的关键产业。与芯片产业一样，我国在新型显示材料、器件、加工技术等方面均面临多种挑战，同时也有广阔的发展空间。

为落实党的二十大对教育工作的部署，以民族复兴与培养社会主义事业建设者和接班人为目标，根据北京大学的"显示技术概论""显示技术前沿"等课程的教学实践对教材的需求，我们编写了本书，旨在为信息显示关键领域的人才培养提供帮助。本书从我国显示产业的现状出发，介绍各项关键技术的发展历程、现状、进展及基础知识，让学生对我国的显示产业有深入的了解，建立自信心，投身国家需要的关键领域中，施展才华。

北京大学的康佳昊负责本书的编写工作。北京大学的刘迪、何可、龚雨佳、郑安绮、李铁铮、张佳兴，湘潭大学的欧阳成岚，北京华大九天科技股份有限公司（简称华大九天）的邹兰榕，甬江实验室的袁泽，山西北大碳基薄膜电子研究院的张玉婷等参与了本书的编写工作。本书的编写分工如下：第 1 章由李铁铮、欧阳成岚编写；第 2 章由郑安绮编写；第 3 章由刘迪编写；第 4 章由张佳兴、康佳昊编写；第 5 章由康佳昊编写；第 6 章由张佳兴、刘迪编写；第 7 章由何可编写；第 8 章由何可、袁泽编写；第 9 章由康佳昊、何可、刘迪编写；第 10 章由龚雨佳编写；第 11 章由欧阳成岚编写；第 12 章由何可编写；第 13 章由邹兰榕编写。全书的后期统稿和修改工作主要由康佳昊、刘迪、何可、张玉婷负责。华大九天的郭兵、王梓轩、芮洲，清华大学的任天令，北京大学的梁学磊、卢奕鹏，天马微电子的陈龙，Counter Point Research 的王学军，Display Supply Chain Consultants（DSCC）的 Rita Li 对本书的内容提出了宝贵意见，华大九天的余涵、梁艳，电子工业出版社的魏子钧对本书的出版给予了大力支持，在此一并表示感谢。

本书可作为电子信息、光电子、集成电路、计算机等相关专业高等学校本科生、研究生的教学用书，以及相关领域科研人员和工程技术人员的参考用书。本书在内容上注重广度和深度，由浅入深，可针对不同阶段和专业的课程使用。结合显示产业的特点，本书提供了设计仿真方面的实践内容，包括器件建模、电路仿真、版图设计等，让相关专业的学生对实际工程问题有更深入的理解，为从事显示领域的研究或就业提供了准备性训练。本书的内容已经应用在北京大学的"显示技术概论""显示技术前沿"等课程的教学实践中。

科学技术的发展日新月异，尤其是显示技术的发展极为迅速。由于作者知识水平有限，书中谬误在所难免，恳请各位专家和广大读者批评指正。

作者简介

康佳昊博士，北京大学电子学院碳基电子学研究中心特聘研究员、助理教授、博士生导师，北京大学博雅青年学者，国际信息显示学会中国区青年领袖。曾获清华大学微电子学学士学位，美国加利福尼亚大学圣芭芭拉分校电子与计算机工程系理学硕士、哲学博士学位。研究领域为新型显示技术与低维电子器件，曾实现了首个夹层石墨烯片上电感技术，该技术被《福布斯》等媒体报道为"打破超小型化电子的最后壁垒"。康佳昊博士投身我国显示产业，带领团队研发了弹性显示技术，该技术被国内外数百家媒体报道，被新华网评价为"中国可拉伸弹力柔性屏重大突破"。康佳昊博士于 2021 年加入北京大学，结合国内外工业界和学术界的跨界经验，针对我国显示领域人才培养的需求，开设了研究生"显示技术前沿"、本科生"显示技术概论"等课程。

目 录

第1章

绪论

本章分为 5 节，第 1 节详细介绍显示的定义，明确本书重点关注的领域，即电子视觉显示技术，强调显示技术的 4 个核心要素，分别是信息、电子、视觉/光及可刷新性。第 2 节讨论显示技术的基本分类方法，包括根据其性质进行分类，将其分为非自发光型显示和自发光型显示，以及根据其形态或驱动方式进行进一步分类。第 3 节聚焦当前的显示行业现状，提供该领域的规模概况，并回顾其发展历程，以帮助读者更好地理解其现代化和演进。第 4 节深入研究显示技术的理论原理，阐述人眼如何感知显示器上的图像，并探讨如何设计显示器以符合人类视觉特性的关键参数。第 5 节引入一系列具体参数，用于评估不同类型的显示屏性能。这将有助于读者更好地了解如何对不同的显示技术进行比较和评估。

总体而言，本章将揭示显示技术领域的多领域交叉融合特点。它不仅涵盖电子学、光电子学和材料科学，还涉及市场经济、生物学等多个领域，呈现一个多维度的视角，展示其在不同领域的综合应用和重要性。

1.1 显示的定义

显示（Display）最初的含义是指陈列和展示物品，如超市中陈列的商品等。而在电子领域的显示一词，一般指信息显示（Information Display 或 Informative Display），即对信息的显示。

信息泛指社会传播的各种内容，包括知识、数据等。现在我们所处的时代是人类信息爆炸的时代。截至 2017 年，人类拥有的信息总量每 12 小时翻一倍。人类如何获取如此庞大的信息呢？信息的获取主要通过 5 种感知途径，包括视觉、听觉、嗅觉、味觉、触觉。如图 1-1 所示，视觉是人类最主要的信息获取方式。通过视觉途径获取信息，成了人机交互中关键的一环。

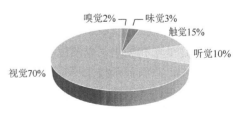

图 1-1 人类获取信息的途径

因此，在人们的日常生活中，许多需要人机交互的设备都配备了屏幕，如手机、手表、电视、平板电脑、笔记本电脑等。在生产和研究领域中，很多仪器设备也都通过显示屏来实现人机交互。此外，在医疗和军事等领域，信息显示设备同样也被广泛用于各种应用。

信息可以分为电信息（电信号）和非电信息，非电信息包括声音、光线、热量、力、磁等多种形式的信息。在本书中，讨论的信息是显示技术，特别指的是电子视觉显示技术。电子视觉显示是指将多位的电信号转化为光信号，产生视觉效果，而且视觉效果可刷新，即显示的过程中不产生永久的信息记录。我们将电子视觉显示分为 4 个主要要素，如图 1-2 所示。

首先，信息。这里的信息至少应该包括多位的信息，即多个字节，可以是文字、图像、视频等多媒体格式的数据。其次，电（或电子）。电作为信号输入，输入需要的信息数据。再次，视觉/光。通过将电信号转化为光信号，进行数据的输出，实现视觉信息的呈现。最后，可刷新性。这意味着信息不会永久地保留，而是可以被更新、更改或临时存储。只有4 个要素同时满足，才能够准确定义电子视觉显示，这也是本书要探讨的显示技术类别。下面具体讨论 4 个要素的意义。

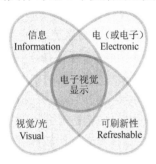

图 1-2　电子视觉显示的四大要素

要素 1——信息：一位的信息只存在两种状态，就像一盏灯或一个开关一样，只有 0 与 1 两种状态。例如，交通信号灯，只能实现红绿灯变化闪烁，而无法实现显示的功能。而多位的信息至少包含文字、图像量级的信息，需要多个点或元素才能准确表达。例如，交通信号显示屏上的倒计时，LED 交通路牌上显示的文字、图像都属于多位的信息。信息内容可随时更改，因此称为电子视觉显示。

例如，德国公司 BBDO 联合 Smart 所设计的"跳舞的交通信号灯"，是一种特别的行人交通信号灯。在这个设计中，交通信号灯可以显示一个动态的跳舞的人，通过吸引过路的人驻足观看，以减少人们闯红灯的可能性。跳舞的小人形象是由街边另一个视觉捕捉系统采集信息，并传输到交通信号灯上的，由行人自由跳舞并最终以视觉显示的方式呈现在交通信号灯上。这一设计最后产生了显著的效果，有 81% 的行人都会在看到跳舞的交通信号灯时停下来观看，从而有效地减少闯红灯的情况。这个例子展示了创新的信息显示方式通过新颖有趣的方式来吸引人们注意，同时提高了交通安全性。

要素 2——电（或电子）：电子视觉显示需要依赖电信号来实现信息的承载和驱动。电子信息作为信号的载体，在显示过程中扮演着关键的角色。它可以以多种形式存在，如电压变化、电流控制及数字编码的数据等，这些信号能够通过显示技术的复杂电路和控制系统，经过处理和编码，以图像、文字、视频等形式在屏幕上展示。

确实，有些显示技术不依赖电信号。例如，高校组织学生形成的方阵，可以通过举牌子的方式呈现动态的点阵图的效果。但这些非电子的显示方式不在本书的讨论范围之内。

要素 3——视觉/光：在电子视觉显示中，信息通过电信号的控制转换为可见的光信号，这些光信号以各种颜色、亮度和形状的方式在屏幕上呈现，将电信号承载的信息可视化。

当然，也存在不依赖视觉的显示技术。例如，盲文显示器包括盲文手表，此类显示器通过执行器（机械点阵）的动态凸出或者凹下，将像素内容变成不同的凸起，实现盲文符号的显示，使盲人能够通过触摸感知显示内容。尽管这些盲文显示技术具有其独特的应用领域，但它们并不是本书讨论的内容。

要素 4——可刷新性，即不会产生永久的记录。

比如对于霓虹灯来说，它的原理是等离子体的发光，能够实现不同颜色光线的发光。人们可以将霓虹灯排列成固定的、闪烁的文字和图像，但它并不是一个显示，因为它显示的内容是静态的，不可以刷新，不会随着时间而变化。作为对比，本书第 5 章介绍的辉光管显示，原理同样为等离子体发光，但却是电子视觉显示。与霓虹灯不同，辉光管展示的内容可以随着电信号而变化，能够生成可变化的文字和图像。电信号激发气体产生可见的发光效果，这使得电信号能够以不同的方式输出信息。

再比如打印机，它能够输出文字和图像，但一旦打印完成，文字和图像将保持不变。相反，电子墨水屏的阅读器，如 Amazon Kindle 电子阅读器，就是电子视觉显示。在第 3 章我们将介绍，电子墨水屏上的文字和图像等信息可以根据需要随时变化和刷新，因此被归类为一种真正的显示技术，这种可刷新性是判断其为电子视觉显示的关键特征。

1.2　显示技术的分类

现在人们经常遇见 OLED、QLED、Mini-LED 等术语，这些术语有些是技术名词，有些是宣传用语。比如在 2016—2017 年，韩国 LG 较早推出了"OLED"电视（有机发光二极管电视），其他厂家为了区分自己的产品，陆续推出了"XLED"电视、"ULED"电视、"QLED"电视等。然而，XLED 和 ULED 都是在液晶显示（LCD）技术的基础上，加上了分区背光；QLED 则是在 LCD 中引入了量子点来改善背光。

本书对显示技术从器件性质、驱动方式、形态这三个方面进行分类。以柔性 AMOLED 显示技术为例，可以将这个术语划为三部分来理解。首先，"OLED"定义了该技术的器件性质，其次，"AM"定义了该技术的驱动方式；最后，"柔性"定义了该技术的形态。这种方式有助于更准确地理解各种显示技术的特性和区别。柔性 AMOLED 命名的逻辑如图 1-3 所示。

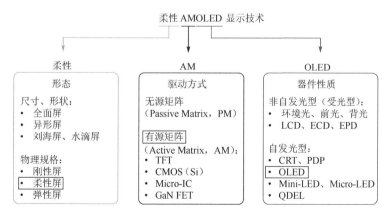

图 1-3　柔性 AMOLED 命名的逻辑

1.2.1　器件性质分类

按照显示器件的性质（显示技术的本质）分类，显示技术可以分为两大类：非自发光型（受光型）和自发光型。受光型和自发光型的示意图如图 1-4 所示。

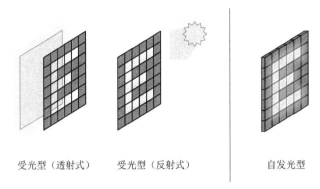

受光型（透射式）　　　受光型（反射式）　　　　自发光型

图 1-4　受光型和自发光型的示意图

受光型显示器件本身不会主动发光，本身不具备成为光源的能力，而是依赖外部光源或内部光源等来实现显示。例如，它需要依靠环境光将其照亮，如通过反射或室内外光线来实现反射式显示，或者通过内置背光来实现，比如有些 LCD 屏幕后面会采用一个灯珠阵列，将前面的 LCD 屏幕照亮，根据光线透过的程度来呈现不同亮暗的像素点。

自发光型显示器件本身就能像灯一样主动发光。比如 LED（发光二极管）显示，通过 LED 灯珠发光的明暗组成文字和图像，常用于公共场所，如商场、公交站牌、广告牌等地方。再比如 OLED（有机发光二极管）显示，目前市场上的智能手机中，采用 OLED 显示屏的产品已经占主导地位。

目前，两类技术的代表性例子就是 LCD 和 OLED，它们之间的主要区别就在于器件本身是否具备自发光的能力。下面简要介绍两者的特点和区别。

1．LCD 技术

LCD 技术是一种通过电场改变液晶材料的排布方式，调制光的偏振态，来实现显示内容的技术。

要理解这种技术，首先需要了解的是，光是一种电磁波，电磁波是一种以正弦波形式存在的电场与磁场交替振动的形式。其中电磁波是横波，振荡振动垂直于波的传播方向，即光的偏振方向。而液晶是一种液态晶体，可以被认为是物态的一种，同时具有液体和固体的性质，既有固体晶体性质，又有液体流动性的性质。液晶分子的排列类似于晶体，液晶的长杆形分子朝着同一方向排列，从而能选择性地调制光的偏振态。同时，液晶可以通过电场改变排列的方向，对光的调制就会随之发生变化。

以扭曲向列型液晶为例，未通电时，液晶分子呈螺旋阶梯状排布可以将光的偏振方向旋转。而通电后液晶分子竖立，则不会改变光的偏振方向。背光源的光线通过偏光片过滤出一种方向的光线，经过扭曲排列的液晶调制，偏振方向会旋转 90°，再由上层 90°的偏光片过滤，光线就能透射出来被看见，因此产生了亮的状态。若给液晶加电场，让液晶分子竖立就失去了对该方向光的调制，偏振光仍是原方向，就被上面的偏光片滤掉，因此产生了暗的状态。依据此原理控制每个像素的明暗，即可显示出图像，如图 1-5 所示。

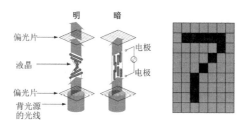

图 1-5　扭曲向列型液晶的明态和暗态，以及一个 7×9 的 LCD 阵列

彩色液晶显示屏采用白色背光源，每个像素的顶部都配备了滤色片，以分别滤出红、绿、蓝三种颜色的光线。这种设计就可以使三种颜色的子像素，通过光的三基色组合，实现多种不同的颜色。增加由红、绿、蓝子像素组成的像素数量，就能构建更大的液晶显示屏，以展示更加复杂、丰富的图像和内容。

LCD 技术是一项经过多年发展的成熟技术，具有较长的发展历史和稳定的性能，同时成本相对较低。此外，在中国市场上，LCD 技术有着相当大的市场份额，吸引了大量的投资，如京东方等国有控股企业已经成为全球最大的液晶显示屏制造商之一。在液晶显示屏领域，中国无疑是佼佼者。

2．OLED 技术

在当前的显示技术领域，LCD 和 OLED 两种技术各有占领市场的优势。到了 2023 年，国内大多数手机已采用 OLED 技术。OLED 技术之所以如此受欢迎，是因为它具备自发光的特性，提供了卓越的显示效果，并且支持新颖的形态，如柔性屏幕应用等。

OLED 是一种能发光的半导体器件。在 OLED 中，电子和空穴分别从阴极和阳极注入，在中间的有机发光层相遇并发生复合，以光的形式释放能量。光的能量大小和发光的颜色取决于发光材料的能量差或禁带宽度。例如，使用 Alq3 材料的 OLED 会产生绿色的光线。OLED 的结构图如图 1-6 所示。

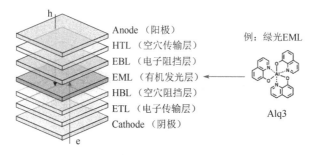

图 1-6　OLED 的结构图（e 和 h 分别代表电子和空穴两种载流子）

在 OLED 技术中，实现彩色显示需要使用基本的红（R）、绿（G）和蓝（B）三原色的 OLED 来实现。每个像素都由这些基本颜色的子像素组成。这些子像素排列在整个屏幕上，

形成了一个像素阵列，从而组成了屏幕。通过控制每个子像素的亮度和颜色，可以实现各种颜色的混合和变化。

3. LCD 与 OLED 的对比

LCD 是一种受光型显示，需要外部背光源发光来显示内容，而 OLED 是一种自发光型显示。OLED 在色域、亮度、对比度、可视角度、响应时间均优于 LCD。但早期的 OLED 寿命存在一些挑战。但随着技术的不断成熟，现代 OLED 屏幕已经大幅改进，寿命得到了显著的提高。此外，OLED 的制造工艺也更复杂。通常，OLED 的制造工艺采用蒸镀技术，其基板尺寸也与 LCD 的不太一样。比如 LCD 的 10.5 代线使用很大的基板（288cm×313cm），而目前 OLED 生产所用基板一般为 6 代线，基板尺寸是 185cm×150cm，而且需要半切或四切后再进行 OLED 工艺，其尺寸相比 LCD 的更小。这也导致了 OLED 的生产成本更高，需要设计更多的材料和设备等。LCD 和 OLED 的对比如表 1-1 所示。

表 1-1　LCD 和 OLED 的对比

项目	LCD	OLED
发光机制	受光型，需要背光源	自发光型
色域	较窄	较广，颜色鲜艳
亮度	低，阳光下较差	高，阳光下较好
对比度	低（黑色有漏光）	高（纯黑）
可视角度	较小	大
响应时间	长	短
功耗	背光耗电量大	小
质量	大	小
寿命	长	较短
制造工艺	工艺成熟，良率高，成本低	蒸镀技术，良率低，成本高

图 1-7 显示了 LCD 与 OLED 的像素排列，两者通常并不相同，这主要是由于它们的制造工艺不同。LCD 的红绿蓝三色子像素通常是通过光刻技术使滤色片图案化而制造的，而 OLED 通常采用布满孔洞的金属掩膜版进行蒸镀，因此 OLED 的像素排列需要满足一定的间距要求。

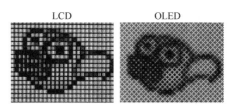

图 1-7　LCD 与 OLED 的像素排列

1.2.2　驱动方式分类

驱动方式分为无源矩阵和有源矩阵两大类。

无源矩阵也称为被动矩阵（Passive Matrix，PM），是一种不采用有源器件的显示驱动方式。通常，驱动矩阵采用行列线交错的排列方式，其中两根线之间的交叉点用于控制显示器件的状态（例如，LCD 的液晶被调制或 OLED 被点亮，如图 1-8 所示），这就是无源矩阵的基本原理。

例如，无源矩阵 OLED（PMOLED）中，行线和列线的交叉点处包含一层 OLED 的材料，OLED 是发光二极管，它可以在通电时自发光。采用逐行扫描的方式，当扫到某行线（扫描线）时，如果想让某点被点亮，则选通相应的列线（数据线）。通过增加扫描速度，并利用视觉暂留或余晖效应来实现显示，这种方法虽然相对简单，但有一定的限制，如不能制作过多行，因为行数过多会导致点亮时间有限，从而限制了亮度和对比度。

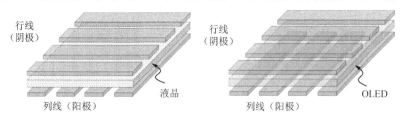

图 1-8 PMLCD 和 PMOLED

有源矩阵也称为主动矩阵（Active Matrix，AM），是指在显示器件背后集成了有源器件，用于有效地进行显示驱动控制。常见的有源器件包括薄膜晶体管（TFT）、CMOS 硅基芯片、微芯片 Micro-IC 等。

目前，大部分 AMOLED 均采用薄膜晶体管这类半导体器件来驱动。薄膜晶体管是一种具有三个端口的器件，含源极（S）、栅极（G）、漏极（D）三个端口或电极，如图 1-9 所示。比如在 N 型薄膜晶体管中，当在栅极上施加正电压时，由于电场的作用，源极和漏极的电子会受到吸引，从而流向栅极，但由于绝缘层的阻挡，吸引出来的电子聚集在半导体中，当电子聚集到一定量时，沿绝缘层的界面在半导体的沟道中建立了一个电子连通带，使得源极和漏极之间导通，形成了电子流。其工作原理就像一个水龙头。

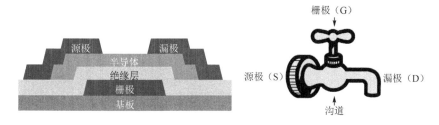

图 1-9 一种薄膜晶体管器件的示意图

图 1-10（a）展示了一个简单的 OLED 像素驱动电路，通过采用晶体管作为驱动来实现单独地对一个像素的控制。在扫描过程中，当一行被扫描时，相应的开关晶体管将打开，数据通过列线输入，开关晶体管关闭后数据仍存储于存储电容内，电容的电压控制着另一个晶体管的电流，从而实现如图 1-10（b）所示的三个 OLED 时序的操作。也就是说，与 PMOLED 相比，AMOLED 大部分时间均在发光，只有少部分时间在写入信号，如图 1-11 所示。

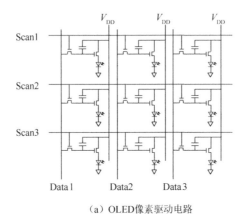

（a）OLED像素驱动电路

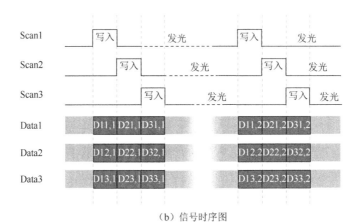

（b）信号时序图

图 1-10 一个简单的 OLED 像素驱动电路及其信号时序图

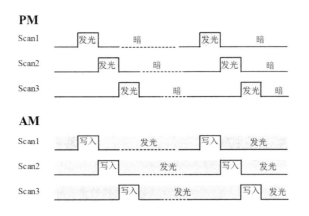

图 1-11 PMOLED 和 AMOLED 的发光时间对比

1.2.3 形态

形态（Form-Factors）也是显示技术另一个重要的分类方式。在这里，形态指的是电子设备的物理特征，包括尺寸、形状、柔软性、弯折性等。对于屏幕而言，其形态包括屏幕的尺寸，如长宽、长宽比等。屏幕的形状有椭圆形、方形，对于手机而言，还有刘海屏、打孔屏、全面屏等。此外，还有其他物理特征，如是否透明、是否可拉伸等，这些属性都属于显示技术的形态核心。显示屏形态变化的不同维度如图 1-12 所示。

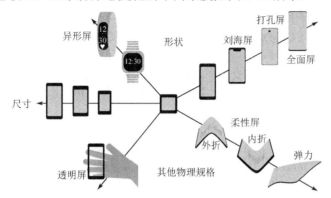

图 1-12　显示屏形态变化的不同维度

形态在推动显示技术发展中扮演着关键的角色。举例来说，在 2000 年左右，传统的 CRT 被以 LCD 为代表的平板显示取代。平板显示指的是显示屏对角线的长度与整机厚度之比大于 4∶1 的显示，但形态更轻薄，使得更多新形态的设备（如移动设备）成为可能，因此逐渐取得了市场主导地位。随着技术的发展而后出现了更多新形态的屏幕。如图 1-13 所示，在 2010 年以后，柔性可折叠的屏幕技术开始崭露头角。近些年还有很多新形态出现，如全息显示、光场显示、AR/VR 等近眼显示技术。

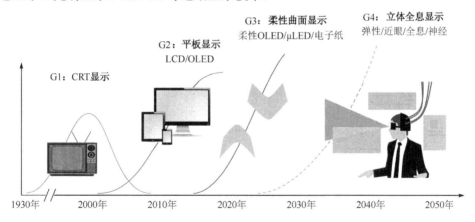

图 1-13　形态推动显示技术世代更替（纵坐标代表技术应用程度）

柔性 OLED 的出现标志着现代显示技术进入第三个时代。AMOLED 的形态具有轻薄、可弯曲折叠的特点，适合用作移动便携的产品。2014 年，柔宇公司所展示的 0.01mm 厚的柔性 AMOLED 屏薄如蝉翼。经过若干年的发展后，各大显示公司已经制造出了各种尺寸的柔性 AMOLED 屏，进而催生了折叠屏智能手机。第一台消费级折叠屏智能手机商品一般被认为是柔宇公司于 2018 年做出的。在那之后折叠屏智能手机如雨后春笋般产生。柔性 AMOLED 屏不仅可以应用于折叠屏智能手机，还可以应用于各种智能设备上，如智能音响。此外，柔性 AMOLED 屏在文娱、教育、传媒等领域都有应用。

然而，柔性屏技术充满着复杂性，需要克服材料、工艺、器件、电路系统等多个领域的难题。柔性屏的制造难度甚至被一些专业人士认为与 28nm 以下的芯片制造难度相当。经过近些年的发展，柔性屏的技术问题已经得到了基本解决。现在柔性 OLED 屏基本已经得到了市场的认可，手机的屏幕超过一半都是柔性 OLED 屏，或许不是折叠屏，但也是应用了柔性基板上芯片（Chip on Plastic，COP）封装技术的柔性屏。

1.3 显示行业现状

1.3.1 显示的市场

根据 DSCC 统计的数据，整个显示行业的市场营业额在 2021 年达到了 1650 亿美元。显示行业的市场营业额的量级以其他行业来衡量，比如人们比较熟悉的芯片行业，其在 2021 年的市场营业额大约为 5000 亿美元，显示行业的市场营业额大概有它的 1/3。

另外，如图 1-14 所示，2021 年显示行业的市场营业额较 2020 年有了显著的增长，增长比例为 32%，在新冠病毒感染疫情的影响下，催生出了大量的在家办公及娱乐的需求，导致显示行业的市场营业额的骤增。

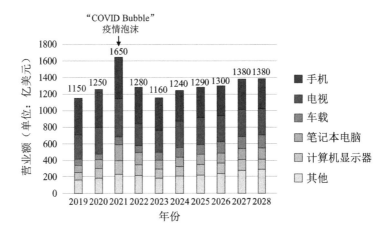

图 1-14　全球显示行业的市场营业额（数据来源：DSCC，2024—2028 年为预测）

然而，因为全球形势的影响，2022 年显示行业的市场营业额出现了显著的下降，整个显示行业下降了 22%。

从技术领域上分析数据，根据 DSCC 统计的数据，LCD 和 OLED 的份额最大，超过 90%，其他的显示技术份额非常小。显示市场的整体下降主要是因为 LCD 市场的萎缩，而 OLED 市场则几乎没有什么变化，变动幅度只有 1%左右。另外，LCD 占比在逐年减少，而 OLED 占比逐年增加。

从地域上分析数据，图 1-15 是 2022 年全球面板各地出货量统计扇形图，以面板总面积计，单位是 1000m²，中国大陆 2022 年贡献了约 1.45 亿 m²，也就是 145km²。注意这里的统计不用显示屏的数量来统计，而要通过面积来统计，比如同样从流水线出来的 1.3m×1.5m 的玻璃，如果切成计算机显示器大小的屏幕，能切出十多块屏幕，而如果切成手机屏大小的屏幕，能切出 50～60 块屏幕，所以，用面积来衡量是相对科学的方式。中国大陆 2022 年贡献的面板面积约为 145km²。如果以人均的面积米算，除以 80 亿人口，每人可以拿到 0.018m²，大概是一块手机屏幕大小，所以 2022 年一年中国生产的屏幕量足以给全世界每人提供一块手机屏幕。这只是中国显示产业一年的出货量，由图 1-19 看出，中国的面板出货量明显处于一个世界领先的地位，不算中国台湾地区，已经占了 2/3 的比例。

当然，好成绩不是一朝一夕得来的，中国显示产业的发展有 20 多年的时间，赶上了 LCD 时代。LCD 技术兴起于欧美，在日本完成产业化，后过渡到韩国和中国台湾，然后转移到中国大陆。根据赛迪的数据，2020 年，中国大陆的 LCD 产能占全球的 50%左右。

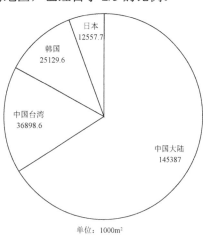

图 1-15　2022 年全球面板各地出货量统计扇形图（数据来源：Omdia）

概括来说，从 20 世纪末，中国大陆的显示产业的发展主要分为探索、突破、引领三个阶段。2000 年，LCD 制造厂商开始进入中国大陆市场；2004—2009 年，中国大陆经历了 LCD 技术缓慢探索和发展的阶段；2010—2016 年，中国大陆在 LCD 技术上取得了一些重要的突破；2017 年，中国大陆迅速成为全球 LCD 产业的领军者之一。

现在国内的显示头部企业主要有京东方、华星光电、天马、维信诺等。据不完全统计，截至 2022 年，中国大陆的面板厂产线数量已经有 60 多条。过去几年，6 代线以上的面板厂产线已经有十几条，已经形成了十分庞大的规模。

经过 20 多年的积累，中国的 LCD 产能现在大部分已经在中国大陆了。而国内 OLED 的发展稍晚，但是发展迅速。2016—2023 年，6 代线已经建了十几条。在 2015 年前后，国内 OLED 产能还欠缺，但现在国内 OLED 产能很丰富，OLED 比例呈持续增加的趋势，2020 年已近 30%。

1.3.2　新型显示的需求

显示产业光有 LCD 和 OLED 还不够，还需要思考未来显示技术的需求——LCD 是很成熟的显示技术了，已经发展了二三十年，过去十年 OLED 展现出了很好的潜力，未来又该发展什么技术？

数字经济是指直接或间接利用数据来引导资源发挥作用，推动生产力发展的经济形态。它涵盖了多种支撑技术，如大数据、云计算、物联网、区块链、人工智能、5G/6G 通信技术。这些技术的发展对显示技术提出了新的需求，如三维的显示、可变形的显示、可以贴附在任何物体表面的显示、更大尺寸的显示等。这就会催生出不同种类的显示技术，人们把新发展的显示技术都归类为新型显示技术，当然新型显示技术还是要包括 OLED，因为它能提供超越 LCD 的形态，以及更高的性能和图像质量。所以从 OLED 开始，尚未完全成熟的显示技术都可以称为新型显示技术。这些新的技术都处于一个发展的阶段，有各自覆盖的可能应用范围，比如激光显示，一般做成大屏幕的投影仪、激光电视来使用；再如 LCoS（硅基液晶），也是液晶显示，但是非常微小，用于 AR、VR 等微型显示。

LCD 和部分新型显示技术的对应尺寸和成熟度如图 1-16 所示。

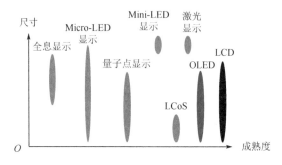

图 1-16　LCD 和部分新型显示技术的对应尺寸和成熟度

在这样的环境下，新型显示成为我国数字经济发展中所要聚焦的重点领域之一。"一芯一屏"是迈向制造强国的重要产业支撑，全球显示产业正加速向我国转移，新型显示产业也是我国后续发展的重要产业。同时要关注我国显示产业的处境，尽管新型显示产业总投资已经超过 1.5 万亿，规模世界第一，但是关键材料和核心装备严重依赖进口。显示产业大多集中于产业链的中游和下游，即做模组和整机部分。

1.4　成像原理

本节讨论显示屏是如何用电子元器件把信息传递给人的。

1.4.1　人类的视觉系统

人类的视觉系统对光电的感知范围只是整个电磁波的波谱中很小的一段，该范围通常为 400～700nm，其中波长（λ）越短，能量越高，颜色越偏紫；波长越长，能量越低，颜色越偏红。

人眼球的构造从外到内包括角膜（Cornea）、虹膜（Iris，有彩虹的意思）、晶状体（Lens）、视网膜（Retina，词根 Ret 是拉丁语的"网"）、黄斑（Macula，视网膜中视觉细胞比较集中的地方）等部分。人类的视网膜分为几层，靠前面（面前）是神经和血管，靠后面（大脑）才是接收和识别光的细胞。视网膜中能识别光和接收光的关键是两种细胞，一种叫作视杆细胞，一种叫作视锥细胞，接着对这两种细胞展开讨论。

首先是视锥细胞，这种细胞是锥形的，有 600 万～700 万个，分布在视网膜上。这种细胞可以分为三类，分别携带了三种不同的视蛋白，用 S、M、L 来标记，它们用化学的方式把光转化为神经信号。S、M、L 三种细胞对应三种波长：S 对应短波长，蓝紫色（420～440nm）；M 对应中波长，绿色（530～540nm）；L 对应长波长，黄绿色（560～580nm）。

在数量上，S 视锥细胞最少，所以人类眼睛对蓝色光最不敏感，而红色光和绿色光更容易让人眼产生明亮的感觉，故人眼对红色光、绿色光、蓝色光的感受不同可能与人类拥有的视锥细胞比例有关。而且这三种细胞的数量因人而异，每个人对三种颜色感知不一样，数量还会根据年龄变化。色盲症患者分不清红绿色或者蓝绿色，就是因为缺少了某一种颜色的视锥细胞，导致其对某一种颜色失去了分辨能力。

其次是视杆细胞，这种细胞在人体中的数量更多一些，约为一亿两千五百万个。但是这些细胞没有分辨颜色的能力，也没有视蛋白，只对光敏感，能提供夜视力。视杆细胞主要接收 400～500nm 的波长。这种细胞非常敏感，一个光子就能激发视杆细胞产生神经信号。

1.4.2 配色原理

人类视觉主要依赖三种颜色，近似为红色（R）、绿色（G）、蓝色（G），我们称其为光的三原色或三基色，定义三种主要颜色，通过光的颜色的混合能混合出不同的色彩。显示技术通过将三种颜色的子像素配以不同的亮度可实现不同的颜色，如粉色或紫色，放大之后就看到红色子像素和蓝色子像素点亮。如图 1-17 所示，三原色搭配构成了白色、紫色、天蓝色、黄色等颜色，不同亮度配比能混合出更多种颜色。

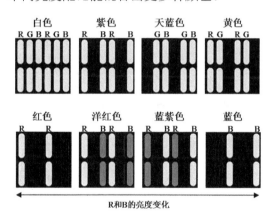

图 1-17　全彩显示技术可通过 RGB 子像素混合实现不同色彩的呈现

但这其实是比较抽象的描述，我们需要用更定量的理论来描述配色原理，比如颜色混合有基本的定律——格拉斯曼定律。该定律的内容很多，我们只讨论其中主要的部分。

首先，人类对色彩感知几乎是线性的，如果两种颜色的光由 (R_1, G_1, B_1) 和 (R_2, G_2, B_2) 组成，第三种光 (R_3, G_3, B_3) 的颜色看起来与前两种光混合在一起相同，那么第三种光的三个分量的数值就是前两种光的三个分量的数值分别相加之和，即 $R_3 = R_1 + R_2$，$G_3 = G_1 + G_2$，$B_3 = B_1 + B_2$。给定足够的光的原色，就可以通过组合方式实现我们想要的光。

利用数学的方式描述，三原色的观察者感知到的三原色数值，就是一个积分，即首先三种视锥细胞的反应强度（也就是三种曲线）乘以光的强度，然后对波长范围积分，就是我们看到的三原色的感知强度。

蓝天的光的强度分布（光谱）如图 1-18（a）所示，人类三种视锥细胞的反应强度如

图 1-18（b）所示，看到蓝天的光谱时，得到的刺激就是把视锥细胞的反应强度与蓝天的光谱作乘积，如图 1-18（c）所示，再进行积分，积分蓝色部分，得到的就是 S 视锥细胞受到的刺激，积分绿色部分，得到的就是 M 视锥细胞受到的刺激，最后在人脑转换为三个数值，即红、绿、蓝三个组成部分，如图 1-18（d）所示。

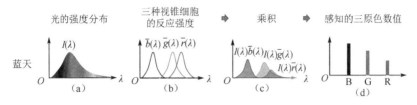

图 1-18　人类感知自然色彩的过程

　　显示技术可以针对三种视锥细胞设计不同的刺激，然而实际的光谱常常是连续的、复杂的，到了显示屏中，三种红绿蓝基色子像素的光谱一般是集中在某一波长附近的，但仍可以通过三波长的配比让视锥细胞得到同样的感受（见图 1-19），从而让人眼看到同样的事物。当然显示屏具有局限性，显示屏上能显示出的光谱无法完全描述所有自然色彩，原因是显示屏的三基色子像素的波长不够纯粹，色域不够宽广，而且三基色在色彩空间上无法覆盖人类全部的视觉。

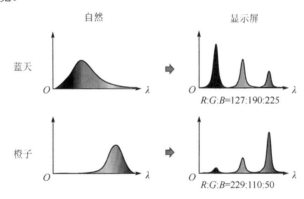

图 1-19　显示技术通过三原色叙述颜色

　　对上述颜色现象进行定量描述，需要用到色彩空间。色彩空间是抽象的空间，能定义人类想要的不同颜色。选择坐标系有不同的选法，如 RGB、HSV、CIE1931 等，最常用的是 CIE 1931。国际照明委员会于 1931 年成立，并提出了这种色彩空间，它基于三种颜色刺激值 X、Y、Z，分别对应于红色、绿色、蓝色。这种模型形成了一个三维空间，能够描述出大多数人眼可见的色彩。

　　但三种颜色用起来并不方便，可以做一个简单的归一化，令 $x=X/(X+Y+Z)$，$y=Y/(X+Y+Z)$，就把 XYZ 三维空间退化成 xy 二维空间，这就是 CIE 1931 色彩空间。在 CIE 1931 色彩空间中，人类可以看到如图 1-20 所示的马蹄形的颜色范围，x 比较小时，表示蓝色或绿色；x 比较大时，表示红色；y 比较大时，表示绿色，y 比较小时，表示蓝色或红色。

　　因此，要想让一个显示系统能尽可能多地描述人类想看到的颜色，就至少需要三种颜色，这三种颜色分别对应彩色空间中一个三角形的三个顶点。两种颜色叠加就能产生连线上的任何颜色，三种颜色叠加就能得到三角形内的任何颜色，但无法覆盖人眼可见的马蹄形内的全部颜色，这就是三基色显示技术永远存在的一个局限性，如图 1-21 所示。

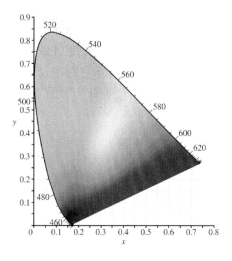

图 1-20　CIE 1931 色彩空间

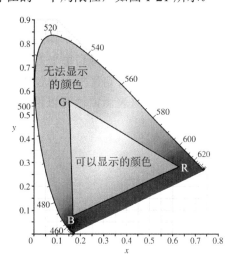

图 1-21　CIE 1931 色彩空间中，三基色显示覆盖一个三角形的区域

1.5　显示技术的基本参量

研究任何事情都要将其量化，电学中有用安培作为单位的电流，有用伏特作为单位的电压，还有电荷量、电感量、电阻等物理量。显示也一样，人们需要一些量化的指标去衡量研究。显示领域中重要的量包括但不限于亮度、对比度、色域、分辨率、像素密度、响应速度、刷新率、视角等。在电商平台上搜索一台电视、计算机显示器、手机，打开详细参数，都会有详细介绍，如亮度、对比度、分辨率、刷新率等，本节将讨论这些数值背后的含义，以及可能存在的理解误区。

1.5.1　亮度

显示所使用的"亮度"（Luminance）源于光度测量。

在光度测量涉及的基本量中，最根源的基本量就是光通量（Luminous flux），单位是流明（lumen，lm），比如灯泡产品就会标记其光通量的流明数。光通量是光源在所有方向上辐射的总能量，是用于描述光源亮度的指标。如图 1-22（a）所示，一个灯泡朝各个方向发光的总的光能的量就是它的光通量。

先考虑一个单位立体角。与平面角不同，立体角是一种用来度量不同平面之间角度的单位。它可以用于计算和描述球面上的小面元所对应的角度，一个单位立体角是 1sr（steradian，球面度），一个球面的立体角是 4π sr。一个单位立体角接收到的光通量就是发光强度［见图 1-22（b）］。发光强度通常以坎德拉（candela，cd）为单位来表示。它表示每个单位立体角（1sr）内的发光强度。坎德拉这个词源于蜡烛（candle），因为在过去，人们就用一根蜡烛的发光强度来描述 1 坎德拉，即一根蜡烛的发光强度等于 1 坎德拉。所以坎德拉是用于量度光源在特定方向上的发光强度单位，构成每个立体角内的流明数量。该单位在照明工程和光学领域中用于描述光源的亮度和方向性。

接下来，可以将发光强度平均到单位投影面积，即将发光强度坎德拉数除以一个以平方米为单位的面积，从而得到每平方米内的坎德拉数。这个物理量称为亮度（Luminance），有时也称为辉度，用来定义每个单位投影面积内的发光强度，亮度的单位通常以坎德拉每平方米（cd/m²）来表示，也可以用尼特（nit）来表示，两个单位等价，如图 1-22（c）所示。

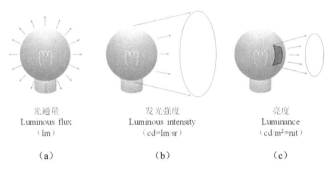

光通量　　　　　　　发光强度　　　　　　　亮度
Luminous flux　　　Luminous intensity　　　Luminance
（lm）　　　　　　（cd=lm/sr）　　　　（cd/m²=nit）
（a）　　　　　　　　（b）　　　　　　　　（c）

图 1-22　光度测量的几个基本量

亮度是一种描述光源或发光物体在方向上的发光强度的物理量，可以帮助我们理解物体在特定角度或观察条件下的亮度感知，对显示、照明等领域都非常重要。亮度的具体量化是什么量级呢？举个例子，一般的计算机显示器的亮度可能是 250～300nit，电视的亮度是 200～250nit，比较先进的手机的亮度一般在 500nit 以上，作为参考，夜空的亮度是 0.001nit，太阳的亮度大约是 16 亿 nit。

数码产品的显示屏在室内有 200～300nit 的亮度人眼就能看清，但在室外，太阳光比较强时，1000nit 的亮度人眼都不一定能看清。现在比较先进的手机一般使用感光元器件（如光敏电阻、光敏二极管）来识别当前环境的光的强度，再根据环境光亮度决定显示屏需要的亮度，比如在室内，手机仅输出 200～300nit 的亮度，而在太阳光强烈的室外，可能需要输出 1000nit 以上的亮度。

例如，2023 年发布的 iPhone 15 系列手机有 1000nit 的典型亮度、1600nit 的峰值亮度、2000nit 的户外亮度。这三个亮度需要分别在不同的条件下测到。例如，将自动亮度模式关掉，在低动态范围的图像上可以测到 1000nit 的典型亮度；开启高动态范围模式并观看具有高动态范围数据的视频内容，能在局部测到 1600nit 的峰值亮度。若把自动亮度模式打开，在强光环境能测到 2000nit 的户外亮度。一般来说，对于这种高亮度状态，系统不能维持很久，一是高亮度对 OLED 的寿命有影响，亮度越高，OLED 的寿命衰减得越快。此外，亮度越高，手机的功耗越高，发热越严重。

亮度或辉度是一个客观的物理量，可以用光度计测量得到。而另一个参数，明度（Lightness），则是一个主观的物理量，一般用 0～10 来衡量。还有一个翻译后同名的量——亮度（Brightness），也是一个主观的物理量，是一个百分比，比如将显示器的设置菜单打开，图像设置一栏会出现亮度、对比度的设置，这里的亮度即 Brightness，一般是 0～100 或者 0～100%，调整的是整体的亮度百分比，即最高的 Luminance 范围内的 0～100%。

1.5.2　对比度和灰度

对比度，是画面的最亮部位的亮度与最暗部位的亮度的比值。

$$对比度 = \frac{最大亮度}{最小亮度}$$

通常，这个比值是在暗环境下测量得到的，若在明亮的环境中测量，就需要考虑环境光线在显示屏上的反射。

$$对比度 = \frac{最大亮度 + 环境光反射亮度}{最小亮度 + 环境光反射亮度}$$

举个例子，对于液晶显示屏来说，其对比度等级一般是几千，优质的液晶显示屏能达到 5000∶1 的对比度，即如果最亮的白色像素的亮度是 500nit，那么最暗的黑色像素的亮度就是 0.1nit。

对于 OLED 这样的自发光型显示来说，它的对比度可以达到非常高的水平，甚至可以达到百万量级。例如，iPhone 15 的 OLED 屏幕的对比度可以达到 2000000∶1。

这是因为 LCD 需要一个背光源，通常是一个 LED 阵列，LCD 通过液晶调制背光光线的透过来实现，但液晶和偏光片无法将不需要的光完全遮住。这个光就限制了对比度公式分母中的最小亮度，比如白色像素的亮度是 200nit，而黑色像素透过的光的亮度是 0.1nit，对比度就会被限制在 2000∶1。相比之下，OLED 是自发光的，如果显示内容为黑色，则会关闭像素，灯珠不发光，这样测到的亮度就接近于 0，因此 OLED 可以达到更出色的对比度。

灰度也叫作灰阶（Gray Level），是指图像中不同黑白程度的分层级别。如图 1-23 所示，如果一幅图像具有 16 级（4 位，或 4bit）的灰阶，那么人眼能够分辨出从纯黑到纯白的 16 个不同的层次；而在拥有 256 级（8 位，或 8bit）的灰阶的显示屏上，这些分层层次将更加精细，人眼几乎难以分辨，使得颜色过渡更加平滑和连续。一般的显示屏至少可以支持 8bit 的灰阶，而更高端的显示屏可以实现 10bit 甚至更高位的灰阶。现在，许多支持 HDR（High Dynamic Range，高动态范围）的显示屏，如手机屏，已经实现了 10 位的灰阶和更加精细的层次，支持更加连续的颜色。后面小节会详细讨论 HDR。

图 1-23　16 级和 256 级的灰阶图

1.5.3　色域

色域，描述的是一种显示技术或一个显示屏能够显示的颜色范围的总集。在 CIE 1931 色彩空间中，一种显示技术能够显示的颜色区域对应一个三角形。

比如阴极射线管（CRT）显示技术，其能显示的颜色范围大概覆盖了人眼能看到的颜色范围的 1/3，如图 1-24 所示。而现在的 LCD 和 OLED 显示技术，甚至更高级的激光显示技术，其能显示的颜色范围能够覆盖人眼能看到的颜色范围的绝大部分。这就取决于三种基本色彩的子像素能实现的颜色纯粹程度。例如，最理想的激光显示，因为激光光谱表现为一条线，颜色显示十分纯粹，所以颜色在整个色彩空间上的色坐标就会更靠近三个端点，从而能实现更大的三角形区域，呈现更丰富的色域。

BT.2020、DCI-P3、sRGB、NTSC 等都是人为定义的标准色彩空间，这些标准色彩空间在 CIE 1931 色彩空间图上分别覆盖了不同大小的三角形面积，如图 1-25 所示。人们常用标准色彩空间的面积百分数来描述显示技术或产品的色域。例如，某台 LCD 显示器的色域是 90%DCI-P3，那就是说，这个产品的色域能覆盖 DCI-P3 三角形 90%的面积。

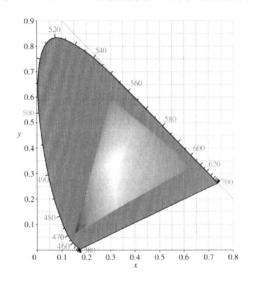
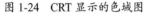

图 1-24　CRT 显示的色域图

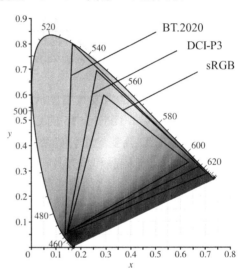

图 1-25　BT.2020、DCI-P3、sRGB 标准色彩空间

在讨论了亮度、对比度、色域后，就能真正看到 LCD 和 OLED 这两种主流显示技术在人眼视觉效果上的差别。与传统 LCD 技术相比，在亮度、对比度、色域上，OLED 技术有着绝对优势。后来 LCD 技术引入了量子点背光 Mini-LED 背光、分区背光等，其色域和对比度也得到了一定的提升，有时甚至能与 OLED 技术媲美。但 OLED 技术在形态上显示出明显的优势，如更轻薄、可实现柔性屏。尽管 LCD 技术在色域和对比度等方面都有所提升，但是在形态上仍难以与 OLED 技术竞争。

1.5.4　高动态范围

要理解高动态范围（High Dynamic Range，HDR），首先需要介绍动态范围（Dynamic Range）。动态范围实际上是计算机图形学、影像技术和通信技术中的概念，指的是可变化信号（如声音、光）的范围，或者其最大值和最小值的比值，可用分贝或以 2 为底的对数表示。

HDR 是一种影像处理技术，相较于常规动态范围（SDR），能够捕捉和显示更大的亮度和色彩范围，以及细节，使图像更加生动逼真，旨在更准确地再现人眼所能感知的图像质量。

在 HDR 场景下，亮度跨度很大，包括非常明亮和非常黑暗的物体。人眼在这种情况下会不断调整以适应不同的亮度，这是一种自然的条件反射，但照相机和显示器通常无法同时捕捉和显示这种广泛的亮度范围。通常，HDR 图像或视频是通过合并多张不同曝光水平的照片或视频帧来创建的。这种方法能够保留暗部和高光细节，从而在最终图像中呈现更广泛的动态范围。

显示 HDR 内容需要具备更高位数的色深和更广泛的动态范围，这对显示技术提出了新的要求，包括亮度的最大值和最小值、对比度、色域和灰阶，HDR 和 SDR 的亮度范围、灰阶的对比如图 1-26 所示。

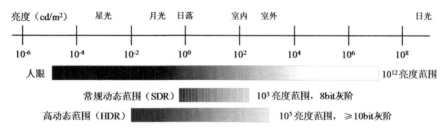

图 1-26 HDR 和 SDR 的亮度范围、灰阶的对比

为有效显示 HDR 内容，HDR 显示器通常具有更高的峰值亮度和更低的黑度，以及更广泛的色域、更高位数的灰阶，以呈现更丰富的颜色和明暗。在 Ultra HD Premium 标准中，对于 LCD 显示器，要求覆盖 90%以上的 DCI P3 色域标准，并且达到 1000nit 的最高亮度，以及小于 0.05nit 的黑度。对于 OLED 电视，要求最高亮度达到 540nit，黑度小于 0.0005nit。对于包含 HDR 信息的视频内容，通常采用特定的视频格式来储存，如 HDR10、Dolby Vision、HLG（Hybrid Log-Gamma）等。这些格式允许在视频文件中嵌入更广泛的亮度范围和色彩信息。以 HDR10 为例，它要求 10bit 的色彩深度，即 10bit 的灰阶。

1.5.5 分辨率和像素密度

屏幕尺寸也是一个重要的参数，是指显示设备屏幕的对角线的长度，通常以英寸（inch）为单位来表示，有时也写作"吋"，1 英寸是 2.54cm。屏幕尺寸是显示屏的物理尺寸，通常用来描述电视、计算机显示器、智能手机、平板电脑和其他电子设备的屏幕大小。另外，对于有圆角的显示屏，通常把延长成直角后的对角线长度作为屏幕尺寸。

分辨率，也称为解析度，指的是显示屏上的像素数量，通常以像素阵列宽度和高度的乘积来表示。例如，笔记本电脑的显示屏通常是 1920 像素×1080 像素的分辨率，按照电影电视工程师协会（SMPTE）的标准，称为 1080P（P 指逐行扫描，Progresive Scan），而按照数位电影联合（DCI）的标准，则称为 2K（K 是"千"的意思）。类似地，4K 和 8K 分别表示不同的分辨率标准，4K 表示横向有大约 4000 个像素（3840 或 4096），而 8K 表示横向大约有 8000 个像素（7680 或 8192）。

另一个与分辨率有关的尺寸就是宽高比或纵横比（Aspect Ratio）。在过去，许多显示屏采用的都是 4∶3 的比例,典型的分辨率是 640 像素×400 像素、800 像素×600 像素、1024 像素×768 像素等。后来随着宽屏的流行,采用 16∶9 或者 16∶10 的比例,如 1920 像素×1080 像素或 2560 像素×1600 像素的分辨率。现在,有一些新的趋势出现,如所谓的"带鱼屏",这类屏幕非常宽,可能采用 21∶9 或者更高的宽高比,以便显示更多的内容,比如在赛车游戏中可以获得更加宽广的视野。

　　像素密度,是指屏幕上每英寸的像素数,通常通过以下公式计算:对角线等效像素数(横向像素数的平方与纵向像素数的平方相加,然后对结果开根号)和对角线长度相除,单位为 PPI(Pixels Per Inch),即每英寸的像素数。通过横向或纵向的长度与像素数也能计算像素密度,当每个像素的形状是正方形时,以下三种像素密度相同。

$$像素密度 = \frac{\sqrt{横向像素数^2 + 纵向像素数^2}}{对角线长度}$$

$$像素密度(横向) = \frac{横向像素数}{横向长度}$$

$$像素密度(纵向) = \frac{纵向像素数}{纵向长度}$$

　　举个例子,iPhone 15Pro Max 的屏幕尺寸是 6.7 英寸,这是在将圆角部分拉直后计算得到的尺寸。其分辨率是 2796 像素×1290 像素,同样需要考虑圆角部分(包括灵动岛的部分)。根据这些信息便可以计算它的像素密度,像素密度的计算公式中,分子为横向像素数和纵向像素数勾股和平方根,分母为对角线长度 6.7 英寸。在这个示例中,计算得到的像素密度为 460PPI。另外,需要检查横向和纵向的像素密度是否相同。根据计算,我们发现横向和纵向的像素密度均为 460PPI。这表明对于大多数显示屏来说,可以使用横向像素数和横向长度、纵向像素数和纵向长度来计算像素密度,因为大多数显示屏的像素都是正方形的。

　　再以 iPhone 为例,2010 年,iPhone 3GS 升级到 iPhone 4 时,最显著的改进之一就是"Retina"屏幕,这种屏幕让人眼几乎无法感知到像素颗粒。相比之下,之前的 iPhone 3GS 屏幕上的像素是人眼可分辨的,可以清晰地看到像素颗粒。iPhone 4 通过在相同尺寸的屏幕上增加更多像素,使像素密度显著提高,达到了 iPhone 3GS 像素密度的 2 倍,iPhone 3GS 的像素密度为 163PPI,而 iPhone 4 的像素密度达到了 326PPI。现在,几乎所有的高端智能手机都拥有较高的像素密度,通常在 400PPI 以上,如 iPhone 15 的像素密度为 460PPI。

　　现在我们究竟需要多少 PPI?PPI 真的是越高越好吗?消除颗粒感需要多少 PPI?这里要从最基础的光学来回答这个问题。

　　光学仪器的分辨本领是由什么决定的?可以参考"瑞利判据"。在瑞利判据中,两个点光源能够被分辨出来的最小条件是它们的光斑(艾里斑)之间有足够的空间来保持它们形状的不重叠,即其中一个艾里斑的中心恰好落在另一个艾里斑的边缘。

　　根据夫琅禾费圆孔衍射强度分布(见图 1-27)可知,这个条件是 $\theta = 1.22\,\lambda/D$,其中 θ 是两个点光源之间的最小分辨角(弧度),λ 是光的波长,D 是光圈的直径或光学系统的孔径。对于显示设备来说,如智能手机、平板电脑或计算机显示器等,λ 通常取 550nm(绿光波长),而 D 通常取人眼瞳径 2mm,如果要想分辨两个点光源,则需要确保分辨角 θ 变得足够小，从而更好地分辨细节，可以计算出 $\theta_{min}=1'$，即 $1°$ 的 60 分之一。而 PPI 取决于像素间距和屏幕尺寸的大小，利用最小分辨角和设备与人眼的距离，可以计算出人眼刚好可以分辨的像素间距（Pixel Pitch）：$p=\theta_{min}\times d$，从而计算出合适的 PPI。瑞利判据的概述如图 1-28 所示。

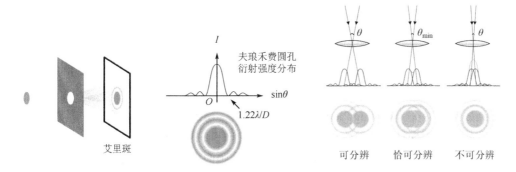

图 1-27　夫琅禾费圆孔衍射强度分布　　　图 1-28　瑞利判据的概述（θ_{min} 是人眼可以分辨的
最小角度，小于这个角度人眼不可分辨）

比如说人一般在 30cm 左右的距离处看手机，通过计算可以得到，对手机来说，人眼刚好可以分辨的像素间距是 87μm，当两个亮点在这个距离以上时，人眼就能看到"颗粒感"的像素，而小于这个值人眼就分辨不出。计算对应的像素密度，1inch（25400μm）÷ 87μm ≈300PPI，即对于手机来说，这个临界值在 300PPI 左右。

如图 1-29 所示，对计算机显示器来说，条件要宽松许多，人眼与计算机显示器的距离可以到 1m，只需要像素间距在 300μm 左右，即达到 100PPI 就足够了。所以大多数的显示设备的 PPI 都在 120～180PPI。对于电视来说，采用一般距离 3m 进行计算，像素间距是 1mm 量级，对应 30PPI 量级。因此 PPI 不是越高越好，它与像素间距和人眼到显示设备的观测距离都有关系。对于 iPhone 4，它的"视网膜"屏幕的像素密度是 326PPI，如果人眼距离手机 30cm，那么人眼刚好无法观测到颗粒的存在，所以 iPhone 4 屏幕的像素密度设计到三百多 PPI 是有道理的。

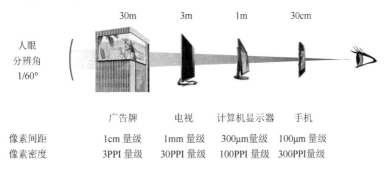

图 1-29　人眼对应不同显示设备有着不同的观测距离

1.5.6　响应速度/时间

响应速度/时间，是显示屏性能中的重要指标之一。响应速度有很多种，主要有以下几种。

　　开关响应时间，表示从施加电压到显示图像，或者从断电到图像消失之间的时间。开关响应时间通常分为上升时间和下降时间两部分，其中上升时间表示从电信号开始到光信号开始之间的时间，下降时间表示从电信号停止到光信号停止之间的时间。该时间通常以微秒（μs）为单位。

　　灰阶响应时间（Gray to Gray，GtG），是切换不同灰阶所需的时间。通常，首先将所有灰阶分成均匀的等级，然后测试它们之间的响应时间，最后计算出平均值。由于所需驱动电压更低，故切换速度较慢，因此该时间比开关响应时间长。对于一般的 TN-LCD 显示屏，GtG 大约为 1ms。然而，对于显示效果更出色的 IPS-LCD 显示屏和 VA-LCD 显示屏，GtG 更长，通常为 4~5ms。

　　动态画面响应时间（Moving Picture Response Time，MPRT），是一个像素在屏幕上显示或可见的时间，即画面切换后持续的时间。通过缩减每帧画面在屏幕上显示的时间，可以降低眼球的暂留效果，同时降低画面运动模糊，提升画面中物体的清晰度，例如，在屏幕转换色彩的过程中暂时关闭背光，色彩变换之后再将背光开启。MPRT 量级与 GtG 量级类似，IPS-LCD 显示屏的 MPRT 可以达到 1ms。

　　响应速度在快速运动的场景中更重要一些，因为过长的响应时间可能导致快速拖影和模糊效应，特别是在观看运动的物体或体育比赛时。响应速度是屏幕性能的一个关键因素，可以影响用户对图像和视频的体验。商业中经常使用不同的响应速度来宣传产品，要注意区分。

1.5.7　刷新率

　　刷新率是指图像更新或变换的频率，即每秒图像变换的次数，通常以赫兹（Hz）为单位。刷新率越高，意味着每秒图像变换的次数越多，从而使得人眼可以看到的画面动作更平滑、更连贯。典型的刷新率为 60Hz。近些年兴起的高刷屏，指的是超越了 60Hz 刷新率的显示屏，其刷新率一般是 90Hz、120Hz、144Hz 等，即 1s 内画面变化 90 次、120 次、144 次。这提供了更出色的视觉体验，尤其是在观看视频、玩游戏或进行其他需要快速图像转换的活动时。高刷新率显示屏能够呈现更加流畅的画面，减少了拖影，降低了模糊，提高了用户的观看质量。因此，高刷新率已经成为现代显示技术的一个重要指标，特别是受到了游戏爱好者和多媒体消费者的欢迎。不同设备和不同应用场景应用不同的刷新率如图 1-30 所示。

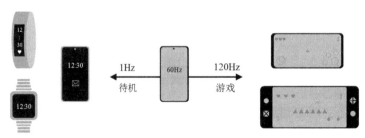

图 1-30　不同设备和不同应用场景应用不同的刷新率

　　刷新率在某些场景下十分重要，可以通过一个例子来解释。比如在一些游戏（如动作类、第一人称射击类、赛车类）中，玩家需要不断移动、旋转、瞄准目标，如果屏幕刷新率较低，则会呈现一种不连续的效果。而人类的视觉系统习惯了自然界连续和流畅的视觉信息。当大脑接收到不连续的画面时，它需要付出更多的努力来理解和处理这些信息。这种不匹配的感觉可能会导致头晕等问题。因此，在玩游戏时，拥有高刷新率的屏幕体验成为一项重要需求，因为它可以提供更加流畅的画面，减少不协调感。

1.5.8 视角

对于同一画面，使用者从不同角度观看，画面品质会有变化。将能够清楚观看到图像的角度范围定义为显示屏的视角。视角，也叫作可视角度（Viewing Angle），指的是以可接受的视觉性能观看显示屏的角度，超出该范围的画面模糊不清。单面的平板显示，视角最大为180°（或者描述成从中轴90°）。视角的定义因不同显示技术而有差异，且有多种约定俗成的定义，主要有以下三种。

以对比度定义视角：将对比度大于或等于某个值时的观察角度范围定义为LCD视角，这也是最常见的方法。对于LCD显示屏，视角的定义很宽松，通常以对比度下降到10∶1时看到的范围作为它的视角。在这个定义下，现代的LCD显示屏的视角基本在160°以上，如TN液晶显示屏的视角约为160°，VA液晶显示屏的视角约为176°，IPS液晶显示屏的视角约为178°，即在160°、170°都能看到10∶1的对比度，尽管实际上的画面人眼已经难以看清。

以灰阶反转定义视角：灰阶反转是指受显示屏液晶排列特性等因素的影响，当从某个大角度观看时，低灰阶画面的亮度比高灰阶画面的亮度还亮。因此，定义不会出现灰阶反转的最大视角为LCD视角。该方法一般用于TN模式的显示屏。

以色偏定义视角：色偏是指对于同一颜色的画面，从正视角度和斜视角度观看时，人眼看到的画面颜色有差异。如正视为白色，斜视超过某个角度看到的可能偏黄或偏蓝。因此，定义颜色变化可接受的最大视角为视角范围。对于OLED显示屏来说，会以色偏定义视角。如果以色偏来定义视角，LCD显示屏的视角会小很多，而OLED显示屏的视角则更大些，这也是自发光型显示具有的优势之一。

1.5.9 寿命

寿命，一般指的是显示屏的亮度降到初始亮度的一半所需要的时间。对于OLED显示屏来说，其亮度下降的速度是随着点亮时间的增加而逐渐降低的。当亮度降到初始亮度的一半时，我们认为它已经达到了寿命的最末。需要注意的是，电流越大，亮度越高，OLED显示屏的亮度衰减速度（寿命衰减速度）越快。

LCD技术已经相当成熟，有着较长的使用寿命。早期的OLED会存在寿命问题，但是现在OLED已经得到很大的改善，能达到十万或数十万小时的寿命。因此，现在的消费者不再担心OLED显示屏的使用寿命问题，因为其寿命通常可以覆盖整个智能设备的使用周期。

1.6　本章小结

本章回顾了显示技术的分类、显示行业现状和成像原理，以及显示技术的基本参量。显示技术是现代社会科技的核心组成部分之一，从娱乐到医疗，从通信到教育，其不断发展将引领我们进入一个更好沟通、创新和信息交互的未来。

在接下来的章节中，将继续深入讨论不同类型的显示技术，了解其工作原理、应用领域和未来发展趋势，同时了解显示器的不同部件，帮助读者更好地理解和利用这门技术。

1.7　参考文献

[1] 陈大鹏，高亚洲，宋爱国，等. 基于触摸屏交互的指套式盲文再现系统[J]. 仪器仪表学报，2022，43（5）：199-208.

[2] 焦阳，龚江涛，徐迎庆. 盲人触觉图像显示器 Graille 设计研究[J]. 装饰，2016（1）：94-96.

[3] 倪志荣. 液晶显示技术的发展前景[J]. 电视技术，1990（11）：14-15.

[4] 武大伟. 液晶显示技术产业发展概述[J]. 数字化用户，2017，23（22）：102-104.

[5] 侯玮，彭海波，许祖彦. 新一代显示技术-激光全色显示[J]. 科学（北京），2006（2）：32-35.

[6] 袁泽明，杨玉叶，高锐敏，等. 现代显示技术的研究进展[J]. 现代显示，2008，11：5.

[7] 史晓刚，薛正辉，李会会，等. 增强现实显示技术综述[J]. 中国光学，2021，14（5）：1146-1161.

[8] 廖燕平. 薄膜晶体管液晶显示器显示原理与设计[M]. 北京：电子工业出版社，2016.

[9] PUNZIANO G, PAOLI A D. Handvook of Research on Advanced Research Methodologies for a Digital Society[M]. Pennsylvania, Hershey：IGI Global, 2022.

[10] SHAIK F A, IKEUCHI Y, CATHCART G, et al. Extracellular neural stimulation and recording with a Thin-Film-Transistor (TFT) array device[J]. 19th International Conference on Solid-State Sensors, Actuators and Microsystems (TRANSDUCERS), 2017: 206-209.

[11] CHEN P, STEWART F, ARIKAWA K. The More, the Better? A Butterfly with 15 Kinds of Light Sensors in Its Eye[J]. Frontiers for Young Minds, 2018, 6:70.

[12] WINTER S, REINEKE S, WALZER K, et al. Photoluminescence degradation of blue OLED emitters[J]. Proceedings of SPIE, 2008, 6999:69992N.

[13] GEFFROY B, ROY P L, PRAT C. Organic light‐emitting diode (OLED) technology: materials, devices and display technologies[J]. Polym. Int, 2006, 55:572-582.

[14] KHAZANCHI A, KANWAR A, SALUJA L, et al. An Overview of Distributed File System[J]. INT J ENG SCI, 2013, 2(10):2958-2965.

[15] DARRAN R C, DIRK J B, GREGORY P C. Flexible Flat Panel Displays[M]. UK: Wiley, 2005.

[16] HUANG Y, HSIANG E L, DENG M Y, et al. Mini-LED, Micro-LED and OLED displays: present status and future perspectives[J]. Light & Applications, 2020, 9(1):1-6.

1.8　习题

1．图 1-31 所示为一种**翻牌**显示屏，它通过复杂的机械控制结构来翻牌，切换到所需的文字或数字。从四要素分析，它是不是一种电子视觉显示技术？

图 1-31　翻牌显示屏

2．从人类视觉的角度来看，刷新率是否越高越好？是否高于某个刷新率后，人类无法察觉？

3．调研并思考：HDR 的 10bit 甚至更高位宽的灰阶可以如何覆盖动态范围内的亮度范围？把灰阶均匀分配给亮度范围是否合理？是否会造成灰阶的浪费？

第2章

液晶显示技术

液晶显示（Liquid Crystal Display，LCD）是通过电场改变液晶材料的排布，调控光的偏振态，来呈现显示内容的显示技术。LCD 是一种受光型的显示，需要有额外的光源才能发光。如图 2-1 所示，背光型 LCD 需要一个背光源来实现显示。

自 20 世纪 70 年代 LCD 技术诞生以来，其一直受研究人员和社会各界的广泛关注，50 多年后的今天，LCD 技术仍然是主流显示技术之一，这也说明了 LCD 技术的优异之处。到底是什么原因让 LCD 技术仍然活跃在当今的显示领域呢？本章将介绍 LCD 技术的起源、发展、原理及应用。

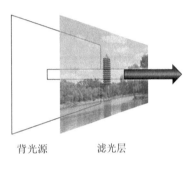

背光源　　　滤光层

图 2-1　背光型 LCD

2.1　偏振光的性质

LCD 依赖于对光的偏振态的调控，要了解液晶的性质和 LCD 的原理，首先需要理解偏振光的基本原理。

2.1.1　光的横波特性

光是电磁波，也称为光波。电磁波是横波，即振动方向与传播方向垂直的波。作为对比，声波是纵波，振动方向与传播方向平行。光的电场、磁场方向相互垂直。平面光的电场矢量 E 和磁场矢量 B 均垂直于波矢方向（波阵面法线方向）。平面光是横波。光的横波特性如图 2-2 所示。

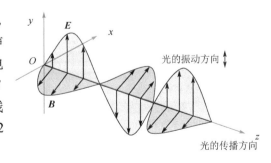

图 2-2　光的横波特性

2.1.2 光的偏振特性

光的偏振特性是横波区别于纵波的一个最明显的标志。电场矢量 $\boldsymbol{E}$ 的振动方向被称为光的偏振态。$\boldsymbol{E}$ 的振动方向相对于光的传播方向是不对称的。这种不对称性导致光的性质随光的振动方向的不同而发生变化。我们将这种不对称性称为光的偏振特性。

偏振光是指电场矢量的振动方向不变或有规则地变化的光,可分为平面偏振光(线偏振光)、圆偏振光和椭圆偏振光:线偏振光的电场矢量的振动方向在传播过程中只有一个方向;圆偏振光和椭圆偏振光的电场矢量随时间有规则地改变,即电场矢量末端轨迹在垂直于传播方向的平面上呈圆形或椭圆形。图 2-3 展示了线偏振光、圆偏振光和椭圆偏振光。如果电场矢量的振动在传播过程中只是在某一确定的方向上占有相对优势,则这种偏振光被称为部分偏振光。

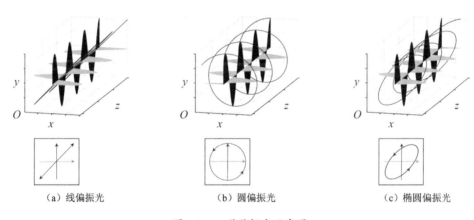

（a）线偏振光   （b）圆偏振光   （c）椭圆偏振光

图 2-3　三种偏振光示意图

2.1.3 偏振椭圆

光作为电磁波,在垂直于传播方向 z 上的任一电场矢量都可以分解为 x 和 y 方向上的两个正交矢量,光的偏振态或电场矢量可以用这两个正交矢量的和来表示。假设电磁波 $\boldsymbol{E}(z,t)$ 的 x、y 方向正交电场分量分别为

$$\begin{cases} E_x = E_{0x} \cos\left(kz - \omega t + \varphi_x\right) \\ E_y = E_{0y} \cos\left(kz - \omega t + \varphi_y\right) \end{cases}$$

式中,E_{0x} 和 E_{0y} 分别为 x、y 方向正交电场分量的振幅;ω 为光的角频率;φ_x 和 φ_y 分别为 x、y 方向正交电场分量的初相位。偏振椭圆的方程为

$$\left(\frac{E_x}{E_{0x}}\right)^2 + \left(\frac{E_y}{E_{0y}}\right)^2 - 2\left(\frac{E_x}{E_{0x}}\right)\left(\frac{E_y}{E_{0y}}\right)\cos\varphi = \sin^2\varphi$$

式中,$\varphi = \varphi_x - \varphi_y$ (初相位的相位差)。

图 2-4(a)所示为电场矢量的空间合成,当只考虑单频光的情况时,如果正交电场分量的振幅差 $E_{0x} - E_{0y}$、初相位的相位差 $\varphi_x - \varphi_y$ 发生变化,都会影响在传播过程中合成的

电场矢量的方向。

如图 2-4（b）所示，当观察者正对光传播方向看向光源时，可以观察到由正交偏振态合成的电场矢量的顶点的轨迹会形成一个椭圆，即偏振椭圆。

（a）电场矢量的空间合成 （b）偏振椭圆

图 2-4 偏振椭圆形成的示意图

如图 2-5 所示，当正交电场分量初相位的相位差 φ 为 0 时，偏振光为线偏振光；当相位差 φ 为 $\pm\pi/2$ 时，偏振光为圆偏振光；当相位差 φ 为正时，E_y 领先于 E_x，此时偏振光为右旋偏振光；当相位差 φ 为负时，E_y 落后于 E_x，此时偏振光为左旋偏振光。

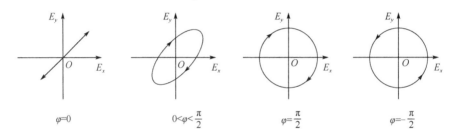

图 2-5 相位差 φ 变化对应的偏振椭圆示意图

2.1.4 偏光片

偏光片或偏振片又称为起偏器、线偏振片、偏光膜、偏振膜等，可以过滤特定偏振方向的光，是能将自然光转换为偏振光的光学膜材。由于液晶显示器利用液晶材料对偏振光的可控调节来实现光的透过，因此偏光片是液晶显示器中不可少的光学元件。在液晶显示面板的结构中，偏光片通常贴附在上下玻璃基板的表面。

天然偏光片有电气石，如图 2-6（a）所示。它能够强烈吸收某一方向振动的光，与之垂直方向振动的光则吸收很少，这种特性被称为二向色性（Dichroism）。因此，电气石在旋转时可以变色。用于液晶显示的偏光片通常利用碘分子或者具有二向色性的染料来吸收某一偏振态光并透过另一偏振态光而获得偏振光。

人造偏光片有多种。其中的一种制备方法是先用具有网状结构的高分子化合物聚乙烯醇（PVA）薄膜作为基片，再浸染具有强烈二向色性的碘，经硼酸水溶液还原稳定后，将其单向拉伸 4～5 倍，如图 2-6（b）所示。拉伸后，碘分子整齐地排列在薄膜上，具有起偏或检偏性能。三醋酸纤维素（TAC）是保护 PVA 层的常见材料，其最重要的性能是光学性能，如高透过率、低散射率、各向同性的折射率等，同时还具有较高的强度、抗热敏感性。

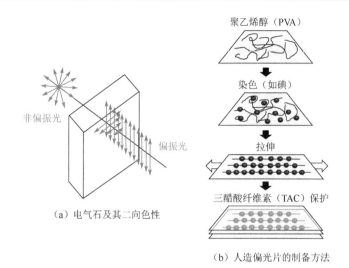

（a）电气石及其二向色性

聚乙烯醇（PVA）

染色（如碘）

拉伸

三醋酸纤维素（TAC）保护

（b）人造偏光片的制备方法

图 2-6 天然偏光片和人造偏光片

偏光片在很多领域都有应用，在非显示屏（如偏光太阳镜）上，可以阻隔、反射刺眼眩光；电影院的 3D 眼镜大多利用两片偏光片，这两片偏光片呈 90°。电影院的显示屏也发出两种方向的偏振光，利用左右镜片使双眼看到不同的画面，从而实现 3D 观影效果。

在显示屏上，偏光片也有重要的作用。LCD 通常需要使用两片偏光片。如图 2-7（a）所示，光从背光源发出，经过下偏光片、液晶和上偏光片。三者配合完成对光的偏振态的调控。

虽然 OLED 显示是一种主动发光技术，但由于 OLED 的衬底电极一般是金属的，屏幕以外的自然光照射到上面会发生反射，影响显示效果，因此，一般会在 OLED 的表面加上一片偏光片和一层 1/4 补偿膜阻隔环境光的反射，如图 2-7（b）所示。

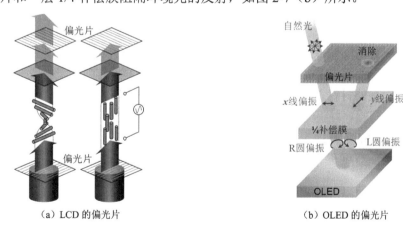

（a）LCD 的偏光片

（b）OLED 的偏光片

图 2-7 偏光片在 LCD 和 OLED 显示屏中的应用

2.1.5 双折射效应与旋光现象

双折射效应是指当同一束入射光照射到各向异性晶体时，发生两个不同方向的折射的现象，如图 2-8（a）所示，透过方解石能看到两条实线，双折射效应的实质是晶体各方向上的介电常数及折射率不同。

首先定义光轴，它是指晶体中存在一些特定的方向，沿此方向入射的自然光不会发生双折射效应。如图 2-8（b）所示，偏振方向垂直于光轴的光称为寻常光（Ordinary Ray，o 光），折射率为 n_o；偏振方向平行于光轴的光称为非寻常光（Extraordinary Ray，e 光），折射率为 n_e。

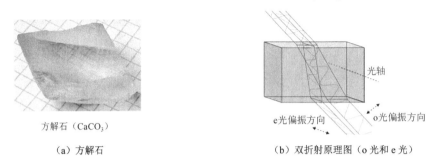

方解石（$CaCO_3$）

（a）方解石

（b）双折射原理图（o 光和 e 光）

图 2-8   方解石及双折射原理图

如图 2-9 所示，对于光学正性晶体，$n_o < n_e$；对于光学负性晶体，$n_o > n_e$。多数液晶只有一个光轴方向，光在液晶中沿光轴方向传播时，不发生双折射效应。一般向列型液晶和近晶型液晶的光轴沿分子长轴方向，胆甾型液晶的光轴垂直于层面。

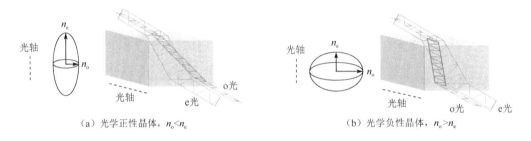

（a）光学正性晶体，$n_o < n_e$

（b）光学负性晶体，$n_o > n_e$

图 2-9   光学正性晶体与光学负性晶体的双折射效应

如图 2-10（a）所示，旋光现象是指当单色线偏振光沿着光轴方向通过某些物质后，振动面会发生旋转。简而言之，就是光在穿过这些物质后，偏振方向会发生改变。

具有双折射性的材料有旋光性，常见的有石英，如图 2-10（b）所示，硅氧四面体以共用氧原子的方式连接，并沿光轴方向盘旋延伸，形成螺旋结构（三方晶系）。这样的连接方式可以有两种不同的选择：一种是以顺时针方向盘旋而上；另一种是以逆时针方向盘旋而上。因此形成左旋石英和右旋石英，同时，旋光也分成左旋、右旋两种。

（a）双折射晶体的旋光现象

（b）石英的晶体结构

图 2-10   双折射晶体的旋光现象及石英的晶体结构

偏振面旋转的角度为

$$\theta = \alpha(\lambda)d$$

式中，$\alpha(\lambda)$ 为旋光率，与入射波长有关。若白光入射，则不同颜色（波长）偏振方向的旋转角度不同，该现象被称为旋光色散。如图 2-11 所示，利用这个特性可以确定分子的构型，如左旋、右旋。

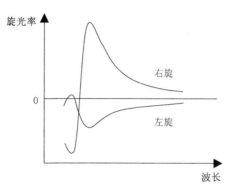

图 2-11　某种分子左旋与右旋的旋光率

螺旋状排列的液晶也有旋光现象。LCD 的显示原理主要依赖于液晶的旋光现象。液晶的这种旋光现象在电场下会发生改变。后面小节将会详细介绍。

2.2　液晶的性质

液晶是物质状态（相）的一种，是介于液体和固体之间的一种状态，也被称为液态晶体，是具有结晶性的液体，可以流动，通常由特殊形状的有机物分子组成。

LCD 依赖于液晶分子对光偏振态的调控，要了解 LCD 的原理，需要理解液晶的光学和电学性质。

2.2.1　液晶的发展

液晶有着大约 100 年的历史，当今液晶研究已经变成了一门重要学科。

1888 年，液晶由奥地利植物学家弗里德里希·莱尼泽（Friedrich Reinitzer）首次发现。在测定有机化合物熔点时，他发现将胡萝卜中的苯甲酸胆固醇酯加热到 145.5℃时会熔化，并产生白色浑浊物，在温度升到 178.5℃后，液体透明。透明液体稍微冷却，浑浊又会出现。这种浑浊液体的中间相具有与晶体相似的性质。莱尼泽找到德国物理学家奥托·雷曼（Otto Lehmann），雷曼使用具有加热功能和偏光镜的显微镜研究浑浊液体，发现其具有双折射性质，并称浑浊液体为流动晶体（Fliessende Kristalle）。莱尼泽和雷曼因此被誉为液晶之父。但雷曼所发现的液晶在当时并没有得到实际应用，甚至几乎被遗忘了。

1922 年，法国人乔治斯·弗里德尔（Georges Friedel）仔细分析了当时已知的液晶，按照分子排列方式，把液晶分为三类：向列型（Nematic）液晶、层列型（Smectic）液晶、胆甾型（也称为胆固醇型，Cholesteric）液晶。前两者分别取自希腊文线状和清洁剂（肥皂）。

胆固醇型液晶因首次在胆固醇酯中发现而得名，如果用近代分类法，则属于向列型液晶。其实弗里德尔对"液晶"一词不赞同，他认为"中间相"才是最合适的表达。20世纪70年代才发现的碟形液晶，是由具有高对称性的原状分子重叠组成的向列型或柱形系统。按照液晶的产生条件及相态结构等又有不同的分类方式和命名，具体分类方式见 2.2.2 节和 2.2.3 节。

1968 年，法国物理学家皮埃尔-吉勒·德热纳（Pierre-Gilles de Gennes）开始研究液晶，并编著了《液晶物理学》一书。它是液晶领域的权威著作。同时，皮埃尔还是软物质（液晶、胶体、高分子、泡沫、凝胶）领域的开创者，被称为软物质物理之父。1991 年，皮埃尔获得诺贝尔物理学奖，贡献为"发现研究简单系统中有序现象的方法可以被推广到比较复杂的物质形式，特别是推广到液晶和聚合物的研究中"。

1971 年，人们发现了 TN-LCD（Twisted Nematic LCD，扭曲向列型液晶显示）模式，使 LCD 迅速工业化。20 世纪 80 年代初，人们相继开发了 STN-LCD（Super Twisted Nematic LCD，超扭曲向列型液晶显示）、FLC-LCD（Ferroelectric Liquid Crystal LCD，铁电液晶显示）和 AM-LCD（Active Matrix LCD，主动矩阵液晶显示，即 TFT-LCD）等现代显示技术。其中，STN-LCD 和 AM-LCD 在 1985—1987 年相继实现了大规模量产。

2.2.2　液晶的分类

按照分子结构分类，液晶主要分为棒/杆形液晶和碟形液晶（Discotic LC）。

（1）传统的棒/杆形液晶是在 1922 年被发现的，如图 2-12（a）所示，包括向列型液晶、层列型（近晶型）液晶和胆甾型（胆固醇型）液晶。

（2）碟形液晶在 1970 年左右被发现，如图 2-12（b）所示，包括向列型液晶、向列柱形液晶和柱形（Columnar）液晶。目前有大量关于碟形液晶的文章发表，其主要应用于显示和存储技术等。

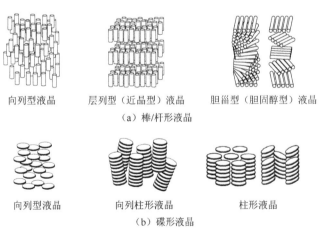

向列型液晶　　　　层列型（近晶型）液晶　　　　胆甾型（胆固醇型）液晶

（a）棒/杆形液晶

向列型液晶　　　　向列柱形液晶　　　　柱形液晶

（b）碟形液晶

图 2-12　液晶分类：按照结构分类

棒形液晶向列相的特点是分子只有一维有序。如图 2-13 所示，向列相分子质心没有长程有序性，具有类似于普通液体的流动性，分子不排列成层，能够上、下、左、右、前、后滑动，长轴相互平行，对外界电场、磁场、温度、应力敏感。该相结构的液晶是 LCD 的主要材料。

胆甾型（胆固醇型）液晶主要是从胆固醇中发现的，每层均像向列型液晶，如图 2-14 所示。胆甾相也被称为 Chiral Nematic，是向列相的一种特殊状态，不同的是该相结构的液晶每层的排列方向（指向矢）不同。螺距 P 被定义为指向矢旋转 360° 所经过的距离，容易受外力影响，电场、磁场均可使胆甾相转变为向列相。

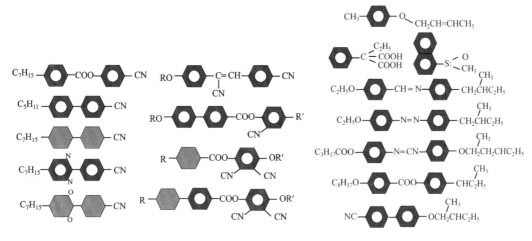

图 2-13　部分向列型液晶分子　　　　图 2-14　部分胆甾型液晶分子

层列型（近晶型）液晶的特点是分子二维有序。如图 2-15 所示，层列相分子能够排列成层，层内长轴平行，且各层距离可以变动，分子在层内滑动。由于层列型液晶的黏度和表面张力大，因此对外界变化不敏感。

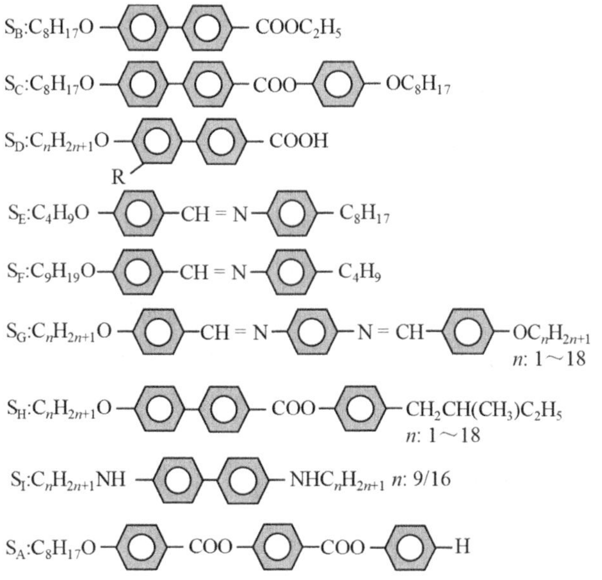

S_B: $C_8H_{17}O$ —◯—◯— $COOC_2H_5$

S_C: $C_8H_{17}O$ —◯—◯— COO —◯— OC_8H_{17}

S_D: $C_nH_{2n+1}O$ —◯—◯— $COOH$
　　　　R

S_E: C_4H_9O —◯— $CH = N$ —◯— C_8H_{17}

S_F: $C_9H_{19}O$ —◯— $CH = N$ —◯— C_4H_9

S_G: $C_nH_{2n+1}O$ —◯— $CH = N$ —◯— $N = CH$ —◯— OC_nH_{2n+1}
　　　　　　　　　　　　　　　　　　　　　　　n: 1～18

S_H: $C_nH_{2n+1}O$ —◯—◯— COO —◯— $CH_2CH(CH_3)C_2H_5$
　　　　　　　　　　　　　　　　　　　　　n: 1～18

S_I: $C_nH_{2n+1}NH$ —◯—◯— NHC_nH_{2n+1}　n: 9/16

S_A: $C_8H_{17}O$ —◯— COO —◯— COO —◯— H

图 2-15　部分层列型液晶分子

按照产生方式分类，液晶主要分为热致液晶（Thermotropic LC）和溶致液晶（Lyotropic LC）。

（1）如图 2-16（a）所示，热致液晶是通过把某些有机物加热溶解，由加热破坏结晶晶格而形成的，显示用的液晶基本都是热致液晶。

（2）如图 2-16（b）所示，溶致液晶是通过把某些有机物放在一定的溶剂中，由溶剂破坏结晶晶格形成的，在生物系统中较为常见。近些年，人们开始尝试用溶致液晶制备偏光膜，以能制备厚度小、薄膜化且工艺简单的溶致液晶固态偏光膜。

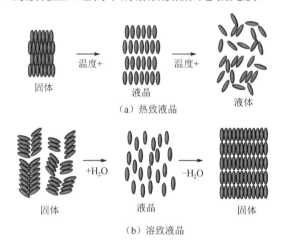

图 2-16 液晶分类：按照产生方式分类

2.2.3 液晶的各向异性

前面介绍了液晶的基本概念和常见分类。本节将简单介绍液晶的各种物理性质。由于液晶分子结构的各向异性（Anisotropic），介电常数及折射率等特性都具有各向异性，因此我们可以利用这些性质来改变入射光的强度，以形成灰阶，将其应用于显示技术中。

（1）介电常数的各向异性。如图 2-17（a）所示，以棒形液晶为例，分子长轴和短轴具有不同的性质，末端和侧面所接的基团不同，存在电学各向异性。指向矢 n 是描述液晶分子长轴平均取向的物理量，取分子长轴方向为指向矢 n 的方向。如图 2-17（b）所示，通常定义介电常数 $\epsilon_{\parallel}$（平行于 n 的分量）和 $\epsilon_{\perp}$（垂直于 n 的分量），两者之差 $\Delta\epsilon = \epsilon_{\parallel} - \epsilon_{\perp}$ 反映了因外加电场而极化的程度：当 $\Delta\epsilon > 0$ 时，称为正（P）性液晶；当 $\Delta\epsilon < 0$ 时，称为负（N）性液晶（注意，与光学正性、负性区分开）。在外加电场的作用下，正性液晶分子的长轴朝着平行于电力线的方向旋转，负性液晶分子的长轴朝着垂直于电力线的方向旋转。并且液晶分子的旋转程度与电场强度相关，当电场强度足够大时，液晶分子最终平行或垂直于电力线的方向排列，如图 2-17（c）所示。

液晶分子的介电常数差 $\Delta\epsilon$ 影响液晶分子对电场的敏感程度。在相同条件下，$\Delta\epsilon$ 越大，液晶分子对电场越敏感，在电场作用下，液晶分子越容易发生转动，所需的驱动电压越小。

（2）折射率的各向异性。在光学特性上液晶分子也存在各向异性。在前面的章节中提到了双折射效应，也就是存在两个折射率 $n_{\parallel}$ 和 $n_{\perp}$，其方向分别平行和垂直于指向矢 n。

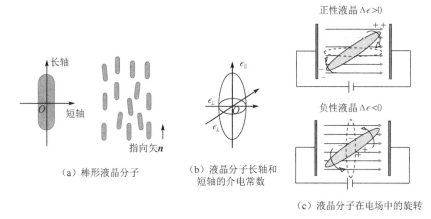

图 2-17　棒形液晶介电常数的各向异性

对于向列型液晶和层列型液晶，如图 2-18（a）所示，指向矢 n 的方向一般是光轴方向，o 光折射率 $n_o = n_\perp$，e 光折射率 $n_e = n_\parallel$。

对于胆甾型液晶，如图 2-18（b）所示，与指向矢 n 垂直的螺旋轴相当于光轴，o 光折射率 $n_o = \sqrt{1/2\left(n_\parallel^2 + n_\perp^2\right)}$，e 光折射率 $n_e = n_\perp$。

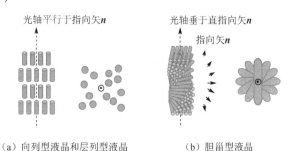

（a）向列型液晶和层列型液晶　　　　（b）胆甾型液晶

图 2-18　液晶折射率的各向异性

由于 o 光和 e 光的传播速度不同，因此在透射出液晶分子后，两者存在相位差，相位差的大小决定了两者合成之后光的振动方向和振动强度。因此，入射光经过液晶层的相位差 $\Delta n \cdot d$（d 为液晶层的厚度）是液晶分子影响光学特性的重要参数，与显示透过率、对比度、视角等息息相关。这里假设入射偏振光的 x、y 方向分量分别为

$$E_x = E_{0x}\cos\left(\omega t - k_\parallel z\right) = E_0\cos\theta\cos\left(\omega t - k_\parallel z\right)$$
$$E_y = E_{0y}\cos\left(\omega t - k_\perp z\right) = E_0\sin\theta\cos\left(\omega t - k_\perp z\right)$$

偏振椭圆方程为

$$\left(\frac{E_x}{E_{0x}}\right)^2 + \left(\frac{E_y}{E_{0y}}\right)^2 - 2\frac{E_x E_y}{E_{0x} E_{0y}}\cos\delta = \sin^2\delta$$

式中，相位差 $\delta = \dfrac{\omega z}{c}\left(n_\parallel - n_\perp\right) = \dfrac{\omega z}{c}\left(n_\parallel - n_\perp\right)$。

如图 2-19（a）所示，入射光偏振方向与指向矢的初始夹角为 θ，从液晶出射时的

偏振态由相位差 δ 决定。当偏振方向平行或者垂直于指向矢 $\boldsymbol{n}$，即图 2-19（b）中 $\theta = 0° / 90°$ 时，出射方向不变；当 θ 为其他角度时，出射时的偏振态变成椭圆偏振、圆偏振。

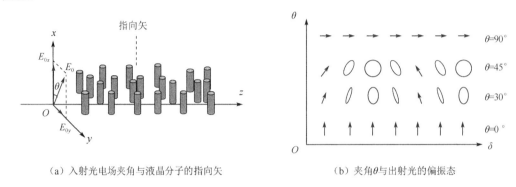

（a）入射光电场夹角与液晶分子的指向矢　　　　（b）夹角 θ 与出射光的偏振态

图 2-19　液晶的双折射效应

2.2.4　液晶的旋光特性

2.2.3 节提及液晶可以改变光的偏振态，利用的是液晶的光学各向异性，TN-LCD 主要利用了液晶的旋光性质。前面小节提到具有双折射性的材料都有旋光性。根据液晶的连续体理论（后面小节会细讲），如图 2-20 所示，液晶分子可以从上到下均匀转一个角度，图中液晶分子转动了 1/4 个螺距，入射光的偏振方向可以随着液晶分子的指向矢旋转。在液晶分子扭曲排列的螺距 P（指向矢 $\boldsymbol{n}$ 旋转 360°所经过的距离）大大超过光的波长的情况下，若光以平行于分子轴的偏振方向入射，则随着光轴的扭曲，光将以平行于出射面光轴的偏振方向射出；若光以垂直于光轴的偏振方向入射，则光将以垂直于出射面光轴的偏振方向射出；若光以其他线偏振光的方向入射，根据双折射效应带来的附加相位差，则光将以椭圆、圆或直线等形式射出。

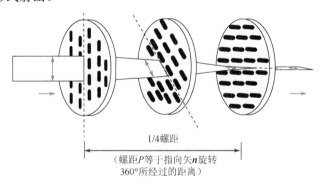

1/4螺距

（螺距 P 等于指向矢 $\boldsymbol{n}$ 旋转
360°所经过的距离）

图 2-20　液晶分子转动 1/4 螺距示意图

通常，旋光角度与厚度成正比，即公式 $\theta = \alpha(\lambda)d$。如图 2-21 所示，由于液晶分子相邻层间依次规则地扭转一定角度，形成螺旋面结构，因此液晶分子的螺距 P 可调，旋光率也是螺距的函数，旋光角度可表示为 $\theta = \alpha(\lambda, P)d$。由于旋光色散，因此不同波长的光通过液晶分子后的旋转角度虽不同，但 TN 模式最重要的特点是液晶的旋光设置满足摩根（J. A.

Morgan）条件：液晶分子的厚度和双折射率（两个折射率的差 Δn）的乘积远大于入射光波长的一半，也就是

$$d \cdot \Delta n \gg \lambda / 2$$

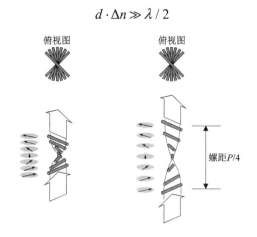

图 2-21　TN 液晶分子的螺距可调

当光通过液晶层时，偏振面发生的旋转与波长无关，几乎没有旋光色散。或者说，当满足摩根条件时，不同波长的入射光经过液晶层后各，自偏振面产生的旋转角度是一样的，旋光率在可见光范围内几乎不变，所有光在通过 TN 液晶后都旋转同样的角度：

$$\alpha\left(\lambda, P\right) \propto \frac{1}{P}$$

$$\theta = \alpha\left(\lambda, P\right)d \propto \frac{d}{P}$$

一般 TN-LCD 的厚度是 $d=P/4$（旋转 90°），大约为 10μm。对于高扭曲向列型（HTN）液晶和超扭曲向列型（STN）液晶而言，旋光性能在可见光范围内变化较大，人眼可以看到明显的旋光色散。

2.2.5　液晶的连续体理论

像一般的固体问题和流体问题那样，有关液晶的许多重要物理现象都可以把液晶当作连续介质来处理，这种连续体模型最早是由欧欣（C. W. Qseen）和祖歇（H. Zöcher）在 20 世纪 20 年代后期提出的。20 世纪 50 年代后期，弗兰克（F. C. Frank）重新研究了欧欣的处理方法，并整理出了曲率弹性理论。虽然液晶是液态物质，不能产生像固体那样的形变，但液晶在外场作用下可以改变指向矢的方向；液晶在取消外场后，通过分子间的相互作用，又有恢复到原有取向的趋势。这种现象和固体的弹性形变类似，被称为液晶的连续体理论，也叫作欧欣-弗兰克（Oseen-Frank）液晶连续体理论。

液晶的指向矢 n 是某一体积内液晶分子长轴取向的平均方向，若液晶中各处的指向矢偏离了平衡态时的方向，则称液晶发生了形变。液晶中各处的指向矢并不相同，根据液晶的连续体理论，指向矢 n 为位置 r 的连续函数。图 2-22 显示了液晶中的三种形变类型或三类弗雷德里克兹转变（Fréedericksz Transition）：展曲（Splay）、扭曲（Twist）和弯曲（Bend），指向矢都是连续变化的。

如图 2-23 所示，在向列型液晶分子的上下表面，通过取向膜锚定上下两层分子的指向矢，使之成 90°夹角。因为指向矢 n 为位置 r 的连续函数，向列型液晶的上下两层分子之间呈螺旋状排列，即形成了 TN 液晶。

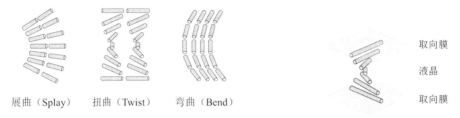

图 2-22　液晶中的三种形变类型　　　　图 2-23　通过取向膜使向列型
液晶分子呈螺旋状排列，形成 TN 液晶

由于液晶分子在外场作用前后分别处于两个不同的平衡状态，分子自由能分别处于一个极小值的情况，因此用自由能变化来分析液晶分子的弗雷德里克兹转变比较方便。畸变自由能密度（Distortion Free Energy Density）的定义为：描述液晶的自由能密度增加（均匀排列到畸变）的量，也叫作弗兰克（Frank）自由能密度。液晶分子在形变过程中的弹性形变自由能可表述为

$$F_{d} = \frac{1}{2}K_{1}\left(\nabla \cdot \boldsymbol{n}\right)^{2} + \frac{1}{2}K_{2}\left(\boldsymbol{n} \cdot \nabla \times \boldsymbol{n}\right)^{2} + \frac{1}{2}K_{3}\left(\boldsymbol{n} \times \nabla \times \boldsymbol{n}\right)^{2}$$

上式中相加的三项自由能依次代表了"展曲"自由能、"扭曲"自由能和"弯曲"自由能。其中，K_i 为弗兰克常数（Frank Constants），$\boldsymbol{n}$ 为指向矢。液晶从一个平衡态到另一个平衡态，指向矢在电场中的分布使系统的自由能趋向最小值。通过求上式的极小值，可以推导出阈值电压（Threshold Voltage，液晶转向的最小电压），对于 TN-LCD，阈值电压为

$$V_{t} = \frac{\pi}{d}\sqrt{\frac{K_{2}}{\epsilon_{0}\Delta\epsilon}}$$

可以看出，$\Delta\epsilon$ 越大，阈值电压越低。

2.3　LCD 的原理

LCD 技术成为应用最广的显示技术之一，离不开 LCD 技术的先天优势和后续的大量研究。从 1888 年液晶被发现到 20 世纪 80 年代，人们对 LCD 进行了很长时间的基础研究，之后在半导体工业发展的推动下进行了量产开发，并取得了巨大的成果。

2.3.1　LCD 的发展

1888 年，奥地利植物学家弗里德里希·莱尼泽（Friedrich Reinitzer）发现了液晶。

1964 年，乔治·海尔迈耶（George H. Heilmeier）发现了液晶特殊的光电效应，由此开创了动态散射（DSM）模式 LCD，也是第一个工作的 LCD。

20 世纪 70 年代，液晶开始步入产业化阶段，推出了液晶计算器、液晶腕表等应用产品。同时，TN 液晶显示器件专利、TFT-LCD 及彩色 LCD 等陆续出现。

20 世纪 80 年代，彩色 LCD 电视机应用。同时，超扭曲向列型（Super Twisted Nematic，STN）液晶显示器件被发明。

20 世纪 90 年代，平面转换（In-Plane Switching，IPS）液晶得到了发展。

21 世纪 00 年代，LCD 在图像性能上超越了 CRT。同时，LCD 电视市场逐渐超越了 CRT 电视市场。

21 世纪 10 年代，液晶显示器已经成为所有计算机的主要显示设备，并出现了新的背光技术（区域背光、量子点背光、Mini-LED 背光）等。

2.3.2　TN 液晶

LCD 的基本原理是，将液晶置于两块玻璃基板之间，在两块玻璃基板的两个电极的作用下，液晶分子扭曲变形，改变通过液晶盒光束的偏振态，实现对背光源光束的开关控制。若在两块玻璃基板之间加上滤色片，则可实现彩色显示。

采用 TN 液晶的 LCD 大致有以下几种：TN-LCD、STN-LCD（Super Twisted Nematic LCD，超扭曲向列型液晶显示）、HTN-LCD（High Twisted Nematic LCD，高扭曲向列型液晶显示）、FSTN-LCD（Film compensated STN LCD，薄膜补偿超扭曲向列型液晶显示）等。其中，TN-LCD 是发明较早、应用最广的 LCD。

图 2-24 所示为无源 TN-LCD 的典型结构。液晶的上下表面会有相互垂直的取向膜（配向膜），使液晶沿沟槽取向，上下取向膜方向不同，液晶会均匀扭转。将液晶置于两个电极之间，液晶靠两个电极之间的电场驱动。两块玻璃基板外侧是偏光片，上下偏光片之间偏光轴正交 90°。在不同的电场下，液晶做不同排列，产生旋光性的差别，通过偏光片就能产生明暗。依此原理控制每个像素，便可构成图像。若在玻璃基板内侧加上滤色片（Color Filter，CF），则可显示彩色图像。

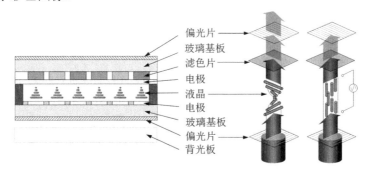

图 2-24　无源 TN-LCD 的典型结构

图 2-24 中，具体显示原理如下。

（1）当电极两端不加电场时，自然光通过下偏光片后，变成单一方向的偏振光，该偏振光经过未加电场而保持原排列方向的 TN 液晶，由于液晶分子排列所致的旋光现象，偏振方向由原来的方向旋转 90°，变为正交的水平方向，该方向的偏振光与上偏光片的透光轴一致射出液晶盒，从而显示亮态。

（2）同理，若给液晶施加电场，并且电压大于阈值电压 V_t，则 TN 液晶分子由扭曲排列状态变为随电场方向的排列状态，扭曲结构消失，导致旋光作用消失，入射的线偏振光的偏振方向将不发生转变（沿着指向矢-光轴传播的光不发生双折射现象），偏振光方向与上偏光片的透光轴方向相互垂直而被上偏光片遮挡，最终没有光线从液晶盒透出，从而显示暗态。

有源矩阵（AM）的 LCD，即 AM-LCD，通常采用薄膜晶体管（TFT）的电路来控制每个电极，这种 LCD 也称为 TFT-LCD。如图 2-25 所示，通过 TFT 的开关作用，给每个像素分别输入不同大小的数据信号电压，液晶分子在不同电压下旋转的状态不同，对线偏振光的旋转程度也不同，导致背光经过液晶后，在上偏光片透光轴上的分量不同，出射光的亮度也不同。这样就能实现多灰阶的画面显示；加上滤色片，可显示彩色图像。

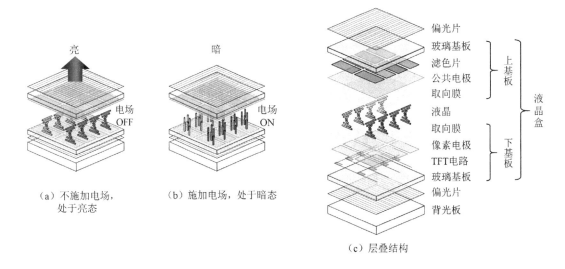

图 2-25　TFT-LCD 的结构和原理（TN）

2.3.3　视角补偿膜

对于 TN 液晶来说，如图 2-26（a）所示，由于液晶的连续性，接近取向层的两端液晶层因锚定力的关系，无法完全垂直站立，而是具有一定的倾斜角度，导致观测者从不同角度看液晶分子，可分别看到液晶分子的长轴、短轴，如图 2-26（b）所示。由于液晶的各向异性，若光线与光轴成一定角度通过液晶分子后，o 光和 e 光之间会有相位延迟，并随角度的增大而增大，出射光将变成椭圆偏振光，在通过偏光片时出现漏光现象，导致亮态和暗态的对比度均有所下降，甚至发生灰阶反转。

为了解决 TN 液晶在接近取向层的两端液晶层因锚定力的关系而无法垂直站立的问题，可以按图 2-27 所示在上下玻璃基板外侧增加碟形液晶补偿膜。由于此部位的漏光程度按梯度变化，因此可以通过改变碟形液晶在厚度方向的倾角来补偿。

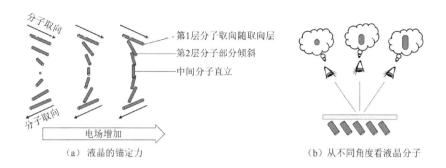

图 2-26　TN 液晶分子的视角

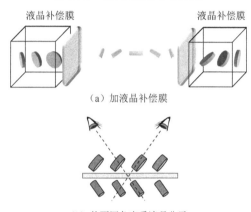

图 2-27　加液晶补偿膜后的 TN-LCD

虽然通过加液晶补偿膜来弥补 TN-LCD 视角的不足，改良后的 TN-LCD 在对比度为 10∶1 的情况下测得的视角极限值可达 160°，但实际上，在对比度下降到 100∶1 时，图像就已经出现失真甚至偏色。

2.3.4　IPS 液晶

为了增大视角，人们引入了其他类型的液晶，如 IPS 液晶。IPS 液晶是平面转换（In-Plane Switching）液晶，电极的电场平行于液晶平面，能实现广视角。与 TN 液晶不同，IPS 液晶中的液晶分子不是站起来的，而是通过横向电场进行扭转的，不存在液晶分子倾角不对称的问题。它的原理为：①当不施加电场时，液晶分子完全不会旋转，通过上下两片垂直的偏光片滤除光线，显示为暗态，如图 2-28（a）所示；②当施加电场后，液晶分子旋转，如图 2-28（b）所示，θ（入射光偏振方向与指向矢的初始夹角）及相位差 δ 也随电压逐渐变化，如图 2-28（c）所示，在 θ 和 δ 的变化下，偏振态随之变化，出射光的偏振态也在变化，偏振态逐渐变成椭圆偏振，出射光可以部分通过偏光片。偏振态逐渐变成旋转 90° 后的线偏振，出射光可以完全通过偏光片，显示为亮态。IPS 液晶不通电时为常闭状态。

图 2-29 所示为从不同角度看到的 TN 液晶分子和 IPS 液晶分子的长轴和短轴。可以看出，从不同角度都看到了 IPS 液晶分子的长轴，这得益于电场方向和液晶分子长轴处于同一平面，从不同观测角度看过去没有方向性，能得到高达 178° 的视角。

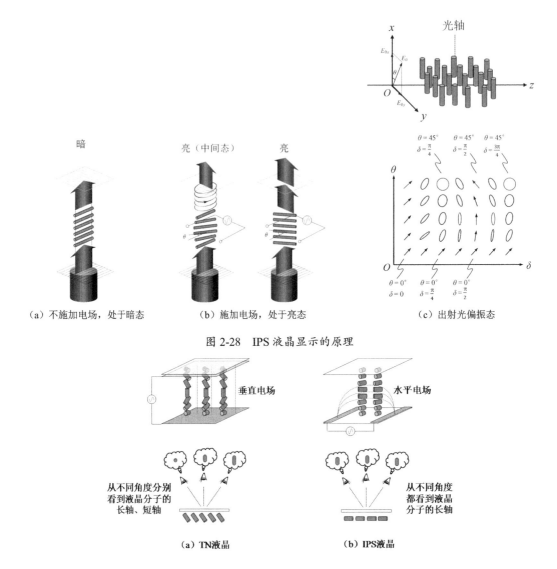

（a）不施加电场，处于暗态　　（b）施加电场，处于亮态　　（c）出射光偏振态

图 2-28　IPS 液晶显示的原理

（a）TN液晶　　　　　　　（b）IPS液晶

图 2-29　从不同角度看到的 TN 液晶分子和 IPS 液晶分子的长轴和短轴

IPS 液晶由日本的日立（Hitachi）公司于 1996 年研发。其特点是液晶分子始终平行于屏幕，能有效控制漏光。经过多年发展，目前显示器用 IPS 液晶主要由韩国 LG 公司研发和生产。与图 2-30（a）所示的早期 IPS 液晶相比，S-IPS 液晶通过导入人字形电极和双畴模式，改善了特定角度的灰阶逆转现象，并进一步拓宽了视角，实现了 S-IPS（Super IPS）178°广视角技术，如图 2-30（b）所示。S-IPS 液晶不仅在视角广度上达到 178°，仰角、俯角的有效收视范围也能达到 178°，有效解决了视角范围小、侧面观看略有失真的问题。按照研发的时间线来看，目前 IPS 液晶包括 IPS 液晶（日立），DD-IPS 液晶（IBM），ACE 液晶（三星），S-IPS 液晶（LG）、E-IPS 液晶、H-IPS 液晶、P-IPS 液晶，AS-IPS 液晶，UH-IPS 液晶和 H2-IPS 液晶，AH-IPS 液晶，PLS/S-PLS 液晶，AD-PLS 液晶和 AHVA 液晶。目前 IPS 液晶的主要生产厂家有日立、松下、东芝、三菱电机、LG 和 TOPFOISON 等。

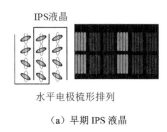 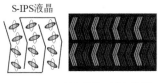

水平电极梳形排列　　　　　　　　　　　　　　左右旋转，减少色偏

（a）早期 IPS 液晶　　　　　　　　　　　　　　（b）S-IPS 液晶

图 2-30　IPS 液晶

　　IPS 液晶屏的优点为 178° 的大视角、色域广（S-IPS 液晶、H-IPS 液晶）、响应速度快，缺点为功耗较高、良品率较低、价格偏高。

2.3.5　边缘电场液晶

　　Hydis 在引入日立的 IPS 技术后进行了一系列的重大改进，形成了自己的 FFS（Fringe Field Switching）技术。而后京东方完成了对 Hydis 的收购，通过交叉专利授权，获得了 FFS 技术的使用权，将这个以 FFS 为基础的广视角液晶技术命名为 ADS，并注册为商标。

　　如图 2-31（a）所示，在 IPS 技术中，像素电极（Pixel Electrode）与公共电极（Common Electrode）制备在一个平面内，采用金属/ITO 叉指形电极。要通过平面内的电场控制液晶分子的偏转，对电极之间的距离、电极宽度及液晶盒的厚度是有一定的要求的。这种模式的电极，正上方的电场较弱，不能充分控制液晶分子的偏转，需要较大的工作电压。

　　如图 2-31（b）所示，在 ADS（本质为 FFS）技术中，像素电极和公共电极分两层制备，其间用绝缘膜隔开，二者之间的距离非常近。第一层 ITO 组为公共电极，形状一般为与像素形状一致的正方形，具有较大的面积。在 ADS 技术中，像素电极与公共电极之间存在较强的平面内电场，因此 ADS 技术的工作电压可以比 IPS 技术的更低。

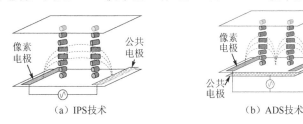

（a）IPS技术　　　　　　　　　　　　（b）ADS技术

图 2-31　IPS 技术和 ADS 技术原理图

　　在 ADS 技术中，边缘电场的存在使液晶盒内液晶分子的转动情况更为复杂，既有水平分量，也有垂直分量。由于边缘电场的存在，电极上方液晶分子会发生偏转。相比 IPS 技术，ADS 技术具有更大的透光面积，克服了 IPS 技术透光效率低的问题，在大视角的前提下，实现了高的透光效率。ADS 技术经过多代发展，具有高透过率、大视角、低色偏等特点。

2.3.6　VA 液晶

　　另一种增大视角的液晶是 VA 液晶（Vertical Alignment Liquid Crystal，垂直排列液晶）。VA 液晶为负性液晶（转向垂直于电场），其液晶分子在未施加电场时不像 TN 液晶分子那样平行于屏幕，而是垂直于屏幕，如图 2-32（a）所示，在施加电场时液晶分子倒伏，如图 2-32（b）所示。随着外加电压的增加，液晶分子指向矢相对于入射光的夹角增大，相位差发生变化，出射光偏振态也发生变化，如图 2-32（c）所示。

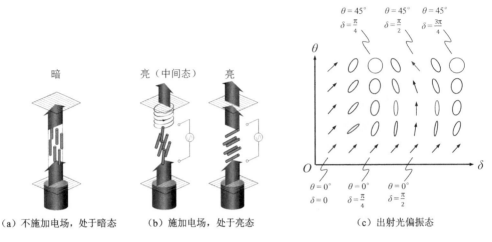

（a）不施加电场，处于暗态　　（b）施加电场，处于亮态　　（c）出射光偏振态

图 2-32　VA 液晶显示原理图

VA 液晶显示最早于 1971 年被提出。1997 年，日本的富士通提出了具有凸起结构件的 MVA（Multi-domain Vertical Alignment，多畴垂直排列）液晶显示模式［见图 2-33（a）］，之后又陆续出现了其他的 VA 液晶显示模式，如 CPA（Continuous Pin-wheel Alignment）、PVA（Patterned Vertical Alignment）、PSVA（Polymer Sustained Vertical Alignment）等显示模式。PVA 显示模式是三星推出的一种面板类型，采用透明的 ITO 电极代替 MVA 显示模式中的液晶层凸起物，如图 2-33（b）所示，透明电极可以获得更高的开口率，最大限度地减少背光源的浪费。

这些显示模式的工作机制都相同，都采用多畴结构，每个像素都是由多个这样的垂直排列的液晶分子畴组成的，区别是实现液晶分子在垂直面内旋转的结构或制造工艺不同。

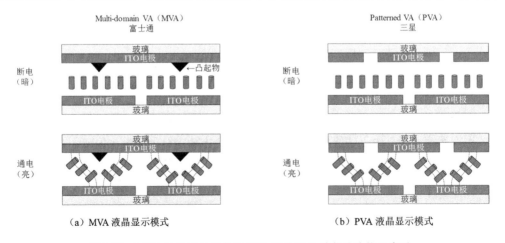

（a）MVA 液晶显示模式　　　　　　　　　（b）PVA 液晶显示模式

图 2-33　MVA 液晶显示模式与 PVA 液晶显示模式的结构示意图

当施加电压时，液晶分子便倒向不同的方向，从不同的角度观察屏幕都可以获得相应角

度的补偿，从而改善了视角，如图 2-34 所示。与传统的 TN 液晶相比，MVA 液晶与 PVA 液晶对视角都有很大的改善。VA 液晶的视角可以达到 170°，常用于大尺寸液晶电视产品中。

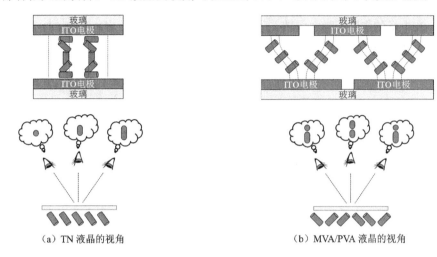

（a）TN 液晶的视角　　　　　　　　　　　（b）MVA/PVA 液晶的视角

图 2-34　TN 液晶与 MVA/PVA 液晶的视角对比

　　从产品来看，自富士通的 MVA 液晶技术授权以来，奇美电子、友达光电（AUO）等均采用了这项液晶技术，如 P-MVA（AUO）、AMVA（AUO）、AMVA+/2/3（AUO），S-MVA（奇美电子、富士通）等，并且改良后的 P-MVA 液晶的视角可以达到 178°，灰阶响应时间可以达到 8ms 以下。同时，三星的 PVA 液晶技术也有很多改良型号，如 S-PVA、c-PVA、A-PVA、SVA 等。

　　上面分别对 TN 液晶显示模式、IPS 液晶显示模式及 VA 液晶显示模式的原理和视角进行了详细的介绍，对三种液晶显示模式的视角、对比度、响应速度、价格进行了相应的对比。可以看出，TN 液晶显示模式的响应速度最高，对比度较低，视角较小；IPS 液晶显示模式的视角较大，响应速度适中，价格昂贵；VA 液晶显示模式的性价比较高，虽然响应速度较低，但价格、视角等都在可以接受的范围内。目前在大屏幕液晶电视市场上，VA 液晶占 83% 的份额，IPS 液晶占 17% 的份额，而在计算机显示器市场上，IPS 液晶的份额大于VA 液晶。二者是当今液晶技术的两大主流。

　　注意，在未施加电压时，由于原理的不同，TN 液晶显示模式为常亮显示，IPS 液晶显示模式和 VA 液晶显示模式均为常暗显示。在出现坏点时，TN 液晶显示模式一般为亮点，IPS 液晶显示模式、VA 液晶显示模式一般为暗点，并且暗点一般比亮点更容易接受。IPS 液晶显示模式、TN 液晶显示模式、VA 液晶显示模式对比如表 2-1 所示。

表 2-1　IPS 液晶显示模式、TN 液晶显示模式、VA 液晶显示模式对比

项目	TN 液晶显示模式	IPS 液晶显示模式	VA 液晶显示模式
视角	★	★★★	★★
对比度	★	★★	★★★
响应速度	★★★	★★	★
价格	￥	￥￥￥	￥￥

2.3.7 宾主液晶

除上述液晶外，还有一类宾主液晶。将少量染料分子溶于液晶中，染料分子与液晶分子同向排列，在电场的作用下随之偏转，称为宾主（Guest-Host）效应，简称 GH 效应，如图 2-35 所示。由于染料分子具有二向色性，吸收与分子轴平行的偏振光，因此可以不用或只用一片偏光片。

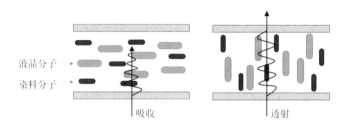

图 2-35　宾主液晶显示原理图

2.4　LCD 的驱动

LCD 通过对输出到 LCD 电极上的电信号进行相位、峰值、频率等参数的调制来建立交流驱动电场，以实现 LCD 的显示效果。LCD 的驱动方法有很多种，常用的有静态驱动和动态驱动两种。

2.4.1 LCD 的基本参数

前面虽提及了各类液晶显示模式在视角、响应速度、对比度等方面的不同，但响应时间没有详细介绍。在介绍 LCD 的驱动之前，需要详细介绍与响应时间相关的一些参数及基本概念。

1. LCD 的等效电路及交流驱动

如图 2-36 所示，液晶在电路中虽可以等效成无极性的容性负载，用直流或交流来偏转，但长时间施加直流电压可能导致液晶材料因电化学反应而劣化，有时也会使杂质离子偏析于单侧的电极，无法对液晶层施加有效的电压，液晶分子无法动作。为了防止这些情况，通常采用交流驱动，延长液晶的使用寿命。交流驱动的电光响应只与电压有效值有关。

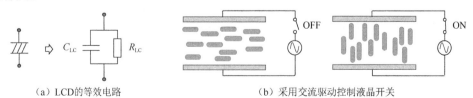

（a）LCD的等效电路　　　　　　　　（b）采用交流驱动控制液晶开关

图 2-36　LCD 的等效电路及交流驱动

2. 电光响应曲线

电光响应曲线是透过率和外加电压的关系曲线。对于常白模式的液晶，其透过率随外加电压的升高而逐渐降低，在一定的电压下达到最低点，此后略有变化，具体如图 2-37 所示。根据电光响应曲线可得出液晶的阈值电压和饱和电压。

（1）阈值电压是指透过率为 90%时的电压，$V_t = V_{90}$，对于 TN 液晶，V_t 为 1～2V。该值越小，电光效应越好。

（2）饱和电压是指透过率为 10%时的电压，$V_s = V_{10}$。

（3）阈值锐度被定义为饱和电压与阈值电压之比，$\gamma = \dfrac{V_s}{V_t}$。

3. 开关响应时间

开关响应时间是指当施加在液晶上的电压改变时，液晶分子改变原排列方式所需要的时间（黑—白—黑）。如图 2-38 所示，上升时间 T_{on} 为透过率由最小值上升到最大值的 90%时所需的时间；下降时间 T_{off} 为透过率由最大值下降到最大值的 10%时所需的时间。

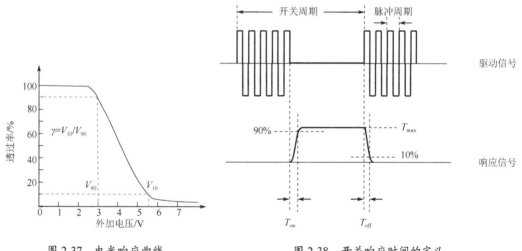

图 2-37　电光响应曲线　　　　　图 2-38　开关响应时间的定义

开关响应时间是 LCD 的一个重要特性参数。开关响应时间过长，容易造成动态画面拖影。开关响应时间的长短与液晶的黏度、弹性常数、液晶盒厚度等因素有关。

2.4.2　LCD 的静态驱动

静态驱动是指每个笔段或像素的驱动电压在显示时间内一直保持的驱动方式。

静态驱动的基本原理为：如图 2-39（a）所示，每个笔段或像素都有一对电极，包括公共电极 C 和笔段或像素电极 X；如图 2-39（b）所示，若公共电极 C 的电压 V_C 和像素电极 X 的电压 V_X 是同极性的方波脉冲，则液晶两端电压差 $V_{CX} = 0$，液晶分子不会翻转；若 V_C 和 V_X 极性相反，则液晶两端产生电压差，即产生电场。当矩形波的电压比液晶阈值电压高时，液晶分子随电场方向翻转。根据液晶分子的翻转程度，透过率逐渐变化。

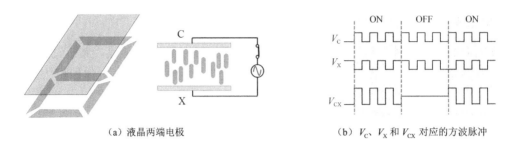

（a）液晶两端电极　　　　　　　　　　（b）V_C、V_X 和 V_{CX} 对应的方波脉冲

图 2-39　LCD 的静态驱动

静态驱动需要的驱动单元较多，只适用于显示单元少的 LCD，例如图 2-40 所示的笔段式和点阵式 LCD。

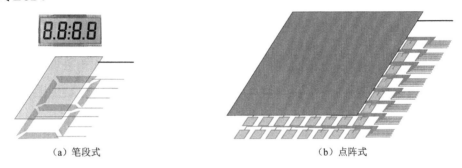

（a）笔段式　　　　　　　　　　　　（b）点阵式

图 2-40　两种适用静态驱动的 LCD

2.4.3　LCD 的动态驱动——PM 驱动

当 LCD 上的显示像素众多时，如点阵式 LCD，若使用静态驱动结构，则会产生众多的引脚及庞大的硬件驱动电路，不易实现。为了解决这个问题，在 LCD 电极的制作与排布上做了改进，实施了动态驱动（又称为矩阵寻址驱动），简单来说，就是把横纵两个方向上的电极群构成矩阵，让行电极按顺序选通，列电极为每一行施加信号，即将 $m \times n$ 个交点构成的像素用 $m + n$ 个电路驱动。

如图 2-41 所示，把一组水平显示像素底面的电极连在一起并引出，称为行电极，又称为扫描线（行线）；把一组纵向显示像素顶面的电极连在一起并引出，称为列电极，又称为数据线（列线）。每个显示像素都由所在的行与列的位置唯一确定。驱动方式采用类似于 CRT 显示器的光栅逐行扫描方法，循环为每行电极施加选择脉冲，所有列电极给出该列像素的选择或非选择的驱动脉冲，实现某行所有显示像素的驱动。我们把 LCD 的这种扫描驱动方式称为动态驱动。根据像素电路是否采用 TFT，动态驱动又可分为两类：被动矩阵（Passive Matrix，PM）驱动和主动矩阵（Active Matrix，AM）驱动。

PM 驱动又称为无源矩阵驱动，如图 2-42（a）所示，将上下基板的条状电极互相正交，交叉点为像素。如图 2-42（b）所示，通过行线逐个选通，列线同步施加信号，每行的显示时间占比，也就是占空比=1/行数 N。行数越多，占空比越小，对比度越低。假设一帧时间为 T，则单行扫描时间为 $(1/N)T$。

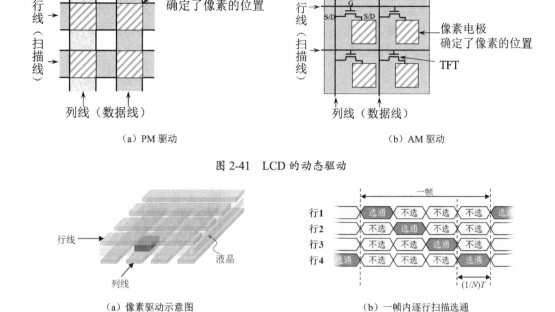

（a）PM 驱动　　　　　　　　　　　　　　（b）AM 驱动

图 2-41　LCD 的动态驱动

（a）像素驱动示意图　　　　　　　　　　　（b）一帧内逐行扫描选通

图 2-42　PM 驱动

如图 2-43 所示，若在选通第 1 行时，给出列线信号使第 1 列和第 4 列选通，则 D11 和 D14 像素被选通；若在选通第 2 行时，给出列线信号使第 2 列和第 3 列选通，则 D22 和 D23 像素被选通；以此类推，在一帧结束时，完成了整幅图像的动态选址，只要一帧时间 T 小于人眼的视觉暂留时间（1/24s 左右），人眼就能够看到连续的动画，即视觉暂留现象。

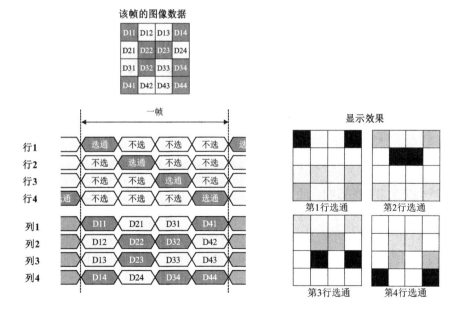

图 2-43　PM 驱动行列扫描信号及显示结果

由于液晶没有极性，可双向导通，且等效为容性负载，因此容易使邻近像素导通，造成串扰。如图 2-44 所示，若像素 A1 被选通，则与该像素在同一行或同一列的像素均有选择电压加入，称为半选择点，A1 邻近的半选择点由于像素串扰，往往会出现不应有的半显示现象，使得显示对比度下降，称为交叉串扰。

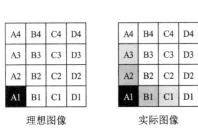

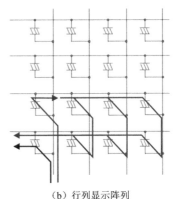

（a）理想图像与实际图像不同　　　　（b）行列显示阵列

图 2-44　交叉串扰

随着行列数的增加，交叉串扰更明显，导致画面不均匀。选择点最邻近的点称为半选择点，假设图 2-45 中选择点的两端偏压为 V，则半选择点偏压$=\left[(N-1)/(2N-1)\right]\times V$，非选择点偏压$=1/(2N-1)\times V$，当 N 很大时，半选择点偏压$=V/2$。

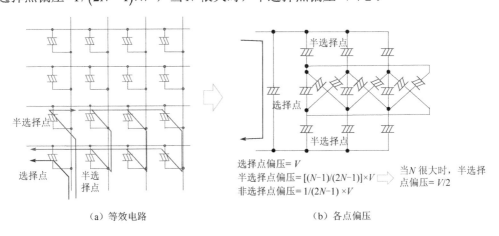

（a）等效电路　　　　　　　　（b）各点偏压

图 2-45　PM 矩阵液晶屏的等效电路及各点偏压

为了减小交叉串扰的影响，通常采用偏压法，如平均偏压法，即把半选择点上的电压和非选择点上的电压平均化：给非选择点加电压以降低半选择点偏压。例如，给图 2-46 中的第 4 行施加电压$\left[(b-1)/b\right]\times V$，让其选通，其余各行电压为 0，给第 1 列施加 $-(1/b)\times V$ 电压，其余均为非选通电压$(1/b)\times V$，则选择点偏压$=V$，半选择点偏压$=\left[(b-2)/b\right]\times V$ 或 $(1/b)\times V$，非选择点偏压$=-(1/b)\times V$。其中，b 为偏压比，即选择点与非选择点电压值比。这样就能将半选择点偏压、非选择点偏压控制在阈值电压以下。例如，当 $b=3$，选择点偏压$=V$ 时，半选择点偏压$=(1/3)\times V$，非选择点偏压$=-(1/3)\times V$。

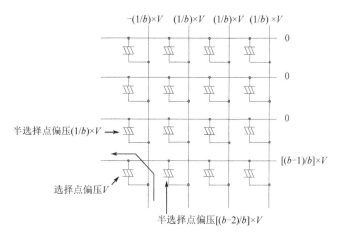

图 2-46　平均偏压法

2.4.4　LCD 的动态驱动——AM 驱动

PM 驱动［见图 2-47（a）］在行数较多时存在问题，导致对比度下降。这是由于占空比下降（$1/N$），交叉串扰增加，因此可以采用由开关器件构成的 AM，将控制电压和驱动电压分离，提高占空比 $(N-1)/N$，减少交叉串扰，如图 2-47（b）所示。其中，开关器件主要是 TFT。

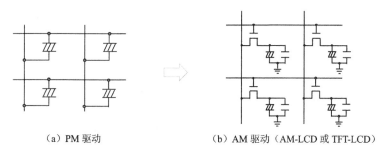

（a）PM 驱动　　　　　　　　　　（b）AM 驱动（AM-LCD 或 TFT-LCD）

图 2-47　PM 驱动到 AM 驱动的变化

TFT 一般是三端口器件，虽与金属-氧化物-半导体场效应晶体管（MOSFET）相似，但沟道材料不同，通常采用非晶硅（a-Si）、多晶硅（Poly-Si）、非晶金属氧化物半导体（如 IGZO）等。TFT 的端口包括栅极、源极和漏极。栅极相当于水龙头开关，可以通过控制栅极和漏极两端电压来控制像素的选通。TFT 有不同的结构，分别是背栅 TFT 的背沟道刻蚀（Back Channel Etch，BCE）型和刻蚀阻挡层（Etch-Stop Layer，ESL）型，还有顶栅 TFT 等，具体如图 2-48 所示。这些 TFT 将在第 10 章进行详细介绍。采用 TFT 作为开关，可分离驱动信号和数据信号，像素状态也可以长时间保持。

图 2-49 和图 2-50 所示分别为 TFT 有源矩阵液晶显示（TFT-LCD）的结构示意图的斜视图和截面图。与无源矩阵 LCD 类似，TFT-LCD 也是在两块玻璃基板之间封入液晶材料构成液晶盒。在下基板上制备作为像素开关的 TFT 器件、透明的像素电极（Pixel Electrode）、存储电容（Storage Capacitor）、控制 TFT 栅极的扫描线（也称为行线或门线）、控制 TFT 漏极的数据线（也称为列线）等，如图 2-49 所示。除了图 2-48 所示的部分，在上基板上制备滤

色片和遮光用的黑矩阵，并在其上制备透明的公共电极，在两块玻璃基板内侧制备取向层，使液晶分子定向排列，以实现显示的需求。此外，如图 2-50 所示，在上下玻璃基板外侧分别贴有偏光片，配合液晶的旋光效应。由于液晶面板本身并不发光，因此在液晶面板后面加上了一个背光源和一块背光板，为液晶面板提供了一个亮度高且亮度分布均匀的光源。

（a）开关作用类比于水龙头

（b）TFT 的三种结构

图 2-48　TFT 的原理和结构示意图

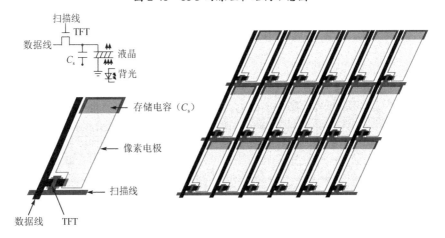

图 2-49　TFT-LCD 的结构示意图（斜视图）

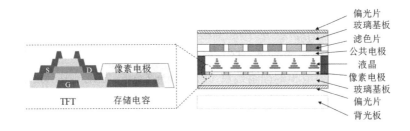

图 2-50　TFT-LCD 的结构示意图（截面图）

对于 TFT-LCD 来说，每个像素单元从结构上可以看作像素电极和公共电极之间夹一层液晶，液晶层可等效为一个液晶电容 C_{LC}，其值约为 0.1pF；在实际应用中，这个电容无法将电压保持到下一次更新画面的时刻（以一般 60Hz 的刷新率，需要保持约 16.7ms，也就是说，当 TFT 对这个电容充好电时，无法将电压保持住。这样一来，电压有了变化，显示的灰阶就会不正确，因此一般在设计面板时，会再加一个存储电容 C_s（一般由像素电极与公共电极走线形成），其值约为 0.5pF，以便让电压能保持到下一次更新画面的时刻。下面描述 TFT 驱动的两个阶段。

阶段 1 为写入阶段。扫描线将 TFT 选通，数据线上的数据电压 V 写入存储电容，这个阶段的时间占一帧的 $1/N$，如图 2-51（a）所示。

阶段 2 为维持阶段。扫描线将 TFT 关闭，液晶两端电压由存储电容维持，维持亮度，直到下次写入，这个阶段的时间占一帧的 $(N-1)/N$，如图 2-51（b）所示。

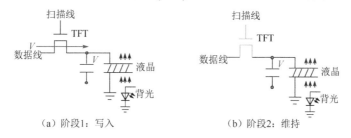

（a）阶段1：写入　　　　　　　　　　　（b）阶段2：维持

图 2-51　TFT 驱动的两个阶段

如图 2-52（a）所示，当与 TFT 栅极相连的行线 Gi 加高电平脉冲时，连接在 Gi 上的 TFT 全部被选通，图像信号经缓冲器同步加在与 TFT 漏极相连的引线（D1～D3）上，经选通的 TFT 将信号电荷加在液晶像素上。Gi 每帧被选通一次，D1～D3 每行都要被选通。当 TFT 栅极被扫描选通时，栅极上加一个正高压脉冲 U_G，TFT 导通，如果此时漏极有信号 U_D 输入，则导通的 TFT 提供开态电流 I_{on}，对液晶像素进行充电。液晶像素就被施加上了信号电压 U_D，该电压大小对应于所显示的内容。包括液晶电容和存储电容在内的总电容 $C_{LC}+C_s$ 上的电荷将保持一帧的时间，直至下一帧再次被选通后新的 U_D 到来，$C_{LC}+C_s$ 上的电荷才会改变，具体所加的行、列线信号如图 2-52（b）所示。经过逐行重复选通便可显示出一帧图像。由于扫描信号互不交叠，在任一时刻，有且仅有一行 TFT 被扫描选通而开启，其他行处于关态，显示的图像信息不会影响其他行，在理论上消除了串扰。

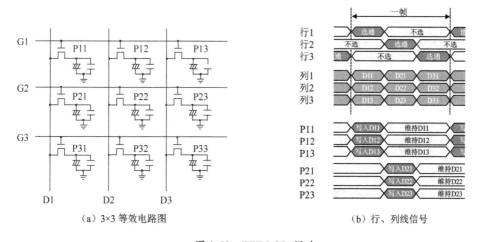

（a）3×3 等效电路图　　　　　　　　　　　（b）行、列线信号

图 2-52　TFT-LCD 驱动

2.4.5 防老化和防闪烁

液晶分子的驱动电压不能固定在某个值，否则随着时间的推移，液晶分子会逐渐失去光学性质。因此，有必要翻转液晶分子的驱动电压，以避免液晶分子的特性被破坏。当像素电极的电压高于公共电极的电压时，称为正极性；当像素电极的电压低于公共电极的电压时，称为负极性。为了防止液晶老化，LCD 像素可以采用帧反转（Frame Inversion）、列反转（Row Inversion）、行反转（Column Inversion）、点反转（Dot Inversion）的方式。

如图 2-53 所示，对于逐帧反转法，在同一帧中，整个屏幕的所有相邻点极性相同，相邻帧极性不同；对于逐行反转法，同一行的极性相同，相邻行的极性不同；对于逐列反转法，同一列的极性相同，相邻列的极性不同；对于逐点反转法，每个点与其相邻的上、下、左、右点的极性都不同。

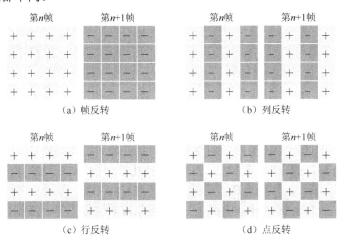

图 2-53　基本的极性反转方式

上述不同的极性反转方式会引起不同程度的闪烁现象。所谓闪烁现象，是指屏幕给人一种闪烁的感觉，不是刻意的视觉效果，而是因为屏幕每次更新时，屏幕的灰度都会发生轻微的变化，让人觉得屏幕在闪烁。

使用逐帧反转方法最有可能发生这种情况，逐行/列反转方法不明显，使用逐点反转方法时屏幕几乎没有闪烁。因为一帧一帧倒过来的整个画面是同极性的，所以这次画面是正的，下次画面就变成负的了。正负极性本应该是相同的灰度，如果公共电压有微小误差，则正负电极的灰度也会不同。连续切换屏幕时，正负极性屏幕交替出现，会造成屏幕闪烁。列/行/点反转面板的极性反转模式也可能存在闪烁现象，整个屏幕的极性会同时发生变化。只有一行或一列，甚至一个点会改变极性。就人眼而言，闪烁效果不会很明显。为了防止屏幕闪烁，可以调整公共电极的电压和选择极性反转方式来进行优化。

2.5　LCD 的制造工艺

TFT-LCD 的制造工艺流程如下。

（1）下基板：在 TFT 基板上形成 TFT 阵列。

（2）上基板：在滤色片基板上形成彩色滤光图案及 ITO 导电层。

（3）用两块基板形成液晶盒。

（4）外围电路、背光源等模块的组装。

可以看出，上下两块基板是分开制备的，最后进行组装。以下详细介绍每个流程。

2.5.1　下基板

下基板的制备流程如图 2-54 所示。

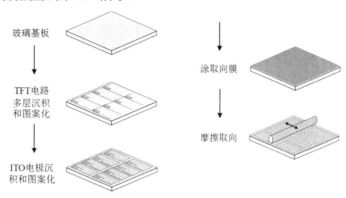

图 2-54　下基板的制备流程

首先，在玻璃基板上进行 TFT 电路多层沉积和图案化。在下基板上制备 TFT 阵列，TFT 的数量多少由屏幕的分辨率决定，目前已经实现量产的 TFT 主要包括非晶硅（a-Si）TFT、低温多晶硅（LTPS）TFT、非晶氧化物（AOS）TFT 等。第 10 章将会进行详细对比介绍。

其次，进行 ITO 电极沉积和图案化。由于液晶分子的运动和排列都需要电子来驱动，因此 TFT 玻璃基板上必须有能够导电的部分来控制液晶的运动。这里采用 ITO 作为透明电极，防止阻挡背光。

最后，涂取向膜并摩擦取向。在 TN-LCD 的制造工艺中，取向排列是一个关键的工序。TN-LCD 要求玻璃基板内表面处液晶分子的排列方向互成 90°。排列取向主要采用倾斜蒸镀法和摩擦取向法，由于前者不适合大规模生产，通常采用摩擦取向法。一般采用在玻璃基板上涂覆表面活性剂、耦合剂、聚酰亚胺树脂等取向材料的方式。具体步骤为清洗、涂膜、预烘、固化、摩擦。常用的涂膜方法有旋涂法、浸泡法和凸版印刷法，最后用尼龙、纤维或棉绒等材料按照一定方向对取向膜做定向摩擦处理，便形成了取向层。

2.5.2　上基板

上基板的制备流程如图 2-55 所示。

首先，在玻璃基板上进行黑矩阵（Black Matrix，BM）沉积图案化。该层是为了防止漏光和环境光反射，以往多采用溅射法形成单层金属铬膜，现在多采用金属铬和氧化铬复合型的 BM 膜或树脂混合碳的树脂型 BM 膜。

其次，制作滤色片（Color Filter，CF）。滤色片着色部分的形成方法有染料法、颜料分散法、印刷法、电解沉积法、喷墨法。目前以颜料分散法为主。颜料分散法就是先将 R、G、B 三色颗粒均匀的微细颜料（平均粒径小于 $0.1\mu m$）分别分散在透明感光树脂中，然后将它们依次用涂敷、曝光、显影工艺方法，形成 R、G、B 三色图案。在制备过程中使用光刻技术，所用装置主要是涂敷、曝光、显影装置。由于带有滤色片的上基板与带有 TFT 的下基板一起构成液晶盒，所以必须注意对位问题，使滤色片的各单元与下基板各像素相对应。另外，除了这种直接做在上基板内表面上的滤色片，还有一种做在独立基板上的滤色片，通过贴合工艺将独立基板与液晶盒贴合。前者的光学性能好。后者的制备灵活性更大，成本更低。

再次，沉积保护（Overcoat，OC）层和 ITO 公共电极。OC 层材料主要为树脂，目的是作为平坦化层和保护膜，溅射 ITO 公共电极。在加电场后，它和下基板的 ITO 电极一起，控制液晶分子的运动。

最后，涂取向膜并摩擦取向。同下基板，这里不再赘述。

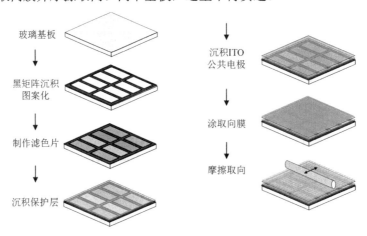

图 2-55　上基板的制备流程

2.5.3 液晶盒

上下基板分别制备完成后，用这两块基板形成液晶盒，液晶盒的封装流程如图 2-56 所示。

将带有 TFT 的下基板和带有滤色片的上基板贴合在一起，并灌注液晶，进行封口。该工序的制成品称为液晶盒。贴合前，需要在 TFT 阵列基板周边布好密封胶材料，即框胶，包括胶体材料、间隔粒子（Spacer）、导电金球。间隔粒子起到支撑上下基板、保持液晶盒厚度的作用，导电金球起到导通上下基板的作用。

在上基板的透明电极末端涂布银浆，并将两块基板对位黏接，使滤色片的图案与 TFT 像素图案一一对正，经热处理使密封胶材料固化。在印刷密封胶材料时，需留下注入口，以便抽真空灌注液晶。用紫外胶封口后，需要在上下基板外侧贴合相互垂直的偏光片，以便进行滤光显示。

近年来，随着 LCD 技术的进步和基板尺寸的不断加大，在液晶盒的制作工艺上也有很大的改进。比较有代表性的是灌晶方式的改变，从原来的成盒后灌注改为 ODF 法，即灌晶与成盒同步进行。另外，间隔粒子也不再采用传统的喷洒法制备，而是直接在阵列上采用光刻法制备。

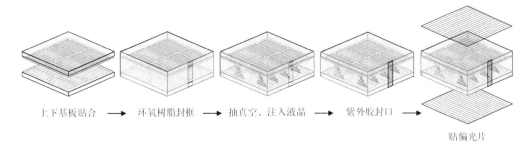

上下基板贴合　➝　环氧树脂封框　➝　抽真空、注入液晶　➝　紫外胶封口　➝　贴偏光片

图 2-56　液晶盒的封装流程

人们有时看到出现故障的液晶显示器表面有非常明显的块状黑斑，或者有明暗不均的斑块并出现裂纹，这些很可能是由液晶盒漏液导致的。液晶显示器受到外力挤压或撞击，造成液晶显示屏破裂而出现漏液现象，维修成本很高，费用接近一台同型号液晶显示器的成本。

2.5.4　模组工艺

在液晶盒制作工艺完成后，在面板上需要安装外围驱动电路，如源驱动芯片（Source IC，负责列线数据）和栅驱动芯片（Gate IC，负责行扫描信号），或者二者合一的 One-Chip IC。如果是透射型 LCD，还需要安装背光源。

材料和工艺是影响产品性能的两个主要因素，TFT-LCD 经过上面 4 道主要制程和大量繁杂的制作工艺，才形成我们所看到的产品。

2.6　LCD 的光源技术

2.6.1　透射式和反射式液晶

按照器件的性质分类，显示技术包括受光型和自发光型两种类型。前面提到，液晶置于两个电极之间，在不同的电场下，液晶分子做不同排列，可改变光的偏振态，依此原理控制每个像素，便可构成图像。液晶盒就是决定透光率的器件，液晶属于受光型器件，并不能自发光，需要外加背光源或者前光源，如图 2-57 所示。

反射式 LCD 的光源可以是环境光（阳光）或前光灯反射，如图 2-58（a）所示；早期的 LCD 有大量反射式的应用，通过前光灯照射并进行反射，现在的 LCD 大多是透射式的液晶显示屏，采用透射式的背光源，可以采用荧光灯、白光 LED、白光 LED+量子点、Mini-LED 阵列或 Mini-LED 阵列+量子点，用于增加在低光源环境中的亮度。透射式是绝大多数液晶显示屏采用的方式，如图 2-58（b）所示。

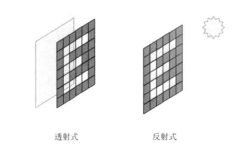

透射式　　　　　　反射式

图 2-57　透射式（背光）和反射式（前光）液晶

（a）反射式　　　　　　　　　　　（b）透射式

图 2-58　LCD 受光型显示光源类型

2.6.2　LCD 背光源

由于背光显示能够提供均匀的光源和更高的对比度，因此得到了广泛应用。背光模组（Back Light Module，BLM）或背光单元（Back Light Unit，BLU）是液晶显示屏的重要组成部分，直接关系到画质的明暗度，成本占据整个 LCD 的 15%～35%。对于较大尺寸的液晶显示屏，背光模组的耗电量占整体的 75%左右。

近年来，LCD 的背光技术也在不断发展，4 种 LCD 背光源结构如图 2-59 所示。早期的 LCD 背光源大多是侧光式（Edge Light）的，在液晶显示屏 BLM 的四边、两边或一边排上背光源，通过导光板等结构，让光均匀伸展。之后发展出了直下式（Direct Light），白光 LED 作为背光排成行列。近些年发展出了 LED 局部调光（Local-Dimming）及 Mini-LED 局部调光，保留了 LED 的特性，LED 做得更小更密集，且每个单元可以单独控制明暗。LED 局部调光技术可以做出几十个分区，根据显示画面的局部明暗来开关不同分区。Mini-LED 局部调光技术的背光分区数更多，可达几百个甚至数千个，同样根据显示画面的局部明暗来开关分区，以实现更高的对比度，但成本也更高。相关内容将在第 7 章详细讨论。

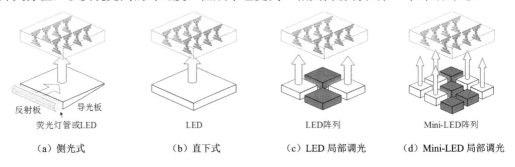

（a）侧光式　　　　（b）直下式　　　　（c）LED 局部调光　　　（d）Mini-LED 局部调光

图 2-59　4 种 LCD 背光源结构

2.6.3　背光源中的量子点技术

量子点（Quantum Dot，QD）技术可以改善背光的光谱。主流的 LCD 背光是蓝光 LED 的蓝光经过黄色荧光体转化后混合实现白光的，白光的光谱不够纯粹。现在很多液晶显示屏添加了量子点强化膜使白光光谱中的红绿蓝三个尖峰更明显，实现更广的色域，使得颜色更加丰富。

量子点是直径为 2～10nm 的半导体纳米晶体（10～50 个原子），是把载流子在三个空间方向上束缚住的半导体纳米结构，它可以发射或吸收光子。这些人造晶体的尺寸很小，足以产生量子效应。随着晶体粒径的减小，最高价带与最低导带之间的能量差增大，量子点被高能量的光激发后，返回原来的弛豫状态时，将释放更高的能量，即释放更窄波长的光。通过改变量子点大小，可以使用相同材料发出不同颜色的光。

对于传统彩色 LCD 而言，如图 2-60（a）所示，通常是蓝光 LED 的蓝光透过黄色荧光体薄膜后，光谱发生展宽，部分蓝光被转换成黄光，未被转换的蓝光和转化后的黄光共同组成白光背光源，如图 2-61（a）所示。液晶起着像素透光开关的作用，决定着不同像素和滤色后 RGB 三色光的强弱，经过 RGB 三色滤色片后，输出的红色和绿色的光谱较宽。

带量子点的彩色 LCD 如图 2-60（b）所示，将黄色荧光体薄膜换成了量子点强化膜，蓝光经过量子点强化膜时，部分蓝光被量子点转换成绿光和红光，如图 2-61（b）所示，未被转换的蓝光和量子点发出的绿光、红光一起组成白光，成为液晶显示屏的光源，后续再经过液晶和 LCD 滤色片，进行发光显示。

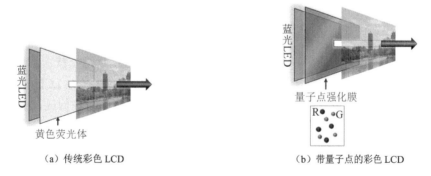

（a）传统彩色 LCD　　　　　　　（b）带量子点的彩色 LCD

图 2-60　彩色 LCD 对比（结构）

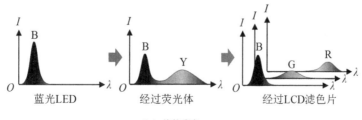

（a）传统彩色 LCD

图 2-61　彩色 LCD 对比（光谱）

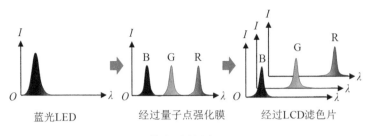

（b）带量子点的彩色 LCD

图 2-61　彩色 LCD 对比（光谱）（续）

带量子点的彩色 LCD 不同于传统彩色 LCD 的点在于，量子点强化膜改变了 LCD 背光源的光谱，在量子点改善的光谱中，RGB 三色光源强度的半峰宽（量子点发光波长范围的大小）明显更小，这是因为量子点发出的绿光和红光非常纯净，不存在其他的杂色。如图 2-62 所示，QD-LCD（量子点液晶显示）的色域更广，可以使液晶显示屏的色域达到并超过 110% NTSC，可以明显地提高图像的彩色性能。

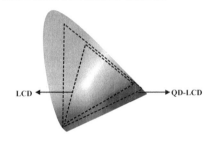

图 2-62　传统 LCD 与 QD-LCD 色域图对比

QD-LCD 有广阔的市场。三星的 QLED 电视便使用了量子点背光技术，TCL、海信、华为智慧屏、小米量子点电视等也使用和推广了这项技术。当然，QD-LCD 的量子点强化膜存在一些缺点，比如量子点在与高聚物的共混过程中会遇到兼容性问题，将导致成膜合格率低、量子点团聚、量子点荧光猝灭等问题，以及热可靠性较差（温度升高使其荧光效率下降）、氧气和湿气可靠性较差等。

2.7　硅基液晶

硅基液晶（Liquid Crystal on Silicon，LCoS）技术是一种基于液晶技术的显示技术。硅基液晶是液晶和硅基互补氧化物（CMOS）半导体芯片的结合。LCoS 的下基板为硅基 CMOS 基板，不是 TFT 的玻璃基板。LCoS 的上基板与 LCD 的上基板相同，中间注入液晶。硅基 CMOS 基板是在硅片上利用半导体工艺制作的，集成度更高。LCoS 的分辨率高于 LCD 的分辨率。

20 世纪 90 年代，Aurora Systems 公司成功推出了应用 LCoS 技术的面板芯片产品。在产品问世初期，LCoS 技术被普遍看好，JVC 公司等诸多厂商开始研发自己的 LCoS 技术。2001 年，JVC、索尼、日立、三洋、3M、飞利浦、三星等 9 家公司都开展了 LCoS 业务。

索尼、JVC 等公司将 LCoS 成功应用在高端投影产品上。

LCoS 的下基板是不透明的硅，因此 LCoS 为反射式显示，通常用作投影显示、头戴显示、微显示（如 AR、VR）的核心器件。投影显示虽然后来有了体积更小的数字光处理（DLP）技术，但 LCoS 的亮度更高、成本更低。虽然现在微显示已经出现了显示效果更甚的硅基 OLED 技术，但在成本上，LCoS 技术还是有很大的优势的。

2.8　本章小结

LCD 技术作为一类久盛不衰的显示技术，必有其不可替代的优势。相比于 CRT 显示技术而言，LCD 技术的特点如下：①平板显示，厚度数毫米，便携，形态驱动技术发展；②工作电压低，数伏，可用 TFT 驱动；③功耗低，LCD 本身（不包含背光源）的功耗在 $\mu W/cm^2$ 量级，背光源的功耗在 mW/cm^2 量级；④可通过滤色片实现彩色显示。这也是 21 世纪初 CRT 显示技术逐渐被取代的原因。

同时，LCD 技术也在不断地推陈出新。长期来看，LCD 技术仍将是多年内大尺寸显示的主流技术路线。当前市场上已经推出了很多款新型 LCD 产品，可以同 OLED 产品进行竞争，图 2-63 所示为各种先进的液晶背光源显示技术总结，包括 LED 矩阵局部背光调节、量子点背光、Mini-LED 矩阵局部背光调节及 Mini-LED 矩阵局部背光调节+量子点背光，这些虽然或多或少使色域更广，对比度提高，但本质上都属于 LCD 技术，需要注意区分。

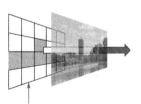

分区的LED背光

- 暗部背光可以局部调暗
- 对比度高
- 例如，Vizio XLED、海信ULED

（a）LED矩阵局部背光调节

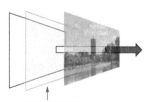

量子点强化膜

- 量子点强化膜改善白光光谱
- 色域更广
- 例如，三星QLED

（b）量子点背光

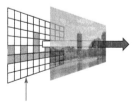

Mini-LED阵列背光

- 对比度更高，轮廓更清晰
- 例如，苹果Pro Display XDR

（c）Mini-LED矩阵局部背光调节

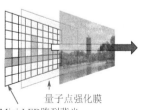

量子点强化膜

Mini-LED阵列背光

- 对比度更高
- 色域更广
- 例如，LG QNED

（d）Mini-LED矩阵局部背光调节+量子点背光

图 2-63　各种先进的液晶背光源显示技术总结

2.9　参考文献

[1]　石顺祥，张海兴，刘劲松. 物理光学与应用光学[M]. 西安：西安电子科技大学出版社，2000.

[2]　廖燕平. 薄膜晶体管液晶显示器显示原理与设计[M]. 北京：电子工业出版社，2016.

[3]　高鸿锦，董友梅. 液晶与平板显示器技术[M]. 北京：北京邮电大学出版社，2007.

[4]　马群刚. 非主动发光平板显示技术[M]. 北京：电子工业出版社，2013.

[5]　水崎真伸. 液晶装置，液晶装置的求出残留 DC 电压值的方法，液晶装置的驱动方法以及液晶装置的制造方法：CN201780073178.0[P]. 2022-03-29.

[6]　张洪术，王丹，邱云，等. ADS 技术的发展与应用[J]. 微纳电子与智能制造，2020，（2）：127-135.

[7]　董霆，李晓吉，曲莹莹，等. ADS 超高清产品对比度提升[J]. 液晶与显示，2020，35（11）：1142.

[8]　马颖，张方辉，盛锋，等. 液晶显示器摩擦取向技术的新发展[J]. 液晶与显示，2003，18（4）：279-285.

[9]　DACKE M, NILSSON D E, WARRANT E J, et al. Built-in polarizers form part of a compass organ in spiders[J]. Nature, 1999, 401(6752):470-473.

[10]　MUELLER K P, LABHART T. Polarizing optics in a spider eye[J]. Journal Of Comparative Physiology A-neuroethology Sensory Neural And Behavioral, 2010, 196(5): 335-348.

[11]　MA J, YE X, JIN B. Structure and application of polarizer film for thin-film-transistor liquid crystal displays [J]. Displays, 2011, 32(2): 49-57.

[12]　TANAKA Y, TAKEUCHI T, Lovesey S W, et al. Right Handed or Left Handed? Forbidden X-Ray Diffraction Reveals Chirality[J]. Physical Review Letters, 2008, 100(14):145502.

[13]　MITOV M. Liquid-Crystal Science from 1888 to 1922: Building a Revolution[J]. ChemPhysChem, 2014, 15(7):1245-1250.

[14]　KOZENKOV V M, BELYAEV V V, CHAUSOV D N. Thin Film Polarizers: Properties and Technologies. Part 2: Lyotropic LC and Photoanisotropic Materials[J]. Optics and Spectroscopy, 2022, 130(6):389-401.

[15]　KAWAMOTO H. The history of liquid-crystal displays[J]. Proceedings of the IEEE, 2002, 90(4):460-500.

[16]　KAWAMOTO H. The history of liquid-crystal display and its industry[J]. 2012 Third IEEE History of Electro-Technology Conference (HISTELCON), 2012: 1-6.

[17]　CHEN H W, LEE J H, LIN B Y, et al. Liquid crystal display and organic light-emitting diode display: present status and future perspectives[J]. Light: Science & Applications, 2017, 7(3):17168.

[18]　TIXIER-MITA A, IHIDA S, SEGARD B D, et al. Review on thin-film transistor technology, its applications, and possible new applications to biological cells[J]. Japanese Journal of Applied Physics, 2016, 55:04EA8.

[19]　KATAYAMA M. TFT-LCD technology[J]. Thin Solid Films, 1999, 341(1):140-147.

[20]　OH S W, PARK J H, BAEK J M, et al. Investigation on Image Flicker in an FFS-LCD Panel: Dependence on Electrode Spacing[J]. SID Symposium Digest of Technical Papers, 2016, 47:1607-1609.

[21]　FUJIMORI K, NARUTAKI Y, ITOH Y, et al. New Color Filter Structures for Transflective TFT-LCD[J]. SID Symposium Digest of Technical Papers, 2002, 33(1):1382.

[22]　LI C J, FANG Y C, CHENG M C. Neural network implementation for an optical model of LCD backlight module[J]. Optical Systems Design, 2008,7103:71030L.

[25] JEON H J, GWAG J, KWON J, et al. Optimized Optical Design for a Sheetless LCD Backlight[J]. New Physics: Sae Mulli, 2016, 66:211-215.

[26] GAO Z, NING H, YAO R, et al. Mini-LED Backlight Technology Progress for Liquid Crystal Display[J]. Crystals, 2022, 12(3):313.

[27] BERA D, QIAN L, TSENG K T, et al. Quantum dots and their multimodal applications: A review[J]. Materials, 2010, 3(4):2260-2345.

[28] VETTESE D. Liquid crystal on silicon[J]. Nature Photonics, 2010, 4(11):752-754.

[29] ZHANG Z, YOU Z, CHU D. Fundamentals of phase-only liquid crystal on silicon (LCOS) devices[J]. Light: Science & Applications, 2014, 3(10):e213.

2.10　习题

1．当前市场上推出了很多液晶显示产品，各家公司众说纷纭，面对市场上种类繁多、型号各异、价格相差甚远的液晶显示产品，购买时又该关注哪些性能参数呢？三星 QLED、海信 ULED 及 LG OLED 电视又各有什么区别呢？

2．液晶显示器在不断发展的过程中，先后使用过哪些典型的液晶材料？

3．TFT 在 LCD 中所起的作用是什么？不同 TFT 材料的特性是什么？

4．人眼可以分辨光的偏振态吗？液晶材料为什么可以用来做显示器？

5．从最初的 1 代线，到现在的 10 代线、11 代线，液晶面板厂不断地扩大生产规模。为什么液晶面板厂要不断提高生产代线呢？

6．在传统 LCD 中，在选择滤色片的方案（如光学性质和厚度等参数）时，需要权衡亮度和色域。例如，某些滤色片方案虽可能具有更高的透过率，且能提高显示屏的亮度，但可能会牺牲一定的色域水平。背光源中的量子点技术能够打破滤色片对传统 LCD 的亮度与色域之间的权衡限制，提供更出色的视觉体验。试分析原因。

7．Color Field Sequential Display（色场顺序显示）是一种用于高分辨率 LCD 的显示技术。试调研并分析其原理及优缺点。

第3章

电子纸显示技术

自发光型显示产品（如 OLED 显示器）能主动发光，在光线较差甚至黑暗的环境下依然可以显示，在光照强烈的环境下，环境光源提高了黑像素的亮度，导致像素间的对比度降低，最直观的感受便是很难在阳光下看清显示内容，极大影响了阅读体验。受光型显示产品的显示原理与传统的阅读方式相似，是通过反射环境光来传递信息的，像素的亮度会随环境光的改变而改变，对比度也随之变化。相比于自发光型显示产品，受光型显示产品在强光下的优势更明显。电子纸是受光型显示产品的典型代表。

电子纸是一类模仿纸上墨水外观的显示设备，通过设计轻薄、柔软的薄膜结构，在结构表面涂覆或内部填充容易被电场调控的有色物质，利用电极有序驱动电子墨，实现像素显示。电子纸上的像素依靠环境光反射显示信息，具有接近 180°的阅读视角，更接近人的真实阅读场景，阅读体验更舒适。

电子纸显示技术是一类技术的总称，包括反射式 LCD、电致变色显示、电泳显示和电润湿显示等。电泳显示的电子纸阅读器、温湿度计如图 3-1 所示。

图 3-1　电泳显示的电子纸阅读器、温湿度计

LCD 已在第 2 章进行了详细介绍。由于用于电子纸的液晶主要是反射式液晶，其工艺简单，成本低，但亮度、对比度有限，且不易具备轻薄、柔性的形态，因此 LCD 并不是常用的电子纸显示技术。

本章主要针对除 LCD 技术外的 5 种电子纸显示技术进行介绍，包括电致变色显示、反转球显示、电泳显示、电润湿显示和电流体显示等。

3.1 电致变色显示

电致变色是材料的光学属性在外加电场下发生稳定、可逆颜色变化的现象。例如，早期的氧化钨电致变色材料，其中，三氧化钨（WO_3）粉末晶体在尺寸为 1.5μm 时呈现黄色，在尺寸为 15μm 时呈现绿色，最常见的 WO_3 本身呈现微蓝色，在同时从 WO_3 薄膜两侧注入电子及阳离子（如锂离子）的情况下，会生成深蓝色的三氧化钨锂，相应的化学方程式如下：

$$WO_3 + xM^+ + xe^- \rightleftharpoons M_xWO_3$$

式中，M 可以是锂、钠、氢、银等。如图 3-2 所示，电致变色原理是离子在外加电场的作用下移动，经过电解质层运动到达电致变色层，电致变色材料与离子发生氧化还原反应，生成还原态物质，从而发生变色现象。当电极反转，离子反向移动回离子存储层时，电致变色层重新回到氧化态，颜色恢复。

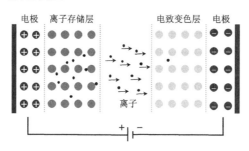

图 3-2　电致变色原理图

3.1.1 电致变色的发展

1704 年，柏林油漆制造商迪斯巴赫把胭脂虫、硫酸铁、钾盐（草木灰）、牛血（碳和氮）等混合在一起，意外得到了普鲁士蓝，即亚铁氰化铁，亚铁氰化铁也成为第一种被广泛使用且相对稳定耐光的蓝色颜料。1930 年，Kobosew 和 Nekrassow 首次发现了氧化钨的电化学着色现象。1953 年，T. Kraus 在德国的巴尔策斯对 WO_3 薄膜的电化学着色进行了研究。1969 年，S. K. Deb 在 WO_3 薄膜中发现了电致变色现象，得到 WO_3 薄膜电致变色的实证，并于 1973 年在发表的论文中揭示了 WO_3 的着色机制，标志着电致变色技术的诞生。1982 年，Seiko 公司推出了第一款电致变色显示的手表。随后，1983—2000 年，电致变色玻璃得到了应用；2011 年，全彩电致变色显示技术得到了突破；直至今日，电致变色显示技术依然在不断发展。

3.1.2 电致变色材料

电致变色材料主要有无机电致变色材料、有机电致变色材料和复合电致变色材料。无机电致变色材料主要有 WO_3、MoO_3、普鲁士蓝等，结构稳定、受空气中水和氧的影响较小，几乎不受紫外线影响，耐候性突出，变色速度较慢。有机高分子电致变色材料主要有聚噻吩、聚苯胺、聚吡咯等聚合物。有机小分子电致变色材料主要有紫精化合物。相比于无机电致变色材料，有机电致变色材料种类相对较多，颜色变化丰富，变色前后的对比度高，变色速度快，抗水氧及紫外线能力较差。为了克服单一材料的缺陷，提升电致变色材料的性能，无机-无机、无机-有机、有机-有机等复合材料相继被研究。表 3-1 中列举了常见的无机电致变色材料和有机电致变色材料。

表 3-1 常见的电致变色材料汇总

分类	电致变色材料	还原态	氧化态
无机电致变色材料	WO_3	深蓝色	透明
	MoO_3	深蓝色	透明
	TIO_2	浅蓝色	透明
	IrO_2	透明	蓝黑色
	普鲁士蓝	透明	浅蓝色
有机高分子电致变色材料	聚噻吩	红绿蓝	无色
	聚苯胺	黄绿蓝	无色
	聚吡咯	黄绿蓝	无色
有机小分子电致变色材料	紫精化合物	红绿蓝	无色

3.1.3 电致变色和电致变色显示的特点

在制作成本方面，低廉的原材料及生产线的建立，使得电致变色显示器件实现了大规模的批量化加工，极大地降低了成本。

在形态方面，电致变色显示可以通过改变器件衬底结构等方式，制作反射式或透射式的显示结构，两种显示结构均为受光型显示，具有无视野盲角的特点。同时，显示结构通过调节显示区域的反射率/透光性来实现图案的显示，具有较高的对比度。此外，显示结构中的材料大多为有机材料，可以做成柔性形态。

在驱动方面，电致变色显示器件多使用字段式的静态驱动，驱动电压低至 1.5V，显示稳定后，电压保持过程将不再耗电，并且在显示过程中不需要背光，功耗较低。

综上，电致变色显示器件的优点主要有成本低、无视野盲角、对比度高、色彩丰富、透光率可调、功耗低等，在标签显示、汽车显示、装修幕布墙、手机等领域衍生出一系列便捷、低功耗的应用产品。

3.1.4 电致变色和电致变色显示的应用

电致变色的应用包括汽车上的自动防眩目后视镜、办公楼的智能玻璃等。

2020 年，一加手机发布了电致变色后盖的概念机型。该机型摄像模组的后盖使用了电致变色技术，将摄像模组区域变为透明或不透明的状态。同年，vivo 正式公布并量产了背壳采用电致变色技术的手机，支持用户自己调整机身背部的配色。

最典型的电致变色显示的应用当属电致变色标签,通常用于超市商品的价格标签显示、温度显示等场景。电致变色显示利用极低的电源功耗,搭配柔性电路,可以实现长久的静态信息显示。

3.1.5 电致变色的制造工艺

电致变色的制造工艺随着大面积、高量产的产业需求不断迭代,最关键的制造工艺步骤为电致变色层的加工。最初的电致变色制造工艺采用凝胶法。该工艺将紫精作为主要的电致变色材料,将制作好的紫精凝胶灌入两层透明玻璃之间,随后进行封装。该工艺在可调光的变色飞机舷窗上得到了应用,如图 3-3 所示。由于大面积玻璃的平整度和曲率很难保持一致,因此容易引起凝胶变色不均匀。

随后,电致变色材料发展成为无机固态材料,利用物理气相沉积的方式,将固态材料镀在玻璃上,实现玻璃与电致变色层的完美贴合。相比于凝胶法,该工艺虽可以实现大面积制备,但玻璃的卷曲和异形依然会造成电致变色材料沉积不均匀。

当前的电致变色材料采用全新的聚合物材料,显示产品衬底转变为 PET(聚对苯二甲酸乙二醇酯)等有机高分子聚合物,采用片对片/卷对卷的加工工艺(见图 3-4),或者采用丝网印刷的加工工艺,实现电致变色材料与衬底的贴覆。有机材料的使用使得显示产品具有柔性,扩展了不规则曲面等的应用场景,最为成功的应用便是电致变色的手机背壳,标志着电致变色技术真正开始进入大众的生活。

图 3-3　电致变色舷窗玻璃

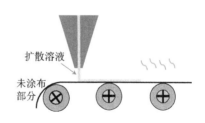

图 3-4　卷对卷的加工工艺

3.2　反转球显示

3.2.1 反转球的发展

反转球/旋转球(Gyricon)显示是微胶囊电泳显示的前身,诞生于施乐(Xerox)公司的帕罗奥多研究中心(Palo Alto Research Center)。1977 年,Nicholas Sheridon 制作了大量带静电的小球,小球由两种不同颜色的半球组成,通过施加电压产生不同的电场,控制小球移动和翻转,实现不同颜色(黑/白)的变化,进行文本、图案的显示。在 Sheridon 发明了这项技术之后,施乐高层并没有重视这项技术,直至 20 多年后,麻省理工学院发明了电子墨水技术，人们也有了电子纸的消费需求，施乐高层虽重新重视电子纸显示技术，但已经错过了先机。21 世纪 90 年代初，Sheridon 将"电湿性"理论与 Gyricon 结合，完善了显示技术，并于 21 世纪初准备实现柔性显示屏的规模化量产，然而，由于成本方面不被施乐高层接受，因此商业化没有成功。截至 2005 年底，施乐公司停止了反转球电子纸显示技术商业化推广，并转向提供技术授权的模式。

3.2.2 反转球的结构和制作

如图 3-5（a）所示，在转盘的两个对立面上分别放置黑色和白色聚合物，当转盘旋转时，在转盘的边缘就会形成长长的带状流体和一些小的喷气涡状的流体，喷气涡状的流体会由于瑞利不稳定性发生破裂，从而快速固化形成双色小球，即反转球。根据聚合物的性质，小球的两个半球分别形成永久正/负电偶极子，随后小球与未固化的弹性体混合，固化成为 250～500μm 厚的膜材，并将膜材浸泡在低黏度的硅油中，使其膨胀，使得每个球的周围形成油腔，于是每个小球可以在各自的油腔内自由旋转，如图 3-5（b）所示。通过调控电场来驱动反转球转动，实现黑/白的显示。考虑小球的重力等要素，调整硅油的密度等参数，可以使反转球在去掉电压后，能保持长时间的稳定，图像得以持续保持。每次电压转换，调整一次反转球的状态，即视为一次数据擦写，在一般情况下，反转球能擦写数千次。

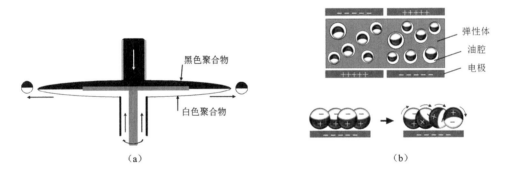

（a）　　　　　　　　　　　　　　　（b）

图 3-5　反转球的制作方法和结构原理

3.2.3 反转球显示的驱动方式

传统的扫描方式都需要导线接口连接，反转球显示的驱动方式与其不同，类似于一种手写笔阵列的位扫描驱动。如图 3-6 所示，一个电荷/电压源阵列扫描电子纸表面，阵列集成了很多小电极矩阵，对应像素单元，阵列可以按位改变电子纸表面的显示状态，每一位像素单元都可以施加峰值为 150V 的电压来改变反转球的显示状态。整个阵列封装成可以移动的棒状结构。该结构可以通过手动或电动的方式来完成整张电子纸的扫描。同时，为了增强扫描棒的性能，在电子纸的表面图案化制作导电薄膜方块网格，当电荷/电压源扫描棒扫过之后，薄膜导电方块能够保留部分电荷，形成电场，维持电子纸的显示状态；导电薄膜方块同时充当图像显示的缓冲，实现任意快速的扫描速率和解决各种响应问题。另外，反转球显示可以额外配备手写笔，即通过按位更改像素显示状态的方式，在电子纸的显示图像上添加图像信息。

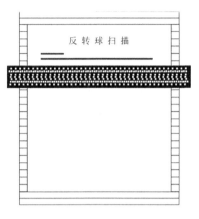

图 3-6 反转球显示的驱动示意图

3.3 电泳显示

3.3.1 电泳技术的发展

电泳是指分散质粒子在空间匀强电场作用下相对于流体产生的运动。这种电动现象是在 1807 年由俄罗斯教授彼得・伊万诺维奇・斯特拉霍夫（Peter Ivanovich Strakhov）和费迪南・弗雷德里克・鲁伊斯（Ferdinand Frederic Reuss）在莫斯科国立大学首次观测到的，他们注意到，利用稳恒电场能使分散在水中的黏土颗粒发生迁移，本质是由于粒子表面和周围流体之间存在带电界面，粒子在外界电场的作用下发生定向移动。1909 年，Michaelis 利用不同 pH 值的溶液在 U 形管中测定了转化酶和过氧化氢酶的移动和等电点，并首次将胶体离子在电场中的移动称为电泳。1937 年，瑞典 Uppsala 大学的 Tiselius 发明了 Tiselius 电泳仪，在此基础上建立了研究蛋白质的移动界面电泳方法。此后，各种电泳仪如雨后春笋般相继问世。1948 年，为了表彰其在电泳技术领域做出的突出贡献，Tiselius 被授予诺贝尔化学奖，随后，电泳技术被广泛应用于 DNA、RNA 和蛋白质分析，直至 20 世纪 90 年代，电泳技术逐渐在显示领域展开应用。

1996 年，麻省理工学院（MIT）在《自然》期刊上发表了微胶囊电泳显示技术，微胶囊显示也经常被称为电子墨水（Eink）。1997 年，美国 E-Ink 公司成立，由麻省理工学院教授 Joseph Jacobson 创建了专攻电子墨水显示产品的研发团队，全力推进电子纸的商品化。2004 年，日本索尼公司推出了世界上首款电泳显示电子书；2006 年，第一款电子纸手机（Motorola F3）上市；2007 年，亚马逊推出了 Kindle 电子书，一经上市便大获成功。值得注意的是，Kindle 电子书产品所采用的电子纸显示器由中国台湾的元太科技生产。该公司在 2009 年 12 月完成了美国 E-Ink 公司的并购，掌握了电子纸中、上游关键技术，成为全球电子纸产业龙头，同时将公司英文名和品牌名改为 E-Ink，即今天我们所熟知的 E-Ink。

3.3.2　双电层模型

双电层（Electric Double Layer，EDL）模型是胶体电化学中有关胶体结构的一个模型，如图 3-7 所示，描述了在流体中物体表面的结构。

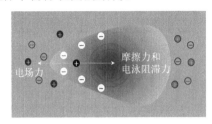

图 3-7　双电层模型

双电层模型主要有以下两层：

第一层是表面电荷，由因化学相互作用而吸附到物体上的离子组成。通常，金属氢氧化物、金属氧化物的胶体粒子带正电，非金属氧化物、金属硫化物的胶体粒子带负电荷。

第二层是扩散层，由受到表面电荷的库仑力吸引的离子组成，屏蔽表面电荷，使整体呈电中性，与物体本身的联系松散。

根据双电层理论，流体中的所有表面电荷都被相反电荷的扩散层屏蔽。外部电场对表面电荷施加力，还对扩散层中的离子施加一个相反的力。后一种力实际上并没有直接作用在粒子上，而是作用在离粒子表面一定距离的扩散层中的离子上，其中一部分力通过黏性应力一直传递到粒子表面，这部分力也称为电泳阻滞力（ERF）。流体中的物体在电场下受到力的总和非零，会发生定向运动，即电泳。

在不同的粒子和流体中，使粒子运动的电场大小不同（其临界值称为阈值电场，对应的电压称为阈值电压），粒子的速度也不同，速度 $v = \mu E$（其中，μ 为迁移率，E 为电场强度）。

3.3.3　电泳显示的原理

最简易的电泳显示结构是在两块平行的极板之间（见图 3-8），将直径约为 1μm 的二氧化钛（TiO_2）颗粒表面带上活性剂和充电剂，随后将颗粒分散在烃油中，烃油中添加深色染料。在两块极板上施加电压时，颗粒通过电泳迁移到电荷相反的极板上，当颗粒位于结构极板的正面时，光被颗粒散射，人眼看到像素呈现白色；当颗粒位于结构极板的背面时，光被染料吸收，人眼看到像素呈现暗色。进一步将背面电极进行像素化，可以进行多电极控制的电泳显示，如图 3-9 所示，每个电极都可以实现单个像素的控制，从而实现高分辨率的图像显示。

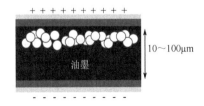

图 3-8　电极电泳显示的原理

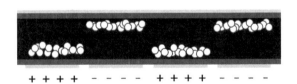

图 3-9　多电极电泳显示的原理

3.3.4　微杯、电子流体粉末和微胶囊

传统的平行板结构的电泳显示只是简单地将墨水进行封装，使得器件在显示时容易发生大量电泳粒子团聚，导致器件失效；或者在反复使用时，电泳粒子附着在极板上，使器件表面的显色功能丧失。因此早期电泳显示器件生命周期短，不易量产。为了实现产品化，应用于电子纸的电泳显示技术主要有如下几种：微杯、电子流体粉末、微胶囊，如图 3-10 所示。

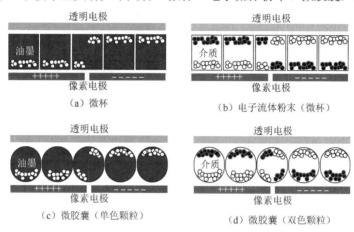

图 3-10　应用于电子纸的电泳显示技术

1. 微杯

中国台湾的友达光电在 2009 年收购了美国的 SiPix Imaging 公司，搭配其公司自研的 TFT 底板，推出了"微杯"（Micro-Cup）结构的电子纸模块。微杯显示的基本原理是在微杯中填充白色颗粒和着色液体，通过切换微杯顶部和底部的电极来驱动颗粒的移动，反射环境光实现显示。例如，白色颗粒和黑色液体可以进行黑白的单色显示，通过改变着色液体，可以实现双色显示或多色显示。

微杯整体的制作过程可以通过卷对卷工艺实现，首先进行塑料涂布，在涂布过的区域进行杯状模型的冲压，形成微杯。在微杯阵列中填充颗粒和着色电泳液后，流入另一种电泳液，两种液体不混合，呈现相互分离的状态。使第二种电泳液硬化，硬化完毕后进行微杯的密封，将颗粒和着色液体封闭在微杯中。此外，在已经密封的微杯上方再密封一层阻隔薄膜，能够起到防潮的作用，提高微杯的功能稳定性。在此基础上安装 TFT 驱动电路，便制成了电子纸模块。该制程可以实现大规模生产，已经量产的电子纸屏幕尺寸主要有 6 英寸和 9 英寸。

2. 电子流体粉末

电子流体粉末利用了微杯结构。该技术由日本普利司通（Bridgestone）发布，显示介质是将树脂进行纳米级粉碎，经处理后形成黑、白粉末，将两种粉末填充至空气介质的微杯封闭结构中，每个显示像素之间由微杯隔离墙进行隔离，如图 3-11 所示。通过对上下电极施加高压来进行带电粉末的驱动，使粉末在空气中发生电泳现象，反射环境光实现显示。因此，电子流体粉末技术需要耐高压的 TFT 晶体管背板。

3. 微胶囊

微胶囊的直径一般为 1～500μm，囊壁的厚度为 0.5～150μm，在微小密闭的胶囊内填充液体介质和 190～500nm 大小的颗粒，颗粒悬浮在液体介质中。放大后的微胶囊电泳显示如图 3-12 所示。

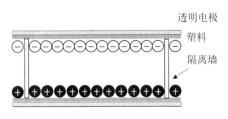

图 3-11　电子流体粉末　　　　　　图 3-12　放大后的微胶囊电泳显示

如图 3-13 所示，单色颗粒的微胶囊显示主要分为两种：一种是"散射性颗粒+染色液体"，油墨使得整体胶囊呈现黑色，当施加垂直电场时，颗粒聚集在微胶囊上表面，散射入射光，呈现白色；另一种是"吸收性颗粒+透光的液体"，颗粒吸收环境光，整体呈现黑色，当施加水平电场时，颗粒聚集在微胶囊两侧，整体透光，呈现白色。

双色颗粒的微胶囊包含黑白两种带电颗粒，两种颗粒各带正负电荷，在电场的作用下，两种颗粒分别向上、下极板的两侧运动，从而呈现黑白翻转，如图 3-14 所示。

图 3-13　单色颗粒的微胶囊显示驱动　　　　图 3-14　双色颗粒的微胶囊显示驱动

微杯、电子流体粉末和微胶囊三种电泳显示技术都利用带电粒子的移动来实现环境光的反射，进而实现显示功能，其相应的制程都支持产品的柔性化。微胶囊具有较好的光反射率，但同时微胶囊显示元素大小分布在一个区间内（1～500μm）并且排列零散，均匀性比微杯较差。微杯整个制程采用卷对卷工艺，制程更简单且均匀性好，具有较好的机械和电气特性，不足之处在于光反射率较低。电子流体粉末的带电粒子由于不通过液体介质来移动，因此具有较快的响应速度。但同时，它利用高压驱动带电粉末，功耗比微杯和微胶囊都要高。目前应用最多的电泳显示技术是微胶囊。

制备微胶囊的主要材料包括有色颗粒、胶囊壳层材料、电解质液体。白色颗粒通常选用高折射率、高介电系数且易加工的 TiO_2，但该材料的缺点是密度太大，范德瓦耳斯力不足，直接导致电场响应缓慢，从而衍生出空心纳米 TiO_2、改性剂修饰 TiO_2、聚合物涂覆 TiO_2 等一系列研究。其中，分散聚合物包覆处理可以使电泳颗粒表面形成一定厚度的包覆层，在降低电泳颗粒密度的同时，可以使颗粒表面携带数量较多的电荷，是目前最有应用前景的制备白色电泳颗粒的方法。

相对于浅色电泳颗粒，黑色电泳颗粒更难制备，但为了获得更高灰阶的电泳显示效果，需要进行黑色电泳颗粒的加工。炭黑作为一种黑色颜料，兼具导电性好、容易获得的特点，是最常用的黑色电泳颗粒制备原料。但炭黑有固定的团簇结构，形状尺寸都不规则，因此不能直接进行电泳颗粒的制备，通常利用表面改性的方法增加炭球的分散性，提高炭黑粒子的悬浮稳定性。

微胶囊的壳用于包覆电泳颗粒和电解液介质，是非常重要的材料。壳层材料需要具备良好的透明性、低导电性、机械稳定性及柔性等特性。壳层材料通常是有机聚合物，如多胺、聚氨酯、纤维素、阿拉伯树胶等，也可以通过原位聚合或者复合凝固的方式制成树脂或复合膜。

微胶囊中电泳颗粒悬浮在液体介质中，因此液体介质的密度通常与电泳颗粒的密度相似。此外，液体介质需要具备良好的热稳定性和化学稳定性、适当的绝缘性、与电泳颗粒类似的反射率、对粒子移动的低阻性及环境友好性。通常采用单一有机溶剂或者烷烃、芳香族/脂肪族烃、氧硅烷等配制液体介质。

根据壳层材料、囊壁形成机理、成囊条件、聚合方式的差异等方面，微胶囊的制备方法主要有化学方法（去溶剂化法）、凝聚法、乳化聚合法、物理方法（电喷雾法）、物理化学方法等。

将制备好的微胶囊加入聚合物薄膜中，并在薄膜上下表面排列电极，通过电极的驱动来实现电泳图案的显示。

3.3.5　彩色电泳显示

1. 滤色片 RGB 彩色电泳显示

在微杯结构的基础上，可以通过滤色片实现 RGB 彩色电泳显示。其结构主要有滤色片在上方和下方两种。滤色片在上方时，通过垂直电场控制黑色和白色显示，以及 RGB 彩色显示，如图 3-15 所示。滤色片在下方时，通过垂直电场控制黑色和白色显示，通过水平电场控制 RGB 彩色显示，如图 3-16 所示。

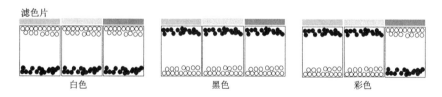

图 3-15　滤色片 RGB 彩色电泳显示（垂直电场控制）

虽然滤色片阵列可以实现电子墨水的全彩显示，但滤色片会衰减反射光，造成显示图像的亮度和对比度降低，最佳解决方案是研究彩色电泳颗粒。

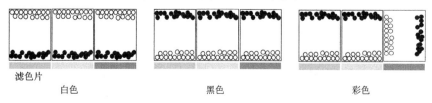

图 3-16　滤色片 RGB 彩色电泳显示（垂直和水平电场控制）

2. 三色颗粒电泳显示

如图 3-17 所示，除黑色颗粒、白色颗粒外，三色颗粒电泳显示还额外添加红色颗粒。其中，白色颗粒带负电，黑色颗粒和红色颗粒带正电，黑色颗粒的尺寸和质量小，具有较高的迁移率，与溶液介质间的相互作用力大，导致黑色颗粒运动所需的阈值电压高；与黑色颗粒相反，红色颗粒的尺寸和质量大，迁移率低，与溶液介质间的相互作用力小，运动所需的阈值电压低。当电压高于红色颗粒运动所需的阈值电压且小于黑色颗粒运动所需的阈值电压时，黑色颗粒保持不动，红色颗粒缓慢运动到负极，呈现红色。当电压高于黑色颗粒运动所需的阈值电压时，黑色颗粒比红色颗粒更快速地运动到负极，呈现黑色。黑、红、白三色颗粒实现三色显示。

如图 3-18 所示，三色颗粒电泳显示驱动分为复位、激活、显示阶段，每个颜色显示对应不同的驱动电压和波形。复位和激活（全黑全白屏幕迅速切换）主要是为了清除"残影、残像"（前一页面的图像留在下一页面上）。可见，电泳显示支持多于两种颜色会使得波形更加复杂，电压的范围也需要更大，导致刷新率受到限制。这导致市面上能看到的高刷新率电泳显示都是黑白居多，三色及三色以上的电泳显示会更加难以做到高刷新率。

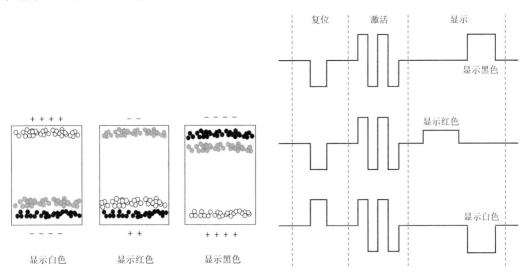

图 3-17　三色颗粒电泳显示示意图　　　　图 3-18　三色颗粒电泳显示驱动的波形

3. 四色颗粒电泳显示

在三色颗粒的基础上，添加黄色颗粒可以制成四色颗粒电泳显示，如图 3-19 所示。其中，白色颗粒、黄色颗粒带负电，黑色颗粒、红色颗粒带正电，基本的驱动思路与三色颗粒的类似，不过对白色颗粒和黄色颗粒之间、黑色颗粒和红色颗粒之间的阈值电压的处理带来更大的挑战。

其中，黑色颗粒与黄色颗粒之间会相互吸引，可通过静电、氢键、疏水、范德瓦耳斯力等方法实现，弱电场不能够将二者分离，必须借助强电场。因此有效地借助黑色颗粒与黄色颗粒之间的弱相互作用，合理地控制阈值电压及施加电压的时序，可以实现黑色、黑红色、红色、白色、黄白色、黄色 6 种色彩的显示。

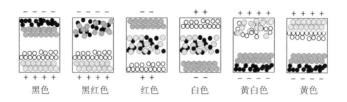

图 3-19　四色颗粒电泳显示示意图

　　黄白色、红色、黄色显示的驱动策略如图 3-20 所示，初始时刻颗粒呈现无序状态，首先对像素电极施加强负电压，白色颗粒和黄色颗粒向上运动到公共电极，形成黄白色；然后对像素电极施加弱正电压，红色颗粒和黑色颗粒向上运动，白色颗粒和黄色颗粒向下运动，黄色颗粒与黑色颗粒相互吸引阻止运动，形成红色；最后对像素电极施加强负电压，电场克服黄色颗粒与黑色颗粒之间的吸引力，白色颗粒和黄色颗粒向上运动，红色颗粒和黑色颗粒向下运动，黄色颗粒因位置和迁移率领先，率先到达公共电极，形成黄色。根据相同的驱动原理，可以实现黑色、白色、黑红色的颜色显示。

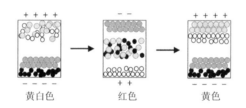

图 3-20　黄白色、红色、黄色显示的驱动策略

3.3.6　电泳显示的特点

　　电泳显示的特点为反射式显示，不需要背光，依靠反射光来进行信息传递，显示效果与纸张类似，接近人们的阅读方式。电泳电子纸通电后能长期保持显示，在页面不变化的情况下，静态功耗几乎为零。这样会造成刷新速度低，很难在电子纸上实现弹出菜单、光标操作、窗口滚动、快速平滑地放大和缩小文档等操作。另外，容易产生"残影、残像"（前一页面的图像留在下一页面上），但残留是非永久性的，可以靠复位、激活（全黑全白屏幕迅速切换）等操作来解决。

　　在通常情况下，电泳显示器件的基底都是塑料材质，加工工艺和材料具有较多的限制，在此情况下，无源矩阵驱动应用在电泳电子纸的显示方面很难达到理想效果，常见的电泳显示器件都采用有源矩阵驱动。有源矩阵驱动的电泳电子纸的像素电路与有源矩阵驱动的液晶显示的像素电路类似，都是电压驱动型结构，采用 TFT 进行驱动，利用存储电容进行电压信号的读写，实现亮度等级的变化。由此，电泳显示器件的制作工艺也存在一定的限制，例如，TFT 的背板工艺一般要求一定的制程温度限制，相关的制作工艺都需要进行相应的改进。

　　当前的黑白电泳显示技术已经商业化，但为了追求更高的图像显示质量，以期获得更高的显示对比度、色彩饱和度、响应速度等，更多的研究在电泳粒子的合成和改性方面展开。未来，彩色化、柔性化、视频化将是电泳显示产品的重点发展方向。

3.4 电润湿显示

润湿是液体与固体表面保持接触的能力，是由二者分子间相互作用而产生的，通常用接触角来量化液体对固体表面的润湿性。液体内部的内聚力使液体形成液滴，表面张力使液滴近似球形，液体与固体间的黏附力使液滴保持原位，如图 3-21 所示。

1875 年，法国科学家 Lippmann 观察到在汞和电解液之间施加电压，会出现毛细下降现象，因此他提出了著名的 Lippmann-Young 方程，该方程描述了弯曲液面的附加压力、表面张力及曲率半径之间的关系。

$$\gamma_1 \cos\theta = \gamma_s - \gamma_{sl} \tag{3-1}$$

式中，γ_s 表示固体表面张力；γ_1 表示液体表面张力；γ_{sl} 表示固液界面张力；θ 表示固液表面的接触角（见图 3-22），利用该方程可以求解液滴的表面形状。

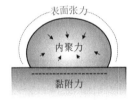

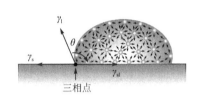

图 3-21 润湿现象的示意图　　　　　　图 3-22 液体表面张力

接触角的大小量化了液体对固体表面的润湿性，如图 3-23 所示。当 $\theta=0°$ 时，液体对固体表面完全润湿；当 $0°<\theta<90°$ 时，液体对固体表面润湿良好；当 $\theta\geqslant90°$ 时，液体对固体表面润湿不良。

可以通过调整施加在液体和固体电极之间的电势来改变液体表面张力，从而改变两者的接触角，实现电湿润，如图 3-24 所示。

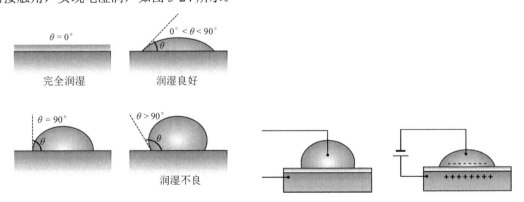

图 3-23 润湿状态示意图　　　　　　图 3-24 电润湿示意图

当施加电压时，固液界面张力可以表示为

$$\gamma_{sl} = \gamma_{sl}^0 - \frac{CV^2}{2} \tag{3-2}$$

γ_{sl}^0 表示固液界面的初始张力，通过式（3-1）可以导出施加电压后的接触角为

$$\cos\theta = \frac{\gamma_{sl} - \gamma_{sl}^0 + CV^2/2}{\gamma_1} \tag{3-3}$$

3.4.1　电润湿显示的结构

在 Lippmann-Young 方程被提出后，由于电极与液滴直接接触产生电解效应，液滴接触角的调控范围受限，因此该理论没有得到广泛应用。直至 1981 年，贝尔实验室发表在《应用物理快报》的文章中首次将电润湿（Electro Wetting，EW）技术应用在显示领域，通过将液体移入和移出多孔固体，改变像素内的光学空间相干性，实现了透明或者白色漫反射的电润湿显示（Electro Wetting Display，EWD）。如图 3-25 所示，在封闭空间中设计多孔固体结构，填充极化液体，在无电压施加情况下，液体与固体接触角小，呈现分离状态，环境光照射到器件表面被反射，形成白色漫反射，类似于生活中常见的毛玻璃。当施加电压后，在电湿润效应的作用下，多孔固体被反射系数相同的透明液体浸润，孔被填满，此时环境光会垂直透过器件表面，然后反射光携带信息进入人眼中。

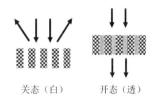

图 3-25　最早的电润湿开关态原理

1993 年，法国科学家 Berge 通过在电极与电解液之间加入一层电介质，消除了电解效应，推动了电润湿应用的快速发展。2003 年，飞利浦公司的研究员在《自然》期刊上发表了文章，利用电润湿技术以视频播放速度实现显示，开启了电润湿电子纸显示技术的新篇章。

最常见的电润湿显示原理如图 3-26 所示，在玻璃底板上制备透明电极（ITO 等），在透明电极上方镀高介电材料，同时该层也作为显示基板，在节点材料周围制备像素墙，在像素墙的内部注入一定量的有色油墨。像素墙不仅能够防止像素内的有色油墨泄漏，也能够防止相邻像素的有色油墨混合。在有色油墨的上方注入极化液体，最后通过盖板进行像素封装。

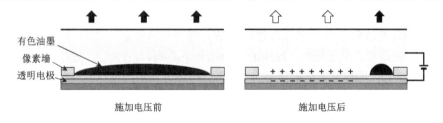

有色油墨
像素墙
透明电极

施加电压前　　　　　　　施加电压后

图 3-26　最常见的电润湿显示原理

由于有色油墨密度高于极化液体密度，因此它被完全润湿在显示基板表面。在施加电压前，像素阻止光线透过，反射出油墨色彩；在施加电压后，极化液体在电压作用下向下润湿基板，将有色油墨"挤"到一侧，有色油墨变成紧密的液珠，露出大面积的基板颜色，从而实现双色色彩转换。单个像素四周存在一定高度的像素墙，防止像素之间的有色油墨互相干扰。

3.4.2　电润湿显示器件材料和制备

通过观察电润湿显示器件的结构不难看出，电润湿显示器件的关键结构包括油墨、极性流体、绝缘层、像素墙、封装层等，关键制备工艺主要包括绝缘层的制备、像素墙的制备，以及油墨填充与器件封装。

油墨材料是电润湿显示器件的核心材料，通过控制油墨材料的移动实现光学灰度的开关和色彩的调控。因此，油墨材料需具备高饱和度、高溶解度、高稳定性和低极化率的特点。油墨染料的种类主要包括蒽醌型、偶氮型、金属络合型和有机菁型。油墨的填充和封装方法主要有分液填充封装、竖直浸入式填充封装、自组装填充封装、相变填充封装和喷墨打印填充封装等。

极性流体用于加电压之后"排挤"油墨，因此需要其与油墨互不相容，同时具备导电性好、透明、挥发度低、黏度小、表面张力高的特点。一般情况下，盐水可以作为极性流体，但缺点是容易造成介电层击穿，腐蚀电极；醇类（乙二醇、丙二醇等）流体不易穿透介电层，漏电流较小，掺入有机盐可以提升电导率，适合作为极性流体；近年来离子液体由于优异的导电性、不挥发、高热稳定性、宽窗口温度等优点得到了广泛的应用。

通常在电极与极性流体间加入绝缘层来延长器件寿命，该层需要具备较高的介电常数和较好的疏水性。目前，最常用的绝缘层材料为氟树脂材料（如 Teflon AF1600），可获得 100° ~ 120° 的接触角。通过往树脂内掺杂无机材料可以提高其介电常数，降低绝缘层被击穿的风险。绝缘层依靠基本的涂布工艺（旋涂、浸涂、丝网印刷及喷墨打印）可以完成制备，旋涂和浸涂能够制备均匀性好的绝缘层，但旋涂较浪费材料，浸涂效率较低；制作大面积器件通常采用丝网印刷的方式，能够简单高效地完成制作；此外，喷墨打印的方式发展迅速，该方式材料利用率高，同时省略了离子活化和高温加热的过程，绝缘层性能也更稳定。

像素墙需要具有良好的稳定性，常见的材料为光刻胶、无机硅氧烷和聚酰亚胺。光刻胶是常用的像素墙材料，利用传统光刻的方式可以快捷地制备像素墙，具有良好的力学性能、热稳定性和抗化学腐蚀性，但其疏水性的特点也使得其较难涂布在绝缘层，需要对光刻胶进行改性。不同于光刻胶，无机硅氧烷材料的亲水性更强，是像素墙的更优选材料。聚酰亚胺材料像素墙可以通过丝网印刷的方式进行图案化，但丝网印刷工艺受限于丝网的高度、间距、滚轮的压力等因素，同样存在制备的像素墙较矮、较宽、分辨率较低的缺点；此外，像素墙还可以通过微纳米压印进行制备。

封装层材料通常选用压敏胶（Pressure Sensitive Adhesive，PSA），通过施加一定的压力，使得被粘物粘连，丙烯酸酯类是最常用的压敏胶，可细分为溶剂型、乳液型、UV 光固化型等。

3.4.3 电润湿显示的特点

在速度方面，电润湿显示可以实现毫秒（ms）级响应，足以显示视频内容；在功耗方面，施加低电压可以实现油墨的移动，功耗低；在显示效果方面，电润湿显示是一种受光型显示技术，依靠光的漫反射实现信息传递。在此基础上，电润湿像素结构不存在偏光片，因此其具有较高的反射率，在背光时具有较高的亮度，与生活中纸张的阅读场景类似，接近纸张的视觉质量。电润湿像素结构不用滤色片而用有色油滴进行彩色显示，单个子像素可以在油墨颜色和基材颜色两种颜色之间切换，并可以通过叠加的方式实现彩色显示。

在制作材料方面，可以选择柔性材料制作像素基板，扩展、覆盖柔性和刚性多种应用场景。在制程方面，电润湿显示器件的制程与 LCD 器件的制程相似度高达 90%，因此电润湿显示器件的制程与 LCD 器件的制程具有很高的兼容性，随之带来的是工艺化成本的大幅降低。

但在电润湿显示器件中，由于有色油滴不能被排出像素外，因此单个像素至少 20%的区域是被有色油滴占据的，剩余区域进行背景颜色的显示，因此电润湿显示器件在开态和关态下，色彩差异受限。

3.5 电流体显示

2009 年，电流体显示（Electro Fluidic Display，EFD）技术被提出，该技术可以看作电润湿显示的一种改进技术，也是第一种利用 3D 微流体结构的显示技术。

3.5.1 电流体显示的结构和原理

电流体显示的基本结构如图 3-27 所示，首先，每个像素中都存在一个微小容腔，将水性染料分散体放置在一个微小容腔内，容腔占可见像素的区域小于 10%，染料基本都隐藏在视野之外；其次，在每个像素上方有表面通道，面积占据整个像素面积的 90%以上，用来容纳显色时溢出

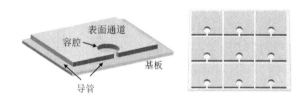

图 3-27　电流体显示的基本结构

的染料；最后，整个像素由导管环绕用来提供染料回流到容腔内的通路。该结构的显色面积得到了提高，可以极大地解决电润湿色彩差异受限的问题。

电流体显示的原理如图 3-28 所示，初始状态下，没有施加电压，表面通道疏水，使得染料散布在容腔内。当施加电压时，表面通道变得亲水，从而将染料从容腔内拉出。当电压撤掉时，染料快速退回容腔内，染料退回的时间间隔为十几毫秒。通过控制电压的大小，可以实现染料对 10%～90%像素区域的覆盖。

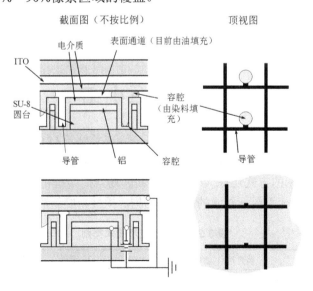

图 3-28　电流体显示的原理

3.5.2　电流体显示的制造工艺

首先通过光刻的方法将平坦层结构图案化在衬底上，然后通过真空沉积的方法将高反射率的铝电极沉积在平坦层表面，最后通过刻蚀的方法进行铝电极的图案化。形成像素电极之后，一层致密的电介质（如 Parylene）沉积在电极上，再覆盖一层含氟聚合物，最后盖上一块透明盖板，盖板下方是相同的电介质，电介质上方是 ITO 的透明电极。整个加工工艺可以在 100～120℃的条件下完成，因此上盖板基底和下层衬底可以选用玻璃或柔性塑料（如聚对苯二甲酸乙二醇酯 PET、聚苯二甲酸乙二醇酯 PEN）。

如图 3-29 所示，在结构制作完毕后，首先注入彩色染料，染料分散体充满容腔和表面沟道，然后在器件的一侧注入油（十二烷），油由于低表面张力在表面流通，同时将彩色染料从器件另一侧挤出；当油到达容腔时，由于表面沟道的高度远远小于容腔的深度，油只会在容腔周围移动，而将染料分散体留在容腔内，最后对整体器件使用紫外线环氧树脂进行封装。

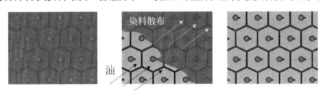

图 3-29　电流体显示的制造原理

3.5.3　电流体显示的特点

在显示速度方面，边长为 150μm 的像素的开启时间（染料覆盖 90% 的显示区域）约为 50ms，关断时间（染料退回容腔）约为 30ms。提高电流体显示速度的一种有效方法是提高分辨率，如果将像素的边长缩小为 50μm，染料的传输距离缩小 1/3，传输速度与像素单元高度成正比，与像素单元距离成反比，因此传输速度提升 3 倍，开启时间将缩小 1/9，同时关断时间也将缩小 1/9。可以通过改进材料的性质（包括表面张力、单位介电电容等）来缩短开启时间/关断时间。还可以通过改进染料的黏性来提升响应速度。最终的电流体显示器件的开启时间和关断时间有望降低至 1ms。

3.6　本章小结

到目前为止，电子纸显示根据显示原理可以分为液晶显示（LCD），以及本章介绍的电致变色显示（ECD）、电泳显示（EPD）、电润湿显示（EWD）和电流体显示（EFD），其技术目标都是利用反射式显示的方式还原人们自然的阅读场景，缓解电子设备引起的视觉疲劳。表 3-2 对不同类别的受光型显示技术的原理、结构、柔性、刷新速度等方面进行了列举。

表 3-2　受光型显示技术类别

技术	原理	偏光片	滤色片	光源	柔性	刷新速度	是否持续供电
LCD	液晶分子排列改变光的偏振态	需要	需要	反射式/背光式	很难做柔性	快	需要持续供电

续表

技术	原理	偏光片	滤色片	光源	柔性	刷新速度	是否持续供电
ECD	离子运动改变材料颜色	不需要	不需要	反射式/透射式	可以做柔性	慢	断电后保持
EPD	有色、带电颗粒的运动	不需要	不需要	反射式为主	可以做柔性	慢	断电后保持
EWD EFD	有色液体界面形状变化	不需要	不需要	反射为主	可以做柔性	快	需要持续供电

其中，虽然 LCD 产品已经在全球市场上经过了验证，但由于液晶盒、偏光片和滤色片的光学结构，产品很难实现柔性，限制了它在某些领域的应用；因为偏光片的使用，造成白色背景偏灰，对比度较低；需要持续供电的特点对能源产生了一定量的消耗。ECD 结构简单，但当前的应用仅仅限于电子标签等简易的产品；EPD 自 Amazon Kindle 发售大获成功，已经占据了一定的市场份额，但同时刷新速度慢、残影等现象也对电子纸提出了极大的挑战；EWD 和 EFD 的刷新速度快，但空腔的存在使得像素有效显示区域不能达到 100%，同时该类产品需要持续提供电压维持有色油墨或染料的显示状态，二者的产业化进程还需要接受市场的进一步检验。

世界卫生组织公布 2020 年全球儿童和青少年视力损伤人数达 3.12 亿人，同时我国国家卫生健康委员会公布 2020 年青少年总体近视率已达 52.7%，青少年的近视率已引起人们的高度重视。除用眼不规范外，一些研究表明，其中引起青少年近视率最重要的原因之一是电子设备主动显示引起的用眼疲劳，而反射式显示产品接近人们原始的阅读习惯，能够降低用眼过度损耗，因此反射式显示技术不断得到重视并发展，成为显示技术的发展重点之一。

2022 年，全球电子纸显示终端市场已超 100 亿美元，预计 2025 年达到 723 亿美元（RUNTO）。目前，全球电泳显示器市场供不应求，但我国国产化市场占有率偏低，亟须突破垄断实现"国产化替代"。电润湿显示产品市场产业化进度不够，需要革命性产品驱动。

虽然反射式显示产品已经实现了一定的产业化，但整个反射式显示产业领域依然存在众多盲点。例如，显示视觉健康标准、科学评测方法尚不完善，会造成产品量化标准不一，产品鱼龙混杂等问题。针对这些弊端，我国企业也在积极践行社会责任，如 2022 年 5 月，京东方联合国际独立第三方检测、检验和认证机构德国 TüV 莱茵发布了中国半导体显示领域首个权威护眼标准——全面护眼显示标准，其制定的 H.629.1 数字艺术显示标准正式成为国际标准，这些都为反射显示领域的行业发展奠定了基石。

3.7　参考文献

[1]　陈旺桥. 电泳电子纸显示关键材料进展[J]. 液晶与显示，2022，37（8）：959-971.

[2]　李国相. 彩色双粒子微胶囊电泳显示的研究进展[J]. 化工进展，2015，34：131-136.

[3]　郭媛媛，蒋洪伟，袁冬，等. 电润湿显示材料与器件技术研究进展[J]. 液晶与显示，2022，37（8）：925-941.

[4]　CROWLEY J M, SHERIDON N K, Dipole moments of gyricon balls[J]. J. Electrostat, 2002, 55(3-4):247.

[5]　SHERIDON N K, RICHLEY E A, MIKKELSEN J C, et al. The gyricon rotating ball display[J]. J. Soc. Inf.

Display, 1999, 7:141.

[6] SHERIDON N. Flexible Flat Panel Displays[M]. London: Wiley, 2005.

[7] HOWARD M E, RICHLEY E A, SPRAGUE R A, et al. Gyricon Electric Paper[J]. SID Symposium Digest of Technical Papers, 1998, 6:215.

[8] YU F, FANG Y, WANG J, et al. Progress in Preparation Methods of Microcapsules[J]. Int J Nanotechnol, 2022, 12:19.

[9] YU F, FANG Y, WANG J, et al. Fabrication of compact poly(methyl methacrylate-co-butyl methacrylate-co-acrylic acid) microcapsules for electrophoretic displays by using emulsion droplets as templates[J]. Colloid Polym. Sci, 2016, 294:1359.

[10] KAO W C, TSAI J C. Driving Method of Three-Particle Electrophoretic Displays[J]. IEEE T. Electron Dev, 2018, 65:1023.

[11] YI Z, ZENG W, MA S, et al. Design of Driving Waveform Based on a Damping Oscillation for Optimizing Red Saturation in Three-Color Electrophoretic Displays[J]. Micromachines, 2021, 12:162.

[12] YANG G, TANG B, YUAN D, et al. Scalable Fabrication and Testing Processes for Three-Layer Multi-Color Segmented Electrowetting Display[J]. Micromachines, 2019, 10(5):341.

[13] HEIKENFELD J, ZHOU K. Electrofluidic Displays[M]. Switzerland: Springer, 2016.

[14] REUSS F F. Sur un nouvel effet de l'électricité galvanique[J]. Mémoires de la Société Impériale des Naturalistes de Moscou, 1809, 2:327.

3.8 习题

1. 三色、四色颗粒显示在显示单色时，反射率是滤色片 RGB 电泳显示的 3 倍，为什么？

2. 如图 3-30 所示，在四色电泳显示中，参考"黄白色—红色—黄色"的电压施加顺序，如何调整电压实现黑色显示？

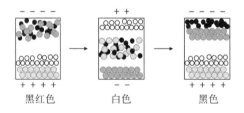

图 3-30 四色电泳显示黑色的过程

3. 开放思考：针对电子纸显示产品的发展趋势及产业痛点，可以从哪些方面做出改进实现更人性化、性能更优的显示产品？

第4章

电子束显示技术

第 1 章曾介绍过显示技术可以按照器件性质，即器件本身是否发光，分成自发光型显示和受光型显示。

自发光型显示利用的就是物体的发光性质。最简单的就是白炽，比如灯泡的应用，给灯泡钨丝充电就发光，这就是白炽。燃烧是一种放热发光的化学反应。还有气体放电，也就是等离子体的效应，包括生活中可见的雷电、极光等自然现象，以及人们利用辉光放电这种气体放电现象实现的显示技术，如等离子体显示。还有一类发光叫作冷发光。相比于前面几种发光方式，冷发光一般来说不产生大量的热量，温度也不会有明显的提升。物体发光原理的分类如图 4-1 所示。

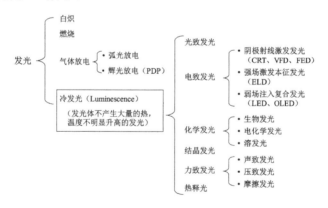

图 4-1　物体发光原理的分类

冷发光主要利用的现象有以下几种：①光致发光是指物体吸收光了以后又发出其他波长的光。②电致发光是指通过电来产生光，比如本章介绍的通过阴极射线实现的显示，也就是通过电子束来发光的显示，包括阴极射线管（CRT）、真空荧光显示（VFD）、场发射显示（FED）三种，还有通过电流来激发原子发光的现象，用于电致发光显示（ELD）等；还有电子空穴注入复合发光的现象，用于现在最常见的 LED 和 OLED 等。除了以上这些，冷发光还有化学发光、力致发光等。

本章讨论的技术，是相对早期的自发光型显示技术，即现在被淘汰或濒临淘汰的一些技术。但它们仍然值得关注，尤其是早期技术中存在的一些基本的物理原理。这些早期技术是现在的显示技术的重要铺垫，而且其中一些原理，现在依然在显示以外的物理电子领域中有应用，尤其是一些真空的电子束的显示技术在现在的真空电子学、电子显微镜等研究领域都有应用。

4.1　阴极射线管显示

阴极射线管，是从 Cathode Ray Tube（CRT）直译过来的，也可以叫作显像管，或者布劳恩管，名字取自其发明人。CRT 显示设备曾经非常常见，如 CRT 电视，是看起来方正的、厚重的电视，如图 4-2 所示。简单来说，CRT 显示的原理是首先利用阴极电子枪发射电子束，电子通过阳极汇聚并加速，然后在电场或磁场的偏转作用下，射到最前方的荧光屏内侧，激发上面的荧光体发光。

图 4-2　CRT 电视

4.1.1　CRT 的发展

CRT 的技术追溯到 1860 年，这时国外的科学家（J. Plücker，J. W. Hittorf）已经发现了阴极射线的现象。19 世纪 90 年代，人们发现了阴极射线还可以通过电场或磁场来进行偏转。

1897 年以后，德国的物理学家、发明家、工程师卡尔 ·费迪南德 ·布劳恩（Kari Ferdinand Braun）发明了 CRT 这种设备：一根真空的玻璃管，里面有一个发射阴极射线的装置。布劳恩于 1909 年获得了诺贝尔奖。

1908 年，A.A. Campbell-Swinton 在《自然》杂志上发表了通过 CRT 来进行显示的文章。

CRT 电视真正开始广泛应用是 1930 年左右的事情，这时 CRT 的寿命达到了 1000h，已经开始了商用。1934 年，德国 Telefunken 的 CRT 电视商品的屏幕是圆的，因为显像管玻璃管做成圆的更容易一些。

20 世纪 50 年代，彩色的 CRT 电视及方形的 CRT 电视开始应用。20 世纪 60 年代，出现了既是方形又是彩色的 CRT 电视。这些 CRT 屏幕表面还都是有一定突起、弧度的，直到 20 世纪 80 年代末才出现了真正平面的 CRT。到了 2000 年，随着 LCD 等平板显示的出现，在形态上，厚重的 CRT 落后了，逐渐地被成本越来越低的平板显示淘汰。

4.1.2　CRT 的结构

CRT 的结构如图 4-3 所示。CRT 首先有一根玻璃管。玻璃管中抽成真空以提高电子的平均自由程。

CRT 最关键的部件之一就是电子枪（Electron Gun），其作用是发射电子。电子枪有发射电子的阴极（Cathode），加热后可发射电子，阴极加的是负的信号电压。阴极周围缠绕着一些灯丝（Heater），这些灯丝的作用是通电后发热，给阴极加热，通过热电子发射把电子发射出去。阴极之外还有控制栅极（Control Grid）来调制电子束大小。

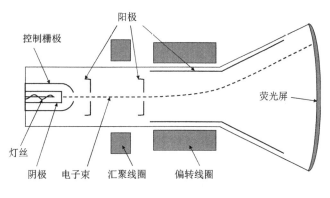

图 4-3　CRT 的结构

电子枪前面有若干组阳极（Anode），阳极的作用是加速电子或者汇聚电子。阳极上的电压很高。具有汇聚作用的阳极可以有几百伏的电压，而做加速的阳极，其电压可高达几万伏。

玻璃管外部有两组线圈，一组是汇聚线圈（Focusing Coils），另一组是偏转线圈（Deflecting Coils），偏转线圈是加扫描信号的地方，让电子束能够通过上下左右移动来完成一个图像的扫描。

最外面的部分是荧光屏（Fluorescent Screen），上面涂附有荧光粉。电子射到荧光屏上能引起其发光。

4.1.3　热电子发射的原理

热电子发射，或者热发射（Thermionic Emission），对于电子来说，是给电子提供热量让它摆脱束缚势能的过程。在 CRT 中，热电子发射是电子从阴极发射到真空中。阴极的电子在能量维度上围绕着阴极金属的费米能级（Fermi Level）分布，费米能级被电子占据的概率是 50%，费米能级以上的能量的电子被占据的概率呈指数级减少。从金属费米能级到真空能级的势垒，或者说束缚电子的势能（图 4-4 中的 Φ），就是金属的功函数（Work Function），其定义是从某材料中移除一个电子所需的能量。

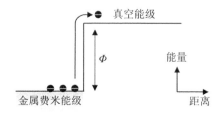

图 4-4　热电子发射的能带图

阴极的热电子发射的电流密度由理查德森法则（Richard's Law）给出：

$$j_c = A_0 T^2 \exp\left(-\frac{\Phi}{kT}\right) \tag{4-1}$$

式中，T 为阴极的温度；Φ 为功函数，反映了把电子从阴极金属发射出去所需要的能量大

小。A_0 为理查德森常数，其计算公式为

$$A_0 = \frac{4\pi mk^2 e}{h^3} = 1.2 \times 10^6 \, \text{A} \cdot \text{m}^{-2} \cdot \text{K}^{-2}$$

式（4-1）的形式与半导体物理中的肖特基结、肖特基二极管的反偏电流方程一致。把真空看作半导体，这个结就可以理解成一个反偏的肖特基结。

热电子的电流密度，只与温度 T 和功函数 Φ 有关。因此，我们希望金属的功函数小一些，同时又希望阴极的温度更高一些，就能够实现更大的发射电流。当然这也对灯丝和阴极金属的熔点提出了要求。金属中熔点比较高的金属是钨，有 3390～3430℃ 的熔点，所以灯泡或很多 CRT 中的灯丝可以采用这种金属。

4.1.4　电子束的偏转

在电子束经过加速、汇聚后，需要将其偏转，以投射到荧光屏的不同位置上激发发光。CRT 中，电子束的偏转有两种方式：磁场偏转和电场偏转。

磁场偏转通常用于电视和计算机显示器，因为磁场偏转的偏转角更大，进而能实现更大更薄的屏幕，并且允许更大的电子束电流和更高的功率，因此能实现更亮的图像；同时避免高电压的需要。

示波器通常使用电场偏转，因为示波器的目的是把电压或电流等电信号直接展示出来，传统的示波器捕获的原始电波形可以直接（或放大后）应用于 CRT 内的垂直静电偏转板。而现在的一些数字示波器，不再是 CRT 显示屏，整个系统则复杂得多。

这里以磁场偏转为例来推导电子束的偏转距离。如图 4-5 所示，电子束经过偏转线圈时，受到磁场的洛伦兹力为

$$F = evB = ev\mu_0 H \tag{4-2}$$

式中，e 为电子电量；v 为电子速度；B 为磁感应强度；H 为磁场强度；μ_0 为真空磁导率（$\mu_0=1$）。若将电子偏转的轨迹近似为圆周运动，则

$$F = mv^2 / r \tag{4-3}$$

该洛伦兹力为向心力，若式（4-2）和式（4-3）相等，则偏转半径 r 有如下关系：

$$r = mv / eH \tag{4-4}$$

再根据能量守恒定律，电子束是由阳极高压加速的，其动能与电能相等：

$$eU_A = mv^2 / 2 \tag{4-5}$$

进而推导出

$$r = (1/H)\sqrt{2mU_A / e} \tag{4-6}$$

式中，U_A 为阳极高压。最后通过三角函数，可以估算出电子束在荧光屏上的偏转距离 d 为

$$d = \tan\varphi \approx \left(\frac{a}{r}\right)l = alH\sqrt{\frac{e}{2mU_A}} \tag{4-7}$$

所以偏转距离 d 与偏转区间的长度 a、线圈的磁场强度 H、荧光屏到线圈的距离 l 成正比；而 d 与 $\sqrt{U_A}$ 成反比。

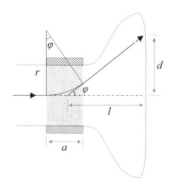

图 4-5　CRT 电子束偏转的计算

4.1.5　荧光屏和荧光体

　　荧光屏玻璃的内侧有一层受电子束激发就能发光的物质。这种物质是荧光体，有时也称为磷光体。其英文都是 Phosphor。荧光体是指一类通过光照、阴极射线等高能激发的方式能够发光的材料，它有两个名字的原因是它包含了荧光（Fluorescent）材料和磷光（Phosphorescent）材料。

　　荧光体通常是过渡金属或稀土金属的化合物。其基本原理是荧光体中一些物质的电子先从低能级激发跃迁到高能级，再从高能级跃迁到低能级弛豫下来，这个过程以光的形式释放能量。荧光体通常有两个组成部分，一个是主体材料（host），另一个是主体材料内掺的活化剂（Activator）。活化剂是用来接收能量激发，再弛豫发光的物质。例如，硫化锌:铜（ZnS:Cu），主体是硫化锌，掺上铜离子杂质作为活化剂。其最常见的应用是夜光材料，如夜光玩具。氧化钇铝:铈（$Y_3Al_5O_{12}:Ce^{3+}$），主要用于白光的 LED。

　　荧光和磷光主要的区别在于亮度的衰减速度不同。荧光的衰减是非常快的，衰减时间在几十纳秒的级别。而磷光衰减得很慢，衰减时间大于 1ms。图 4-6 所示的贾布隆斯基图（Jablonski Diagram，描述分子在激发和发射过程中能级变化的图）展示了荧光和磷光衰减时间不同的原因。荧光发射过程是从基态 S_0 激发到单重态（或单线态）的激发态 S_1、S_2 后，直接回到基态 S_0，把能量释放出去，这个过程较快。而磷光还需要利用到三重态（或三线态）T_1，即激发到单重态以后需要经过系间跨越（Intersystem Crossing，ISC）的过程，过渡到三重态上，再缓慢地降回基态，这个过程较慢。

　　荧光因为其响应快速，一般会用在荧光灯、白色 LED，以及 CRT 显示、场发射显示（FED）、等离子体显示（PDP）上。对于磷光来说，因其持续时间长，会用在一些雷达的屏幕，以及夜光材料（如夜光手表、夜光玩具）上。

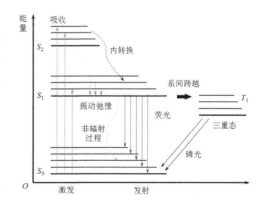

图 4-6　激发和荧光、磷光的发射

　　对于 CRT 显示，荧光体位于荧光屏玻璃的内表面，用来接收电子束。黑白或单色 CRT

将发出白色，或者某种其他单色光的荧光体涂满玻璃内表面，而彩色 CRT 采用红绿蓝（RGB）三种荧光体，将其以一定图案排列在玻璃内表面。

4.1.6　彩色 CRT 的原理

单色 CRT 只有一种颜色的荧光体，由一束电子束来激发。而彩色 CRT 荧光屏那一面的图案是用三种颜色（RGB）的荧光体涂成的，红绿蓝三种颜色的荧光体要以某种设定的次序来排列。彩色 CRT 一般有三束电子束，它们分别射向三种颜色的荧光体。

彩色 CRT 的电子枪部分有不同的配置，分成单枪和三枪两种，单枪是三束电子束由三个阴极分别发射，三个阴极分别负责三种颜色，共用一套汇聚和加速阳极；三枪是三束电子束由三个阴极分别发射，各自有一套汇聚和加速阳极。

三束电子束对应三种颜色，只能击中相应颜色的荧光体，这是通过荫罩（Shadow Mask）进行阻挡来实现的。如果电子束对准了两种或三种颜色的荧光体之间的位置，荫罩会将其阻挡。这是一般的彩色 CRT 实现三色的原理。

彩色 CRT 的荫罩有不同的类型和图形。在有的分类方式中，荫罩被分成三种：荫罩式（特指点状荫罩）、沟槽式、栅条式（Aperture Grille，或称栅格式、条栅式），如图 4-7 所示。而在有的分类方式中，荫罩只有荫罩式、栅条式两种，其中荫罩式包括了点状荫罩式和沟槽式。分类的分歧有翻译和历史的原因。比如最初的荫罩式只有点状的，人们就把它叫作荫罩式。

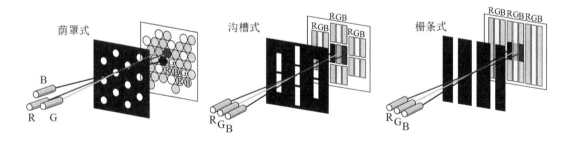

图 4-7　彩色 CRT 的荫罩图

4.1.7　向量显示和点阵显示

CRT 有不同的扫描模式，可以概括成两类，一类叫作向量显示或矢量显示，另一类叫作点阵显示、光栅显示或位图显示。

如图 4-8 所示，同样一个字母 A，向量显示中电子束只需要按照顺序扫描出三个线条即可。而点阵显示中，不管显示什么图案，电子束的目标点都需要一行一行地扫过去，只有扫到需要点亮的地方，阴极才发射电子束。所以它们是两种完全不同的扫描形式。

在实际应用中，CRT 示波器就是向量显示的，其波形就是电子束的扫描线。最早期的电子游戏，就是通过向量显示做出来的。其最早始于 DuMont 公司在 1947 年的专利"Cathode-ray tube amusement device"，这个专利就是受到了 CRT 雷达显示屏的启发。

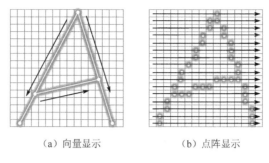

（a）向量显示　　　　　　　（b）点阵显示

图 4-8　向量显示和点阵显示

向量显示只显示线条，其线条非常细腻，但向量显示有两个主要的问题。问题一是线条数量有限，图像不能做得很复杂。图像建立的时间与线条数量有关，线条过多时会限制刷新时间。问题二是向量显示 CRT 只能是单色显示的。

点阵显示可能对于当代人来说更熟悉一些。点阵显示的分辨率、刷新率都是固定的，每一帧都是从头扫到尾的，点阵显示能够实现彩色的显示，这些是点阵显示与向量显示的主要区别。

4.1.8　逐行扫描和隔行扫描

对于 CRT 的点阵显示，由于历史原因，其扫描方式分成了两种。

第一种叫作逐行扫描，即电子束的目标点从上到下每一行都扫过去，遇到需要亮的像素点则打上电子束。

过去的视频传输线和接口的带宽、频宽往往受限，即单位时间内所能传输的信号是很有限的，有时它无法在一帧的时间内把整个一帧的信号传来。如果降低刷新率，因为信号进来得慢，电子束扫描得慢，扫描到最后几行时，前面行的荧光就已经暗掉了，如图 4-9 所示。这种帧内的荧光衰减将造成人视觉的闪烁感觉。

所以过去人们为了解决这种问题，提出了一种叫作隔行扫描的扫描方式，这是一种在带宽受限情况下的折中。如图 4-10 所示，隔行扫描是指每次只传输和显示一半的扫描线，即偶数行（称为偶场）或者奇数行（称为奇场）。由于视觉暂留效应，人眼不会注意到两场只有一半的扫描行，而是会看到完整的图像。

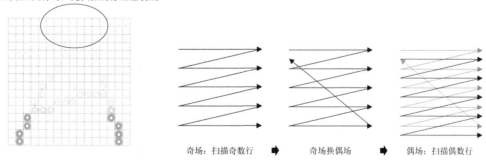

图 4-9　逐行扫描时帧内的荧光衰减　　　　图 4-10　隔行扫描的奇偶场交替

如图 4-11 所示，每帧只扫描一半的像素，这样能够更快地把整个屏幕扫描到，先扫描奇数行，至少让整体有一个轮廓，然后在扫描偶数行时把图像补齐，人眼就更能够看清楚是一个字母 A，不至于像逐行扫描那样在扫描下面一半的图像时，上面一半的图像已经衰减。

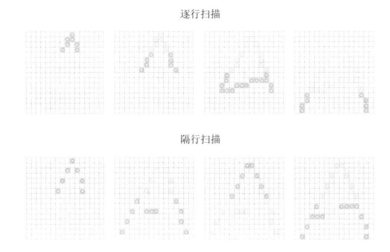

图 4-11　隔行扫描弥补荧光衰减

值得一提的是，按照电影电视工程师协会（SMPTE）的标准，各种分辨率的命名如 480I、480P、720P、1080I、1080P 等中的 P 指的就是逐行扫描（Progressive Scan），I 指的就是隔行扫描（Interlaced Scan）。

在现在的电视和计算机显示器中，由于接口带宽的提高，每帧的时间内可以完成整帧的数据传输，逐行扫描显示的刷新率提高，使用者已经不会再感觉到闪烁现象。因此，隔行扫描技术逐渐被逐行扫描技术取代。

旧的隔行扫描的视频，如果在逐行扫描显示设备上播放，则可能引起图像质量问题，尤其是运动画面，奇场和偶场叠加起来会产生"锯齿"的效果，如图 4-12 所示。这是因为，隔行扫描技术中的偶场和奇场不是由同一帧分拆得来的。如果把一个偶场和奇场简单地拼合在一起，则不能完美地拼合成一帧图像。实际上，当时摄像机采集视频的方式也是隔行扫描的方式。这种问题需要用反交错技术才能解决。

图 4-12　隔行扫描运动画面的"锯齿"现象

4.1.9　CRT 的制造工艺

CRT 的制造工艺主要有以下三步。

（1）玻璃腔室。制造 CRT 要从塑模成形的玻璃腔室开始，首先以高压水柱冲洗玻璃腔室，去除微小的残屑，然后喷上氢氟酸进一步清洗干净。

（2）荧光屏。首先把荧光体的溶液倒入玻璃腔室中，荧光体颗粒会沉降并与玻璃腔室内表面形成化学键结。然后将多余的溶液倒掉，将玻璃腔室罩在喷洒亮光漆的喷嘴上并且夹住，离心力确保亮光漆能均匀散布在荧光体上，亮光漆将在下个步骤发挥保护作用。接着将一块铝片放入钨丝线圈中，临时把玻璃腔室抽真空，给线圈通电，使铝片蒸发，进而在玻璃腔室内部形成犹如镜面的涂层。最后将玻璃球以 218℃ 的温度加热 1h，这可以把亮光漆和残留的水分烘干。

（3）电子枪和线圈。首先组装好电子枪，将电子枪总成装入玻璃腔室中。然后将玻璃腔室固定在吹玻璃的车床上，并将多余的玻璃管切除。接着利用石墨浆板和高温气炬，使玻璃管与电子枪杆相互连接，整支管子以 400℃ 的温度加热 2h，并再次抽成真空。最后工作人员将电源接到电子枪上，CRT 就制造完成了。

4.2　真空荧光显示

真空荧光显示（Vacuum Fluorescent Display，VFD）也是利用电子束激发荧光体发光的显示技术。

4.2.1　VFD 的发展

VFD 的雏形是 1959 年飞利浦（PHILIPS）公司的一种指示灯管 DM160，它只有明暗两种信号状态，无法构成多位的信息，最初只能作为一种信号灯、指示灯。

20 世纪六七十年代，出现了很多字段式的 VFD 管，比如 7 段式的 VFD 管一共有 7 个笔画，可构成一位数的显示（0～9）。VFD 在 1980—2000 年很常见，如汽车的仪表盘和音响显示，以及家用音响、录像机、影碟机（VCD）、电子游戏机的显示屏，一些老式计算器也采用 VFD。一款 CD 音响的 VFD 显示屏和一款收银机的 VFD 显示屏分别如图 4-13 和图 4-14 所示。

图 4-13　一款 CD 音响的 VFD 显示屏　　　　　图 4-14　一款收银机的 VFD 显示屏

4.2.2　VFD 的结构

VFD 的结构是带有格栅（Grid）的真空玻璃管，阴极射出的电子在格栅的吸引下加速

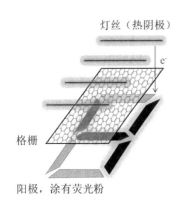

图 4-15 VFD 的基本结构

射向阳极，撞击到阳极上涂覆的荧光粉后发出可见光。VFD 和 CRT 显示相似，都是在真空中工作，并且都使用热阴极来发射电子，只是结构不太一样。

如图 4-15 所示，VFD 的阴极是若干根灯丝（Filament），通常是钨丝。灯丝就是热阴极，通过施加电压（3V 左右）可将灯丝温度提高到 600℃ 以上，激发并发射电子。

通过给格栅，即光刻形成的薄钢网（50μm），施加 12～30V 或更高的正电压，给灯丝发射的电子加速。

电子最终打到阳极上，阳极通常是石墨等导体，上面涂有荧光粉。阳极的正电压（12～30V 或更高）吸引电子，电子与荧光体碰撞发光。VFD 常用的荧光粉是 ZnO:Zn，发出绿色（505nm）的光。

4.2.3 VFD 的原理

VFD 的驱动由格栅和阳极共同配合来控制，如图 4-16 所示。

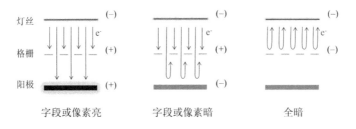

图 4-16 格栅和阳极共同控制 VFD

如果对格栅的金属网格加正电压，则能够使灯丝射出来的电子束加速，其中一部分电子会透过网眼射向阳极；如果此时阳极也加正电压，则能够把透过格栅的电子吸引过来，电子打到阳极上面的荧光体，就会发光；如果此时阳极加负电压，则能够把电子排斥回去，电子打不到荧光体上，就不会发光。

如果想让整个屏幕暗掉，或者让某个区域暗掉，则可以把这个区域的格栅加上负电压，就能够把电子排斥回去，切断流向阳极的电子。既然电子到不了阳极，不管阳极的电压是正还是负，都不能发光。

按照阳极的图案和驱动方式，VFD 可分成两种类型，一种叫作字段式/笔段式 VFD，另一种叫作点阵式 VFD。

字段式 VFD 通常用数个笔画组成一位数字或字母，如图 4-17 中的 4 位数字 VFD 显示屏所示，每位数字是 7 个字段。有的 VFD 还有 8 段式（数字+小数点）、16 段式（米字形，可拼成部分字母）等不同的排列，也有的字段单独地印成了固定的形状，如图 4-13 中的播放 "▷"、暂停 "‖" 所示，阳极的形状就设计成了这些图形的样子。

字段式 VFD 显示多位数字时，若干灯丝以一定间距贯穿一整行数字；而一片格栅覆盖 1 位数字的 7 个字段，可以整体关掉 1 位数字。

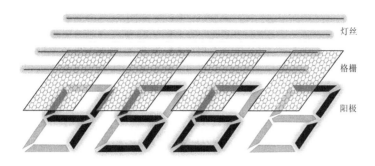

图 4-17 字段式 VFD

点阵式 VFD 通常用点的阵列组成 1 位数字或字母，如图 4-18 中的 2 位字母 VFD 所示，每个字母是 8×8 的像素阵列，每个像素通常是小方块。若干灯丝以一定间距贯穿一整行字母；而一片格栅覆盖 1 位字母的 8×8 阵列，可以整体关掉 1 位字母。

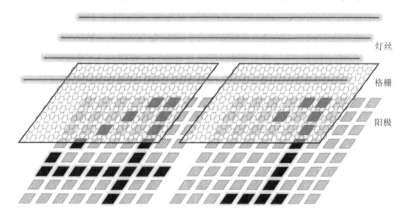

图 4-18 点阵式 VFD

显微镜下的 VFD 显示屏如图 4-19 所示，上层的横线是灯丝。

图 4-19 显微镜下的 VFD 显示屏

4.2.4 VFD 的特点

VFD 具有比较高的亮度（640～4000cd/m²）。相比于 CRT，VFD 有着更低的工作电压（12～30V）。但是相比于 CRT，VFD 的寿命较为有限（1500～30000h），其寿命通常受阴极发射效率和荧光体效率的影响。

总的来说，VFD 显示屏的设计很灵活，可以将阳极和荧光体形状设计成任意字段形状。但 VFD 其实应用比较有限，大部分是单色的，主要用于简单的、分辨率不高的显示屏，如 VCD、音响、微波炉、计算器这种只需要显示一些固定图形或简单文字的地方，不适用于电视、计算机显示器等场景。

4.3 场发射显示

本节介绍的显示技术——场发射显示（Field-Emission Display，FED），也是应用了真空电子束的显示技术。FED 是使用纳米微尖的阵列，通过场发射（Field Emission）发射电子束，轰击荧光体使其发光的自发光型显示技术。

与 VFD 相比，FED 是一种更适合制造电视的显示技术，FED 发光原理和 CRT 的相似，但不再共用一个电子枪做 XY 扫描，而是每个像素都有自己独立的电子束发射源，外形也轻薄化了。但是 FED 的发展并不顺利，甚至就没有出现真正的产品。

简单回顾一下 FED 的发展，早期的 FED 集中开发始于 1991 年 Silicon Video Corp.（Candescent Tech）公司提出的 ThinCRT 技术概念，直到 21 世纪初，FED 未能开发成功，主要原因是高压侵蚀问题，即电子源的微尖容易损坏。21 世纪 00 年代末，FED 产品仍未能实现大规模生产，很多公司放弃了对 FED 的开发。最后市场还是选择了 LCD。

4.3.1 场发射的原理

CRT 和 VFD 的阴极都需要加热到一定温度，才能够让电子获得足够能量从阴极释放出去，而 FED 最大的不同是电子束发射是冷阴极发射，即金属阴极并不需要加热，而是通过非常强的外电场，利用量子隧穿效应将电子从金属阴极中发射出去。热电子发射和场发射的能带图如图 4-20 所示。

隧穿涉及量子力学中最经典的量子力学问题之一——势垒穿透的问题。

如图 4-21 所示，一个能量为 E 的电子能否从势垒左边（$x<0$）穿透到势垒右边（$x>a$）去？因为势垒高度 V_0 高于电子的能量 E，所以根据经典力学，电子是过不去的。但是在量子力学中电子就能穿过去。我们可以把势函数 $V(x)$ 代入一维的薛定谔方程中去求解：

$$-\frac{\hbar^2}{2m}\frac{\mathrm{d}^2\psi}{\mathrm{d}x^2}+V(x)\psi=E\psi \tag{4-8}$$

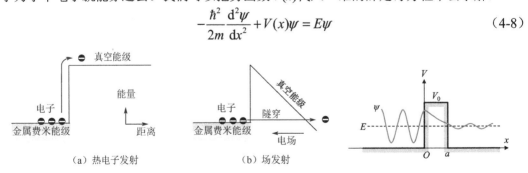

图 4-20　热电子发射和场发射的能带图　　　图 4-21　一维势垒穿透问题求解

$$V(x) = \begin{cases} 0 & x < 0 \\ V_0 & 0 < x < a \\ 0 & a < x \end{cases} \tag{4-9}$$

式中，ψ 是电子的波函数。解出来以后这个波函数是分三个段落的，在势垒的左边这一段 ψ_L 是一个正弦波的形式，在势垒的右边这一段 ψ_R 也是一个正弦波的形式，但是其振动幅度要小很多，中间是一个指数衰减的形式。

$$\begin{cases} \psi_L(x) = A_r e^{ik_0 x} + A_l e^{-ik_0 x} & x < 0 \\ \psi_C(x) = B_r e^{ik_1 x} + B_l e^{-ik_1 x} & 0 < x < a \\ \psi_R(x) = C_r e^{ik_0 x} + C_l e^{-ik_0 x} & x > a \end{cases} \tag{4-10}$$

式中

$$\begin{cases} k_0 = \sqrt{2mE / \hbar^2} & x < 0 \text{或} x > a \\ k_1 = \sqrt{2m(E - V_0) / \hbar^2} & 0 < x < a \end{cases}$$

所以从薛定谔方程解出来的结果看出，电子是有一定的概率穿过势垒的，出现在势垒的另一边。

我们再把这个问题具象化到场发射。左边是一个金属阴极，右边是真空，但是真空中加了一个很强的电场，让真空能级产生倾斜，就形成了图 4-20（b）中的三角形势垒，其势函数写作

$$V(x) = \begin{cases} 0 & x < 0 \\ V_0 - q\varepsilon x & x \geqslant 0 \end{cases} \tag{4-11}$$

式中，ε 为外加电场强度，势垒高度 $V_0 = \phi$，即金属的功函数；q 是电子电荷量。其实这个问题与上面的方形势垒是类似的，电子也是有一定概率隧穿到三角形势垒的另一边的。这种三角形势垒的穿透也叫作 Fowler-Nordheim 隧穿（FN 隧穿），其薛定谔方程有精确解，可以解出来电子在整个系统中的波函数。简单来说，电子穿透 FN 势垒的概率是

$$P \propto \exp\left(-\frac{B\phi^{\frac{3}{2}}}{\beta\varepsilon}\right) \tag{4-12}$$

电子隧穿形成的电流密度为

$$j_c = A\left(\frac{\beta^2 E^2}{\phi}\right)\exp\left(-\frac{B\phi^{\frac{3}{2}}}{\beta E}\right) \tag{4-13}$$

式中，β 是场增强因子（Field Enhancement Factor）；A 和 B 是常数。

注意，实际上的势垒并不是一个理想的三角形。因为肖特基效应（Schottky Effect），真空能级的形状会有一点点弯折，形成 Schottky-Nordheim 势垒，如图 4-22 所示，势函数为

$$V(x) = \begin{cases} 0 & x < 0 \\ V_0 - q\varepsilon x - \dfrac{q^2}{16\pi\epsilon_0 x} & x \geqslant 0 \end{cases} \tag{4-14}$$

式中，ϵ_0 为真空介电常数。这个势函数的薛定谔方程就没有解析解了，而是要通过 WKB 近似获得近似解。这里就不展开讨论了。

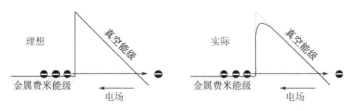

Fowler-Nordheim势垒（理想情况）　　Schottky-Nordheim势垒（实际情况）

图 4-22　肖特基效应形成的势垒

4.3.2　微尖场发射阵列

从 4.3.1 节的简化模型来看，电子穿透的势垒概率 P 与两个物理量有关，金属的功函数 ϕ（势垒高度 V_0）越小，电场强度 ε 越大，电子穿透势垒的概率 P 越大。因此场发射器件就要围绕这两个物理量去设计。

1．电场强度

通过尖端放电的原理能够让加到阴阳极两端的电场强度变大。如图 4-23 所示，尖端放电结构的尖端的曲率半径越小，即针越尖，同样的电荷量在尖端能够产生的电场线就越密集，电场强度就越大，所以对于发射电子的器件来说，尖端做得越尖，曲率半径越小，就越能实现越大的电场强度和越高的隧穿概率。

不过针尖做小也会有对应的问题，就是针尖容易损坏，这主要是因为在不完全真空中，残留的气体的分子电离出的离子在电场作用下会发生撞击。

2．功函数

金属的功函数越小，电子穿透的势垒概率越大，因此选择小功函数的金属可以增强隧穿。然而小功函数也有对应的问题。通常小功函数的金属的化学性质相对活泼，容易发生化学反应，如被不完全真空中残留的空气氧化。

一个尖端能够发射出的电子数量还是有限的。因此，为实现大量的电子发射，需要在一定面积上把大量针尖场发射源排成密集的阵列，像"钉板"一样，这个结构称为微尖场发射阵列（Field Emitter Array，FEA），如图 4-24 所示。

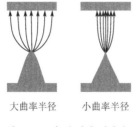

大曲率半径　　小曲率半径

图 4-23　尖端放电的电场

图 4-24　微尖场发射阵列

4.3.3　FED 的结构和工作原理

FED 简单来讲就是通过 FEA 发射大量电子，用分立的阳极极板阵列把电子吸过来打到荧光体上使其发光。FED 阴极比 CRT 阴极做得更加微小，做成了像素的尺寸。

如图 4-25 所示，FED 具体的结构包括 FEA 阴极、栅极、阳极。

1. FEA 阴极

FEA 阴极可以充当列线，每个 FEA 阴极负责一列像素的电子束的发射。

2. 栅极

FEA 的上面是金属网格的栅极，或称为引出电极。栅极充当的是行线，通过 50～100V 的正电位将电子从 FEA 阴极加速引出。

3. 阳极

阳极位于栅极之上，是透明电极，因为要让光从这里透出去。面向 FEA 和栅极的一面覆盖荧光体。每列像素有三个长条阳极，分别覆有 RGB 三色荧光体，对应 RGB 三色子像素。阳极的正电压可以将电子引向相应颜色的荧光体，撞击荧光体使其发光。

具体的工作流程可以通过下面的例子说明。假设我们需要让左上角的像素显示出红色，则可以给左边第一列 FEA 阴极施加负电压以发射电子，给第一行栅极扫描线施加正电压引出电子束，给第一列中带有红色荧光体的阳极施加正电压，把电子束引向红色荧光体激发出红光。这个驱动方式与 VFD 的驱动方式相似，都是先对电子束选通加速，然后用阳极吸收。FED 的工作原理如图 4-26 所示。

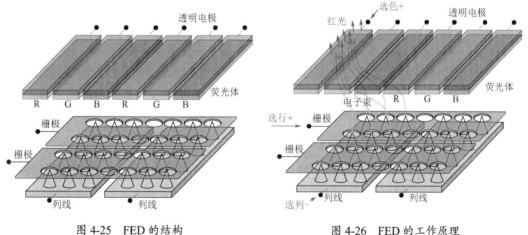

图 4-25　FED 的结构　　　　　　　　图 4-26　FED 的工作原理

4.3.4　制造工艺

FED 的制造过程中最关键环节就是 FEA 的制备。下面列举几个通过微加工来制备 FEA 的例子。

1. 金属 FEA

图 4-27 所示为通过掩膜和旋转沉积制备金属 FEA 的方法。首先制备双层掩膜（光刻胶+剥离层）并显影出开口；然后在沉积金属时，通过倾斜衬底或者倾斜金属蒸发源，让金

属以一定角度往掩膜开口中斜向沉积，同时均匀旋转衬底或旋转金属蒸发源，让金属有一定角度且旋转着沉积，旋转起来最终堆积的金属就呈现一个尖的形状；最后把掩膜部分剥离掉就留下了金属 FEA。

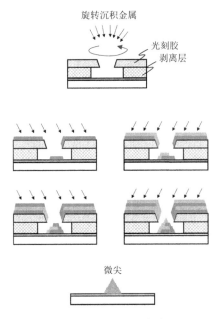

图 4-27 通过掩膜和旋转沉积制备金属 FEA 的方法

2. 硅 FEA

除了金属，还可以用其他的物质（如硅）来制备 FEA，如图 4-28 所示。首先把二氧化硅（SiO_2）图案化，形成硬掩膜，作为刻蚀的硬掩膜，通过反应离子刻蚀（RIE）法来刻蚀硅，并通过气源、压强、功率等条件来限制刻蚀的各向异性，让硅被各向同性刻蚀，横向的刻蚀（钻蚀）把硬掩膜下边的硅刻成底切形状；然后对下面的硅进行热氧化，硅就会变成 SiO_2，把未氧化的硅挤出来一个针尖的形状；最后把 SiO_2 刻蚀掉，就留下了硅 FEA。

图 4-28 通过 RIE 和热氧化制备硅 FEA 的方法

3. 碳化硅 FEA

美国国家标准与技术研究院提出了用碳化硅（SiC）制备 FEA。首先通过电化学的方法将 SiC 刻蚀成疏松多孔结构，然后用反应离子将 SiC 刻成细针。

4. 碳纳米管 FEA

自从 21 世纪初，碳纳米管（Carbon Nanotube，CNT）一直是制备 FEA 的重要材料。

将碳纳米管做成 FEA 其实是很自然的选择，为什么？

原因之一是碳纳米管纳米级的直径，形成的微尖非常细，可以增强微尖上的电场，提高发射电流。原因之二是化学气相沉积的碳纳米管的生长方式就像植物生长一样，竖直地从衬底上长起来，自然形成垂直的微尖。

可以通过控制催化剂颗粒的数量密度来控制碳纳米管的密度，所以碳纳米管可以生长得很密集，那么用它做成的微尖也更密集。碳纳米管的两种生长过程如图 4-29 所示。

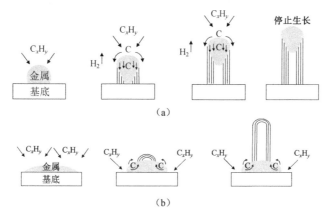

图 4-29　碳纳米管的两种生长过程（箭头表示物质的流向）

4.3.5　表面传导发射显示

介绍 FED 后，还有一种非常相似且不得不提的显示技术——表面传导发射显示（Surface-conduction Emission Display，SED）。我们可以把它理解成 FED 的一个变种。

SED 是佳能公司（Canon）于 21 世纪初开发的技术。SED 与 FED 的区别在于，FED 使用 FEA 发射电子束，而 SED 使用氧化钯薄膜作为电子发射极。SED 相比于 FED 的主要优势是不需要半导体技术，而是可以通过喷墨打印和丝网印刷来制成。当然 SED 最终也并未成功量产，没有出现在产品中，只是以前人们对 FED 革新的尝试。

4.4　本章小结

本章所介绍的三种早期自发光型显示——阴极射线管（CRT）显示、真空荧光显示（VFD）、场发射显示（FED），都是通过电子束激发荧光体来实现发光的。它们在当代的生活中已经很少应用了，对于我们的学习、科研或开发工作而言，更重要的是理解它们的电子发射原理。

对于 CRT 显示和 VFD 来说，其电子发射原理是热电子发射。通过加热，让电子能够分布到更高的能量上，电子就能够穿过金属与真空之间的势垒，发射到真空中。而 FED 的场发射是冷发射，通过给真空加强电场，让真空的势能在金属与真空之间的界面形成一个类似于三角形的形状，三角势垒越薄或越矮，金属的电子就越有可能穿透势垒。这些原理和技术现在依然在电子领域中有应用，尤其是真空电子学、电子显微镜等领域。

4.5　参考文献

[1] ESTLE R M, THOMAS G, Cathode-ray tube amusement device:US2455992A[P]. 1948-12-14.

[2] CASTELLANO J A. Handbook of Display Technology[M]. Cambridge: Academic Press, 1992.

[3] EICHMEIER J A, THUMM M K. Vacuum Electronics: Components and Devices[M]. Berlin: Springer, 2011.

[4] HAJIME Y, SHIGEO S, WILLIAM M Y. Phosphor Handbook[M]. Boca Raton: CRC Press, 2007.

[5] MIKIHARU T. Character indicating electron tube:US3508101A[P]. 1970-04-21.

[6] GERALD B E. Vacuum fluorescent display having a grid plate coplanar with the anode:US4004186A[P]. 1977-01-18.

[7] JANG C H. Vacuum Fluorescent Display for Minimizing Non-use Area:US6452329B1[P]. 2002-09-17.

[8] NAGAO M, YOSHIZAWA S. Fabrication of spindt-type double-gated field-emitters using photoresist lift-off layer[C]. 2014 27th International Vacuum Nanoelectronics Conference (IVNC), 2014:226-227.

[9] NAGAO M. Cathode technologies for field emission displays[J]. IEEJ Transactions on Electrical and Electronic Engineering, 2006, 1(2):171-178.

[10] KANG M G, LEZEC H J, SHARIFI F. Stable field emission from nanoporous silicon carbide[J]. Nanotechnology, 2013, 24(6):135.

4.6　习题

1. 如果发现故障 CRT 电视的画面是扁的，那么可能是哪里出了问题？如何调整回来？

2. CRT、VFD 和 FED 三种技术各自的优点是什么？

3. 目前生活中，还有哪些应用使用的是 CRT 技术？

4. 现在还有哪些应用采用向量显示的扫描方式？为什么现在点阵显示的应用远远多于向量显示的应用？

第5章

等离子体显示技术

显示技术可以按照器件性质（器件本身是否发光）分类，分为自发光型显示技术和受光型显示技术。气体放电，也就是等离子体的效应，是一类典型的发光现象，包括生活中可见的雷电、极光等自然现象。人们可以利用辉光放电这种气体放电现象实现显示，如辉光管显示、等离子体显示。

5.1 等离子体的物理性质

物态（State of Matter），即物质状态，可以分为三种：固体、液体和气体。除了这三种基本物态，还有第四种基本物态——等离子体（Plasma，又译为"电浆"）。等离子体是一种高能状态下的物质，通常在温度达到数千摄氏度时形成。它由阳离子、中性粒子和自由电子等多种粒子组成，呈现电中性的性质。与气态相似，等离子体的形状和体积并不固定，会根据所处容器的形状而变化。这种状态下带电粒子的浓度极高，使其具有出色的导电性能。物态示意图如图 5-1 所示。

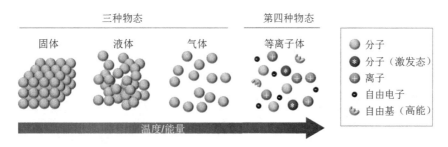

图 5-1　物态示意图

气体在受到外界高能作用时可以转变为等离子体。这种转变可以通过多种方式实现，其中包括高能粒子束轰击、强激光照射、高温电离等。例如，在自然界中，等离子体可在太阳等恒星内部或在闪电放电过程中形成。自然界中的等离子体如图 5-2 所示。

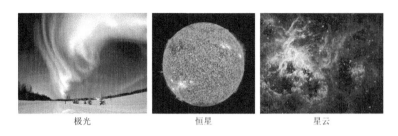

| 极光 | 恒星 | 星云 |

图 5-2　自然界中的等离子体

5.2　辉光放电

辉光放电（Glow Discharge）是电离低压气体形成等离子体，等离子体从激发态回到基态释放出光的过程。辉光放电设备的基本结构如图 5-3 所示。

低压气体辉光放电现象如图 5-4 所示。

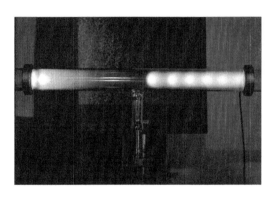

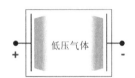

图 5-3　辉光放电设备的基本结构　　　　图 5-4　低压气体辉光放电现象

辉光放电广泛应用于照明、工业加工、环境等领域，如荧光灯、辉光球、霓虹灯等，如图 5-5 所示。

荧光灯（日光灯）　　　　　　辉光球　　　　　　　　霓虹灯

图 5-5　辉光放电在生活中的应用

辉光放电通常在低压气体（如氖或氢氖混合物）中发生。为什么是低压气体？辉光放电的前提是电子撞击气体原子或分子使其电离产生等离子体，而为了有足够的碰撞能量，电子的平均自由程必须足够长。常见的氖气辉光放电，真空度在 1Torr 左右。

5.2.1　辉光放电的伏安特性

辉光放电的伏安特性，即其电流与电压之间的关系，有以下几个区间：暗放电区间、辉光放电区间、弧光放电区间，如图 5-6 所示。

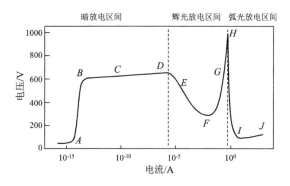

图 5-6　辉光放电的伏安特性曲线

第一个区间，暗放电区间（Dark Discharge Region）：在较低的电压下，电流非常微弱，这个区间也称为暗电流区间。此时，电流随着电压的增加而缓慢增大。图 5-6 中的 A 点～D 点的区间为暗放电区间。

在 A 点附近，空间自然辐照导致少量气体电离，产生的带电粒子被吸引向两极，形成微弱电流，如图 5-7（a）所示。随着电压的增加，粒子被加速，电流大小正比于粒子迁移速度。

自然辐照电离产生带电粒子的速率是不变的。随着电场强度的增大，自然辐照电离产生的带电粒子都被电极收集到，电流就达到了饱和，如图 5-7（b）所示。

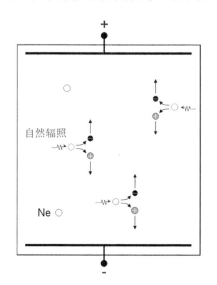 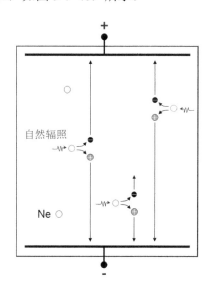

（a）低电压下，自然辐照导致少量气体电离产生微弱电流　　　（b）电压增加，自然辐照电离产生的电流达到饱和

图 5-7　暗放电区间 A 点附近的现象

在 B 点附近，电场强度增大，电子加速碰撞原子产生更多电子，进而电子、离子雪崩式地产生，电流陡增，如图 5-8 所示。此时的现象称为汤生放电（Townsend Discharge）。

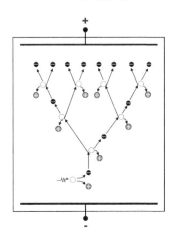

图 5-8　在 B 点附近，电子加速碰撞原子产生汤生放电

在 C 点附近，雪崩产生的离子轰向阴极，轰出二次电子，二次电子可再次引发雪崩电离，如图 5-9（a）所示。这种连锁反应使得电离过程迅速增强，而且可以在极短的时间内产生大量的电子，从而形成强大的电流。

在 D 点附近，暗电流达到临界值，"雪崩→二次电子→雪崩→二次电子→……"这样的循环可以自持发生，如图 5-9（b）所示。此现象称为"自持汤生放电"，此时电流增大，电压下降，D 点临界电压称为击穿电压或着火电压。

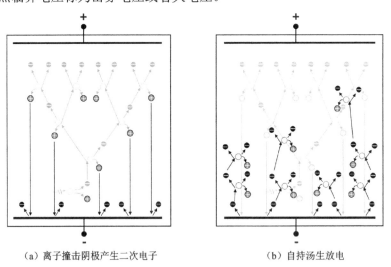

（a）离子撞击阴极产生二次电子　　　　　　　　（b）自持汤生放电

图 5-9　雪崩电离

第二个区间，辉光放电区间（Glow Discharge Region）：当电压增加到一定程度时，电流会急剧增大，同时辉光放电现象开始出现。在这个阶段，电流与电压之间的关系不再是线性的，电流增大速率迅速提升。图 5-6 中的 E 点～H 点为辉光放电区域。

在 E 点附近，自持放电类似于正反馈效应，所需的电压下降。被激发的等离子体在电极附近失去能量，产生辉光放电。这个阶段称为电晕放电（Corona Discharge），是不稳定的阶段，如图 5-10 所示。

在 F 点附近，辉光放电趋于正常。根据气体类别、气体压力、电极材料等因素，阴阳极之间会形成多个区间，分为亮区、暗区，如图 5-11 所示。

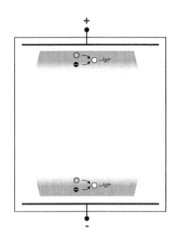

图 5-10　电晕放电　　　　　　　　图 5-11　在 F 点附近，辉光放电趋于正常，
　　　　　　　　　　　　　　　　　　　　　出现放电区间分布

第三个区间，弧光放电区间（Arc Discharge Region）：当电压继续增加时，辉光放电经过 H 点过渡到弧光放电，此时电流急剧增大。在这个区间，电流迅速增大，伏安特性非常陡峭。

图 5-6 中的 H 点～J 点，电压过高，发生了热电子发射和场发射，产生高温。粒子热运动碰撞电离产生大量等离子体，形成弧柱，如图 5-12 所示，因此被称为弧光放电或电弧放电。

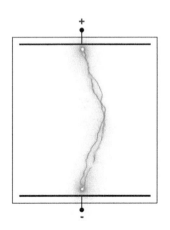

图 5-12　弧光放电

5.2.2　辉光放电的光区

辉光放电的阴阳极之间的通道有不同的光区，这些光区是空间电离过程及电荷分布所造成的结果，与气体类别、气体压力、电极材料等因素有关。

如图 5-13 所示，从阴极到阳极，各光区的名称和现象如下。

阿斯通暗区：阴极出来的电子尚在加速中，能量不足以激发辉光。

阴极光层：部分电子能量足以激发，产生辉光。

阴极暗区：电子和离子雪崩式产生。

负辉光区：大量雪崩电子，速度不足，容易与正离子复合发光。负辉光区是主要的发光区间之一。

法拉第暗区：电子失去能量后不足以电离和激发。

正柱区：电子密度和正离子密度相等。其他光区的长度有限，而正柱区则填充其他光区外的所有空间。因此正柱区是主要的发光区间之一，低压气体管腔越长，正柱区越长。图 5-13 中正柱区通常有明暗相间的条纹（辉纹），像一串珠子一样，原因是亚稳态原子的分步电离过程会引起电离不稳定性，这种不稳定性以电离波的形式传播，使得等离子体参数发生纵向调幅，从而形成明暗相间的条纹等离子体。正柱区的填充特性如图 5-14 所示。

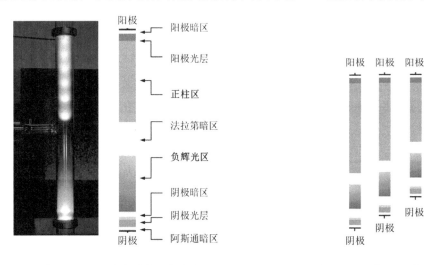

图 5-13　辉光放电的光区分布图　　　　图 5-14　正柱区的填充特性

阳极光层：电场强度增大，能量增加，激发辉光。

阳极暗区：电子数量太少，不足以激发辉光。

5.2.3　辉光放电的颜色

辉光放电的主要发光区间是正柱区和负辉光区。

正柱区的颜色由气体种类决定。例如：氩气→淡紫蓝色；氮气→粉红；氦气→淡黄/橙色；氖气→暗红/橙色；氮气→白/灰/绿色；氙气→蓝白/蓝灰色。

负辉光区的颜色还与阴极材料有关（因为极板的金属原子被溅射出来）：氩气+铜→绿

色；氩气+铝→蓝白色；钛→蔚蓝色；镍→黄/粉/红色；铬→草绿色。

辉光管、氖灯主要利用负辉光区发光。霓虹灯主要利用正柱区发光，因为其灯管较长，管腔主要由正柱区填充。

5.3　辉光管显示

辉光管（Nixie Tube），可以看作霓虹灯的一个变种，是利用了等离子体辉光放电的发光器件，曾经广泛应用于实验和工业设备，以及计算器和手表上。其外观和真空管相似，如图 5-15 所示。

一根辉光管　　　　　　　　　　　　　辉光管组成的仪表盘

图 5-15　辉光管发光器件

辉光管源于海顿兄弟实验室（Haydu Brothers Laboratories），它是一个制作真空管的小公司。1955 年，美国宝来公司（Burroughs Corporation）收购海顿兄弟实验室并将辉光管推向市场，将其命名为"NIX I"，即"Numeric Indicator eXperimental No. 1"。

5.3.1　辉光管的结构和原理

玻璃管中有一个由金属丝网制成的阳极和多个阴极，阴极通常为阿拉伯数字形状，如图 5-16 所示。玻璃管内充有低压气体，大部分为氖气加上一些汞和/或氩气。

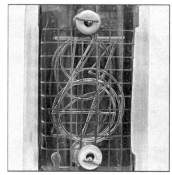

图 5-16　辉光管的阴极结构

辉光管的电极间通常需要上百伏特的电压以激发辉光放电。比如 IN-14 型辉光管，其工作电压为 170V，电流为 2.5mA，产生 $100cd/m^2$ 的亮度。辉光管的寿命一般是几千小时到几万小时。

5.3.2　辉光管怀旧艺术

苏联曾生产了大量的辉光管（ИН 系列，即 IN 系列，如 ИН-14，即 IN-14）。我国在 20 世纪 80 年代也生产了很多辉光管（风光、南昌、宁波、井冈山等品牌）。

辉光管的应用持续直至 20 世纪 90 年代，那时辉光管被 LED、VFD 等技术淘汰。但现在仍有辉光管作为复古收藏品流通在市场上，不过通常价格高昂，复古爱好者甚至会采用现代的 LCD 技术来复现辉光管时钟（见图 5-17）。

图 5-17　辉光管时钟

辉光管也常出现于"蒸汽朋克"科幻题材艺术作品中，比如动漫《命运石之门》中，大量出现了辉光管的艺术元素。

5.4　等离子体显示

等离子体显示是一种平板显示技术，对应的显示屏被称为等离子体显示屏（Plasma Display Panel，PDP）。它的原理是利用排列成阵列的充有稀有气体的微小腔体，对其通电后气体被激发形成等离子体产生辉光放电，进而实现自发光型显示。简单来说，PDP 可以被类比为由大量的小型日光灯排列构成的阵列（见图 5-18），因为它们都利用气体的辉光放电来产生发光效果。

图 5-18　PDP 就像是大量日光灯排列构成的阵列

5.4.1 PDP 的发展

1936 年，匈牙利工程师 Kálmán Tihanyi 提出了等离子体显示的概念。这个概念后来被视为 PDP 技术的雏形。

1964 年，伊利诺伊大学厄巴纳-香槟分校（UIUC）展示了第一块 PDP 屏幕，是一块 1 英寸×1 英寸、分辨率为 8 像素×8 像素的小屏幕。这项工作由 Donald Bitzer 教授领导。

20 世纪 70 年代，橙色 PDP 开始进入应用。第一个 PDP 产品出现于 1971 年，是 12 英寸 512 像素×512 像素分辨率的屏幕。

20 世纪 80 年代，橙色 PDP 广泛应用于计算机显示器等各种信息显示设备中，如 1983 年 IBM 的 960 像素×768 像素的橙色 PDP。此时橙色 PDP 展开了与单色 LCD 的竞争，PDP 的对比度、视角等占优势。

20 世纪 90 年代，彩色 PDP 也进入了应用；同时代，其竞争者 AM 彩色 LCD 也兴起了。

21 世纪 00 年代，大尺寸（60 英寸以上）的 PDP 电视相继出现，这是 PDP 电视流行的时代。2008 年，松下甚至展示了 150 英寸的 PDP 电视，定价高达 50000 美元。然而在 21 世纪 10 年代，因为 LCD 在竞争中逐渐展露更多的优势，如更大尺寸、更小质量、更低价格、更低功耗，PDP 电视逐渐没落。

5.4.2 PDP 的结构

单色 PDP 一般直接利用低压气体的辉光放电发出可见光，比如氖气或氖气/氩气。单色 PDP 的结构如图 5-19 所示。

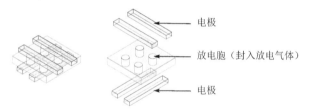

图 5-19 单色 PDP 的结构

彩色 PDP 一般利用低压气体的辉光放电发出紫外线，如氖气/氙气、氦气/氙气、氦气/氖气/氙气。紫外线照射红绿蓝（RGB）三色荧光体，使荧光体发出 RGB 三色可见光。彩色 PDP 的结构如图 5-20 所示。

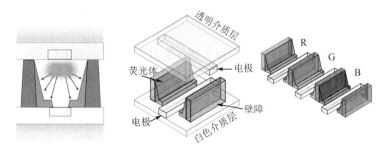

图 5-20 彩色 PDP 的结构

辉光放电可以用直流电（DC），也可以用交流电（AC），即两个电极交替充当阴阳极。交流电的好处是，极板上可以用绝缘的介质层保护，避免极板金属被带电粒子（电子、离子）碰撞而损伤。介质层在电学上的作用类似于一个串联电容，不能导通 DC，只能导通 AC。直流的辉光放电和交流的辉光放电如图 5-21 所示。

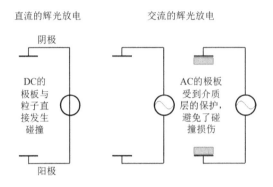

图 5-21　直流的辉光放电和交流的辉光放电

相应地，PDP 也可分成 DC 和 AC 两类，即直流放电式 PDP（DC-PDP）和交流放电式 PDP（AC-PDP），如图 5-22 所示。

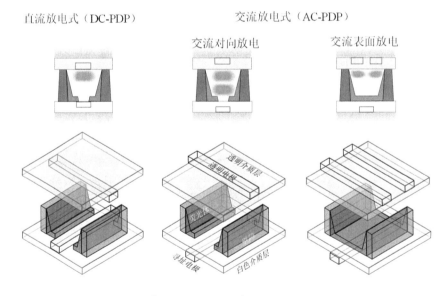

图 5-22　DC-PDP 和 AC-PDP

DC-PDP 有负辉区型和正辉区型两种，都是通过直流电压启动放电的。气体与电极直接接触，粒子会轰击极板，降低其使用寿命。另外，DC-PDP 还需要辅助放电胞协助其启动放电，结构较为复杂。

AC-PDP 采用 AC 驱动，包括交流对向放电、交流表面放电两种。两个电极的表面交替发光，因为放电气体与电极之间存在介质层（见图 5-23），AC-PDP 寿命更长，所以 PDP 产品多以 AC-PDP 为主。AC-PDP 显示阵列如图 5-24 所示。

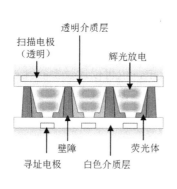

图 5-23　AC-PDP 的结构

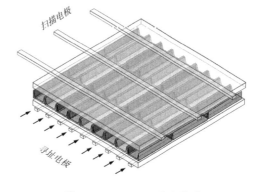

图 5-24　AC-PDP 显示阵列

无论是 DC-PDP 还是 AC-PDP，其上层的电极都需要用透明电极来制作，以使得光线能够透过。比如使用金属网格（Metal Mesh）构成透明电极，使 RGB 光线可以透过。

5.4.3　PDP 的驱动

无论是 DC-PDP 还是 AC-PDP，当阴阳极板间的电压幅值超过着火电压（V_f）时，会发生辉光放电。

在 AC-PDP 中，电极受到介质层的保护，形成串联电容导通交流，可以避免电极的碰撞损伤。但是介质层会阻挡电子/离子流向极板，反向电荷会在介质层表面堆积，这些电荷被称为壁电荷。壁电荷会形成反向的电场，减弱总电场，最终终止辉光放电。所以每个光脉冲更短暂，AC-PDP 的发光是断续的发光，通常光脉冲的频率>10kHz。

不过壁电荷是可以加以利用的。通过将翻转后的外加电压与壁电荷产生的电场叠加，就可以利用壁电荷以更低的驱动电压维持发光，如图 5-25 所示。壁电荷的作用就像是"火种"，只需要一个写入脉冲，如果建立起了"火种"，就能依靠脉冲持续放电。也就是说，AC-PDP 具有存储性。

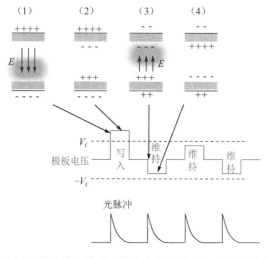

图 5-25　利用壁电荷写入脉冲实现低压 AC-PDP 的驱动

　　其实，在 DC-PDP 中设有"辅助放电胞"，用于保存放电的"火种"。DC-PDP 虽然对比度高，反应速度也快，但由于其采用比较复杂的胞状放电单元，形成胞状障壁的难度较大，提高分辨率比较困难。

　　有介质层的 AC-PDP 可以通过写入脉冲激发辉光放电，也可以通过擦除脉冲停止辉光放电，如图 5-26 所示。擦除脉冲的作用是中和消除壁电荷。擦除脉冲的宽度（脉冲的持续时间）相对写入脉冲的宽度要短。

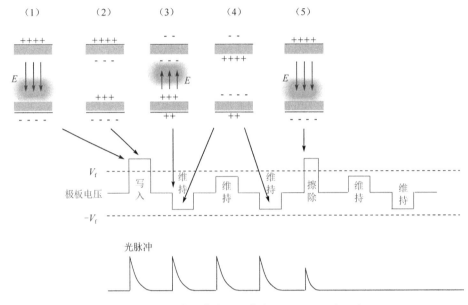

图 5-26　利用壁电荷擦除脉冲停止 AC-PDP 的驱动

　　典型的三电极表面放电 AC-PDP 的结构如图 5-27 所示。

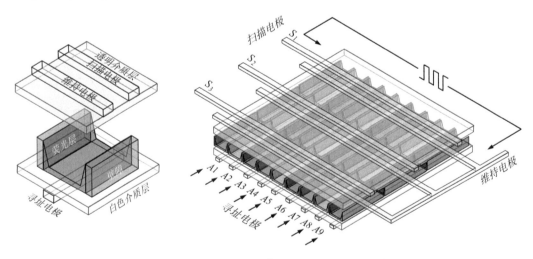

图 5-27　典型的三电极表面放电 AC-PDP 的结构

　　这种 AC-PDP 的每个子像素有以下三个电极。

　　扫描电极：作用是与维持电极共同维持放电，同时有选行的作用。

维持电极：作用是与扫描电极共同维持放电。

寻址电极：作用是施加写入脉冲。

典型的三电极表面放电 AC-PDP 最常用的驱动原理是寻址与显示分离（Address and Display Separation，ADS），其工作流程时序如图 5-28 所示，共分为三个阶段。

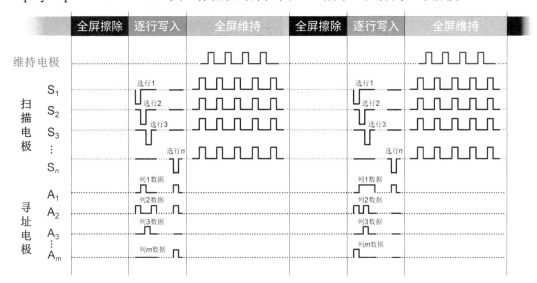

图 5-28 AC-PDP 的 ADS 驱动时序（仅展示部分关键波形）

第一阶段：初始化准备，即全屏擦除，消除单元内的壁电荷。

第二阶段：寻址期，即逐行写入，逐一对扫描电极施加脉冲，配合寻址电极选择性地写入像素的明暗状态。

第三阶段：维持期，扫描电极和维持电极交替产生脉冲，维持放电。

5.4.4 PDP 的制作工序

典型的三电极表面放电型 AC-PDP 的制作工序分成前基板工序、后基板工序、总装工序，如图 5-29 所示。

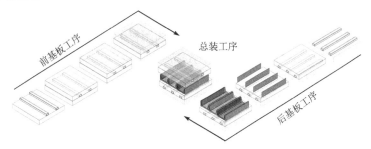

图 5-29 AC-PDP 的制作工序

如图 5-30 所示，AC-PDP 的前基板工序主要包括：

（1）采用 ITO、Ag 等材料，使用溅射、光刻、丝网印刷等方法，在玻璃上制作透明电极。

（2）采用低熔点玻璃，使用丝网印刷等方法，制作介质层。

（3）使用电子束蒸镀等方法，将 MgO 材料制作成保护层，作为介质层的表面。

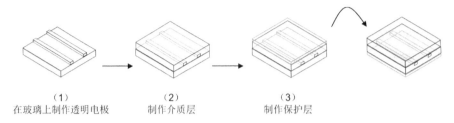

（1）　　　　　　　　　　（2）　　　　　　　　　　（3）
在玻璃上制作透明电极　　　制作介质层　　　　　　制作保护层

图 5-30　AD-PDP 的前基板工序

如图 5-31 所示，AC-PDP 的后基板工序主要包括：

（1）采用金属银等材料，使用丝网印刷等方法，在玻璃上制作寻址电极。

（2）采用低熔点玻璃等材料，使用丝网印刷等方法，制作白色介质层。

（3）采用低熔点玻璃、陶瓷等材料，使用丝网印刷等方法，制作壁障。

（4）采用荧光体粉末，使用丝网印刷等方法，制作荧光层。

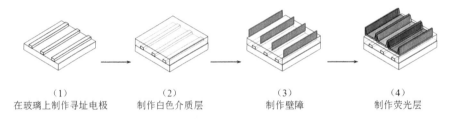

（1）　　　　　　　　（2）　　　　　　　　（3）　　　　　　　　（4）
在玻璃上制作寻址电极　制作白色介质层　　　制作壁障　　　　　制作荧光层

图 5-31　AD-PDP 的后基板工序

5.5　本章小结

等离子体是物质的高能状态，包含阳离子、中性粒子、自由电子等多种粒子。辉光放电是指低压气体被电离激发，以光的形式释放出能量的现象。本章介绍了两种利用辉光放电现象的显示技术——辉光管显示和 PDP。

辉光管是一种多阴极的玻璃管，主要利用不同阴极的形状来显示数字。而 PDP 的结构多种多样，包括单色/彩色 PDP、DC-PDP、AC-PDP，AC-PDP 包括对向放电 AC-PDP 和表面放电 AC-PDP。PDP 驱动方式分直流电和交流电两种类型，AC-PDP 可以用 ADS 方式驱动。PDP 的制作过程包括前基板制作、后基板制作及总装等环节。

PDP 始于 20 世纪 60 年代，兴盛于 21 世纪 00 年代，衰退于 21 世纪 10 年代。在 PDP 兴盛的时代，其最大的竞争对手是 LCD。与 LCD 对比，PDP 主要的优点有：自发光器件所具有的优异的对比度、荧光体所提供的优异的颜色、广视角、高刷新率和短响应时间（不模糊）、高均一性。PDP 曾经比 LCD 的成本和售价更便宜，因此其在 21 世纪 00 年代较为流行。然而 PDP 的缺点也十分明显，比如荧光体老化等原因所导致的"烧屏"现象（见图 5-32），使得其使用寿命仅在 20000 小时的量级；还有闪烁、抖动、功耗高等问题；

其像素密度也不如 LCD 的像素密度；形态上，PDP 比 LCD 笨重。随着后来 LCD 成本的降低，在 21 世纪 10 年代，LCD 逐渐挤占了 PDP 的市场，成为平板显示的主流技术。

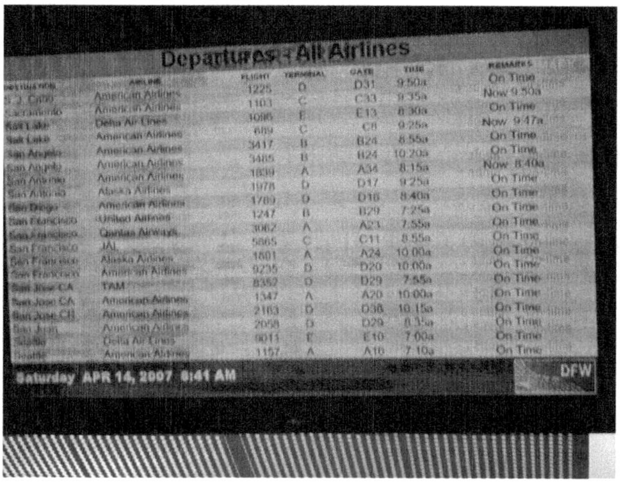

图 5-32　出现"烧屏"现象的 PDP

　　虽然 PDP 已经退出了市场，但等离子体的原理和技术，现在依然在显示以外的物理电子领域中有广泛应用。在 LCD 和 OLED 屏幕的制造中，很多微纳加工工艺都有应用到等离子体。比如等离子体增强型化学气相沉积（Plasma Enhanced Chemical Vapor Deposition，PECVD），就是利用等离子体辉光放电，诱导工艺气体发生一系列的化学反应和等离子体反应，最终在样品表面形成固态薄膜，实现低温、高效、可控、无催化剂的薄膜沉积。还有等离子体增强型原子层沉积（Plasma Enhanced Atomic Layer Deposition，PEALD）、等离子体去胶机（Plasma Asher）、反应离子刻蚀（Reactive Ion Etching，RIE）、电感耦合等离子体反应离子刻蚀（Inductively Coupled Plasma RIE，ICP-RIE）等微纳加工工艺都利用了等离子体的高能和活泼性质。

5.6　参考文献

[1] YANG Y, SHI J J, HARRY J E, et al. Multilayer plasma patterns in atmospheric pressure glow discharges[J]. IEEE Transactions on Plasma Science, 2005, 33(2):302-303.

[2] BOOS J. The Nixie Tube Story[J]. IEEE Spectrum, 2018, 55(7):36-41.

[3] WEBER L F. History of the plasma display panel[J]. IEEE Transactions on Plasma Science, 2006, 34(2):268-278.

[4] LIU D N. Plasma Display Panels[M]. Berlin Heidelberg: Springer, 2012.

[5] BITZER D L, SLOTTOW H G, WILSON R H. Gaseous display and memory apparatus:3559190[P]. 1971-01-26.

[6] CALOI R M, CARRETTI C. Getters and gettering in plasma display panels[J]. J VAC SCI TECHNOL A, 1998, 16(3):1991-1997.

5.7 习题

1. AC-PDP 可以通过写入脉冲建立壁电荷，也可以通过擦除脉冲中和消除壁电荷。但是为什么擦除脉冲的宽度比写入脉冲的宽度要短？

2. 等离子球玩具利用的正是辉光放电的现象。辉光放电需要两个金属电极，等离子球球心是其中一个电极，那么另一个电极在哪里？

3. AC-PDP 在实现灰度显示方面，可采用位平面驱动技术。这种技术通过分解灰度为多个二进制位平面，并独立驱动每个平面的像素，从而实现不同灰度级别的显示。例如，对于 8bit 灰度的图像，可以将其分解为 8 个位平面，每个位平面代表不同的灰度级别，如图 5-33 所示。

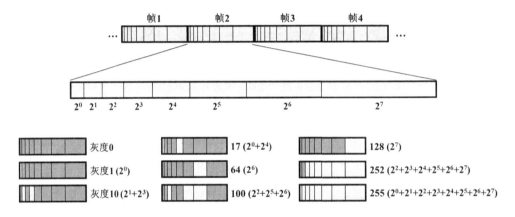

图 5-33　AC-PDP 的位平面驱动技术示意图

（1）试调研并分析这种方法与通常的脉冲宽度调制（PWM）技术相比有什么优势。

（2）试调研并分析这种方法带来的问题，如动态假色现象、亮度均匀性、寿命等方面的挑战。

第6章

电致发光显示技术

物体的发光有多种多样的方式。电致发光将电能转化为光能，是电子视觉显示研究的重点。

电致发光也分很多种类，前面章节中我们介绍了基于电子束的发光，包括 CRT、VFD、FED 中所利用的电致发光，都是通过阴极射线（电子束）加速去轰击荧光体，使荧光体被激发获能，荧光体再将获得的能量以光的形式释放出来。

本章要探讨的自发光型显示技术 ELD 也属于电致发光。ELD 的全称是 Electroluminescent Display，即电致发光显示。注意，ELD 虽然叫作电致发光显示，但也只是利用了电致发光原理中的一种。

ELD 与另一种电致发光技术——LED（发光二极管），在原理上比较相似，但是电子的引入方式和光子的生成方式不一样。ELD 通过电场将电子加速并激发发光中心再发射，而 LED 的原理是电子和空穴注入进半导体中再复合发光。

具体来说，ELD 中的电致发光器件是强场器件，是本征型发光的器件。简单描述，它通过外加的较强的电场加速电子，碰撞荧光体的发光中心使其激发，发光中心的能量从激发态回到基态时释放出一个光子。本章中将这类强场电致发光器件称为 ELD 器件或电致发光器件。

LED 器件是弱场器件，即器件中的电场更小一些，它的发光方式是注入型的，所以也被称为固体发光器件。它的主要原理是电子和空穴在 PN 结二极管中复合发光。LED 包括无机的 LED、有机的 OLED，以及更微缩的无机的 Mini-LED、Micro-LED 等，将在后续章节详细介绍。

图 6-1 所示为 ELD 的应用例子，这是 1966 年的道奇（Dodge）Charger 汽车的仪表盘。

虽然 ELD 不是一个应用非常广泛的显示技术，但是它的物理机制比较复杂，争议和分歧不断，具有较高的研究价值。本章会尝试对多年来存在广泛争议和分歧的强场电致发光理论进行系统性的分类和整合。首先介绍电致发光的机理和 ELD 的器件结构，通过 4 种电致发光器件的结构，详细讨论碰撞激发模型、碰撞电离模型（包括场致电离模型）和复合模型（包括双极场发射模型）三大 ELD 理论；然后介绍 ELD 的驱动及应用；最后介绍 ELD 的制备。

图 6-1 ELD 的应用例子

6.1 电致发光的机理

6.1.1 荧光体和杂质能级

前面章节多次提到了荧光体。这类材料受到高能的辐照，会发出某些波长的光，被广泛应用在照明（如荧光灯）和显示技术中，比如 CRT 玻璃内侧的一层。荧光体有各种各样的颜色，与它自身的成分（包括其杂质缺陷）有关。

荧光体的组成包括主体和活化剂，主体的材料中可掺上一种或多种活化剂。主体一般是过渡金属或稀土金属的化合物，活化剂一般是金属离子。典型的例子是锰掺杂硫化锌（ZnS:Mn）。我们可以将活化剂看作一种杂质，它有对应的杂质能级，包括基态能级和激发态能级，如果杂质受到了辐照会被激发到激发态。也就是说，活化剂会引入不止一个杂质能级，能级之间可以发生跃迁，如图 6-2 中 Mn 的两个能级所示。

同时我们也可以在一个主体材料中放上多种活化剂，引入更多的能级，如果在硫化锌中引入铜和氯（ZnS:Cu，Cl），那么会出现两种能级：Cu 的能级和 Cl 的能级，如图 6-2 所示。被 Cl 的能级俘获的电子可以与被 Cu 的能级俘获的空穴复合，复合的能量可以以光的形式发射。

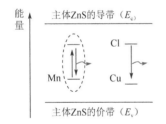

图 6-2 活化剂的基态能级和激发态能级

6.1.2 强场电致发光模型

强场下电致发光的机理被研究了几十年，人们提出了各种各样的模型，但还没有一个特别完整的定论。这里将 ELD 的过程拆分开来，梳理一下主流的强场电致发光模型。

1. 碰撞方式

ELD 首先要经历一个碰撞的过程。碰撞发生在比较强的电场，大约在 MV/cm 的量级。

汇总不同的理论可以发现三种可能的碰撞方式，如图 6-3 所示。

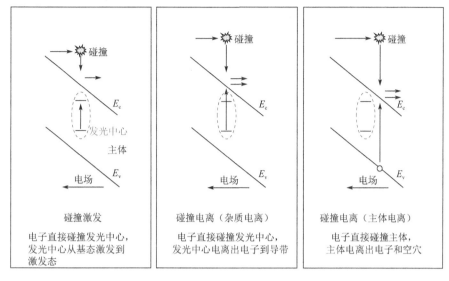

图 6-3　ELD 中的三种碰撞方式

（1）碰撞激发：是最常见的一种碰撞方式。加速的电子碰撞杂质，即发光中心，发光中心从基态激发到激发态。

（2）杂质电离：加速的电子碰撞发光中心，从发光中心中撞出去一个电子到主体的导带。

（3）主体电离：加速的电子碰撞主体，主体是半导体，其电离会产生电子和空穴。

2．发光过程

发射光子的过程，即发光过程。对于碰撞后的发光过程，根据发光过程中电子的来源和去处，有图 6-4 中的三种发光过程。

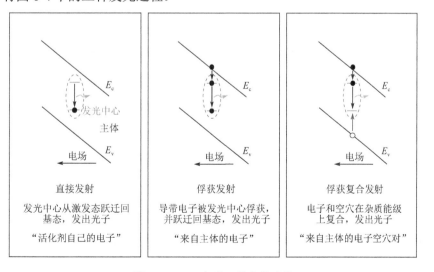

图 6-4　ELD 中的三种发射过程

（1）直接发射：如果杂质（发光中心）被碰撞激发过，其电子在激发态上，可以自己从激发态失去能量跃迁回基态，再将能量以光子形式发射出去。

（2）俘获发射：如果杂质（发光中心）的激发态与导带比较靠近，则它可能从导带俘获一个电子，电子再从杂质的激发态能级降回基态能级，将能量以光的形式发射出去。

（3）俘获复合发射：杂质（发光中心）以自身为复合中心，通过两个杂质能级，分别俘获电子和空穴，电子空穴对借助杂质能级复合发出光。值得注意的是，俘获复合的电子空穴对，可以来自之前的强场碰撞，也可以来自外部的注入，这与 LED 中的电子空穴对注入是一样的。

3．能量转移

前面三种发光过程都是比较直接的发光，还有一些发光过程是通过能量转移的间接方式来发光的，如图 6-5 所示。比如一个发光中心的电子从激发态降回基态，能量没有以光子的形式发射出去，而是给了旁边的另一个发光中心，让另一个发光中心从基态激发到激发态，再发光。或者其中一个发光中心以自己为复合中心让电子和空穴复合，然后将能量给邻近的发光中心，让邻近的发光中心发光。这些都是能量转移再发光的方式。

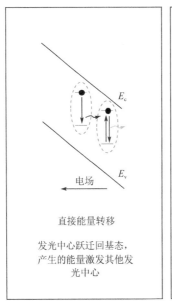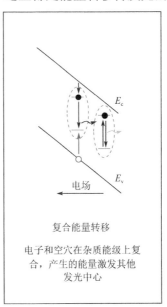

图 6-5　ELD 中的两种能量转移过程

举个例子，比如说磷酸盐的荧光体 $Ba_3Bi(PO_4)_3$:Sm^{3+},Eu^{3+}，其里面的镧系元素钐（Sm）被激发后，回到基态时的能量没有直接发光，而是给了邻近的铕（Eu），铕受到激发后发出红光。这个能量转移是通过电偶极子相互作用的方式发生的。

图 6-6 所示为各种 ELD 机制的汇总。碰撞可以撞击发光中心，直接激发发光中心或者电离出电子。如果直接撞击发光中心，则将发光中心激发，发光中心可以跃迁回基态发射光子。如果电离出电子、空穴，电子也可以重新被发光主体的激发态俘获，再跃迁回基态发光，或者电子空穴对被发光中心的两个能级分别俘获，进行电子空穴对的复合发光。同时能量也有可能不直接发射，而是传递给旁边的发光中心，激发它再发光。

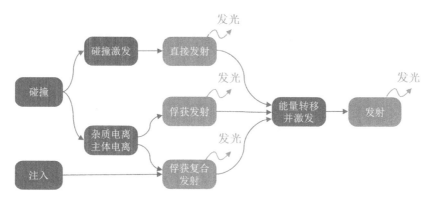

图 6-6　各种 ELD 机制的汇总

　　每种材料中可能同时存在多种机制，机制有各自的占比。有的材料中甚至没有碰撞机制，只能通过电子注入的方式复合发光，与 LED 很像。这些是基础的模型，在基础模型上，人们还引入了不同的具体模型，在下面具体器件的部分会对其进行介绍。

6.2　ELD 的器件结构

　　电致发光器件按照荧光体材料的形式可以分成分散型（或称为粉末型）和薄膜型两种，两种类型的材料都可以通过直流电或者交流电的方式来驱动。所以电致发光器件按照驱动的方式又分成直流型和交流型，排列组合就得出 4 种类型的电致发光器件，如表 6-1 所示。

表 6-1　4 种类型的电致发光器件

材料形貌	驱动电压类型	
	直流型（DC）	交流型（AC）
分散型/ 粉末型电致发光	直流分散型/直流粉末型电致发光 （DCEL/DCPEL） 机制：以"碰撞激发-直接发射"为主	交流分散型/交流粉末型电致发光 （ACEL/ACPEL） 机制：以"注入-俘获复合发射"为主
薄膜型电致发光 （TFEL）	直流薄膜型电致发光（DCTFEL） 机制：以"碰撞激发-直接发射"为主	交流薄膜型电致发光（ACTFEL） 机制：以"碰撞激发-直接发射"或"碰撞 电离-俘获复合发射"

　　直流电驱动的分散型/粉末型电致发光可以叫作直流分散型/直流粉末型电致发光，或者反过来叫作分散直流型/粉末直流型电致发光，英文是 DCEL/DCPEL，其中 P 代表 Powder，是粉末的意思。直流分散型电致发光和直流薄膜型电致发光都以碰撞激发-直接发射这种机制为主。

　　交流分散型/交流粉末型电致发光的英文是 ACEL/ACPEL，其主要依赖于一种双极型的注入再俘获复合的模型。交流薄膜型电致发光（ACTFEL）可能有两种方式，一种是碰撞激发-直接发射，另一种是碰撞电离-俘获复合发射。ACTFEL 是现在应用最广泛的 ELD 方式。

图 6-7 所示为 4 种电致发光器件的结构。分散型电致发光器件较厚，有一个很厚的发光层，里面的颗粒是荧光体的粉末。而薄膜型电致发光器件比较薄，薄膜型电致发光器件和分散型电致发光器件的厚度可能相差 1～2 个量级。

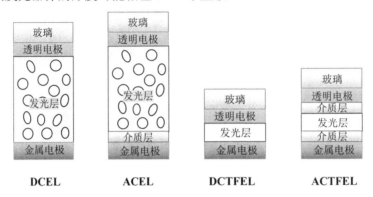

图 6-7　4 种电致发光器件的结构

6.2.1　DCEL

DCEL 器件的结构比较简单，有一层发光层，是荧光体的粉末被有机黏结剂黏结在一起，厚度有几十微米到上百微米。发光层被两个电极夹在一起，一面是透明电极，另一面是金属电极，透明电极是发光的一面，如图 6-8 所示。

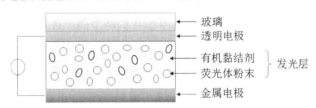

图 6-8　DCEL 器件的结构

这就产生了一个问题，假设发光层的厚度是 50μm，如果两个电极之间提供一个 100V 的高电压，只能在发光层中得到一个 10^4V/cm 量级的电场，距离强场电致发光所需要的 10^6V/cm 量级的电场还差两个量级。

为了解决这个问题，在实际制作过程中，引入了包铜和脱铜定型的工艺。首先，需要事先在硫化铜（Cu_xS）的溶液中对荧光体进行处理，让荧光体粉末表面包上一层铜，与硫化锌（ZnS）中的硫形成硫化铜的球壳，包裹住粉末颗粒。Cu_xS 是强 P 型的导体，即导电性非常强的 P 型半导体。接着给两个电极之间长时间加电压，让铜逐渐向一个方向移动，其中一个薄层的荧光体粉末表层的铜就会脱附，变回导电性相对弱的 ZnS 半导体。这一层叫作脱铜层，厚度大约在微米级。这个过程叫作脱铜，或成型化、定型化，如图 6-9 所示。

器件加电压工作时，因为发光层中大部分的荧光体粉末都包着导电性非常强的 P 型半导体，所以几乎没有压降；而只有在脱铜层这一两微米的厚度的半导体上才会出现压降。如图 6-10 所示，这样的能带结构在 ZnS 上产生了 10^6V/cm 量级的强电场。

DCEL 主要的发光机制是碰撞激发-直接发射，如图 6-11 所示。在这个过程中，首先强电场加在了 ZnS 上面,在 Cu_xS 和 ZnS 的界面处形成了三角形势垒。与场致发射情况类似,在电场非常强时,电子就能够隧穿过去,从 Cu_xS 注入 ZnS 中。如果 ZnS 脱铜层里面掺杂了锰,则电子被强电场加速后,在平均自由程中会撞到 Mn^{2+},将其从基态撞到激发态,同时电子失去能量回到导带底。Mn^{2+} 基态到激发态基本是内层电子轨道的变化,之后再从激发态降回基态,以光的形式将能量释放出去。

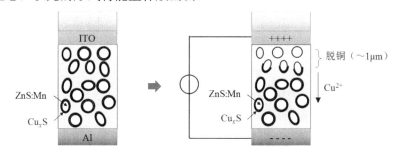

图 6-9 DCEL 器件的定型化

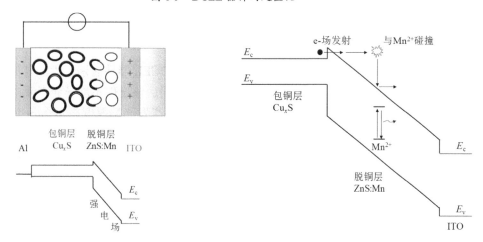

图 6-10 DCEL 定型化后,脱铜层上形成强电场

图 6-11 DCEL 的发光机制

6.2.2 DCTFEL

DCTFEL 器件与 DCEL 器件类似,也是直流驱动的,结构上区别不大,如图 6-12 所示,同样是两个电极,只是中间的发光层有区别。分散型电致发光器件的粉末与黏结剂形成的发光层比较厚,而薄膜型电致发光器件的薄膜很薄,厚度只有微米级。可以通过沉积、外延或者 ALD 等方式形成这层薄膜。图 6-12 中的发光层采用了 ZnS:Mn,其中也混入了铜,也需要通过定型化的过程将铜推到一面形成强导电 Cu_xS 层,进而缩短强电场作用在 ZnS:Mn 上的区间。

微米级厚度的 ZnS:Mn 脱铜层上,加上 100V 的电压就很容易达到 10^6V/cm 量级的电场,因此脱铜层中可以发生碰撞激发与发射的方式,即电子穿过三角形势垒发射进去,加速碰撞到 Mn^{2+},激发其到激发态,再降回基态而发光。

根据不同器件的材料类型,还可以引入其他的发光机制。比如通过 ZnS 材料里面的其他掺杂（如铜、氯），产生其他缺陷能级，如图 6-13 所示，在这种缺陷能级上，还能发生电子空穴的俘获与复合。

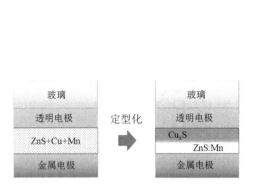

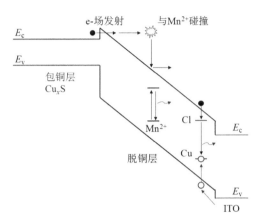

图 6-12　DCTFEL 器件的结构　　　　图 6-13　同时具有两种发光机制的 DCTFEL

6.2.3　ACEL

ACEL 器件的结构如图 6-14 所示。ACEL 器件与 DCEL 器件区别不大，只是多了一层介电层。介电层对下面的电极有保护的作用。有介电层后该器件不能导通直流电，只能通过交流电的方式驱动。相似地，在 100V 的电压下，如果发光层厚度在 $100\mu m$ 量级，则只能产生 10^4V/cm 量级的电场，不足以使电子发生强场下（10^6V/cm 量级）的碰撞。DCEL 中电场强度的问题是通过包铜脱铜解决的，但是脱铜需要两块极板之间长时间施加直流电才能将铜离子移走，而交流型电致发光器件不导直流电，所以 ACEL 需要依赖脱铜之外的其他方法来增强电场。

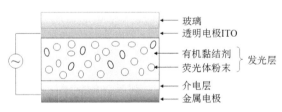

图 6-14　ACEL 器件的结构

ACEL 利用的是双极场发射模型（Bipolar Field-Emission Model）。其原理在 1962 年由 A. Fischer（RCA Labs）提出，是一种"注入-俘获复合发射"的机制。下面具体介绍这种机制。

ACEL 荧光体的粉末可以是 ZnS，并掺有铜、铝、锰等活化剂。ZnS 粉末是几微米大小的晶体，铜能够在晶体的线缺陷上析出，形成 Cu_xS 的线条。Cu_xS 是导电性非常强的 P 型材料，粉末上面有很多这种线缺陷，如图 6-15 所示。高导电性的 Cu_xS，像金属针一样插在 ZnS 中，两边是偏 N 型的 ZnS 半导体，形成双异质结。ZnS 中有其他的杂质，如氯和铜。氯的能级离导带比较近，铜的能级离价带比较近。

再分析微针的作用。在 FED 中，电子是通过微针的针尖发射出去的。因为针尖处电场线聚集，电场会非常强。类似地，将电场加在 ACEL 荧光体粉末上，Cu$_x$S 微针的两个针尖处会形成更强的电场，像尖端放电一样。如图 6-16 所示，两边的针尖分别发射不同的载流子进入 ZnS。电子进入 ZnS 后可以被浅的施主能级（如氯）俘获，空穴可以被比较深的受主能级（如铜）俘获。

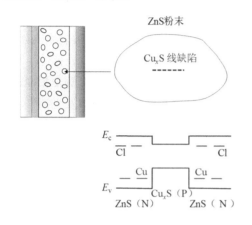

图 6-15 ACEL 器件中沿着 Cu$_x$S 线缺陷（虚线） 形成的双异质结

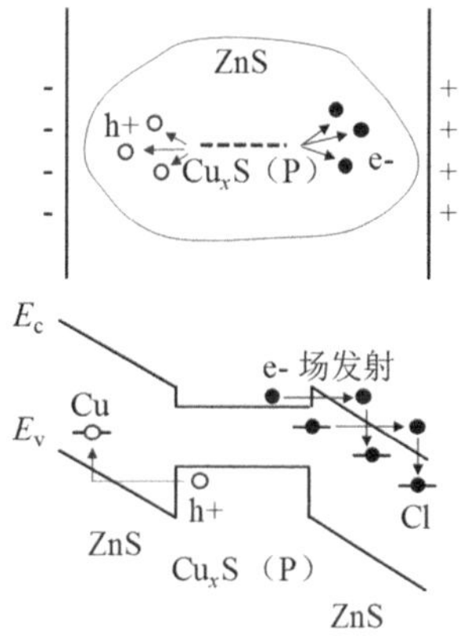

图 6-16 ACEL 荧光体粉末中的 双极场发射

注意，图 6-16 中微针注入的这些电荷会引起极化电场，电场线方向朝右，与原来的外加电场方向是相反的。如果再将外加电场翻转，外加电场与内部的极化电场会在瞬时叠加在一起，产生更强的电场。电子和空穴注入的方向发生翻转，右边从注入电子变为注入空穴，左边从注入空穴变为注入电子。而前半个周期中左边已经注入了空穴，右边已经注入了电子，这时再反向注入，电子和空穴就会发生复合。双极场发射模型如图 6-17 所示。

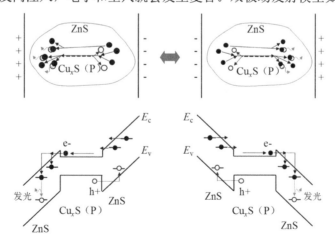

图 6-17 双极场发射模型

因为该模型的左右两边交替极化与注入，所以叫作双极场发射模型。根据 1962 年 A. Fischer 的显微镜照片，ACEL 荧光体粉末点亮后，发光位置在 Cu$_x$S 微针两端的棒槌形/哑铃形附近，进一步证实了该模型。这种线发光的亮度可以达到局部上万尼特（nit），但是总体平均下来，整个 ACEL 器件的发光可能只有几十到上百尼特（nit）的量级。

6.2.4　ACTFEL

前面已经介绍了三种电致发光器件的结构与原理。而 ACTFEL，则又有新的机制引入。

为什么会需要 ACTFEL？ACTFEL 在 DCTFEL 的基础上，给电极加上了介电层进行保护，这是为了解决 DCTFEL 存在的稳定性问题。比如电极的损伤，包括局部的击穿（LDB）。另外，DCTFEL 荧光体总是在同一个方向上被偏置，导致器件的伏安特性或发光特性随时间变化。如果用比较对称的交流电驱动，则在两个方向上受到电场累积下来的影响是相似的，所以器件特性不太会随时间变化。因此，人们提出用交流电来驱动薄膜型电致发光器件。

ACTFEL 器件的结构如图 6-18 所示。ACTFEL 会根据所用的荧光体的不同有不同的发光机制。接下来分开介绍这两种机制。

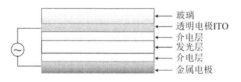

图 6-18　ACTFEL 器件的结构

1．碰撞激发-直接发射

比如锰掺杂的硫化锌 ZnS:Mn，如图 6-19 所示，加以足够高的电压，电子从介电层-半导体层间的界面层注射到 ZnS 半导体层中，然后电子在强场下加速与 Mn^{2+} 的发光中心碰撞，使其从基态激发到激发态。截至目前，这个过程与 DCTFEL 很相似，即通过碰撞的方式激发，激发态的能量再降到基态，将能量以光子的形式发射出去。不一样的是，在半周期中，ACTFEL 的电子撞完以后失去能量，最后会积累到另一端介质层与 ZnS 半导体层之间的界面上。后半周期电压反转后，电子又从另一端的界面上重新被发射到 ZnS 半导体内部，再次激发 Mn^{2+} 并失去能量，最后又回到原来的介电层与半导体层的界面上。电子像坐着跷跷板一样随着两端电压的交替升高在里面流动。

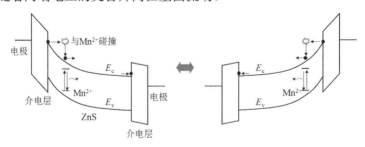

图 6-19　碰撞激发-直接发射型的 ACTFEL 器件原理图

2．碰撞电离-俘获复合发射

另外一种机制是基于"碰撞电离-俘获复合发射"模型的，其具体的模型被称为场致离子化或场致电离模型。

首先要引入一种能够发生场致离子化现象的荧光体，如铕掺杂硫化钙（CaS:Eu^{2+}）与铈掺杂硫化锶（SrS:Ce^{3+}）。

在铕掺杂硫化钙中，Eu 杂质有两个能级，一个是基态（4f 轨道），另一个是激发态（5d 轨道）。如图 6-20 所示，5d 轨道离 CaS 的导带比较近，可以在导带俘获电子，电子也可以从 5d 轨道脱附回到导带，即俘获与反俘获的过程。电子被俘获到 5d 轨道上之后，还能跃迁到 4f 轨道上，并发出能量，这是铕掺杂硫化钙发光的过程。在比较强的电场下，电子更容易从 5d 轨道上脱附回到导带，这是因为在电场强度比较大时，电子从 5d 轨道上回到导带的过程的弛豫时间会急剧减少。因此在强场区域，电子很难跃迁回基态释放光子，只有在弱场区域才更容易发生发光过程。这是这一类荧光体的特性。

场致离子化 ACTFEL 基于这类荧光体实现，其工作过程如图 6-21 所示。加大电压时，电极上的绝缘体与半导体的界面上电场比较强，电子从绝缘体与半导体的界面上注入 CaS 的导带中，然后在强场下加速碰撞。该碰撞可以碰撞 CaS 主体，即 CaS 本身的晶格，将电子空穴对碰撞出来，或者碰撞杂质（发光中心）使之电离出一个电子。图 6-21 中，在 Eu 发光中心的基态上碰撞出电子到 CaS 导带中。电离的电子很容易被与导带相近的 Eu 的 5d 轨道俘获。在阴极的附近，能带比较陡，电场更强，强场下 5d 轨道上被俘获的电子很容易跑掉（反俘获），而不会发生复合。相反，离阴极较远区域的电场较为平缓，5d 轨道电子不容易逃脱束缚，更倾向于跃迁到更低能级的 4f 轨道，将能量以光的形式释放出来。随着电子的单项运动，最后剩余的未被俘获的电子累积在另一端的界面上。下半个周期再将电场反转，相同的过程又镜像地发生。

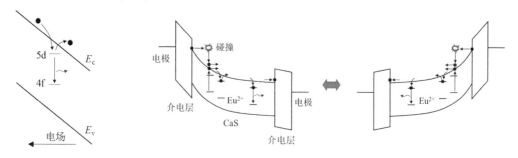

图 6-20　场致离子化　　　　　　　　图 6-21　ACTFEL 中的场致离子化过程

注意，对比碰撞激发-直接发射和场致离子化这两种不同的 ACTFEL 机制。碰撞激发-直接发射时，发射的电子碰撞了活化剂（如 Mn^{2+}）以后，Mn^{2+}的能量从基态到了激发态，然后就地降回来，在原位发光，电子不需要到更远的一端再发光。但是碱土金属硫化物，如铕掺杂硫化钙中激发出的电子，需要在器件另一端的 5d 轨道上进行捕获，然后跃迁回 4f 轨道进行发光。所以 ZnS 和碱土金属硫化钙这两种材料的 ACTFEL 不仅原理不一样，它们两个的发光位置也不一样。ZnS 的 ACTFEL 中电子在阴极刚发射出来就发生碰撞发光，所以在阴极附近发光。碱土金属硫化钙的 ACTFEL 原理是场致离子化，再发生俘获和跃迁，俘获和跃迁发生在电场比较弱的这一端，因此在阳极附近发光。

6.3　ELD 的驱动

6.3.1　ELD 器件的光电特性

驱动 ELD 器件的电压与 ELD 器件的亮度的关系为

$$L = L_0 \exp\left(-\left(\frac{V_0}{V}\right)^{1/2}\right)$$

式中，两个常数 L_0 和 V_0 与荧光体的尺寸、浓度、黏结剂的介电常数，以及器件的厚度等有关。

一般人们将亮度达到 1cd/m^2（1nit）的电压叫作阈值电压。但也有不同的说法，比如将亮度达到 3.4cd/m^2 的电压叫作阈值电压。1cd/m^2 其实很暗，一般的显示面板都要上百坎德拉每平方米的亮度。所以一般 ELD 器件的工作电压都要在这个阈值以上，多出几十伏才能达到几十坎德拉每平方米的亮度。

典型的 ELD 器件的电压与亮度、发光效率的关系如图 6-22 所示。

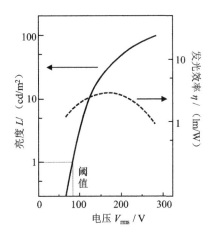

图 6-22　典型的 ELD 器件的电压与亮度、发光效率的关系

发光效率为

$$\eta = L^{1/2}V^{-2}$$

发光效率 η 有一个饱和的现象，以图 6-22 中的发光效率曲线为例，从曲线能看出来，η 有一个极值，之后加电压，η 会降低。在阈值以上 30～50V 是发光效率比较高的一个区域，能效比较高。不同的 ELD 器件的亮度和发光效率的曲线大同小异，几乎所有的 ELD 器件的亮度和发光效率的曲线，亮度一般都是先迅速增加，后趋向于平缓，发光效率一般都是先增后减。

下面将不同类型的 ELD 器件的性能参数进行简要的对比，如表 6-2 所示。

表 6-2　几种 ELD 器件的性能参数

性能参数	DCEL 器件	DCTFEL 器件	ACEL 器件	ACTFEL 器件
亮度 $L/$（cd/m^2）	100	40～400	100	1000～5000
发光效率/（lm/W）	0.1～1	0.1	1～5	≥10
工作电压/V	100 左右	50 左右	100～300	100～300
寿命/h	1000～5000	2500	2500	20000
其他特点	工艺简单	工艺简单	常用作背光源	工艺要求高； 工作温度范围大； 只有橙黄色效率高

总的来说，直流 ELD 器件比交流 ELD 器件的工艺简单，驱动简单，但是效率偏低；薄膜型 ELD 器件比粉末型 ELD 器件工作电压更低，亮度更高；ACTFEL 器件的亮度、发光效率和寿命都优于其他几种，所以是应用得最广泛的 ELD 器件。

6.3.2　PM 驱动

对于 ELD 的驱动，最直观的驱动方式就是无源矩阵（被动矩阵，PM）驱动。图 6-23 展示了 PM 驱动行列布线方式，行线和列线垂直成 90°的交叉点，每个交叉点就是一个像素。驱动时行线逐行地输出脉冲，列线再根据每行显示数据输出电平。从第一行扫到最后一行，每一行只有在被扫到的瞬间才被点亮。PM 驱动需要比较快的行扫才能形成视觉暂留的效果，因此无法使分辨率太高。

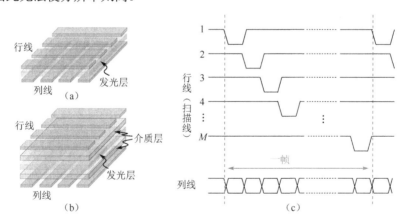

图 6-23　PM 驱动行列布线方式

但是我们可以利用一个性质来改进 PM 驱动。ACTFEL 和 ACEL 都有一个存储效应或记忆效应的性质。

在 PDP 中也有这个效应，即通过一个脉冲建立起壁电荷，在 AC 的下一个反方向脉冲时，壁电荷产生的电场与反方向脉冲的电场叠加，就可以增强电场，有助于促进辉光放电。

在交流 ELD 器件中，如图 6-24 所示，在前半周期内外加电场 E_1 会使电子在与电场相反的界面上聚集，就会生成一个内建的极化电场 E_2，它与外加电场是反方向的。在后半周期外加电场反转的一瞬间，内建电场与外加电场同向，会叠加在一起形成更强的电场，促进强场激发。这与 PDP 中外加电场与壁电荷产生的电场的叠加是非常相似的。

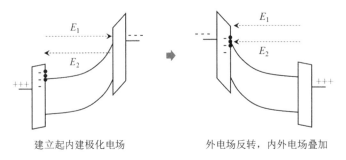

建立起内建极化电场　　　　　　　外电场反转，内外电场叠加

图 6-24　交流 ELD 器件的存储效应

交流 ELD 器件可以利用存储效应。先施加一个超过阈值的电压脉冲，让 ELD 器件先发射一个光脉冲，同时电子会积累，建立极化电场。之后施加一个反方向的电场脉冲。因为第二个电压脉冲产生的电场可以与极化电场叠加，所以只需要一个小一些的外加电场，两个电场叠加只要超过阈值就能使像素再次发光。可以说，第一次电压脉冲使像素发光时，实际上是写入了一个发光的信号，之后再施加一个比较小的反方向脉冲时，像素就会再次发光。反之，如果一开始没有施加写入脉冲，那么极化电场不会建立，之后再施加反方向脉冲时，没有极化电场的叠加，电场达不到阈值，像素就不会继续发光。

在 PM 矩阵中利用这个效应，可以设计出一个帧更新驱动法。

图 6-25 展示了帧更新驱动法的过程。前半帧的操作与普通的 PM 驱动是一样的，先输出一个负脉冲，摆幅是 V_m，一行行地扫描下去，然后列线根据像素发光与否给予高电平 V_w 或低电平 0。在需要发光的像素上，V_m 与 V_w 叠加在一起会超过阈值，就能够激发发光，同时形成一个极化电场，产生极化电压 V_P。在不想点亮的像素上，列线是低电平 0，叠加上 V_m 不会超过阈值，像素就不会被点亮，也没有极化电场。

所有行扫过一遍后相当于每个像素都写入了是否要发光的数据，存储了发光状态，之后再给所有行一个与刚才方向相反的不超过阈值的脉冲 V_r。如果刚才某个像素被点亮过，则其里面就会有极化电场，与反方向的 V_r 就会叠加，V_P 加 V_r 超过阈值，该像素会再发一次光。如果该像素前半帧没有被点亮过,则没有内建起极化电场，就没有 V_P，而 V_r 本身不超过阈值，所以该像素不会被点亮。

总之，一个像素如果要发光，每个周期可以发射两次光脉冲。帧更新驱动法的优点很明显，通过简单的一个反向的帧更新的电压脉冲实现了一帧内产生两个光脉冲，显示屏会更亮，同时驱动电路不需要很复杂。但它也有缺点，因为驱动的正负摆幅不一样，所以荧光体受到

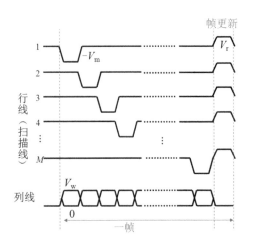

图 6-25　帧更新驱动法的过程

的正负电压也不一样，正方向受到的电压是 V_m+V_w，反方向受到的电压是 V_P+V_r，这两个值可能不一样。随着时间的积累，它会像直流 ELD 器件一样引起发光的变化。所以这种驱动方式还需要进一步改善。

改善的方法叫作对称驱动法。如图 6-26 所示，每帧分成两个半帧。第一个半帧，行线输出负的脉冲产生逐行扫描，列线的脉冲从低电平 0、高电平 V_w 调整为低电平 $-1/2V_w$、高电平 $1/2V_w$。这里需要控制 V_w 的大小使 V_w/2 加上 V_m 能够超过阈值、$-1/2V_w$ 加上 V_m 不超过阈值。另外一个半帧会反过来，行线的扫描信号由 $-V_m$ 变为 $+V_m$，再重新扫一遍，之后列线的数据也反过来输入一遍。一帧内每行被扫描了两次，两次的扫描信号完全对称且相反，使得累积起来的正负偏置总是等量的，能够降低因为交流电压正负摆幅不一致形成的劣化。但是这种形式的行线的驱动电压摆幅一共是 $2V_m$，电压更高，所以行线的驱动力需要更大。一般 ELD 器件工作在几十伏到上百伏的电压，所以两倍的 V_m 是一个很高的电压。

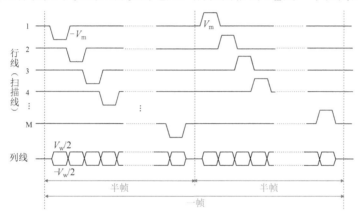

图 6-26　对称驱动法的过程

6.3.3　AM 驱动

ELD 能否用 AM 驱动？ELD 器件需要上百伏的电压来工作，而 AM 提供这么高的电压是一个挑战。AM-ELD 需要用特殊的 TFT——高压 TFT（HVTFT）。HVTFT 与普通 TFT 相比在结构上有差异，需要更厚的栅介质，栅和沟道之间也要有一个欠重叠区，让漏电极与栅电极之间的耦合更小，避免击穿，如图 6-27 所示。沟道有源层的半导体材料上，可以采用非晶硅与多晶硅，还可以采用硒化镉（CdSe）等材料。

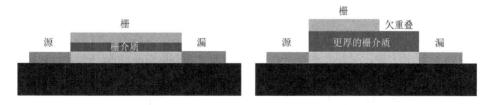

图 6-27　普通 TFT 结构（左）和 HVTFT 结构（右）

有 HVTFT 就可以设计 AM-ELD 了，AM 驱动电路如图 6-28 所示。AM 驱动的方式不再是逐行发光，而是可以让像素在一帧内完整地发光。与 LCD、OLED 类似，图 6-28 中的

AM 用了 2T 的结构，即一个开关管和一个驱动管。但是 ELD 的像素要接一个交流电源，交流电源的电流是先流经 TFT 再到地的。我们可以通过扫描（Scan）线的电压脉冲将开关管打开，然后将数据（Data）信号写进去，驱动管再根据数据信号的大小，在一帧的时间内来决定像素到底通过多少电流。电流从交变电流源流到每个像素的 ELD 器件中，再通过 TFT 流过去，电流大小由 TFT 来控制。

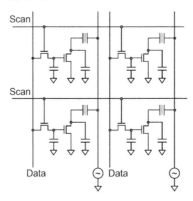

图 6-28　AM 驱动电路

6.4　ELD 的应用

6.4.1　ELD 的颜色

ELD 的颜色是由荧光体决定的，包括主体材料与活化剂。

以 ZnS 为例，以 ZnS 作为主体掺上不同的活化剂，如锰、铜、氯，能得到不同颜色的光。将 ZnS 掺上锰，在强场下，电子直接碰撞锰发出的光是橙黄色的，根据锰含量的不同，颜色会有一定的变化。这种橙黄色通常用于单色 ELD。

如果 ZnS 掺了铜或者铜和氯，让铜或铜氯作为复合中心让电子和空穴复合，会形成一种蓝绿色的光，根据铜含量的不同，颜色也会发生变化。这种颜色的 ELD 通常用于 LCD 的背光源。

其他材料也与 ZnS 类似，决定了主体和活化剂后，颜色就会不一样，如铈掺杂硫化钙、铕掺杂硫化钙、铈与钐掺杂硫化钙等，会形成不同的颜色。

6.4.2　ELD 的发展

ELD 从发展上来说，最早追溯到 1907 年，当时 Captain Henry Joseph Round 发现了碳化硅电致发光，后来被证实这种电致发光不是强场的本征发光，而是弱场的注入型发光，也就是说，发现的碳化硅的发光机制其实类似于 LED 的发光机制。

真正的粉末强场发光被发现是在 1936 年，Georges Destriau 发现了 ZnS 粉末加电压后发光的现象，并且第一次提出了"electroluminescence"这个词。

20 世纪 50 年代，人们开始尝试将电致发光应用于照明，GTE Sylvania 制造了第一台陶瓷电致发光灯（粉末型电致发光），但是由于产品寿命不足（约 500h），商业化的尝试失败了。

20 世纪 80 年代，基于 ZnS 的薄膜 ELD 开始商业化，出现了用 ZnS:Mn 做的黄色 ELD 显示屏。在 20 世纪 80 年代实现彩色 ELD 仍比较困难，尤其是蓝色 ELD。蓝色 ELD 要求激发电子的能量较大，而且对基质材料的载流子的平行自由程要求比较高，因为电子需要加速足够长的时间才能得到足够能量。当时的一种彩色 ELD 的实现方法是首先将两种具有宽发射带的材料（如蓝绿色的 ZnS:Mn 和黄红色的 SrS:Ce）掺在一起，得到近似于白光的光，然后通过滤色片将不同颜色的光过滤出来，当然这造成了功率的浪费。

20 世纪 90 年代，蓝色 ELD（SrS:Cu、SrS:Ce）的效率得到了提升，多色设备开始了商业化。

21 世纪 00 年代，ELD 的亮度、效率、分辨率已经提升到了不错的程度，比如 2002 年 iFire 的 17 英寸 640 像素×480 像素彩色 ELD 显示屏（利用了滤色片）。ELD 的技术水平最后能够提升到百万像素。

6.4.3　ELD 的主要应用

现在 ELD 主要应用在以下几个方面。

一是照明灯，如装饰灯带、安全出口的指示灯等。

二是 LCD 的背光源。一些 LCD 的手表就用了 ELD 的背光，与 LED 的背光相比，ELD 的背光更加均匀。因为 ELD 器件结构中发光部分是一整面薄膜，但 LED 无法做成一整面薄膜，而只能做成单颗或阵列，不能做得很均匀。不过，ELD 虽然发光均匀，但需要比较高的电压驱动，所以需要逆变器，它将手表电池的直流电转化成交流电，再将背光点亮。人们可以听到这种手表滋滋滋的声音，这是逆变器工作的声音。

三是各种形态的显示屏，如汽车仪表盘显示屏、透明显示屏、柔性可穿戴显示屏等。ELD 的制程简单，兼容不同的衬底，因此其应用有不同的形态。比如 ACEL 可以制成柔性的，可以通过喷墨打印的方式制作显示矩阵，而且能与传感器结合在一起，形成交互显示。还可以制成发光纤维，纺成纱线就可以做发光的衣服。

复旦大学彭慧胜/陈培宁团队以掺杂离子液体的聚氨酯凝胶制备导电纤维（纬纱），以镀银导电纱涂覆 ZnS 荧光体制备发光纤维（经纱），通过经纬线交织的方式制成了电致发光的"智能织物"，在不同经纬线施加电压，存在电压差的经纬线交织点便可发光，形成特定的显示图案，平均亮度为 $122cd/m^2$，可以经受 10000 次弯折。

6.5　ELD 的制备

ELD 制备的关键是荧光体的制备。粉末型电致发光的发光材料通常采用化学法。将主体和活化剂高温焙烧，就能形成了荧光体粉末。比如 800～1200℃高温焙烧 $ZnS+H_2O+CuSO_4+NH_4Cl$ 可以合成 ZnS:Cu,Cl 荧光体。

薄膜型电致发光的发光材料需要一些薄膜的工艺，如蒸镀（真空蒸发、共蒸发或溅射）、分子束外延（MBE）或金属有机化学气相沉积（MOCVD）等方法。ZnS 薄膜可以采用真空蒸发或原子层外延（ALE/ALD），反应源是二乙基锌（DEZn）+ H₂S。

出光方向

金属电极	透明电极
介质层	介质层
发光层	发光层
介质层	介质层
透明电极	金属电极
玻璃	玻璃

出光方向

（a）正向结构　　　（b）反向结构

图 6-29　ELD 的正向结构和反向结构

介质层、透明电极大多通过溅射、蒸镀和原子层外延等方法制备。金属电极可以采用沉积，或者丝网印刷、喷墨打印等方法制备。金属电极的沉积要求低电阻率、良好的黏结性、强场下的低迁移率，以及好的成图性。

如图 6-29 所示，正向结构的 ELD 用铝作为金属电极。因为铝的高反射比，可以保证高亮度，但需要用对比度增强剂提升对比度。而反向结构的 ELD 则用钼或钨作为金属电极。反向结构的制程顺序中，金属电极是先沉积的，所以要求其具有良好的热稳定性，以及与基板相匹配的热膨胀系数。

6.6　本章小结

总的来说，ELD 的原理是通过强场下电子的碰撞，或者注入实现激发或电离，最后发生跃迁发射或者复合发射实现发光。ELD 器件结构相对比较简单，两个电极加上介质层与荧光体。4 种 ELD 器件的发光原理略有不同。

ELD 器件的驱动方式以 PM 驱动为主，主要应用于照明、背光，也可以应用于显示，如仪表和车载显示。

ELD 是优缺点很明显的技术。ELD 的缺点包括发光效率低，与 LED 相比差了至少一个量级，彩色质量不好，颜色不是很纯，需要很高的电压驱动，所以驱动电路驱动器或者 IC 的成本都很高。AM-ELD 也不容易实现，需要用 HVTFT，分辨率有限。

ELD 有明显的优点。相对于 LED 背光来说，它更柔和、更均匀，没有方向性。ELD 还有比较不错的响应速度与对比度，可以应用于视频播放设备。此外，ELD 最大的优点是稳定，尤其是薄膜型 ELD。LCD 或 OLED 在高温或低温下都不能很好地工作，比如汽车夏天的时候会在阳光下暴晒，车内可达四五十摄氏度，而冬天又可能低至零下二三十摄氏度，这样大的温度范围对 OLED 稳定性的挑战较高，使得 OLED 在汽车使用中充满挑战。但很多汽车的仪表是用 ELD 做的，它对高温和低温的耐受程度更高（-60～105℃）。因此，ELD 一个相对适合的应用场景可能是一些极端的环境。

6.7　参考文献

[1] GORDON N T. Electroluminescence by impact excitation in ZnS:Mn and ZnSe:Mn Schottky Diodes[J]. IEEE Transactions on Electron Devices, 1981, 28(4):434.

[2] SHIONOYA S, KOBAYASHI H. Electroluminscence[M]. New York: Springer, 1988.

[3] CHEN J, CRANTON W, FIHN M, et al. Handbook of Visual Display Technology[M]. Berlin: Springer, 2012.

[4] MULLER G O, MACH R. On the Mechanism of electron impact excited luminescence devices[J]. Boston: De Gruyter, 1983, 77(2):895.

[5] MACH R, MULLER G O, GEBICKE W, et al. The efficiency of electron impact excited luminescence in ZnS thin film devices[J]. Boston: De Gruyter, 1983, 75(1):187.

[6] FISCHER A G. Electroluminescent Lines in ZnS Powder Particles:I. Embedding Media and Basic Observations [J]. J. Electrochem. Soc, 1962, 109(11):1043.

[7] FISCHER A G. Electroluminescent Lines in ZnS Powder Particles:II. Models and Comparison with Experience[J]. J. Electrochem. Soc, 1963, 110(7):733.

[8] BLACKMORE J M, CATTELL A F, DEXTER K F, et al. dc electroluminescence in copper-free Zns:Mn thin films. I. Local destructive breakdown and its dependence on preparation and test conditions[J]. Journal of Applied Physics, 1987, 61:714.

[9] WARKENTIN M, BRIDGES F, CARTER S A, et al. Electroluminescence materials ZnS:Cu,Cl and ZnS:Cu,Mn,Cl studied by EXAFS spectroscopy[J]. Physical Review B, 2007, 75(7):15.

[10] CHELLAMUTHU P, NAUGHTON K, PIRBADIAN S, et al. Biogenic Control of Manganese Doping in Zinc Sulfide Nanomaterial Using Shewanella oneidensis MR-1[J]. Frontiers in Microbiology, 2019, 10:938.

[11] CORRADO C, JIANG Y, OBA F, et al. Synthesis structural and optical properties of stable ZnS Cu Cl Nanocrystals[J]. J Phys Chem A, 2009, 113(16):3830.

[12] ZHAO Y, RABOUW F T, PUFFELEN T V, et al. Lanthanide-Doped CaS and SrS Luminescent Nanocrystals: A Single-Source Precursor Approach for Doping[J]. Journal of the American Chemical Society, 2014, 136:16533.

[13] WANG X, QIU Z, LI Y, et al. Core-shell structured CaS:Eu2+@CaZnOS via inward erosion growth to realize a super stable chalcogenide red phosphor[J]. Journal of Materials Chemistry C, 2019, 7:5931.

[14] SUCHEA M, CHRISTOULAKIS S, ANDROULIDAKI M, et al. CaS:Eu,Sm and CaS:Ce,Sm films grown by embedding active powder into an inert matrix[J]. Materials Science and Engineering: B, 2008, 150:130.

[15] KRASNOV A N. Electroluminescent displays: history and lessons learned[J]. Displays, 2003, 24:73.

[16] KIM E H, HAN H, YU S, et al. Interactive Skin Display with Epidermal Stimuli Electrode[J]. Advanced Science, 2019, 6(13):1802351.

[17] SHI X, ZUO Y, ZHAI P, et al. Large-area display textiles integrated with functional system[J]. Nature, 2021, 591:240.

[18] OLBERDING S, WESSELY M, STEIMLE J. PrintScreen: Fabricating Highly Customizable Thin-film Touch-Displays[J]. Proceedings of the 27th annual ACM symposium on User interface software and technology, 2014:281-290.

6.8　习题

1．ELD 为何在低压时不能发光？

2．ELD 在高压时才能发光，但为何随着电压升高，发光效率会降低？

3．ELD 其他可能的应用有哪些？

第7章

发光二极管显示技术

在电致发光的显示技术中，电致发光显示（ELD）与发光二极管（LED）显示在原理上比较相似，如图7-1所示。

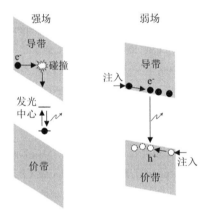

电致发光显示（ELD）　　发光二极管（LED）

图 7-1　ELD 和 LED 显示的原理区别

本章主要介绍 LED 的基础，包括 LED 的发展、LED 的物理基础（如复合、PN 结等基本原理与概念）、LED 的结构（包括单边突变结、异质结、双异质结、量子阱、多量子阱等）、LED 的效率、LED 显示的制程、LED 显示的形态和驱动，以及 Mini-LED 显示等。

7.1　LED 的发展

1907 年，英国马可尼（Marconi）实验室的无线电工程师 H. J. Round 在研究碳化硅（SiC）时发现了其电致发光现象，并发表于 *Electrical World* 杂志。由于其只能发出微弱的黄光，并且找不到实用价值，该项研究就没有继续。但这是第一次推论半导体 PN 结在一定的条件下可以发出光，这个发现奠定了日后发明 LED 的物理基础。

1927 年，俄罗斯科学家奥列弗拉基洛谢夫（Oleg. V. Losev）独立制作了世界上第一个 SiC LED。之后他更详细地研究了这些电致发光效应，并假设它是爱因斯坦的光电效应的反向过程。其研究成果曾先后在俄罗斯、德国和英国的科学杂志上发表，可惜当时并没有人理睬他，因此他的研究没有被重视，更没有应用。1942 年，当时他所在的列宁格勒被德军封锁，他被活活饿死。他被视为"Inventor of the First Glowing Diode"（第一个发光二极管的发明者）。

1951 年，K. Lehovec 对 LED 的原理给出更准确的描述：在 PN 结处注入的少数载流子的复合发射。

1955 年，美国无线电公司（Radio Corporation of America）的鲁宾·布劳恩斯坦（Rubin Braunstein）报道了使用锑化镓（GaSb）、砷化镓（GaAs）、磷化铟（InP）和硅锗（SiGe）合金在室温和 77K 下使用简单的二极管结构产生红外发射。

1961 年，美国德州仪器公司（Texas Instruments）的 Robert Biard 和 Gary Pittman 发现，当施加电流时，GaAs 会发出红外线辐射。Biard 和 Pittman 申请并获得了红外 LED 的专利。

1962 年，通用电气公司的 Nick Holonyak（后来加入了伊利诺伊大学厄巴纳-尚佩恩分校，UIUC），开发了第一个实用的可见光 LED（红色，GaAsP），他被视为"Father of the visible LED"（可见光 LED 之父）。

1968 年，可见光和红外 LED 器件都非常昂贵，每个约 200 美元，因此几乎没有实际应用。孟山都是第一个大规模生产可见光 LED 的组织，其 1968 年使用磷砷化镓（GaAsP）生产适用于指示器的红色 LED。惠普（HP）于 1968 年推出 LED 显示，最初使用的就是孟山的 GaAsP LED。该技术被证明在字母数字显示器方面有重大应用，并被集成到惠普早期的手持式计算机中。

1972 年，Holonyak 的学生 George Craford 发明了第一个黄色 LED（GaAsP），比红色 LED 的亮度高 10 倍。

1976 年，T.P. Pearsall 发明了专门适用于光纤传输波长的新型半导体材料，创造了第一款用于光纤电信的高亮度、高效率 LED。

20 世纪 70 年代开始，LED 得到了迅速的发展，出现了诸如 GaP 绿色、SiC 黄色等 LED。20 世纪 80 年代初，高亮度 LED 拓展了应用范围。至此，可见光 LED 中只剩蓝光 LED 尚待发展。

20 世纪 80 年代末，蓝色 LED 的技术路线涉及两条，分别是硒化锌（ZnSe）及氮化镓（GaN），其中 ZnSe 晶体质量好，大约 99%的研究者从事相关的研究，而后者具有较差的晶体质量，只有不到 1%的研究者从事相关研究。

1991 年，日本日亚化工的中村修二（Shuji Nakamura）发明了双流式 MOCVD 方法，使得量产实用级高亮度蓝色 LED 得以实现，并于 1993 年展示了第一款基于铟氮化镓（InGaN）的高亮度蓝色 LED。1999 年，中村修二从日亚化工离职，后来加入了加利福尼亚大学圣巴巴拉分校（UCSB）。

2014 年诺贝尔物理学奖授予日本名古屋大学的赤崎勇、天野浩及 UCSB 的中村修二，以表彰他们在发明一种新型高效节能光源方面的贡献，即蓝色 LED。

7.2　LED 的物理基础

7.2.1　载流子的复合

电子和空穴的复合，即半导体中导带的电子跃迁至价带中，与空穴结合的过程。该过程伴有能量的释放。根据能量释放的形式，复合分为辐射复合和非辐射复合。

若能量以光子的形式释放，即形成了辐射复合（见图 7-2）。辐射复合发出的光的颜色（波长）主要由电子和空穴的能量差决定：

$$E = \frac{hc}{\lambda} = \frac{1240\text{eV/nm}}{\lambda}$$

式中，h 为普朗克常量（$h=6.62607015\times10^{-34}$J·s）；$c$ 为光速；λ 为光的波长。如果辐射复合发生在半导体的导带和价带之间，则波长由带隙决定。

辐射复合是 LED 所依赖的发光原理，设计和制造 LED 器件时，需要充分利用辐射复合，抑制非辐射复合，以提高器件效率。

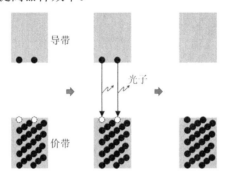

图 7-2　半导体中的辐射复合

复合按照发生的能级或能带位置又可分成直接复合和间接复合。图 7-3 形象地展示了典型半导体的各种直接复合和间接复合。

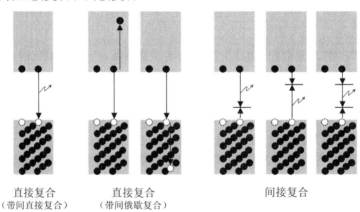

图 7-3　典型半导体的各种直接复合和间接复合

直接复合包括带间直接复合和带间俄歇复合。

带间直接复合，发生在导带和价带之间。带间直接复合中复合率 $R \propto np$（n、p 分别为电子浓度、空穴浓度）。带间直接复合可以是辐射复合，也可以是非辐射复合，辐射复合时发光效率高、发光强度高。

带间俄歇复合，简称俄歇复合，指的是复合能量激发并产生次级电子的复合，以发现此过程的法国物理学家 P. V. 俄歇命名。俄歇复合的复合率是 $R \propto n^2p$ 或 np^2，掺杂浓度较高时，俄歇复合可以起到主要作用。俄歇复合是非辐射复合，通常应在 LED 中避免俄歇复合。

间接复合是指电子和空穴通过禁带中的能级（复合中心）进行复合。复合中心一般是缺陷、杂质能级。若杂质能级靠近导带底，则导带电子先被杂质能级俘获，再下落至价带和空穴复合；若杂质能级靠近价带顶，则价带空穴被杂质能级俘获，并与导带电子复合后落入价带；若复合发生在两个杂质能级间，则导带电子和价带空穴被杂质能级分别俘获并复合，之后落入价带。间接复合可以是辐射复合，也可以是非辐射复合。电子空穴对通过复合中心发生的非辐射复合，也被称为 SRH 复合。

如图 7-4 所示，SiC 中的复合包括直接复合和间接复合。直接复合时 SiC 释放的光子能量为其带隙（3.0~3.2eV），发射波长在 400nm 左右的蓝紫光。而当年 H. J. Round 和 Oleg. V. Losev 等人观测到的 SiC 发射的黄光，则来自 SiC 的间接复合。例如，通过硅的反位（Antisite）缺陷 D1 引起的间接复合，会发射波长为 550nm 的光；而通过硅空位（V_{Si}）引起的间接复合，则会发射波长为 950nm 的光。

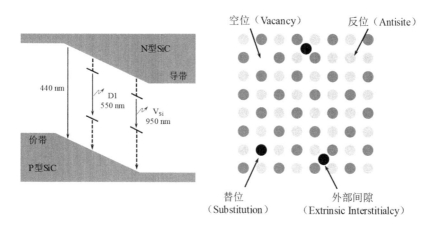

图 7-4　典型 SiC 半导体的直接复合和间接复合

化合物半导体的带隙及发光颜色随着多元化合物组分连续变化。如图 7-5 所示，GaAsP 可以通过调整组分中 As 与 P 的比例来调控带隙，进而调控发光颜色，从红外光到黄绿光变化，InGaN 可以通过调整 In 与 Ga 的比例来调控带隙，进而调控发光颜色从红外光到紫外光变化。

辐射复合的概率主要取决于半导体的能带结构，即取决于能量与动量的关系（色散关系）。半导体的能带结构分为直接带隙和间接带隙两种。直接带隙半导体指的是导带最小值（导带底）和价带最大值（价带顶）在 k（电子波矢）空间中处于同一位置的半导体，如 GaAs、InP。间接带隙半导体的导带底和价带顶在 k 空间中处于不同位置，如 Si、Ge、GaP。

　　图 7-6 所示为直接带隙半导体（GaAs）和间接带隙半导体（Si）的色散关系图。复合过程需要保持能量和动量守恒。对于直接带隙半导体，电子从导带底到价带顶动量基本不变，光子的动量很小，满足动量守恒定律，能量几乎都可以以光子形式放出。因此，直接带隙半导体辐射复合的概率大，发光效率高；相比之下，间接带隙半导体需要通过声子（晶格振动）的发射/吸收等过程完成复合。因为需要额外的过程，所以间接带隙半导体辐射复合的概率小。

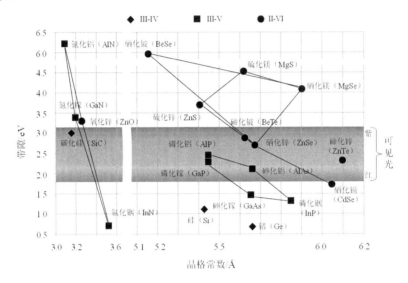

图 7-5　典型化合物半导体带隙和发光颜色随多元化合物组分的连续变化图

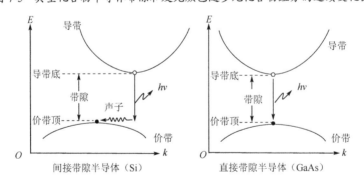

图 7-6　直接带隙半导体（GaAs）和间接带隙半导体（Si）的色散关系图

　　化合物半导体的发光波长随着多元化合物组分连续变化，其直接带隙和间接带隙也可发生转变。例如，GaAsP（磷砷化镓），如图 7-7 所示，当 P 组分的比例等于 0%时，此时为 GaAs，直接带隙为 1.43eV，可发出 900nm 波长的红外光；当 P 组分的比例等于 100%时，此时为 GaP，间接带隙为 2.25eV，可发出 550nm 波长的黄绿光；当 P 组分的比例从 0%提高到 100%时，化合物半导体从直接带隙变成间接带隙，辐射复合的概率下降了几个数量级。

　　为提高间接带隙的辐射复合的概率，引入一个"跳板"，如等电子杂质。这种杂质的价电子数等于替代的主晶格原子价。例如，引入 N 原子占据 As 或 P 位置，N 共价半径和电负性与 As 和 P 的都有差别，因此它们能俘获电子而形成带电中心，从而形成束缚激子，导致辐射复合的概率增加。

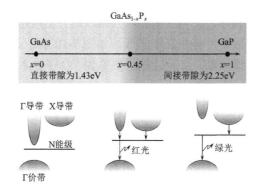

图 7-7　典型 GaAsP 半导体带隙随组分的连续变化图

7.2.2　PN 结

通过掺杂，即人为地向半导体材料中引入掺杂物质，可以改变其电学特性，形成 N 型半导体和 P 型半导体，如图 7-8 所示。N 型半导体，即电子型半导体，是以带负电的电子导电为主的半导体，比如在硅中掺入微量 V 族元素，如 P、As，可形成 N 型硅。P 型半导体，即空穴型半导体，是以带正电的空穴导电为主的半导体，比如在硅中掺入微量 III 族元素，如 B、In，可形成 P 型硅。

将 P 型半导体与 N 型半导体制作在同一块半导体上，P 型半导体与 N 型半导体相互接触的交界区域称为 PN 结。PN 结具有单向导电性，是二极管的物质基础。

由于 N 型载流子浓度和 P 型载流子浓度不等，P 型区中的自由空穴和 N 型区中的自由电子要相向扩散，形成扩散流。随着扩散的继续，界面附近 N 型区的电离施主得不到中和，带正电，而 P 型区的电离受主得不到中和，带负电。这些电荷称为空间电荷，空间电荷所在的区域称为空间电荷区，也称为过渡区、耗尽区或势垒区。

空间电荷区的正负空间电荷会形成电场，称为内建电场。在内建电场的作用下，电子和空穴发生漂移运动，形成与扩散流相反的漂移流。最终扩散流和漂移流相等，达到动态平衡，即热平衡，如图 7-9 所示。

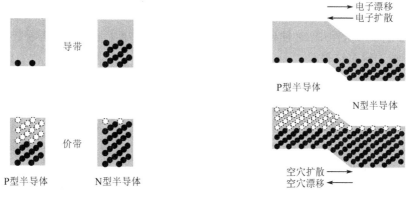

图 7-8　N 型半导体和 P 型半导体　　　　　图 7-9　热平衡的 PN 结

7.2.3 正偏 PN 结

当给 P 型区施加正向偏压，N 型区施加负向偏压时，空间电荷区中的电场（内建电场）减弱，继而空间电荷数量减少，势垒高度降低，如图 7-10 所示。最终漂移流速率下降，热平衡被打破，扩散流大于漂移流。上述过程也被称为"少子注入"，正向偏压下的电流是正向少子扩散电流。

从 N 型区注入 P 型区中的电子将在空间电荷区边界附近积累，该处的电子浓度增大，电子一边向 P 区型扩散，一边与空穴复合；从 P 区型注入 N 型区中的空穴将在空间电荷区边界附近积累，该处的空穴浓度增大，空穴一边向 N 型区扩散，一边与电子复合。L_p、L_n分别为空穴扩散长度和电子扩散长度，表征少数载流子一边扩散、一边复合所能够走过的平均距离。

因为扩散长度与载流子寿命的平方根成正比，所以晶体质量会直接影响扩散长度。晶体质量越好，缺陷越少，载流子寿命越短，扩散长度也越短，一般为微米级。

如图 7-11 所示，正向偏压下正向电流的成分如下：电子漂移流通过复合转化为空穴扩散流；空穴漂移流通过复合转化为电子扩散流。因此，正向电流实际上是复合电流。

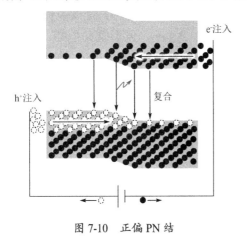

图 7-10 正偏 PN 结

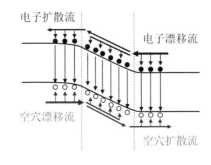

图 7-11 典型 LED 结构中正向电流成分示意图

7.3 LED 的结构

在 LED 的实际应用中，往往使用在基本的 PN 结的基础上演化出的各种特殊的 PN 结，如单边突变结、异质结等。

7.3.1 单边突变结

LED 中的复合过程具有随机性，因此发光方向是随机的，如图 7-12（a）所示，空间电荷区和扩散长度内发射的光子，进入远处的 P 型半导体和 N 型半导体后，可能被半导体重新吸收，进而降低发光的效率。

单边突变结指的是一边掺杂远高于另一边掺杂的 PN 结。例如，PN⁺ 结，N 型区掺杂远高于 P 型区掺杂，其能带图如图 7-12（b）所示。PN+结中，空穴扩散长度远远小于电子扩散长度，因此空间电荷区长度（X_d）都压缩在了 P 型区，且 N 型区的扩散长度（L_n）极小。

这样做的好处是，让复合主要发生在 P 型区一侧的空间电荷区和扩散长度内，即将复合发生的区域（发光区域）向出光方向（P 型区）外推，使其更靠近 LED 表面，能够让更多的光线射出 LED 表面，而不是被 N 型区吸收。

进一步地，可以将 P 型区的厚度减薄，以继续减少光被半导体重新吸收，如图 7-12（c）所示。

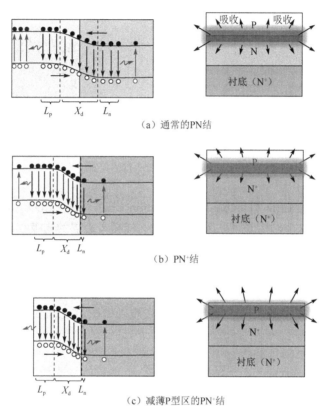

（a）通常的PN结

（b）PN+结

（c）减薄P型区的PN+结

图 7-12 通常的 PN 结和 PN+结的对比

7.3.2 异质结

为了进一步让光发射出去，而不是被重新吸收，还可以使用异质结，即两种不同的半导体材料接触形成的 PN 结。

具体做法是，将更高带隙的半导体放在表层，发光部分的半导体带隙小于表层带隙，光子不足以激发高带隙的半导体产生电子空穴对，因此可以减少光线射出路径上光线被半导体重新吸收。同时，异质结形成的势垒阻挡了少子继续扩散，闭锁载流子，提高了复合率。两种典型 LED 结构中的异质结截面及原理图如图 7-13 所示。

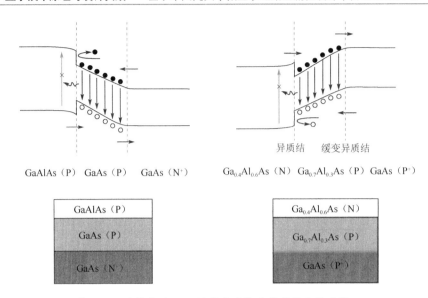

图 7-13 两种典型 LED 结构中的异质结截面及原理图

7.3.3 双异质结

此时引入双异质结 LED（Double-Heterojunction LED，DH-LED），即 PN 结两侧都采用更高带隙的半导体。这个结构既可以像单异质结一样减少表层的光吸收，又可以阻挡两个方向的少子扩散，闭锁载流子，使载流子被困在一个复合区间内难以扩散，进而提高复合率。

图 7-14 展示了单异质结 LED 与双异质结 LED 的对比。当双异质结 LED 处于正向偏压时，载流子从两边高掺杂层（AlGaAs）注入中间层（GaAs）。中间层两侧都存在异质结的势垒，载流子被困在中间层内，使电子和空穴难以扩散，被迫复合，复合辐射的能量与中间层带隙相等。

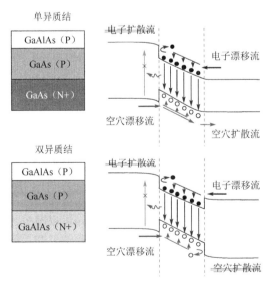

图 7-14 单异质结 LED 与双异质结 LED 的对比（双画线表示被阻挡的少子扩散）

双异质结 LED 的优点是，与同质结 LED 相比，N 型区和 P 型区均由宽带隙材料制成，因此这些区域不吸收窄带隙半导体发出的光，形成光的窗口。同时，注入的电子和空穴被限制在一个非常窄的中心区中，$n \times p$ 值非常高，因此复合率也很高，具有更高的效率和亮度。

双异质结由 UCSB 的 Herbert Kroemer 教授在 1963 年提出。现在绝大多数的 LED 器件都是在双异质结的原理上发展出来的。Kroemer 也因双异质结在 2000 年获得了诺贝尔物理学奖。2013 年，Kroemer 曾经提到，"今天的 LED 远远超出了 1963 年的简单设计，新的外延技术（MBE 和 MOCVD）能够外延生长出原子级的突变异质结，使得'将两个或多个异质结足够靠近以实现量子效应'成为可能"。这里所说的"将两个或多个异质结足够靠近以实现量子效应"主要指的是量子限域（Quantum Confinement）效应。

7.3.4 量子限域和量子阱

量子限域，也称为量子约束，是指在纳米尺度下，材料中一个或多个维度上由于空间的限制导致电子、空穴、激子等粒子表现出量子力学效应（如能级离散化等效应），改变材料性质的现象。

当双异质结的两个异质结足够靠近时，双异质结就变成了一个经典的一维有限深势阱，晶格的周期性势场被破坏，连续的能带又变回离散的能级，因此所发出的光的波长发生变化，发射光谱的带宽也变窄，如图 7-15 所示。

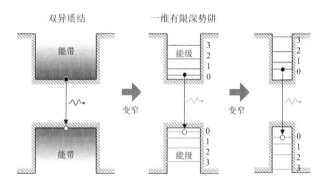

图 7-15 双异质结到一维有限深势阱的转变

一维有限深势阱是一种量子阱（Quantum Well）。量子阱是指尺寸与电子的德布罗意波长可比拟的势阱。通常把一维限域的势阱称为量子阱，二维限域的势阱称为量子线，三维限域的势阱称为量子点。

比如在蓝色 LED 中经典的 GaN/InGaN/GaN 量子阱。InGaN 的带隙比较小，作为中间的阱层；两边的 GaN 带隙大，作为垒层。当载流子进入量子阱时，其行动上受到两边 GaN 壁垒的限制，被束缚在 InGaN 中，所以蓝色 LED 载流子的复合率可得到提升。

量子阱中发出的光子能量（波长）可以通过薛定谔方程求解：

$$\left[-\frac{\hbar^2}{2m}\frac{d^2}{dx^2} + V(x) \right]\psi(x) = E\psi(x)$$

如图 7-16（a）所示，对于一维有限深势阱，其势能 $V(x)$ 为

$$V(x) = \begin{cases} 0 & x < -a/2; x > +a/2 \\ V_0 & -a/2 \leqslant x \leqslant +a/2 \end{cases}$$

可以推导出两种束缚态（能量特征值 $E < V_0$ 的解）：

一种为偶宇称束缚态，即

$$\psi(x) = \begin{cases} Ae^{-\beta x} & x > +a/2 \\ C\cos(kx) & -a/2 \leqslant x \leqslant +a/2 \\ Ae^{+\beta x} & x < -a/2 \end{cases}$$

式中，$k = \sqrt{2mE}/\hbar$；m 为电子质量；E 为能量特征值（能级）。k 和 β 由以下二元方程组确定：

$$\begin{cases} (1): k^2 + \beta^2 = 2mV_0/\hbar^2 \\ (2): k\tan(ka/2) = \beta \end{cases}$$

另一种为奇宇称束缚态，即

$$\psi(x) = \begin{cases} Ae^{-\beta x} & x > +a/2 \\ C\sin(kx) & -a/2 \leqslant x \leqslant a/2 \\ -Ae^{+\beta x} & x < -a/2 \end{cases}$$

式中，k 和 β 由以下二元方程组确定：

$$\begin{cases} (1): k^2 + \beta^2 = 2mV_0/\hbar^2 \\ (3): -k\cot(ka/2) = \beta \end{cases}$$

k 和 β 的二元方程组的解可以由图 7-16（b）中的椭圆方程曲线（1）和超越方程曲线 [（2）或（3）] 的交点确定。椭圆方程曲线（1）大小主要由 V_0 值决定，而超越方程曲线因 tan 函数和 cot 函数的周期性，分为多根。因为第一条超越方程曲线（2）必然经过圆点，所以不管 V_0 值有多小，至少存在一个偶宇称束缚态作为体系的能量本征态（基态）。图 7-16（b）中第一个交点的横坐标 $\sqrt{2mE_0}/\hbar$ 决定了此基态能级 E_0，后续的交点决定了激发态能级 E_n，$n = 1,2,3,\cdots$，激发态数量由交点数决定。

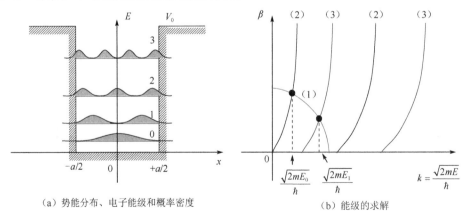

（a）势能分布、电子能级和概率密度　　　　　　（b）能级的求解

图 7-16　一维有限深势阱

　　从超越方程可以得知，势阱宽度 a 增加，导致超越方程曲线向更高的 k 或 E 移动，因此能量特征值随 a 变小而增加，束缚态的数量也会变少。对应实际的物理图像是量子点的势阱越窄，量子力学效应越强，表现为能级的能量变高、载流子数量变少等。

　　由此可以计算电子和空穴复合的辐射能量为

$$hv = E_g + E_n^e + E_n^h$$

式中，E_g 为半导体的带隙；E_n^e 和 E_n^h 分别为电子势阱的能级、空穴势阱的能级，$n = 0,1,2,3,\cdots$。对于载流子数量较少的情形，发射光子的辐射能量主要由基态能级决定，即 $hv = E_g + E_0^e + E_0^h$。

　　例如，对于磷化镓铟（InGaP）量子阱（AlGaInP/ InGaP/ AlGaInP），如果增加 InGaP 厚度（势阱宽度 a），则会导致势阱的能量本征态降低，辐射能量 hv 随 a 增大而减小。而如果增加 InGaP 中的 In 含量，则会降低带隙 E_g（主要），增加势阱深度，提高本征能级（次要），辐射能量 hv 随 In 含量的增加而减小。

　　另外，发射光子的能量还受到外加电场的影响。这个效应称为量子限制斯塔克效应（Quantum-Confined Stark Effect，QCSE）。当施加电场时，势阱的势能形状变化，发生倾斜，电子态转移到较低能量，空穴态转移到较高能量，形成极化效应（Polarization Effect）。量子阱倾斜引起导带底和价带顶之间的能带距离减小，因此 LED 发射的光子能量变低，光谱发生红移现象，如图 7-17 所示。

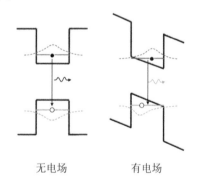

无电场　　　　　　　　有电场

图 7-17　有无电场对量子阱的发射光谱的影响

7.3.5　多量子阱

　　多量子阱（Multiple Quantum Well，MQW）是多个连续的量子阱，它由两种不同禁带宽度的半导体材料周期性交替排列而成，如图 7-18 所示。

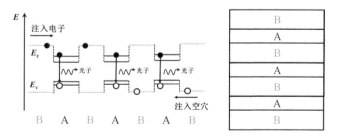

图 7-18　多量子阱结构

单量子阱与多量子阱的结构相比较，单量子阱正偏时，只有极小的注入电子可以与空穴重新复合，从而发射出微量的光子；而多量子阱通过增加量子阱的数量，可以促进载流子的量子约束，而且激子的分布更加均匀，从而避免了激子大量聚集导致的激子猝灭，进而提高复合率。通常，多量子阱 LED 中的多量子阱由 3～5 个量子阱组成。

图 7-19 展示了典型的 InGaN/GaN 多量子阱 LED 的截面及能带图。

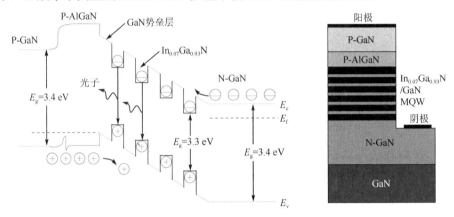

图 7-19　典型的 InGaN/GaN 多量子阱 LED 的截面及能带图

7.4　LED 的效率

7.4.1　量子效率

量子效率（Quantum Efficiency）是光电器件的光和电互相转换的效率。对于显示和照明中用的 LED（注入型器件，注入电子和空穴，发射光子），它的量子效率为

$$量子效率 = \frac{发射光子数}{注入电子数}$$

而对于光探测器、太阳能电池等器件，它的量子效率为

$$量子效率 = \frac{产生电子数}{吸收光子数}$$

具体来说，LED 的量子效率还分成以下几种。

（1）内量子效率（Internal Quantum Efficiency，IQE）η_{int}：是发光层的量子效率，等于注入每个电子空穴对所产生的光子数，它是在半导体发光层内所产生的光子数与注入 LED 的电子空穴对的比例。它与材料质量（缺陷、掺杂）、外延层结构和组成、带隙等特性有关。

对于 LED 芯片，在理想情况下，当一个电子与一个空穴复合产生一个光子时，内量子效率等于 1，即 100%辐射复合。内量子效率可以做到很大，但是实际情况下，由于存在一定的非辐射复合，$\eta_{int}<100\%$，如下式所示（τ_R 和 τ_{NR} 分别表示辐射复合和非辐射复合的载流子寿命）。

$$\eta_{int} = \frac{1/\tau_R}{1/\tau_R + 1/\tau_{NR}} = \frac{\tau_{NR}}{\tau_R + \tau_{NR}}$$

（2）出光效率（Light Extraction Efficiency，LEE）$\eta_{\text{extraction}}$：又称光提取效率、光取出效率，是最终从器件输出进入自由空间的光子数与半导体内发光层辐射出的光子数的比例。如图 7-20 所示，对于实际的 LED 芯片，由于 LED 各层材料的折射率差异，发射的光线会在各个界面发生反射和吸收损失，因此从 LED 发光层辐射出的光子并不都可以射出 LED 进入自由空间。由于上述的出光损失，$\eta_{\text{extraction}}<100\%$。

（3）外量子效率（External Quantum Efficiency，EQE）η_{ext}，即最终从器件输出进入自由空间的光子数与注入器件的电子数（电子空穴对数）的比例。外量子效率是在 LED 的应用中，最受关注的效率。外量子效率计算公式为 $\eta_{\text{ext}}=\eta_{\text{int}}\times\eta_{\text{extraction}}$，因此外量子效率也是小于 100% 的。通常红色 LED 和蓝色 LED 的外量子效率小于或等于 20%，绿色 LED 的外量子效率小于或等于 50%。

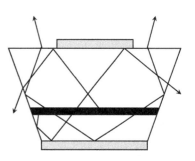

图 7-20 LED 的出光损耗示意图

（4）插座效率（Wall Plug Efficiency，WPE），计算公式为 WPE = $(hv/qV) \times \eta_{\text{ext}}$（其中 q 是电子电荷量，V 是电位），即设备输入电能转换成输出光能的效率。由于 LED 半导体层、LED 和电极接触处、导线处的多种串联电阻的存在，外加电压 V 并没有全部加在 LED 的 PN 结上。因此，需要考虑串联电阻（$I\times R$）的效应。$I\times R$ 的压降不影响外量子效率，但降低了插座效率。因此插座效率也是小于 100% 的。

7.4.2 效率下垂

效率下垂（Efficiency Droop），也称为效率下降，其定义是高载流子注入时（大电流时）量子效率的下降，如图 7-21 所示。其原因尚存争议，目前认为可能的原因主要来自俄歇复合、载流子泄漏、量子限制斯塔克效应等。

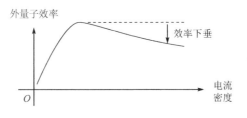

图 7-21 效率下垂

前面已经介绍过俄歇复合，其定义是复合能量激发产生次级电子，而非光子，是典型的非辐射复合。其中，复合率 $R\propto n^2p$（称为 eeh 俄歇过程）或 np^2（称为 ehh 俄歇过程）。目前的解决方法是减小载流子浓度，如增加势阱厚度（即势阱宽度 a）和增加势阱数量。

载流子泄漏指的是当正向偏压较大时，向 N 型区注入的电子未被多量子阱俘获，电子最终越过 AlGaN 电子阻挡层进入 P 型区，造成了载流子的浪费，如图 7-22 所示。值得一提的是，空穴由于有效质量较大，总是被多量子阱俘获，一般不容易发生载流子泄漏行为。

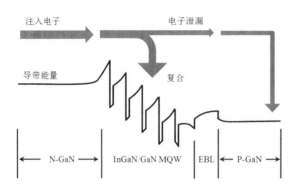

图 7-22 载流子泄漏造成效率下垂

前面讨论过量子限制斯塔克效应，其指的是当施加电场时，势阱的势能形状变化，引起光谱发生红移现象。实际上，量子限制斯塔克效应不仅降低了光子发射的能量，还通过电场将电子和空穴转移到相对两侧，降低了空间重叠，进而降低了外量子效率。

7.5 LED 显示的制程

7.5.1 LED 显示中 LED 器件的制程

LED 器件的制程中最关键的工艺是外延（Epitaxy），即在单晶衬底表面上沉积新材料的过程。在外延过程中，沉积的新材料会沿着衬底的晶格结构生长，形成与衬底相同的晶格结构和晶向的单晶材料。外延主要有以下三种具体方法。

（1）液相外延（Liquid-Phase Epitaxy，LPE），是将半导体溶解在另一种熔体中，再在衬底上析出形成薄膜的方法。LPE 在 20 世纪七八十年代是一种突出的外延技术，但如今 LPE 已不流行。与后两种技术相比，LPE 在实现超薄层状结构、应变或晶格不匹配结构、陡峭界面和面均匀性方面存在差距。

（2）分子束外延（Molecular Beam Epitaxy，MBE），是原子加热升华的方法。MBE 的分子自由程大，到达晶圆前不反应。MBE 具有生长温度低、均匀性好、生长速率可控性好等优点，可以精确控制膜厚和多元合金组分，能够制备出具有陡峭界面的异质结。但非常低的生长速率限制了 MBE 制备器件中的厚膜，并且 MBE 不适合大规模生产。

（3）有机金属化学气相沉积（Metal Organic Chemical Vapour Deposition，MOCVD），是通过有机金属化合物反应源与氢化物气体反应源发生化学反应生成薄膜的方法。MOCVD 具有更佳的灵活性，其生长速率适中并具有较大的调节范围，既适合于制备器件中的厚膜，也适合于制备量子阱和超晶格等对厚度有精确要求的结构。目前，MOCVD 被广泛应用于商业化 GaN 基器件的制备生产。

图 7-23 展示了两种常见的 LED 器件的制程，图 7-23（a）所示的制程完全基于外延来生长 N 型半导体和 P 型半导体，图 7-23（b）所示的制程是外延和离子注入扩散的结合。

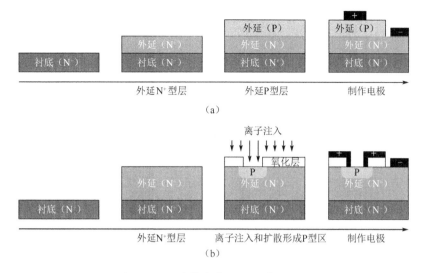

图 7-23　两种常见的 LED 器件的制程

7.5.2　LED 的封装

LED 中的复合过程具有随机性，因此发光方向是随机的。为了让光发射出去，而不是被重新吸收，LED 的外部形状也需要设计。如图 7-24（a）所示，平面结构因为界面折射率差异，部分光遭受全反射损耗；如图 7-24（b）所示的拱形半导体可减少全反射，进而提升出光效率。相比于将半导体加工成拱形结构，如图 7-24（c）所示，使用拱形的透明外壳不但可以减少全反射，而且价格低廉。

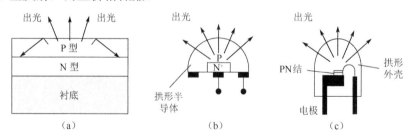

图 7-24　LED 形状设计的对比

1. 灯珠型/直插式封装

如图 7-24（c）所示，LED 可以用拱形的透明外壳进行封装，即灯珠型 LED。灯珠型 LED，也被称为直插式封装、双排直插式封装（Dual Inline Package，DIP）、引脚式 LED。

典型的灯珠型 LED 封装方式如图 7-25 所示。通常支架的一端有反射碗结构，首先将 LED 器件固定在反射碗结构内，然后采用灌封封装。目前，灯珠型 LED 通常是单色（红色、绿色、蓝色）的，应用于大屏幕点阵显示、指示灯等领域。灯珠型 LED 的亮度优势、可靠性优势较明显，但由于户外点间距也朝着高密度方向发展，灯珠型 LED 受限于 RGB 3 个器件单独插装，很难高密度化，所以其在户外点间距 P10 以下逐渐被表面贴装器件替代。

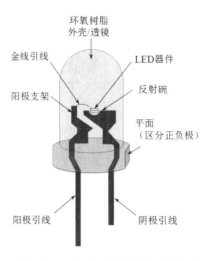

图 7-25　典型的灯珠型 LED 封装方式

2. SMD 封装

表面贴装器件（Surface Mount Device，SMD），其对应的表面贴装技术（Surface Mounted Technology，SMT）是目前比较成熟的一种封装技术，是从集成电路引进到 LED 封装的技术。集成电路中常常需要在印制电路板（Printed Circuit Board，PCB）上贴装各种 SMD。类似地，SMD LED 模组也是使用 SMT 将多个独立封装的 LED 器件采用 SMT 贴在基板上的，如图 7-26 所示。

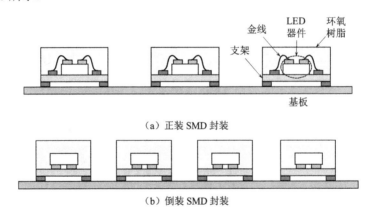

（a）正装 SMD 封装

（b）倒装 SMD 封装

图 7-26　SMD 封装的示意图

3. IMD 封装

IMD 封装是指将一组、两组、四组、六组或更多组 RGB 二极管封装在一个小单元中，也称为"N-in-1"、"N 合一"或"多合一"，IMD 封装的示意图如图 7-27 所示。典型的 IMD 模型是以 2×2 或四合一形式封装的，随着封装厂家对芯片提出很多的要求，"六合一"、"八合一"甚至"N 合一"等各种方案也在向市场推出。

具体 IMD 封装制程可分为正装和倒装两种类型，如图 7-27 所示。

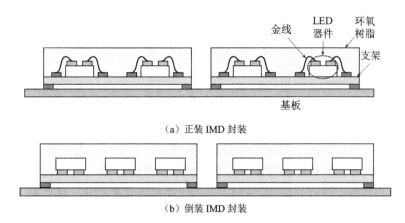

（a）正装 IMD 封装

（b）倒装 IMD 封装

图 7-27　IMD 封装的示意图

4．COB 封装

如图 7-28 所示，COB 就是先将多个芯片直接贴装在基板上，再统一封装的技术。COB 诞生于 2012 年，是 LED 集成封装的一种技术路线。

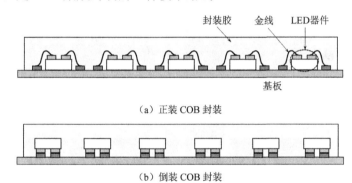

（a）正装 COB 封装

（b）倒装 COB 封装

图 7-28　COB 封装的示意图

COB 具有更高的可靠性、稳定性、适应性，以及成本低等优势，所制备的像素间距更小，可实现高密度、高画质的显示，在 LED 尤其是 Mini-LED 产品中具有明显优势，会成为封装的一个主流方向。但目前 COB 显示屏还存在一些问题，包括良率不高、对比度低、维护成本高等，另外其显色均匀性远不如采用分光分色的 SMD 贴片后的显示屏。

现有的 COB 封装正装居多，需要固晶、焊线工艺，因此焊线环节问题较多且其工艺难度与焊盘面积成反比。而一旦倒装 COB（Flip-Chip COB）技术发展更成熟，省去芯片的焊线工艺，芯片组装的良率将会极大地提高。

7.5.3　LED 的键合

键合是将芯片（如硅基 IC）或分立有源器件（如 LED 器件）或其他无源器件连接到基板（如电路板）的过程，确保芯片与基板之间的可靠的电连接，是 LED 封装中的一个关键步骤。

正装的 LED 通常采用金属线（如金）连接（Wire Bonding，俗称打线、打金线），而倒装（Flip-Chip）的 LED 可采用球栅阵列（Ball Grid Array，BGA）或印刷焊料来建立电连接。

倒装中最成熟的焊料是锡铅（Sn-Pb，焊锡），但含铅的焊料会有环保的问题。无铅的焊料可以用 Sn-Ag-Cu 组合的焊膏（SAC 焊膏）。

图 7-29 所示为一种基于焊膏的焊接键合制程示意图。首先在基板上制作图案化的键合电极，然后通过丝网印刷工艺将焊膏涂到电极表面，并通过拾取放置（包括刺晶和激光转移）的方法，或者巨量转移的方法（第 8 章会具体介绍），将 LED 器件放置在电极和焊膏上，最后加热基板，进行回流焊（Reflow），让焊膏熔化和固化，从而将 LED 器件和电极连接在一起。

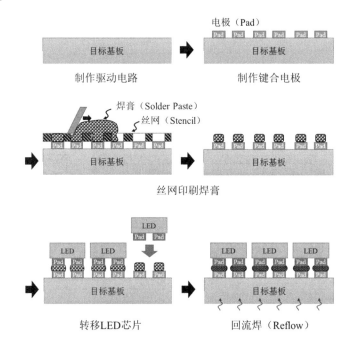

图 7-29　一种基于焊膏的焊接键合制程示意图

由于 SAC 焊膏形式的焊料中金属颗粒很小，只有数微米，丝网印刷的线宽精度也能达到几十微米，因此这种方法适用于小尺寸高密度的 LED 阵列，尤其是 Mini-LED 阵列。然而，小尺寸的 LED 器件在焊料结晶过程中可能会出现位移。此外，整块基板需要在回流炉内经历长时间加热过程，这可能导致回流焊过程中由于热失配引起的衬底变形问题。

7.6　LED 显示的形态和驱动

7.6.1　LED 显示的形态

图 7-30 展示了典型的 LED 显示形态，其像素间距在毫米到厘米的量级。这种 LED 显

示屏可以在各种场合中使用，如商业广告、体育赛事、演唱会、展览等。

图 7-30　典型的 LED 显示形态，图中是一个 40m 大型 LED 显示屏

　　LED 显示的像素间距或密度通常用"PXX"来描述，其中"XX"为 LED 像素的间距，以毫米为单位。比如 P4，表示该 LED 显示屏的像素间距等于 4mm，对应像素密度为 6.4PPI；比如 P2.5，表示该 LED 显示屏的像素间距等于 2.5mm，对应像素密度为 10PPI。图 7-31 展示了一款市场上销售的 LED 电视，其采用 IMD 三合一封装，红、绿、蓝三色 LED 封装在一颗灯珠中，其像素间距为 1.25mm，即 P1.25，换算成像素密度为 20PPI。

　　因为 LED 显示的像素间距相对较大，大型的 LED 显示屏可以由小矩阵拼接而成而不易被注意到拼缝。图 7-32 所示为 8×8 单色 LED 的无源矩阵。

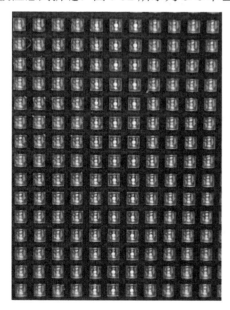

图 7-31　一款市场上销售的 LED 电视

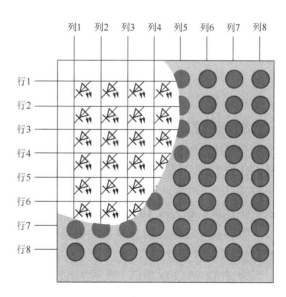

图 7-32　8×8 单色 LED 的无源矩阵

7.6.2 LED 显示的驱动

如图 7-33 所示，LED 无源矩阵显示的驱动与各种无源矩阵类似，不包含有源器件，如 TFT，采用逐行扫描方式驱动、逐行发光。

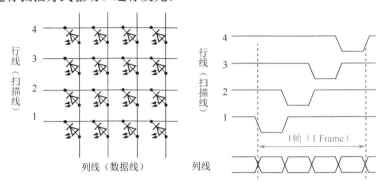

图 7-33　LED 显示的驱动原理图

LED 无源矩阵的行列信号通常是由电路板背面的驱动芯片提供的。图 7-34 所示的 16×16 的单色 LED 显示，可以显示单个汉字，它是由 4 个 8×8 阵列拼接而成的。驱动芯片包括 4 个 8 位移位寄存器和 2 个 8 路驱动器。

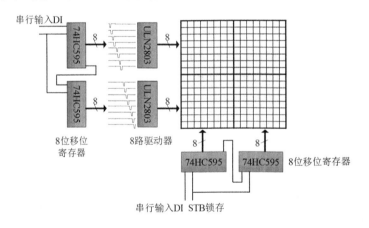

图 7-34　16×16 的单色 LED 显示的驱动

8 位移位寄存器原理示意图如图 7-35 所示。其数据是串行输入的，每输入 1 位列数据，寄存器移 1 位，输入满 8 位数据后，输入 STB 锁存信号，8 个输出端口一同更新数据。而 16×16 的 LED 显示有 16 列，行和列的驱动都包括两个 8 位移位寄存器级联。行数据为一个脉冲移位 16 次，每次移位都要输入 STB 锁存信号以更新数据，输出行扫描信号；而列的数据是串行输入满 16 位数据后，才输入 STB 锁存信号，16 个输出端口一同更新数据。

如果想实现更高的分辨率，则只需继续拼接，列线（数据）的移位寄存器继续级联，具体如图 7-36 所示。

对于 32 行 LED 显示（显示 2 行汉字），主要由两个 16 行单元拼接，其中单元内 16 行逐行扫描，两个 16 行单元间相互独立，具体如图 7-37 所示。

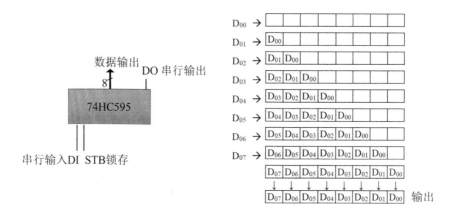

图 7-35　8 位移位寄存器原理示意图

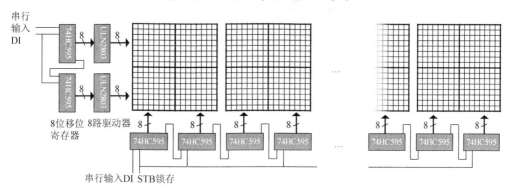

图 7-36　16×128 的单色 LED 显示的驱动

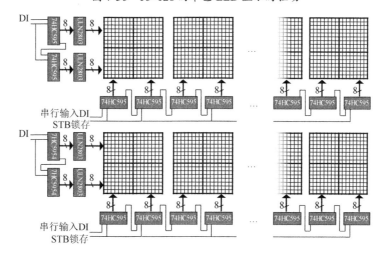

图 7-37　32 行（两个 16 行单元拼接）单色 LED 显示的驱动

7.7　Mini-LED 显示

前面所介绍的 LED 显示通常使用的是特征尺寸在 1mm 以上的无机 LED。而本节介绍的小型发光二极管（小型 LED，Mini-LED）是微缩化的 LED。Mini-LED 一般指的是特征尺寸为 0.1～1mm 的 LED 器件。矩阵化后，每个单元可定址、单独驱动点亮，可以实现比 LED 密度更高的阵列。如图 7-38 所示，LED 和 Mini-LED 的应用相似，既可以用于 LCD 的背光单元，尤其是局部调光背光阵列，也可以作为像素单元组成自发光型显示阵列，但 Mini-LED 组成的背光单元或像素单元的密度更高。

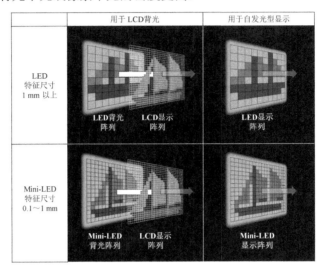

图 7-38 Mini-LED 显示与 LED 显示的对比

7.7.1 Mini-LED 器件

Mini-LED 器件的特征尺寸一般在百微米级，通常用 mil 为单位（1mil = 1/1000 英寸）来描述其长宽尺寸，如 5mil×9mil（约 128μm×230μm）、4mil×8mil（约 100μm×200μm）、3.5mil×6mil（约 90μm×150μm）、3mil×5mil（约 76μm×128μm）。图 7-39 所示为 Mini-LED 器件的结构示意图。

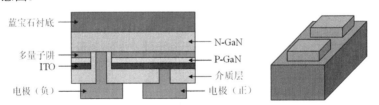

图 7-39 Mini-LED 器件的结构示意图（截面图和立体图）

7.7.2 Mini-LED 背光

传统 LCD 的对比度相对较低，主要原因是暗态的液晶无法完全阻挡背光，会有少量背光泄漏。为了提高对比度，使用空间分段背光单元（Back Light Unit，BLU）进行局部调光是一种有效的方法。每个局部调光区域都是独立控制的。通过背光调制，对比度可以从（1000～5000）：1 增加到 100000：1 以上。

Mini-LED 局部调光的 LCD 主要应用于大尺寸的显示，如电视机，以及中尺寸的显示，如计算机显示器和平板电脑。这类 LCD 将数百、数千乃至数万个 Mini-LED 排列到背光阵列中。Mini-LED 进一步分组为调光区域进行局部调光,用于控制不同区域像素的光照水平,以提高对比度,将千级对比度提高到百万级对比度。比如苹果的 2021 款 12.9 英寸 iPad Pro 采用了 Mini-LED 分区背光,背光板上有 10384 个 Mini-LED,每个 Mini-LED 的尺寸为 0.2mm×0.2mm,共分为 2596 个调光区域,即每个分区有 4 个 Mini-LED。这些 Mini-LED 由面板边缘的 9 个驱动芯片驱动。

　　图 7-40 展示了 Mini-LED 背光的 LCD 叠构示意图,包含 Mini-LED 背光阵列、胶材黏结层、散射器(或扩散器、漫射器),以及液晶模组等。通过优化散射器的距离和散射强度,可使 Mini-LED 发射的光经过散射器后,出射光在进入液晶层之前在空间上是均匀的。图 7-41 展示了 Mini-LED 背光 LCD 的调光。根据图像内容,每个调光区域中的 Mini-LED 被预先确定显示不同的灰度级别。通过散射器后,出射光在到达液晶面板之前均匀扩散。每个 LCD 像素的灰度级别由薄膜晶体管(TFT)控制,每个子像素滤色片只传输指定的颜色。最后,生成高对比度全彩色图像。

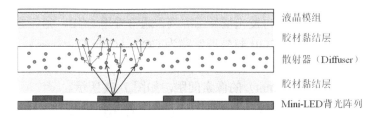

图 7-40　Mini-LED 背光的 LCD 叠构示意图

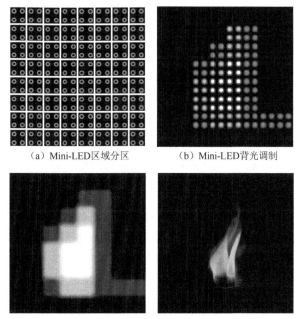

（a）Mini-LED 区域分区　　　　（b）Mini-LED 背光调制

（c）入射到液晶层上的光的亮度分布　　（d）LCD 调制后显示的图像

图 7-41　Mini-LED 背光 LCD 的调光

　　然而，Mini-LED 背光方案会存在以下两个问题，它们分别是光晕效应（Halo Effect），即明亮区域到相邻黑暗区域的光泄漏；以及削波效应（Clipping Effect），即调光区域亮度低于理想值。图 7-42 示意性地显示了这两种效应。目前，人们已经开发了各种局部调光算法来抑制这两种效应，如"最大值""平均"方法、复点扩展函数（PSF）积分。

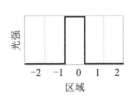
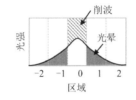
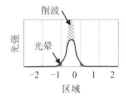

（a）理想的可获得的光强分布　　　（b）实际可获得的光强分布　　　（c）LCD 调制后实际获得的光强分布

图 7-42　局部调光 LCD 中的光晕效应和削波效应示意图

7.7.3　Mini-LED 自发光型显示阵列

　　Mini-LED 还可以直接做成自发光型显示阵列，通常采用 COB，尤其是倒装 COB 的封装方式。采用玻璃基板的倒装 COB 封装通常称为 COG（Chip-On-Glass）。相较于 COB 技术常用的 PCB 基板，玻璃基板的平整性、可拼接性、热膨胀系数、精度、稳定性都更高，可以达到 P0.4～P1.0（0.4～1.0mm）的像素间距，如图 7-43 所示。

图 7-43　一台 120 英寸 4K 分辨率的 Mini-LED 电视，
右图为 Mini-LED 像素的放大图，像素间距在 P0.7 左右

　　COG 技术可以和玻璃基板的 TFT 技术直接集成。2021 年 9 月，京东方推出 P0.9 玻璃背板 LTPS 驱动的 Mini-LED 直显产品，可实现 1000nit 的亮度、百万级对比度和 115% NTSC 超高色域，2021 年也被誉为"Mini-LED 商用元年"。

7.8　本章小结

　　本章主要介绍 LED 的基础，从 LED 的发展出发，引入 LED 的物理基础（如复合、PN 结等基本原理与概念）、LED 的结构（包括单边突变结、异质结、双异质结、量子阱、多量子阱），还介绍了 LED 的效率、LED 显示的制程、LED 显示的形态和驱动，以及 Mini-LED 显示等内容。

从 1962 年第一个作为实用电子元件的 LED 问世，至今已有六十多年，LED 的应用场景从早期的指示灯、七段显示器到后来发展产生了大量的照明设备、显示器和传感器。21 世纪以来，来自产学研界关于 LED 的尺寸缩减前沿研究（从 Mini-LED 到 Micro-LED，其中 Micro-LED 将在第 8 章着重介绍）给新型显示行业带来了变革性影响。例如，作为背光与直显的 Mini-LED 产品已逐渐商业化。

7.9　参考文献

[1] SZE S M. Semiconductor Devices: Pioneering Papers[M]. Singapore: World Scientific, 1991:879-879.

[2] GRIGORIEV A D, LVANOV V A, MOLOKOVSKY S I. Key Functional Elements of Semiconductor Microwave Devices[J]. Microwave Electronics, 2018:319-344.

[3] BAO Q L, HUI Y H. 2D Materials for Photonic and Optoelectronic Applications[M]. Cambridge: Woodhead Publishing, 2020.

[4] FISSEL A, RICHTER W, FURTHMÜLLER J, et al. On the nature of the D1-defect center in SiC: A photoluminescence study of layers grown by solid-source molecular-beam epitaxy[J]. Applied Physics Letters, 2001, 78(17):2512-2514.

[5] KROEMER H. A proposed class of hetero-junction injection lasers[J]. Proceedings of the IEEE, 1963, 51(12):1782-1783.

[6] ZHAO J, DING X H, MIAO J H, et al. Improvement in light output of ultraviolet light-emitting diodes with patterned double-layer ITO by laser direct writing[J]. Nanomaterials, 2019, 9(2):203.

[7] XUE J, ZHAO Y J, OH S H, et al. Thermally enhanced blue light-emitting diode[J]. Applied Physics Letters, 2015, 107(12):121109.

[8] KAR S, JAMALUDIN N F, YANTARA N, et al. Recent advancements and perspectives on light management and high performance in perovskite light-emitting diodes[J]. Nanophotonics, 2021, 10(8):2103-2143.

7.10　习题

1. 请简述多量子阱在 LED 结构中的作用。
2. 请简要分析 LED 在工作时效率下降的可能原因及改进措施。
3. 请对比不同的 LED 封装方式并简述 Mini-LED 的封装制程。

第8章

微型发光二极管显示技术

第 7 章介绍的 LED 是特征尺寸在 1mm 以上的无机 LED，以及特征尺寸在 0.1～1mm 的小型发光二极管（小型 LED，Mini-LED）。而本章介绍的微型发光二极管（Micro-LED，μLED）是进一步微缩化的 LED。Micro-LED 一般指特征尺寸在 100μm 以下的 LED 器件，矩阵化后，每一个单元可定址、单独驱动点亮，可以实现比 LED、Mini-LED 密度更高的阵列。

当前的显示技术中，LED 和 Mini-LED 既可以用于 LCD 显示的背光单元，尤其是局部调光背光阵列，也可以作为像素单元组成自发光型显示阵列。而 Micro-LED 矩阵化后，其自身像素密度已足够高，甚至超过 LCD，自身即可以作为自发光型显示阵列。

8.1 Micro-LED 显示的形态

对于 Micro-LED，其特征尺寸（如边长）一般在 100μm 以下，不同机构采用不同的尺寸定义。但区分 Mini-LED 和 Micro-LED 的标准不仅是其边长，还包括了其厚度。Micro-LED 经常会将 LED 表面几微米的磊晶层剥离，再移植至驱动电路基板上，其厚度通常比 Mini-LED 的厚度小一个量级，所以其体积一般是 Mini-LED 体积的百分之一，Mini-LED 与 Micro-LED 的尺寸对比图如图 8-1 所示。

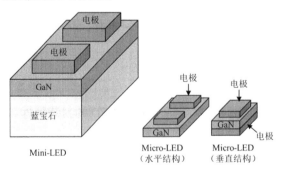

图 8-1 Mini-LED 与 Micro-LED 的尺寸对比图

一个疑问随之产生，是什么驱动产学研界将 Micro-LED 的尺寸做得越来越小？即为什么要做 LED 器件的小型化。

可以用两个应用需求驱动力来回答，它们分别是用于中、大尺寸的直接显示和用于小尺寸微显的需求驱动力。

8.1.1 Micro-LED 直接显示

直接显示、直显，即不经过光学放大而直接以人眼观看的显示屏，尺寸一般在 2 英寸到数百英寸。

在中尺寸，尤其是在车用显示场景中，Micro-LED 具备高亮度、长寿命、高稳定性等优势，还可以集成于柔性、透明的基板（见图 8-2），应用在抬头显示、挡风玻璃屏、车窗侧面等地方。

例如，2023 年 2 月，鸿利智汇、华南理工大学和广州新视界共同研发并成功推出基于玻璃基（COG 技术）氧化物 TFT 驱动的高分辨率 6.7 英寸 P0.4 Micro-LED 显示屏，亮度为 600nit，对比度高达 1000000∶1。2023 年 12 月，国星光电成功点亮 1.84 英寸的由玻璃基的 LTPS（低温多晶硅）驱动的 Micro-LED 全彩显示屏，像素间距缩小到 0.078mm，峰值亮度大于 1500nit。

在大尺寸和超大尺寸（>100 英寸）的显示场景，如电视墙，这个尺寸的显示较难通过 LCD 技术来实现。而 Micro-LED 自发光直显则可以相对灵活地拼接出来。

例如，三星在 2019 年展出的 219 英寸 Micro-LED 显示屏——"The Wall"；雷曼（LEDMAN）在 2023 年展出的 8K 163 英寸 Micro-LED 电视（见图 8-3）；索尼（Sony）也曾经展出了 792 英寸电视墙，采用了 20μm 的 Micro-LED，可拼接成 19.2m×5.4m 的大尺寸，16K×4K（15360 像素×4320 像素）的高分辨率（2PPI 像素密度）。2023 年 9 月底，辰显光电宣布成功点亮全球首款 102 英寸 P0.5（像素间距 0.5mm）的由玻璃基的 LTPS 驱动的 Micro-LED 拼接屏，其对比度高达 500000∶1。

图 8-2 一款基于 Micro-LED 的透明显示屏，
前面的雪花是显示屏的显示内容

图 8-3 8K 163 英寸 Micro-LED 电视，
由多个 Micro-LED 区块拼接而成

在这些场景下，使用更小尺寸的 Micro-LED 可以有如下好处。

（1）增加分辨率，或提升像素密度。

（2）更小的 Micro-LED 意味着源晶圆上产出更多个 Micro-LED，单位数量的源晶圆可以产出数量更多、面积更大的显示屏，即更高的晶圆利用率、更低的成本，如图 8-4 所示。

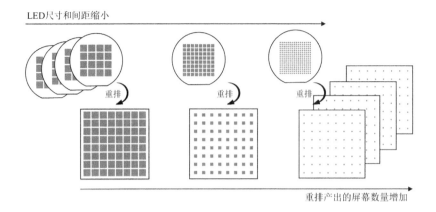

图 8-4 使用更小尺寸的 Micro-LED 的好处 1

从成本的角度考虑，对于不同像素密度的应用需要，Micro-LED 的尺寸虽然不同，但缩减 Micro-LED 的尺寸对成本降低有显著作用。例如，如图 8-5 所示，根据 Yole 公司的计算，Micro-LED 的尺寸从 34μm×58μm 缩减到 15μm×30μm，可以将每台电视中 Micro-LED 的成本降低到 20%。

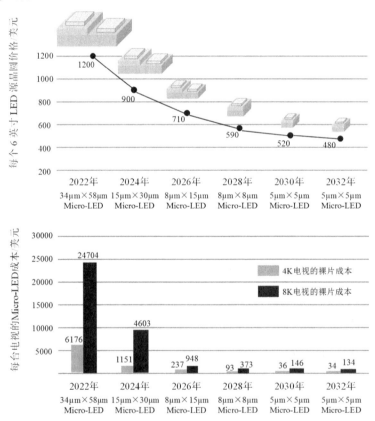

图 8-5 Micro-LED 尺寸缩减带来电视成本的降低（数据来源：Yole 公司）

（3）开口率（Aperture Ratio），即发光单元在像素中面积占比，可以做到非常小（＜1%），使表面黑色占比大于 99%，进而可以降低环境光反射，让黑色更黑，实现更高的对比度，如图 8-6（a）所示。

（4）减少了像素的边缘溢色，图像边缘更清晰，如图 8-6（b）所示。

（5）区块拼接时可保持接缝处的像素间距与区块内相同，如图 8-6（c）所示。

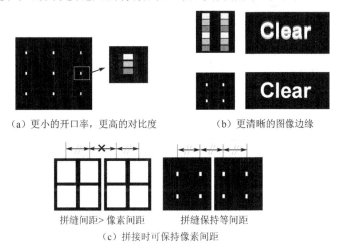

（a）更小的开口率，更高的对比度　　　　（b）更清晰的图像边缘

拼缝间距> 像素间距　　　　拼缝保持等间距

（c）拼接时可保持像素间距

图 8-6　使用更小尺寸的 Micro-LED 的好处 2

8.1.2　Micro-LED 微显示

智能手表、头戴式显示设备的小尺寸显示（一般在 2 英寸以下），往往需要较高的像素密度。尤其是近年来，头戴式显示设备已经走进了大众的视野，出现了包括虚拟现实（VR）、增强现实（AR）、混合现实（MR）等在内的多种应用形式。这些设备的显示屏，尤其是 AR 和 MR 的显示屏，通常具有更小的形态，以及极高的像素密度和亮度。我们一般把这种以 CMOS 芯片作为驱动背板，尺寸极小（通常小于 2 英寸），像素密度大于 1000PPI 的显示称为微显示、微显（Micro Display）。

需要强调的是，微显不等于 Micro-LED Display（微型发光二极管显示）。微显有硅基液晶（LCoS）、Micro-OLED、Micro-LED 等不同技术路线。Micro-LED 微显是其中有代表性的一种。图 8-7 所示的例子是一款 Micro-LED 微显，其尺寸只有 0.18 英寸，但分辨率有 320 像素×140 像素，像素密度高达 2000PPI。

图 8-7　一款 Micro-LED 微显

在这种高像素密度下，LED 尺寸需要缩减到几十微米甚至几微米，这是将 LED 尺寸缩减的需求驱动力之一。

8.2 LED 器件小型化

为实现 LED 器件的小型化，接下来将着重讨论 LED 器件小型化技术路线中具体涉及的衬底工程、尺寸缩减效应、出光优化三方面内容。

8.2.1 衬底工程

用于生长氮化镓（GaN）LED 的衬底主要分为 5 种：硅（Si）晶圆、蓝宝石（Al_2O_3）晶圆、碳化硅（SiC）晶圆、独立氮化镓晶圆，如图 8-8 所示，以及红色 LED 可使用的砷化镓（GaAs）晶圆。

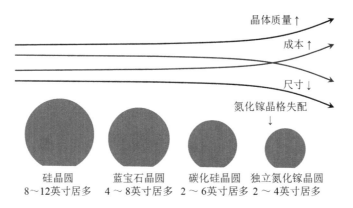

图 8-8　氮化镓 LED 的 4 种常见生长衬底及其特点

图 8-9 展示了硅晶圆、蓝宝石晶圆、碳化硅晶圆与独立氮化镓晶圆的产量和价格比较。

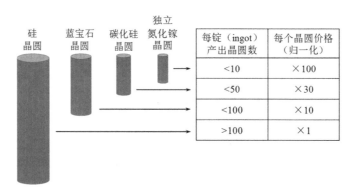

图 8-9　硅晶圆、蓝宝石晶圆、碳化硅晶圆与独立氮化镓晶圆的产量和价格比较

硅晶圆具有价格低廉、容易解离、导电性好、导热性好等优点，而且能实现光电子器件和微电子器件的集成。但是由于硅是非极性衬底，在硅衬底上生长具有极性的氮化镓外

延层较为困难。同时由硅与氮化镓晶格失配和热膨胀失配引起的氮化镓外延层的龟裂是目前急需解决的难题，如图 8-10 所示。

针对上述难题，需要引入多个层叠结构过渡以降低失配，包括缓冲层、应变工程层、缺陷降低层、恢复层等，英国的 Plessey 半导体公司提出的失配抑制策略如图 8-11 所示。

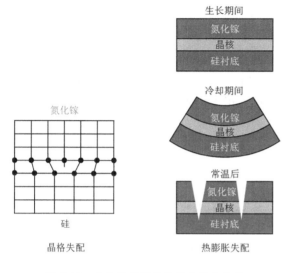

图 8-10　硅上氮化镓磊晶的晶格失配及
热膨胀失配问题

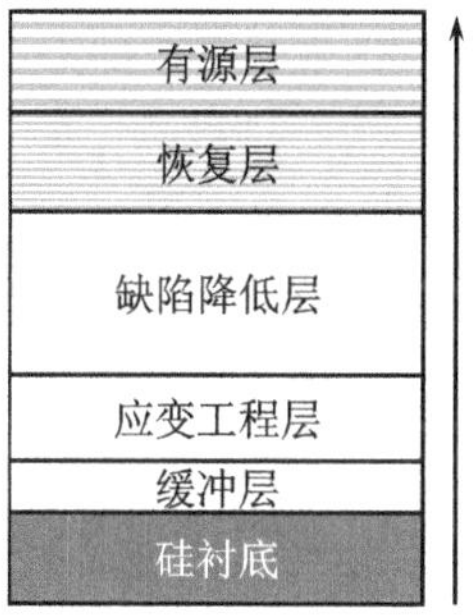

图 8-11　英国的 Plessey 半导体公司提出的
失配抑制策略

蓝宝石晶圆是目前使用最为普遍的一种衬底材料。其优点是容易获得、价格适当、易于清洁和处理、在高温下具有很好的稳定性、可以大尺寸稳定生长。其缺点是蓝宝石衬底本身不导电，制作电极、解离较为困难，并且散热性能不好，限制了大功率 LED 的生产和应用。目前蓝宝石晶圆主要应用在 LED 市场，主流尺寸为 4 英寸，氮化镓 LED 90% 以上使用蓝宝石衬底。

除蓝宝石衬底外，目前用于生长氮化镓的衬底还有碳化硅，它在市场上的占有率位居第二。它有许多突出的优点，如化学稳定性好、导电性好、导热性好、不吸收可见光、晶格常数和材料的热膨胀系数与氮化镓材料更为接近等，但不足方面也很突出，如价格太高、晶体质量难以达到蓝宝石那么好、机械加工性能比较差。另外，碳化硅衬底吸收 380nm 以下的紫外光，不适合用于 380nm 以下的紫外 LED。

理论上，氮化镓单晶衬底是外延氮化镓最理想的衬底，这种方式被称为同质外延，即衬底与外延片为同一种物质。同质外延可以避免晶格失配和热膨胀失配，从而大大降低器件中的缺陷，提高性能。短期内，氮化镓衬底成本较高，应用受到限制。主流氮化镓衬底产品以 2 英寸为主，4 英寸也已经实现商用。

砷化镓衬底在制造磷化铝铟镓（AlInGaP）红光器件方面起着重要作用。首先，磷化铝铟镓材料在砷化镓衬底上能够实现更高的发光效率，这是因为它们之间的晶格匹配较好，减少了因晶格失配导致的缺陷。其次，与其他红光发射材料，如氮化铟镓（InGaN）相比，磷化铝铟镓在红光波长范围内提供了更优的波长匹配和色纯度。氮化铟镓在制造红光器件时面临许多挑战，例如，其在红光波段的效率较低，色纯度不足。相比之下，磷化铝铟镓在这些方面表现更佳，因此成为制造红光 Micro-LED 的重要技术方向。

8.2.2　尺寸缩减效应

第 7 章曾经介绍过 LED 器件中的几种效率，包括内量子效率（IQE）、出光效率（LEE）、外量子效率（EQE）和插座效率（WPE）。

同时第 7 章指出了低电流密度下的非辐射复合和高电流密度下的效率下垂（效率下降）都会降低 LED 器件的内、外量子效率。而 LED 器件尺寸缩减时，尤其是在 Micro-LED 器件的尺度下继续缩减时，EQE 的下降会更加明显，如图 8-12 所示。

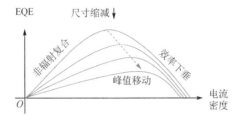

图 8-12　Micro-LED 器件尺寸缩减降低 EQE

EQE 的下降有以下几个表现。

（1）非辐射复合的增加。

（2）最高效率所对应的电流密度增加。

（3）效率下垂依然存在。

这里可以采用"ABC"效率模型来分析。Micro-LED 的 EQE 可用如下简化模型来表示：

$$EQE = LEE \times \frac{Bn^2}{An + Bn^2 + Cn^3}$$

式中，n 是载流子浓度；A、B、C 三个系数分别对应 SRH 复合、辐射复合、俄歇复合的占比。

（1）随着 LED 器件尺寸缩减到 Micro-LED 器件的尺寸，系数 A 增加约两个数量级。系数 A 的值显示出与周长/表面比的线性关系，说明非辐射复合与 LED 侧壁缺陷有关，而不是与内部缺陷有关。侧壁缺陷可以来自刻蚀损伤——在侧壁上产生的表面界面态（陷阱态）引发的边缘复合，即 SRH 复合（电子空穴对通过陷阱态复合）。随着尺寸的缩减，边缘的作用愈发凸显。因此，Micro-LED 器件尺寸缩减会降低 IQE 和 EQE，需要尽量降低侧壁缺陷。

（2）当 $dEQE / dn = 0$ 时，达到最高的效率，此时最高效率下的载流子浓度为 $n = \sqrt{A / C}$。随着 A 的增加，最大 EQE 的位置移动到更高的载流子浓度 n，即更高的电流密度。因此，Micro-LED 器件尺寸缩减会将 EQE 峰移动到更高的电流密度区域。

（3）第 7 章讨论了高电流密度下效率下垂可能的原因，包括俄歇复合、载流子泄漏、量子限制斯塔克效应等。无论 Micro-LED 器件尺寸如何缩减，在同样的高电流密度下，效率下垂都是相似的，因为系数 C 几乎不变。

总之，Micro-LED 器件关键问题涉及尺寸缩减效应和边缘效应导致的量子效率低，以及刻蚀制程引入大量表面缺陷，造成侧壁损伤，使器件边缘形成"死区"。为了抑制 Micro-LED 的尺寸缩减效应和边缘效应，提高 EQE，降低 Micro-LED 的侧壁载流子损耗和缺陷密度是关键。目前的解决方法主要有以下几种。

（1）优化设计器件内部结构，使得载流子远离侧壁表面。然而，器件结构的优化可以在一定程度上提高 EQE，但是侧壁表面及缺陷发生的载流子和光的损耗仍然存在，不容忽视。

（2）热处理法。研究已证实热处理可以消除近表面部分缺陷，降低侧壁缺陷密度，从而降低漏电流。但是处理过程中必须控制好退火工艺，如果温度过高，容易引起新的缺陷，产生并导致漏电流增大。

（3）化学法。干法刻蚀工艺使得 Micro-LED 侧壁产生损伤及缺陷，采用湿法化学刻蚀可降低侧壁损伤，如采用氢氟酸（HF）或氢氧化钾（KOH）处理。但是这两种溶液都较容易侵蚀金属，因此单独采用化学法处理的效果并不是很理想，可进一步联合采用其他方法以达到更好的效果。

（4）钝化法。钝化是较常用的侧壁处理方法，不仅可以抑制侧壁悬挂键、降低侧壁缺陷，还可以减少光从侧壁的发出率，提升 LEE，从而提高 EQE。使用较多的钝化工艺有等离子体增强化学气相沉积（PECVD）和原子层沉积（ALD）。

（5）离子注入法。具体为根据 Micro-LED 的侧壁缺陷中悬挂键的类别及表面分布情况，通过合适的离子注入方式消除表面悬挂键及空位，降低缺陷密度，提高 EQE。然而离子注入量及离子类型需要根据缺陷种类尚待进一步研究。

8.2.3　出光优化

Micro-LED 的发光效率随着尺寸的缩减而迅速下降，因此需要通过提高 LEE 来提高 EQE。一般有以下 5 种策略来优化出光，具体为表面微结构、微透镜、微反射器、垂直波导，及纳米棒结构。

1．表面微结构

在 Micro-LED 器件中，通过引入表面微结构，可显著提高 LEE。具体为通过对 GaN 基表面进行粗化或制作凸凹状结构使表面变得凹凸不平，破坏光子在 GaN 内部的全反射，增大光子逃逸 GaN 的机会，从而提高 LEE。

图 8-13 所示为英国的半导体厂商 Plessey 在 Micro-LED 顶部所引入的表面微结构。类似地，韩国工业大学的 Kyoung-Kook Kim 和中国上海大学的张建华等团队报道了在深紫外 AlGaN LED 的顶部安装 P 型微型穹顶以提高 LEE，通过调整倒金字塔结构中的斜面角度可以进一步提高 LEE。

2．微透镜

微透镜（Micro-Lens）是 Micro-LED 上的三维光学结构阵列。微透镜可以使更多的光线射出，并控制出光的方向，进而提高 LEE。图 8-14 展示了香港北大青鸟显示有限公司

（JBD）提出的微透镜结构。图 8-15 展示了初创公司 Optovate 提出的微透镜策略。

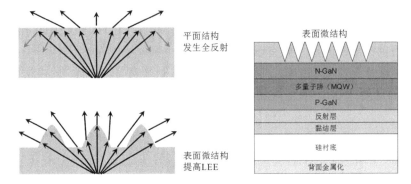

图 8-13　表面微结构

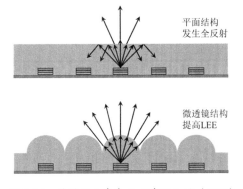

图 8-14　香港北大青鸟显示有限公司（JBD）
提出的微透镜结构

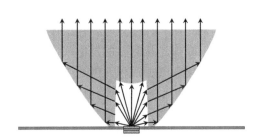

图 8-15　初创公司 Optovate 提出的微透镜策略

3. 微反射器

微反射器（Micro Reflector）一般位于衬底背面、LED 的侧面，或者位于覆晶 LED 和垂直结构 LED 的 P 型欧姆接触层，将光向上反射出 LED。已报道用于各种结构 GaN 基 LED 器件的微反射器主要有普通金属反射器、P 型欧姆接触反射器、三维结构反射器、分布式布拉格反射器（Distributed Bragg Reflector，DBR）和全方位反射器（Omni Directional Reflector，ODR）等。图 8-16 展示了一种普通金属反射器策略，以提高 LEE。

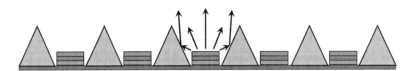

图 8-16　一种普通金属反射器策略

分布式布拉格反射器是由高折射率和低折射率的两种不同材料以 ABAB 的方式交替排列组成的周期性结构，每层材料的光学厚度为中心反射波长的 1/4。经过设计的分布式布拉格反射器对某一波段的光的反射率很高，现阶段已经应用到大规模的产业化生产中。如图 8-17 所示，通过引入分布式布拉格反射器可显著提高 LEE。

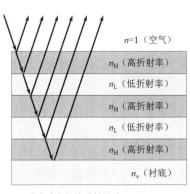

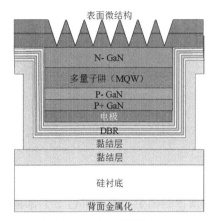

图 8-17　分布式布拉格反射器和 Plessey 公司提出的引入分布式布拉格反射器的 Micro-LED

如图 8-18 所示，Plessey 公司通过将分布式布拉格反射器制作成微镜（Micro Mirror）阵列来提高 LEE。然而，由于分布式布拉格反射器的反射率会随着光入射角的增加而不断减小，仍有比较高的光损耗，全方位的平均反射效率并不高。

4．垂直波导

如图 8-19 所示，美国加利福尼亚州的 Ostendo 公司通过引入垂直波导（Vertical Waveguide）显著提高了 LEE。光通过垂直于像素表面的垂直波导阵列，从每个像素腔耦合出来。垂直波导阵列的方向设计保证了空间均匀性和准直发射。

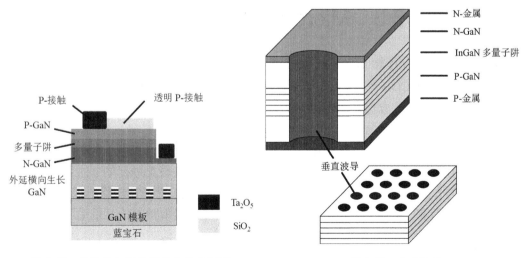

图 8-18　通过引入微镜阵列来提高 LEE　　　　　　图 8-19　垂直波导

5．纳米棒结构

纳米棒（Nanorod）结构，有时也叫作纳米线（Nanowire）结构或纳米柱（Nanocolumn）结构，指的是直径为 100～500nm 的垂直 GaN 柱状结构。如图 8-20 所示，每根纳米棒都有完整的 P 层、多量子阱、N 层结构。

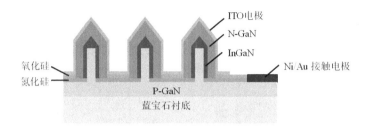

图 8-20 纳米棒 LED 结构示意图

在纳米棒结构中，量子阱位于纳米棒的不同侧面。由于纳米棒的三维形状，这些量子阱不仅位于顶部，还分布在纳米棒的多个表面。这意味着相对于传统的平面 LED，纳米棒 LED 可以在更多的表面上进行有效的光发射，从而大大增加了等效的发光面积。

在 GaN 基 LED 上制备纳米结构的方法有许多种，如纳米掩膜法、纳米压印法、激光干涉法和自生长法等。有多家机构开发了纳米棒 Micro-LED，包括从瑞典隆德大学独立出的初创公司 Glo（已被 Nanosys 收购）、法国 Leti 分化出的 Aledia 公司等。Aledia 公司表示，纳米棒 Micro-LED 的亮度可达 10^7nit，并且与传统的 2D LED 相比，其效率下垂较小。2013 年，韩国的高丽大学研究团队报告了一种简单制备 InGaN/GaN 多量子阱纳米棒 Micro-LED 的方法，即通过结合 SiO_2 纳米球光刻和聚焦离子束干法刻蚀工艺制备。随后，韩国的三星（Samsung）公司提出了一种 QNED（Quantum Nano Emitting Diode，量子纳米发光二极管）显示技术，主要是基于 GaN 的蓝光发光纳米棒 LED。

8.3　Micro-LED 显示的集成

第 7 章介绍了 LED 和 Mini-LED 显示的主要集成方法。其封装制程有 DIP、SMD、正/倒装 IMD、正/倒装 COB 等。其中，倒装 COB 是集成度最高的。LED 和 Mini-LED 显示的封装和转移制程通常是成套的，采用贴装设备，对 SMD、IMD 或 COB 的 LED 进行单个或少个的拾取放置（包括刺晶和激光转移）。

Micro-LED 显示的集成比较复杂，根据不同的应用，具体技术路线也不同。比如，对于 Micro-LED 显示的封装，其极微小尺寸和高密度决定了其很难进行单个的封装，一般只能采用裸片的方式，但有正装、垂直、倒装等不同的组装方案。对于其转移制程，由于 Micro-LED 的巨大数量和产率要求，通常不能采用单个或少个的拾取放置，而是采用能一次转移大量 LED 阵列的巨量转移或单片集成技术。

如图 8-21 所示，根据应用场景的不同，Micro-LED 显示的转移制程可分为两大路线：单片集成（Monolithic Integration）和巨量转移（Mass Transfer）。

Micro-LED 显示的转移制程主要涉及两种基板，一种是用于制备 Micro-LED 阵列的源晶圆，另一种是用于驱动 Micro-LED 阵列的目标基板。源晶圆可以是硅上氮化镓、蓝宝石基氮化镓等晶圆；而目标基板，即驱动背板通常采用硅基的 CMOS 集成电路，或者玻璃基的薄膜晶体管（TFT）电路。因为源晶圆和目标基板这两种基板的材料、工艺不同，Micro-LED 显示的集成通常也被看作是一种混合集成或异质集成。

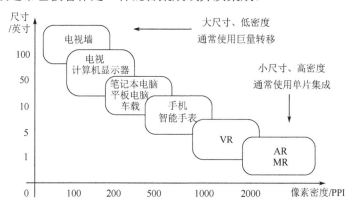

图 8-21　单片集成和巨量转移

硅基 CMOS 驱动背板，采用芯片工艺，集成度高、驱动能力强，像素密度和亮度高，在小型设备和头戴式显示器等场景中具有广泛的应用前景，但成本高，难以实现较大尺寸的显示。玻璃基 TFT 驱动背板，采用面板工艺，尺寸更大，成本更低，适用于中、大、超大尺寸的 Micro-LED 显示。

至于键合制程，LED 和 Mini-LED 的正装金属线密度过低，倒装的球栅阵列、印刷焊料的回流焊的精度也达不到 Micro-LED 的尺寸和密度需求。因此，Micro-LED 的键合方式主要是共晶键合。

8.3.1　单片集成

单片集成，即通过键合的方式将源基板上的 Micro-LED 阵列一次性集成到目标背板上，主要应用在近眼显示器、智能手表等高分辨率微显示器领域。单片集成制程的简要流程如图 8-22 所示。

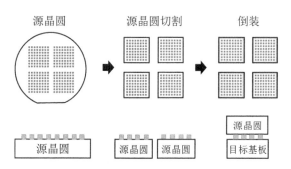

图 8-22　单片集成制程的简要流程

单片集成 Micro-LED 显示有以下几个代表性实例。

（1）2011 年，美国得克萨斯理工大学的江红星课题组报道了基于 Micro-LED 的高分辨率微显示，它是通过 Micro-LED 阵列和硅基 CMOS 有源矩阵集成电路之间的混合集成（倒装键合）来实现的，具体如图 8-23 所示。

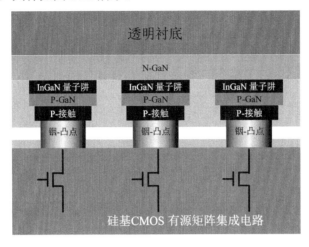

图 8-23　得克萨斯理工大学提出的蓝宝石基 Micro-LED 与硅基 CMOS 背板集成示意图

（2）2020 年，香港科技大学（HKUST）的刘纪美（Kei May Lau）课题组提出了结合硅基 GaN 磊晶和量子点光刻胶颜色转换技术的有源矩阵单片 Micro-LED 全彩微显示。首先，使用硅基 GaN 外延层制造了 64×36 的蓝色 Micro-LED 阵列，像素间距为 40μm。通过 Cu/Sn 键合方案将蓝色 Micro-LED 阵列与有源矩阵 CMOS 背板集成后，通过基于六氟化硫（SF_6）的反应离子蚀刻（RIE）工艺去除硅生长基板，具体如图 8-24 所示。然后将颜色转换层覆晶到 Micro-LED 阵列的曝光显示区域上，以实现全彩微显示。

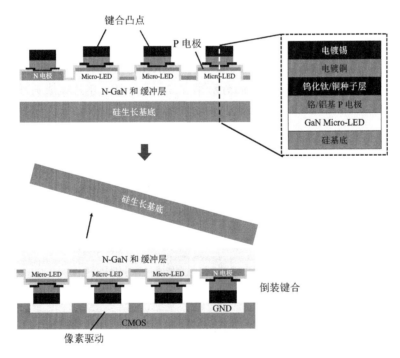

图 8-24　硅基 GaN 芯片与硅基 CMOS 背板覆晶键合示意图

2021 年，该课题组再次提出在 AlGaInP/GaAs（磷化铝镓铟/砷化镓）外延晶圆上制造单片红色 LED 微显示器，然后通过覆晶键合技术与有源矩阵 CMOS 驱动器集成。键合完成后，实施 GaAs 基板的去除过程。

（3）2018 年，中国香港的 JBD（香港北大青鸟显示有限公司）实现了硅基集成电路和 III～V 族磊晶的晶圆尺寸混合单片集成技术，用于有源矩阵 Micro-LED 显示器的大规模制造。此外，报道还提到了通过在 Micro-LED 阵列上进一步集成微透镜阵列或微反射器阵列来改善光的发射方向性和光学效率。

JBD 提出的蓝宝石基 InGaN 芯片与硅基 CMOS 背板覆晶键合示意图如图 8-25 所示。通过晶圆键合和衬底去除的制程将化合物半导体磊晶转移到硅基集成电路晶圆，实现了高产率的晶圆级制造。

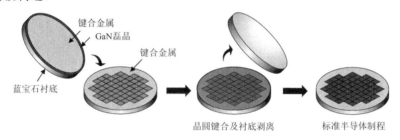

图 8-25　JBD 提出的蓝宝石基 InGaN 芯片与硅基 CMOS 背板覆晶键合示意图

（4）2015 年，美国纽约的 Lumiode 公司报道了一种在 Micro-LED 上集成薄膜晶体管的方法，具体如图 8-26 所示。类似地，2019 年，中国福州大学的郭太良团队提出了将 GaN 器件与石墨烯晶体管组成的单片集成器件。

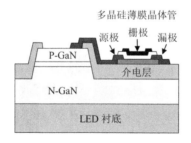

图 8-26　Micro-LED 上直接单片集成薄膜晶体管驱动示意图

8.3.2　巨量转移

如图 8-27 所示，巨量转移是首先将微显示芯片阵列与源晶圆分离并批量拾取，然后成组转移到目标基板对应的像素电极上的制程。巨量转移的目标基板可以比源晶圆大，即通过多次的巨量转移实现远大于晶圆级尺寸的中尺寸、大尺寸显示。巨量转移通常应用于尺寸在数十微米的 Micro-LED。不过，有些小尺寸的 Mini-LED 也可以采用相似的巨量转移技术。

巨量转移中最常见的抓取 Micro-LED 的方法是"印章"转移——与单个 LED 的拾取放置类似，不过一次拾取放置的 LED 数量很多。印章通常是弹性体印章。常见的弹性体包括橡胶、硅胶及 TPE（热塑性弹性体）等，在 Micro-LED 显示的制程中一般会用到 PDMS（聚二甲基硅氧烷）。弹性体印章示意图如图 8-28 所示

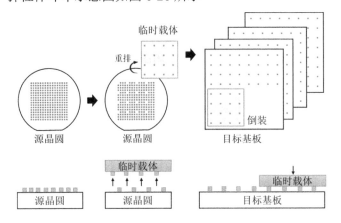

图 8-27　巨量转移工艺示意图

弹性体印章通常为等边的矩形，边长尺寸从 1 毫米到数十毫米不等。弹性体由硬质玻璃支撑，弹性体表面上有等间距的凸起。通过设计印章上弹性体凸起的间距，可以控制印章抓取阵列的间距。

因此巨量转移的目标基板上像素间距可以选择不变或扩大，如图 8-29 所示，从源晶圆到目标基板的像素间距扩大了 2 倍。这种设计方法叫作间距重排（Pitch Rearrangement）。通过间距重排，弹性体印章从小尺寸、高密度的源晶圆反复拾取、转移 Micro-LED 到目标基板，源晶圆上相同数量的 Micro-LED 覆盖更大的目标基板面积，一个源晶圆就可以产出多块更大尺寸的 Micro-LED 显示屏。

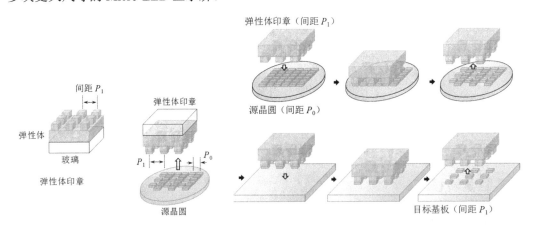

图 8-28　弹性体印章示意图　　　　图 8-29　通过印章巨量转移进行间距重排

假设源晶圆的像素间距（Source Pitch）为 P_0，弹性体印章和目标基板的像素间距（Target Pitch）为 P_1，则间距重排需要满足 $P_1 : P_0 = N$，式中 N 是一个整数。$P_1 : P_0$ 的倍数越大，可生产的目标基板就越多。例如，若源晶圆尺寸为 4 英寸，$P_0 = 20\mu m$，每 4 英寸上约有 2000 万个 Micro-LED；若目标屏幕为 9 英寸、2K 分辨率、全彩，则 $P_1 = 100\mu m$，每块屏幕需要

红绿蓝（RGB）3 种颜色 Micro-LED 各 200 万个，RGB 三个源晶圆可以转移出 10 块 10 英寸屏幕。

下面简述弹性体印章拾取放置 Micro-LED 的原理。弹性体印章与芯片接触并产生由范德瓦耳斯力相互作用所导致的黏附力，黏附力的大小是与接触或分离的速率相关的，如图 8-30（a）所示。引入一种比较通俗的解释：类似生活中的"胶带"或"膏药"，"撕"的速度越快，就越"黏"；撕的速度越慢，就越不"黏"。

首先，弹性体印章与源晶圆上的 Micro-LED 阵列接触并发生黏附，当弹性体印章与源晶圆的分离速度足够快时，黏附力较大，这种黏附力可以将 Micro-LED 从源晶圆上剥离，并将其粘在弹性体印章上。然后，黏附有 Micro-LED 阵列的弹性体印章再与目标基板接触，Micro-LED 阵列通过一定的键合机制与目标基板相连接。之后弹性体印章与目标基板分离，而当分离速度足够慢时，弹性体印章与 Micro-LED 阵列的黏附力小于 Micro-LED 阵列与目标基板的连接力，就完成了分离，如图 8-30（b）所示。

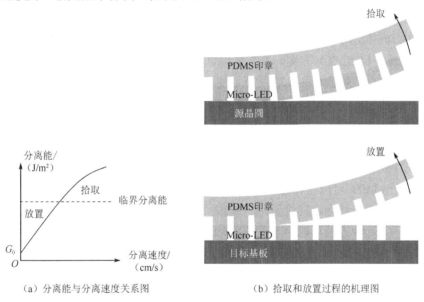

（a）分离能与分离速度关系图　　　　（b）拾取和放置过程的机理图

图 8-30　弹性体印章拾取放置 Micro-LED 的原理图

弹性体印章的适应性很强。其转移误差可以低至亚微米，单次可转移数万到数十万个 Micro-LED，良率能达到 99.99%，是目前相对高精确性、高速率的集成方法。但工业化生产要求巨量转移良率不低于 99.9999%，转移效率大于 50～100M/h（百万/时），目前该技术的良率和转移效率，以及因此导致的高成本，仍然是制约 Micro-LED 显示屏量产的技术瓶颈。

例如，假设使用尺寸为 20mm×20mm 的弹性体印章进行转移，那么一块 20 英寸（300mm×400mm）的目标基板，需要 300mm×400mm/（20mm×20mm）×3 色=900 次转移。如果每次印章转移、键合需要 30s，则一块 20 英寸显示屏的巨量转移需要 7.5h，可见巨量转移的产率面临巨大挑战。

Micro-LED 显示的巨量转移技术有以下几个代表性实例。

（1）如图 8-31 所示，美国北卡罗来纳州的 X-Celeprint［孵化于美国伊利诺伊州西北大学 John A. Rogers 课题组，后演变为 X Display Corporation（XDC）］报道了一种创新的巨量转移方案，其中源晶圆上 Micro-LED 由悬臂梁（Tether）连接（类似于 MEMS 工艺，掏空刻蚀），弹性体印章在拾取 Micro-LED 时将其压断，拾取的应力使悬臂梁断裂，扯下 Micro-LED。

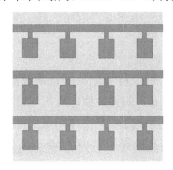
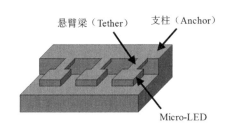

图 8-31　X-Celeprint 提出的巨量转移方案的 Micro-LED 结构

（2）2018 年，美国 Uniqarta 公司报道了一种激光并行巨量转移（Massively Parallel Laser-Enabled Transfer，MPLET）方案。该方案能以>100M/h 的速度选择性地将 Micro-LED 转移到目标基板上，工作原理如图 8-32 所示。使用衍射光学元件将单个激光束衍射成多个子光束，每个子光束对应一个 Micro-LED 的转移，大大缩短了单光束扫描转移的过程。

（3）美国 Lux Vue 公司（已被美国苹果公司收购）提出了一种静电力（Electrostatic Stamp）巨量转移方案，静电力转移头上有电极结构，通过给电极施加电压产生静电力来吸附和夹持 Micro-LED 到临时基板。转移时，转移头与承载基板上的 Micro-LED 接触，选择性地对需转移的 Micro-LED 对应的转移头施加电压，从而在转移头与 Micro-LED 之间产生夹持力，当 Micro-LED 转移到指定位置时，施加负电压，转移头释放 Micro-LED，完成转移，如图 8-33 所示。这种方法可以对 1～100μm 的 Micro-LED 实施转移。这种新颖的解决方案在量产过程中仍然需要解决稳定性、一致性、制造工艺、生产效率、成本和可扩展性等方面的问题，以确保技术能够成功应用于商业生产。

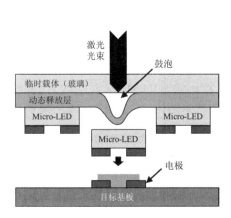
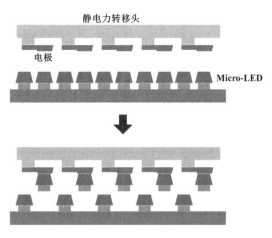

图 8-32　美国 Uniqarta 公司提出的激光并行
巨量转移方案

图 8-33　美国 Lux Vue 公司提出的静电力
巨量转移方案

（4）2017 年，韩国的机械材料研究所（Korea Institute of Machinery & Materials，KIMM）发明了滚轴转移印刷（Roll-Transfer Printing）工艺技术，即 Micro-LED 需转移到滚轴上，通过滚轴旋转，将 Micro-LED"转印"（Transfer Printing）到目标基板，可实现高速率大批量转移，每秒可传输超过 10000 个 Micro-LED。但它不能选择性转移 Micro-LED，精度和可靠性也难以保证，对准精度在 3μm 以内，良率接近 99.9%。

（5）2023 年 12 月，韩国科学技术院（KAIST）的 Keon Jae Lee 教授领导的研究团队在《自然通讯》杂志上发表的文章展示了微真空辅助选择性转移印刷（μVAST）技术，通过调节微真空吸力来转移大量的 Micro-LED，如图 8-34 所示。与传统的转移方法相比，μVAST 技术实现了更高的黏附可切换性，能够将各种不同材料、尺寸、形状和厚度的微型半导体高效转移组装到任意基板上。

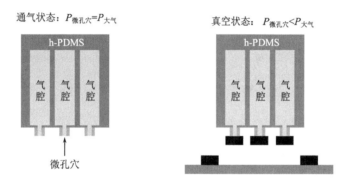

图 8-34　μVAST 技术

8.3.3　自组装

美国加利福尼亚州的 eLux 公司提出了流体自组装（Fluidic Self Assembly）方案，即使用分散在液体中的 Micro-LED 和目标基板上的阱，利用流体拖曳力和 Micro-LED 自重力，使 Micro-LED 直接落入凹槽中，无须拾取放置过程和光学对准，Micro-LED 即可从源晶圆移动到目标基板，如图 8-35 所示。采用流体自组装方式，1min 内可将 19683 个直径为 45μm 的蓝色 Micro-LED 组装在目标基板上，成功率达 99.9%。2020 年，eLux 公司使用新工具生产 12.3 英寸 Micro-LED 显示屏，实现了 99.987%的良率，10min 组装 518400 个 Micro-LED，生产速率达 3100000UPH（Unit Per Hour）。流体自组装技术具有高精度组装、低缺陷及结构稳定等特点。

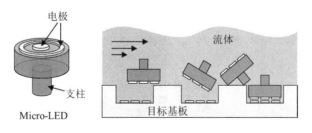

图 8-35　eLux 公司提出的流体自组装方案

图 8-36 具体展示了三星 QNED 制程中的自组装技术。作为准备，首先在 TFT 背板上，通过物理气相沉积形成金属层（ITO、Al、Ti、Au 等），通过湿法刻蚀将金属层图案化成梳状插指电极，并由化学气相沉积（CVD）或原子层沉积（ALD）沉积 SiN_x 或 SiO_2 绝缘层。然后通过喷墨打印，将分散在溶剂中的纳米棒打印到绝缘层上。打印后的纳米棒是无序的，通过给插指电极施加电压激励，形成水平电场，让纳米棒极化旋转，沿同一方向排列，完成自组装。最后在纳米棒上通过物理气相沉积（PVD）和蚀刻制作用于驱动纳米棒的正负电极（Ti、Au 或 ITO）。

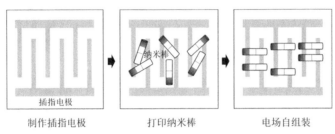

图 8-36　三星 QNED 制程中的自组装技术

8.3.4　键合制程

大规模键合是 Micro-LED 显示屏主要制造过程中的另一个关键步骤。第 7 章曾介绍 Mini-LED 的回流焊键合方法是首先通过丝网印刷涂焊料，然后使用回流炉加热，通过焊料回流将 LED 和电极连接在一起。然而丝网印刷和回流等工艺一般只适用于百微米量级的线宽，考虑到 Micro-LED 的焊接点太小、太密，丝网印刷无法在图形更精细的 Micro-LED 显示屏上应用。

1. 共晶键合

图 8-37 展示了 Micro-LED 常用的键合工艺方法——共晶键合（Eutectic Bonding）。首先采用光刻、金属沉积及剥离制程（或者金属沉积、光刻及蚀刻的制程）的方式在焊接点上沉积一层焊料并进行图案化，然后倒装键合，加压力、加热使焊料熔合完成焊接。倒装键合可以通过以下方式加热：①单侧加热（临时载体/源晶圆侧加热）；②单侧加热（目标基板侧加热）；③双侧加热。其中焊料的类型为共晶金属（Eutectic Metal），此制程也被定义为共晶键合。

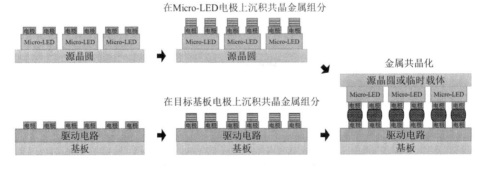

图 8-37　Micro-LED 的共晶键合

共晶键合是指两种或多种键合金属在一定温度下在界面处形成金属化合物，通过金属化合物实现上下外延片或芯片电连接的技术，键合形成的金属化合物是共晶金属。具体来说，共晶或共熔（Eutectic）指两种不同化学物质或元素，在以某一特定比例混合后，能够在比各自熔点还要低的温度下，进行加热熔合，形成均匀的混合物。图 8-38（a）展示了共晶金属的相图，图 8-38（b）展示了锡铅（Sn-Pb）共晶的相图，相图表明 Sn-Pb 共晶的最低熔点为 183℃。

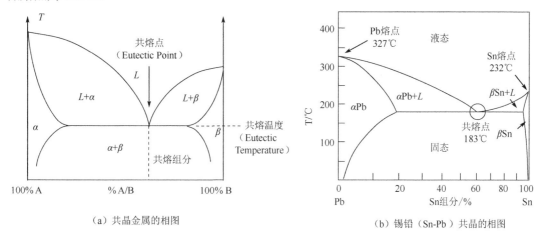

（a）共晶金属的相图　　　　　　　　　（b）锡铅（Sn-Pb）共晶的相图

图 8-38　共晶金属的相图和锡铅（Sn-Pb）共晶的相图

相比于其他键合的条件，共晶键合不需要超高真空条件和后续退火处理。通常用于共晶的金属有 In-Au、Cu-Sn、In-Sn、Sn-Pb 和 Au-Sn 等，其中最成熟的共晶金属是 Sn-Pb，由于环保问题，现在 Mini-LED 通常采用 Sn-Ag-Cu 等合金进行键合。而对于 Micro-LED，目前最常用的共晶键合金属方案是 In-Sn、Au-Sn、In-Au 及 In-Sn-Au 等。

2. 钉刺键合

X-Celeprint 提出了在硅（100）晶圆上形成的压力聚集结构（Pressure Concentrators），它如同钉刺般穿透聚合物层以形成连接，聚合物层的回流将组件牢固地黏合到目标衬底上，如图 8-39 所示。

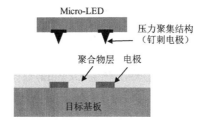

图 8-39　X-Celeprint 提出的钉刺键合方案示意图

8.3.5　检测、修复和均一性问题

巨量转移和大规模键合的良率是 Micro LED 显示的一大挑战。例如，巨量转移过程必

须保持亚微米的精度以确保良率，综合考虑 Micro-LED 源晶圆的缺陷及转移键合过程中的缺陷等，虽然弹性体印章转移制程的良率能达到 99.99%，但在 2K 分辨率下，Micro-LED 像素缺陷高达 $2000000 \times 3 \times 0.0001 = 600$ 个；虽然转移和键合的良率高达 99.999%，但 4K 电视仍将有大约 260 个坏点（Dead Pixels）需要维修。

在提高源晶圆的均一性，以及降低转移键合过程中的缺陷率的同时，Micro-LED 像素的检测和修复也是集成制程的关键步骤。检测 Micro-LED 的目的是在阵列中发现并定位单个 Micro-LED 的缺陷。检测可以在源晶圆、临时载体、目标基板三个位置上进行。主要的检测手段包括光学图像、光致发光（光照激发 LED 以检测发光）、电致发光（通电激发 LED 以检测发光）等。例如，在 LCD 和 OLED 生产中广泛应用的自动光学检测（Automated Optical Inspection，AOI），也能够应用于 Micro-LED。发现缺陷后，修复的解决方案一般为激光修复。激光修复通常涉及检测、激光去除和激光焊接等步骤。首先使用检测设备（如 AOI）来识别和定位阵列上的坏点；然后使用高峰值能量激光束消除这些坏点；最后转移单个 Micro-LED 并进行激光焊接修复，完成对坏点的修复。

除上述激光修复外，面对巨量转移后的像素缺陷，目前比较流行的一种解决方案是预先在目标基板上预留冗余（Redundancy）键合位置；转移键合后，在目标基板上进行 OM（Optical Microscope，光学显微镜）检测，发现并定位缺陷位置；在缺陷位置旁的预留位上，转移键合一个 Micro-LED，图 8-40 展示了 X-Celeprint 提出的像素缺陷修复方案示意图。

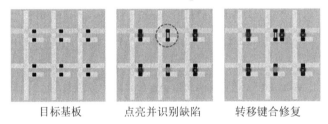

目标基板　　　　　点亮并识别缺陷　　　　转移键合修复

图 8-40　X-Celeprint 提出的像素缺陷修复方案示意图

此外，Micro-LED 的均一性仍然是一个不小的挑战，其主要来源如下：①因源晶圆的不均匀而导致的单个 Micro-LED 之间的不均匀；②因弹性体印章拾取位置、键合条件而导致的弹性体印章之间的不均匀；③画面亮度不均匀，即 Mura 现象（Mura 源于日语，指的是显示器亮度、颜色不均匀，造成各种痕迹的现象）。

为消除 Mura 现象（Demura），目前广泛为业界（特别是 LCD 和 OLED 面板厂商）所采用的依然是 AOI，具体制程是：①拍摄整个屏幕画面，统计每个位置的亮度 Mura 数据；②根据 Mura 数据及相应的 Demura 补偿算法产生 Demura 数据矩阵；③将 Demura 数据烧录（Burn）到存储器中，在显示画面时，根据 Demura 数据修正每一处的亮度。

8.3.6　全彩化策略

如图 8-41 所示，为实现 Micro-LED 颜色的 RGB 三原色，通常有如下 4 种方案，它们分别是光学棱镜（Optical Lens）、直接型 RGB（Direct RGB）、堆叠型 RGB（Staged RGB）和色转换（Color Conversion）。光学棱镜只能用于微显示，如 AR 应用中，而直接型 RGB

对直显更加适用，堆叠型 RGB 和色转换在直显和微显上都可应用。

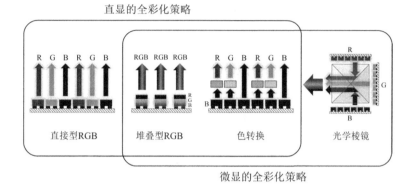

图 8-41　Micro-LED 颜色的 RGB 三原色方案

1. 光学棱镜

光学棱镜方案是先通过外部控制单元将图像信号传输到三个阵列驱动器，再使用光学棱镜将分立的红光、绿光和蓝光进行合成，调整 LED 阵列亮度及棱镜方向以实现全彩显示。JBD 公司提出了三单色光学投影（3 Monochrome Optical Projection）方案，将 Micro-LED 阵列与硅基集成电路进行集成，再使用三色棱镜将 RGB 三色光进行光学组合，实现了分辨率为 30 像素×30 像素的 LED 微投影仪全彩显示。与传统投影仪相比，该投影仪具有更简单的光学结构和更高的光利用效率。

2. 直接型 RGB

图 8-42 展示了 Micro-LED 颜色的直接型 RGB 方案制程示意图。通过弹性体印章巨量转移逐个颜色的源晶圆上的 Micro-LED 到目标基板上，最终实现 RGB 三原色的显示屏。

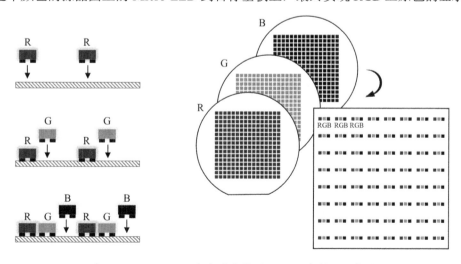

图 8-42　Micro-LED 颜色的直接型 RGB 方案制程示意图

3. 堆叠型 RGB

堆叠型 RGB 有两种方案：一种是独立电极的堆叠型 RGB；另一种是电流调控的堆叠型 RGB，通过电流驱动条件来调节颜色。

1）独立电极的堆叠型 RGB

美国加利福尼亚州坎贝尔的初创公司 Sundiode 于 2021 年展示了与韩国光子技术研究所（KOPTI）合作开发的采用堆叠 Micro-LED 像素阵列的全彩微显示，尺寸为 15.4mm×8.6mm，像素密度约为 200PPI。其 RGB Micro-LED 采用三层堆叠，并整体键合在 CMOS 驱动芯片上。RGB 子像素可以分别独立点亮，并且实现了优秀的色彩饱和度和色域。

2023 年，JBD 公布了一种堆叠型全彩 Micro-LED 显示。0.22 英寸、960 像素×540 像素分辨率、5μm 像素间距中，蓝色（AlInGaN）、绿色（AlInGaN）和红色（AlInGaP）的 Micro-LED 垂直堆叠同轴排列，不同颜色具有独立的电流驱动通道。总堆叠厚度达到有史以来最薄（<5μm），可以最大限度地减少腔内的吸收损失，实现高 WPE 和高方向性会聚光发射。其白色亮度达 1000000nit，红、绿、蓝带宽（FWHM）分别为 15nm、30nm 和 18nm。

2）电流调控的堆叠型 RGB

图 8-43 展示了美国加利福尼亚州的 Ostendo 公司提出的 Micro-LED 颜色的堆叠型 RGB 方案示意图。特别设计的中间载流子阻挡层（Intermediate Carrier Blocking Layers，ICBLs）可以有效地控制载流子注入分布。原则上，大多数载流子，包括空穴和电子，都可以被引导到目标量子阱中，并重新组合，以控制电流密度，从而产生特定波长的光。因此，研究团队提出并展示了一种新颖的基于 InGaN 的单片 LED，它能够在特定的电流密度下从单一器件中发出三原色的光。这种 LED 的结构是通过金属有机化学气相沉积（Metal-Organic Chemical Vapor Deposition，MOCVD）生长的，它有三组不同的量子阱，用 ICBLs 分离出三种主要的红绿蓝（RGB）颜色。研究结果表明，该 LED 可以发出 460～650nm 的光，发射波长从 650nm 开始，随着注入电流的增大而减小到 460nm。由于较高的成本，这项技术尚未商业化。

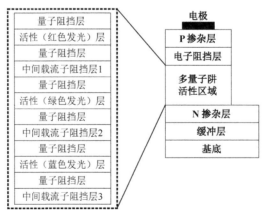

图 8-43　Micro-LED 颜色的堆叠型 RGB 方案示意图

2023 年，Sundiode 公司与韩国 Soft-Epi 公司合作，结合 Soft-Epi 公司的外延生长技术，制成了单片集成的堆叠 RGB Micro-LED。该方案使用了 Soft-Epi 公司的 InGaN 外延生长技术来堆叠 RGB，RGB 三层通过隧道结（Tunnel Junction）串联起来。根据 Soft-Epi 公司公布的信息，其结果与 Ostendo 公司提出的方案的结果很相似。

这类级联方案的问题在于：①电流同时改变亮度和颜色，无法分别调节；②单色发光带宽较宽，颜色不纯，比如绿光中会混有红光分量，蓝光中会混有红绿光分量。

4．色转换

色转换技术通常应用在蓝光（或紫外）Micro-LED 上，通过旋涂或点胶的方法在 Micro-LED 阵列上涂敷颜色转换材料来实现绿光和红光的发射，一般为荧光粉和量子点。在微显示中，荧光粉材料由于尺寸一般在微米量级容易导致色差而逐渐被淘汰，而量子点材料发射光谱窄、荧光量子产率高、缺陷容忍度高，应用更为广泛。

法国的格勒诺布尔的 Aledia 公司（拆分自 Leti）提出了一种基于色转换的 Micro-LED 技术，称为"WireLEDs 技术"。其使用直径为 8 英寸的硅上氮化镓，做成纳米棒 Micro-LED 的单色阵列。在阵列的一部分上涂上合适的量子点来制作 RGB 阵列。由于绿色、红色量子点的发光光谱带宽很窄（<30nm），因此在 30μm 的像素间距上可取得超过 160% NTSC 的色域。Aledia 公司利用该技术最终实现了 3μm 的像素尺寸和 820PPI 的像素密度。

台湾交通大学的郭浩中（Hao-Chung Kuo）研究团队展示了气溶胶喷墨打印量子点的色转换方案，将间距为 40μm 的紫外 Micro-LED 阵列与红色、绿色和蓝色的胶体量子点相结合。为了提高紫外光子的利用率，在器件上还铺设了一层分布式布拉格反射器，将泄漏的大部分紫外光子反射回量子点层。在此机制下，光通量比未安装分布式布拉反射器的样品分别提高了 194%（蓝色）、173%（绿色）和 183%（红色）。该研究团队测量了不同电流下的辐射光效（Luminous Efficacy of Radiation，LER），其值为 165lm/W（流明/瓦），并且实现了大于 90% Rec. 2020 的色域。

8.4　Micro-LED 显示的驱动

8.4.1　直流电和脉冲调制

LED 显示的驱动方式可以分为以下三种，如图 8-44 所示，分别是直流电（DC）、脉冲幅度调制（Pulse Amplitude Modulation，PAM）、脉冲宽度调制（Pulse Width Modulation，PWM）。对于 DC 驱动方式，可以通过调节直流电流大小来显示不同的亮度，或者通过调节电路功率来改变亮度（功率=电压×电流），所以改变电压或电流都能改变屏幕亮度；对于 PAM 驱动方式，可以通过调制脉冲的幅度来实现不同的亮度，此时占空比（Duty Cycle，表示信号处于 ON 状态的时间段的百分比）为一个定值；对于 PWM 驱动方式，可以通过调制占空比来实现不同的亮度，此时注入电流为一个定值。值得一提的是，可以将 DC 驱动方式理解为 PAM 驱动方式下占空比等于 100%的一个特例。

当涉及 Micro-LED 显示的驱动时，又该如何选择呢？

如图 8-45（a）所示，如果需要设计一个峰值亮度为 1000nit 的显示屏，则只要满足最大亮度×最大占空比=1000nit 即可。

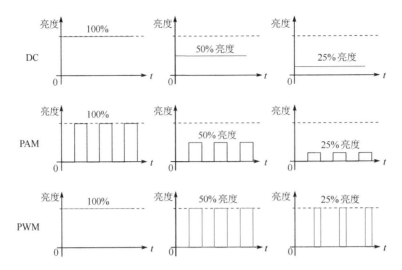

图 8-44　LED 显示的三种驱动方式

对于 DC 驱动方式，调制范围如图 8-45（b）中箭头所示，此时需要通过调制直流电流大小来显示不同的亮度（与 X 轴坐标占空比垂直，表明固定占空比不变，沿着 Y 轴方向调制注入电流大小即可）。

对于 PAM 驱动方式，调制范围如图 8-45（c）中箭头所示，此时依旧需要通过调制直流电流大小来显示不同的亮度，与 DC 驱动方式的显著区别在于占空比非固定的 100%，而是在固定在 0～100%。

对于 PWM 驱动方式，调制范围如图 8-45（d）中箭头所示，此时需要通过调制占空比（或脉冲宽度）来显示不同的亮度，此时注入电流固定在某一定值。

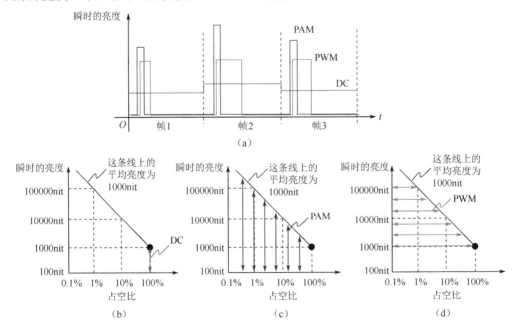

图 8-45　Micro-LED 显示的驱动设计思路

　　Micro-LED 在不同的亮度下，其插座效率（WPE）或外量子效率（EQE）是不同的。事实上，对于所有的 Micro-LED 器件，其 WPE 或 EQE 一定是随着注入电流密度或亮度的变化而变化的，图 8-46 展示了典型的 Micro-LED 的亮度–注入电流密度和 WPE–注入电流密度曲线。当注入电流密度较小时，非辐射复合占主导，WPE 随着注入电流密度的增加而升高；当注入电流密度增加到一定程度时（A/cm² 量级），此时会达到器件的最高 WPE，此后再增加注入电流密度将发生因俄歇效应及载流子过冲等导致的效率下垂。

　　因此，Micro-LED 一定存在一个 WPE 最高的注入电流密度工作点（J_{op}）或亮度工作点（L_{op}）。若 Micro-LED 在 L_{op}、J_{op} 附近的范围调制，则可以达到较低的功耗。如图 8-47 所示，假设某 LED 的 WPE 最高点对应亮度 L_{op} =10000nit，则围绕该亮度设计调制范围可以降低功耗。

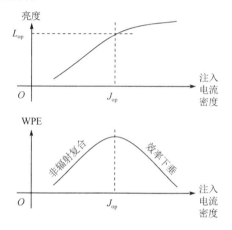

图 8-46　典型的 Micro-LED 的亮度–注入电流密度和
WPE–注入电流密度曲线

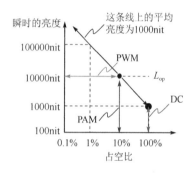

图 8-47　假设 10000nit 时 WPE 最高，
则围绕该亮度设计调制范围可以降低功耗

　　同理，上述提及的 Micro-LED 器件中的 WPE 与注入电流密度的关系曲线在其他自发光型显示器件中也存在，如图 8-48（a）所示，在典型的 Micro-LED 器件中，器件的 WPE 一般在注入电流密度为几安培每平方厘米到几十安培每平方厘米时达到峰值；在典型的 OLED 器件中，器件的 WPE 一般在注入电流密度为几十毫安培每平方厘米到几百毫安培每平方厘米时达到峰值。对比可以发现，上述两种自发光型显示器件（依次为 Micro-LED 器件和 OLED 器件）的 WPE 达到峰值时的注入电流密度相差两个数量级。

　　因此，如图 8-48（b）所示，对于 OLED 器件，需要几十毫安培每平方厘米到几百毫安培每平方厘米的注入电流密度才能达到较高的 WPE、较低的功耗，所以 OLED 器件适用于小注入电流密度、大占空比的驱动方式，如 DC 驱动方式或大占空比 PAM 驱动方式；而对于 Micro-LED 器件，则需要几安培每平方厘米到几十安培每平方厘米的注入电流密度才能达到较高的 WPE、较低的功耗，所以 Micro-LED 器件适用于大注入电流密度、小占空比的驱动方式，如 PWM 驱动方式或小占空比 PAM 驱动方式。

　　如果我们再进一步考虑量子限制斯塔克效应（QCSE），即在不同注入电流密度下，Micro-LED 的发光波长会发生偏移，这意味着在设计 Micro-LED 显示的驱动方式时应尽量避免改变 Micro-LED 的注入电流密度，则固定电流峰值的 PWM 驱动方式比变化电流峰值的 PAM 驱动方式更优秀。因此，在选择 Micro-LED 显示的驱动方式时，综合考虑 WPE 和 QCSE 因素，使用 PWM 驱动 Micro-LED 是非常合适的。

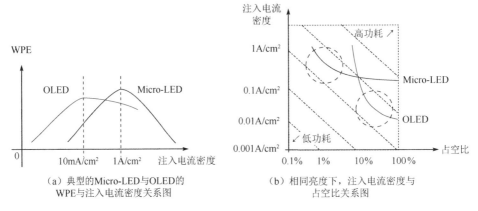

（a）典型的Micro-LED与OLED的　　　　（b）相同亮度下，注入电流密度与
　　WPE与注入电流密度关系图　　　　　　　　占空比关系图

图 8-48　Micro-LED 与 OLED 的驱动策略

注：同一斜线上功耗相同，圆圈为功耗较低的工作区

下面用一个例题说明 Micro-LED 显示的 PWM 设计思路——一种尺寸为 60μm×60μm 的 Micro-LED，其 WPE 曲线和电流效率曲线如图 8-49 所示，用这种器件设计一款 100PPI、峰值亮度为 1000nit 的单色显示屏，如何让功耗最低？

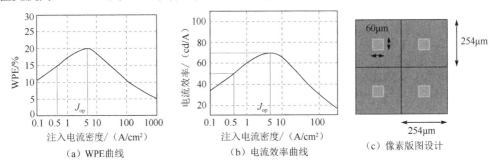

（a）WPE曲线　　　　　　（b）电流效率曲线　　　　　　（c）像素版图设计

图 8-49　Micro-LED 显示的驱动方式例题

如图 8-49 所示，当注入电流密度为 5A/cm² 时，WPE 最高（20%），此时对应的电流效率为 70cd/A，则 Micro-LED 的亮度=70cd/A×5A/cm²=3500000cd/m²，对应注入电流的脉冲高度=5A/cm²×(60μm)²=180μA；则单位像素瞬时最大亮度=3500000cd/m²×(60μm)²/(254μm)²≈195300cd/m²，最大占空比=1000/195300≈0.5%。综上所述，需要在固定注入电流的脉冲高度为 180μA 的条件下设定 0~0.5% 的占空比，即可满足 100PPI、峰值亮度为 1000nit 的显示屏使用需求。

值得一提的是，注入电流的脉冲高度为 180μA 的条件对于目前量产的 TFT 而言依然是充满挑战的。

另外，PWM 的脉冲不一定需要是连续的，只需要帧内脉冲加起来的总占空比达到灰度需求即可。图 8-50 所示的 PWM 驱动方式是一种离散的、基于数字编码的 PWM，与 AC-PDP 的位平面驱动一样，点亮的总占空比决定灰度。

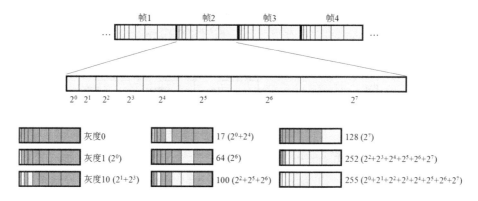

图 8-50　一种离散的 PWM 驱动方式

最后有必要指出 PWM 在调制动态范围方面的一些限制。例如，对于一台刷新率为 120Hz 的显示器，其最大脉冲宽度为 8ms。考虑到驱动的能力限制，发光的最小脉冲宽度不可能过低，我们假设可控制的最小脉冲宽度为 100ns。这意味着，使用 PWM 技术的显示器的对比度的动态范围为 80000。相比之下，PAM 技术在动态范围方面表现更为出色，通常能够实现几十万甚至高达百万级别的对比度高动态范围。在考虑综合性能要求时，可以考虑 PAM 与 PWM 的混合调制方式。

8.4.2　无源矩阵和有源矩阵

当最大占空比≤1/行数时，如图 8-51 所示，可以采用无源矩阵（Passive Matrix，PM）驱动，每行被扫描到的时间是每帧的（1/行数），在此时间内列线输出与该行每列数据对应的不同占空比脉冲。

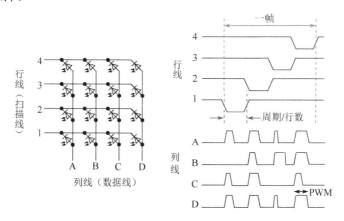

图 8-51　Micro-LED 的 PM（最大占空比≤1/行数）

然而这种 PM Micro-LED 会有 PM 驱动的共性问题，如分辨率受限、串扰等问题。

为了解决 PM 驱动的共性问题（串扰），可以采用一种半有源矩阵（Semi-active Matrix，Semi-AM）策略，即采用单个晶体管驱动 Micro-LED，具体原理为通过行线的扫描信号选通每行的晶体管或 TFT，以此来隔绝邻近像素之间的串扰，如图 8-52 所示。

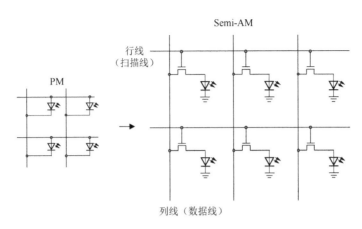

图 8-52　通过半有源矩阵驱动解决 Micro-LED PM 的串扰问题

当分辨率提升，最大占空比>1/行数时，PM 和 Semi-AM 不再适用。我们需要使用具有存储功能的有源矩阵（Active Matrix，AM）PWM 像素电路。

PWM AM 驱动方式示意图如图 8-53 所示，具体工作流程为行选通时，数据写入信号控制模块，而扫频信号持续以周期三角波输入信号控制模块。信号控制模块将三角波和数据信号的电压相叠加，模块的输出 $Q = V_{data} + V_{sweep}$，用于后面的信号处理模块。信号处理模块比较 Q 和一个参考电平（V_{ref}）的大小，当 Q 高于 V_{ref} 时，该模块输出负脉冲，开启驱动管。驱动管开启的时间与 Q 高于 V_{ref} 的时间有关，进而完成了 PWM。

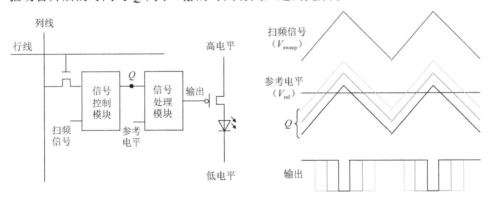

图 8-53　PWM AM 驱动方式示意图

该电路的基本电路功能最少需要 5 个晶体管和 1 个存储电容来实现。实际应用中的电路往往更复杂，比如天马微电子提出了一种 12T1C（12 个晶体管和 1 个存储电容）的电路设计；韩国的三星公司和成均馆大学提出了一种 12T2C 的设计，同时实现了 PWM 和 PAM 两种驱动方式；中国台湾的友达光电公司提出的 12T3C 电路也同时实现了 PWM 和 PAM 两种驱动方式。这些具体的电路将在第 10 章讨论像素电路时列举。

8.4.3　硅基 CMOS 微芯片驱动

AM 中的有源器件指的是需要电源来实现其特定功能的电子元件，有源器件用来提供持续性电流，可以保持像素点亮。

用于显示驱动的有源器件比较常见的是 TFT。然而，不管是在工业界还是在学术界，目前现有的 TFT 技术驱动 Micro-LED 依然是充满挑战与困难的，主要原因是目前量产的 TFT 大多迁移率较低，不能提供足够的注入电流密度给 Micro-LED。

目前基于硅基芯片的 CMOS 晶体管的驱动电路是高性能 Micro-LED 显示的主要方案。表 8-1 列举了不同应用形态（微显、中尺寸，以及大尺寸）Micro-LED 显示的驱动策略。

表 8-1　不同应用形态（微显、中尺寸，以及大尺寸）Micro-LED 显示的驱动策略

形态	微显	中尺寸	大尺寸
目标基板	硅片	玻璃、柔性基板等	玻璃、印制电路板等
AM	单个 CMOS 芯片	TFT、CMOS 微芯片阵列	CMOS 微芯片阵列
集成制程	单片集成	巨量转移	巨量转移

CMOS AM 有单个 CMOS 芯片和 CMOS 微芯片阵列两种形态。CMOS 芯片是单片集成中的目标基板，上面包含了全部像素的硅基 CMOS 驱动阵列。而 CMOS 微芯片阵列中每个微芯片都是独立的像素驱动单元，内含一个小规模的像素电路。每个像素驱动单元分别切割并封装成微芯片的形式，其尺寸与 Micro-LED 的尺寸相近，可以通过巨量转移的方式，与 Micro-LED 一同转移键合到目标基板上。

法国的 Leti 提出了将 Micro-LED 和硅基 CMOS 微芯片一起集成在像素中，具体集成方式为巨量转移。每个硅基 CMOS 微芯片负责驱动一个像素中的 RGB 三个子像素，如图 8-54 所示。

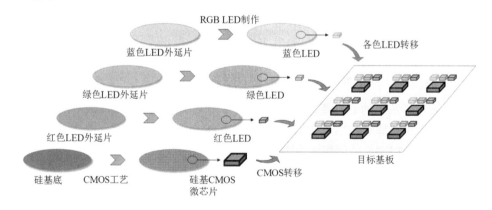

图 8-54　硅基 CMOS 微芯片驱动的 Micro-LED（来自法国的 Leti）

例如，美国的 XDC 曾采取相似方案，实现了 5.1 英寸 AM Micro-LED 显示，具有 3200PPI 的像素密度和 3500nit 的亮度。日本的索尼公司的 Crystal LED 也采取相似方案，实现了 792 英寸（19.2m×5.4m）的电视墙，16K×4K（15360 像素×4320 像素）的高分辨率。

XDC 设计的硅基 CMOS 微芯片有 7 个端口，如图 8-55 所示，分别是红、绿、蓝、行、列、地线（GND）和电源（V_{DD}）7 个端口。而索尼公司设计的硅基 CMOS 微芯片有 9 个端口，如图 8-56 所示。两者的区别在于 RGB 的数据是串行输入还是并行输入。

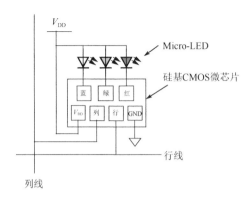

图 8-55　硅基 CMOS 微芯片驱动的 Micro-LED 的像素结构（来自美国的 XDC）

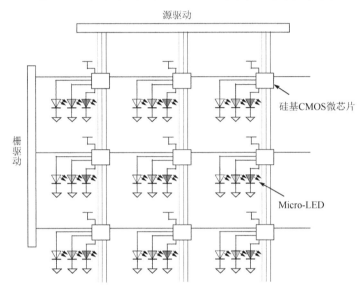

图 8-56　硅基 CMOS 微芯片驱动的 Micro-LED 的像素结构（来自日本的索尼公司）

图 8-57 展示了法国的 Leti 提出的硅基 CMOS 微芯片驱动的全亮 Micro-LED 方案，即先将 Micro-LED 和硅基 CMOS 微芯片（Micro-IC）组合在一起，其中一个 Micro-IC 可以载有三个 RGB Micro-LED，具体集成方案依然为巨量转移。

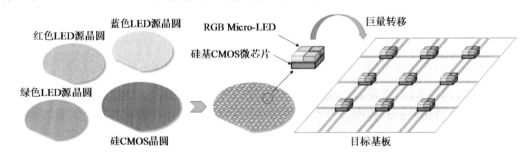

图 8-57　硅基 CMOS 微芯片驱动的全亮 Micro-LED 方案（来自法国的 Leti）

而 XDC 则提出先将 Micro-LED 和 Micro-IC 转移到一个微型的载体上，再把载体的阵列巨量转移到目标基板上，具体如图 8-58 所示，每个载体承载一个 Micro-IC 和三个 RGB

Micro-LED。这种微型载体承载 Micro-LED 和硅基 CMOS 微芯片的封装，被 XDC 命名为
"Pixel Engine™"。

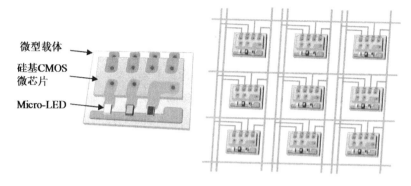

图 8-58 硅基 CMOS 微芯片驱动的 Micro-LED（XDC 提出的微型载体方案）

图 8-59 展示了一种创新性的微芯片驱动方案，被称为聚合驱动微芯片（Cluster-Drive
Micro-IC），该方案由 XDC 在 2022 年提出。这种方案的核心在于使用一个微芯片通过脉冲
调制方式驱动一个小区域内的多个 Micro-LED 像素。这种方案的特点在于一个微芯片不再
仅控制单个像素或少数几个像素，而是驱动一个较大范围内的 LED 阵列。

这种"一带多"的驱动方案与传统的微芯片驱动方案相比，有几个显著的优势。首先，
通过一个微芯片控制更大范围的 LED 阵列，可以更有效地共享驱动芯片，实现更一致的调
制，从而提高了显示面板的整体控制一致性。其次，这种方案减少了所需微芯片的总数，
有助于降低制造成本和复杂性。

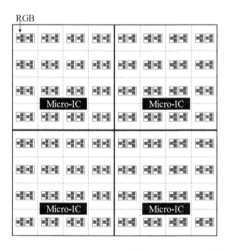
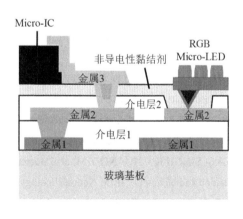

图 8-59 XDC 提出的聚合驱动微芯片方案

8.5 本章小结

本章首先介绍了 Micro-LED 显示的形态，以及 LED 器件的小型化，包括衬底工程、尺
寸缩减效应、出光优化；然后介绍了 Micro-LED 显示的集成，包括单片集成、巨量转移、

自组装、键合制程等；最后介绍了 Micro-LED 显示的驱动，包括直流电和脉冲调制、无源矩阵和有源矩阵，尤其是基于硅基 CMOS 微芯片驱动。Micro-LED 的发展仍面临许多挑战，不过得益于自发光、高效率、低功耗、长寿命、高亮度等诸多优势，与 CRT、LCD 及 OLED 比较，Micro-LED 依然是显示技术在部分场景下的优秀解决方案。

比如在小尺寸穿戴式显示，如智能手表、VR/AR/MR 头戴显示器，Micro-LED 的高亮度、高可靠性超低功耗和超紧凑外形对上述应用而言具有主要优势。在车用显示场景，包括抬头显示、中控平台、仪表盘显示等，Micro-LED 具备高亮度、长寿命、高稳定性等性能优势。Micro-LED 还可以集成于柔性、透明的基板，适合抬头显示、挡风玻璃屏、车窗侧面显示等。

8.6　参考文献

[1] HUANG Y, TAN G J, GOU F W, et al. Prospects and challenges of mini-LED and micro-LED displays[J]. Journal of the Society for Information Display, 2019, 27(7):388-401.

[2] LEE T, CHEN L Y, LO Y Y, et al. Technology and applications of micro-LEDs: their characteristics, fabrication, advancement, and challenges[J]. ACS Photonics, 2022, 9(9):2905-2930.

[3] LIN C C, FANG Y H, KAO M J, et al. 59-2: Invited Paper: Ultra-Fine Pitch Thin-Film Micro LED Display for Indoor Applications[J]. SID Symposium Digest of Technical Papers, 2018, 49(1):782.

[4] GOU F, HSIANG E L, TAN G J, et al. Angular color shift of micro-LED displays[J]. Optics Express, 2019, 27(12):A746-A757.

[5] JIANG F Y, ZHANG J L, SUN Q, et al. GaN LEDs on Si substrate[J]. Light-Emitting Diodes: Materials, Processes, Devices and Applications, 2019:133-170.

[6] LEY R T, SMITH J M, WONG M S, et al. Revealing the importance of light extraction efficiency in InGaN/GaN microLEDs via chemical treatment and dielectric passivation[J]. Applied Physics. Letters, 2020, 116(25):251104.

[7] TIAN P F, MCKENDRY J D, GONG Z, et al. Size-dependent efficiency and efficiency droop of blue InGaN micro-light emitting diodes[J]. Applied Physics Letters, 2012, 101(23):231110.

[8] JUNG B O, LEE W, KIM J, et al. Enhancement in external quantum efficiency of AlGaInP red μ-LED using chemical solution treatment process[J]. Scientific Reports, 2021, 1(1):4535.

[9] LIU A C, SINGH K J, HUANG Y M, et al. Increase in the efficiency of III-nitride micro-LEDs: atomic-layer deposition and etching[J]. IEEE Nanotechnology Magazine, 2021, 15(3):18-34.

[10] LIU S, HAN S, XU C, et al. Enhanced photoelectric performance of GaN-based Micro-LEDs by ion implantation[J]. Optical Materials, 2021, 121:111579.

[11] WONG M S, HWANG D, ALHASSAN A I, et al. High efficiency of III-nitride micro-light-emitting diodes by sidewall passivation using atomic layer deposition[J]. Optics Express, 2018, 26:21324-21331.

[12] ZHANG L Y, TAN W S, WESTWATER S, et al. High brightness GaN-on-Si based blue LEDs grown on 150 mm Si substrates using thin buffer layer technology[J]. IEEE Journal of the Electron Devices Society, 2015, 3(6):458-462.

[13] SMITH J M, LEY R, WONG M S, et al. Comparison of size-dependent characteristics of blue and green InGaN microLEDs down to 1 μm in diameter[J]. Applied Physics Letters, 2020, 116(7):071102.

[14] OLIVIER F, DAAMI A, DUPRÉ L, et al. 25-4: Investigation and Improvement of 10μm Pixel-pitch GaN-based Micro-LED Arrays with Very High Brightness[J]. SID Symposium Digest of Technical Papers, 2017, 48(1):353-356.

[15] LEDIG J, WANG X, FÜNDLING S, et al. Characterization of the internal properties of InGaN/GaN core-shell LEDs[J]. Phys. Status Solidi A, 2016, 213(1):11-18.

[16] YOO H, HA K, BAEK J, et al. Enhanced light extraction efficiency of GaN-based LED fabricated by multi-chip array[J]. Optical Materials Express, 2015, 5(5):1098-1108.

[17] LEE T X, GAO K F, CHIEN W T, et al. Light extraction analysis of GaN-based light-emitting diodes with surface texture and/or patterned substrate[J]. Optics Express, 2007, 15(11):6670-6676.

[18] ZHANG L, FANG O U, AND L Q. Light-emitting diode display panel with micro lens array:10304811[P]. 2019-05-28.

[19] ZHANG L, FANG O, CHONG W, et al. Wafer-scale monolithic hybrid integration of Si-based IC and III-V epi-layers—A mass manufacturable approach for active matrix micro-LED micro-displays[J]. Journal of the Society for Information Display, 2018, 26(3):138-145.

[20] KHAN W, SETIEN M, PURCELL E, et al. Micro-reflector integrated multichannel μLED optogenetic neurostimulator with enhanced intensity[J]. Frontiers in Mechanical Engineering, 2018, 4:17.

[21] HUANG C Y, KU H M, LIAO C Z, et al. MQWs InGaN/GaN LED with embedded micro-mirror array in the epitaxial-lateral-overgrowth gallium nitride for light extraction enhancement[J]. Optics Express, 2010, 18(10):10674-10684.

[22] EL-GHOROURY H S, YEH M, CHEN J C, et al. Growth of monolithic full-color GaN-based LED with intermediate carrier blocking layers[J]. AIP Advances, 2016, 6(7):075316.

[23] PHILIPPE G, ROBIN I C. 52-1: Invited Paper: Nanostructures on Silicon to Solve the Active Display Paradigms[J]. SID Symposium Digest of Technical Papers, 2018, 49(1):684-687.

[24] HAN H V, LIN H Y, LIN C C, et al. Resonant-enhanced full-color emission of quantum-dot-based micro LED display technology[J]. Optics Express, 2015, 23(25):32504-32515.

[25] DAY J, LI J, LIE D Y C, et al. III-Nitride full-scale high-resolution microdisplays[J]. Applied Physics Letters, 2011, 99(3):031116.

[26] ZHANG X, QI L H, CHONG W C, et al. Active matrix monolithic micro-LED full-color micro-display[J]. Journal of the Society for Information Display, 2021, 29(1):48-56.

[27] LI P, ZHANG X, CHONG W C, et al. Monolithic thin film red LED active-matrix micro-display by flip-chip technology[J]. IEEE Photonics Technology Letters, 2021, 33(12):603-606.

[28] ZHANG X, QI L, CHONG W C, et al. 23-5: Late-News Paper: High-Resolution Monolithic Micro-LED Full-color Micro-display[J]. SID Symposium Digest of Technical Papers, 2020, 51(1):339-342.

[29] FU Y, SUN J, DU Z, et al. Monolithic integrated device of GaN micro-LED with graphene transparent electrode and graphene active-matrix driving transistor[J]. Materials, 2019, 12(3):428.

[30] NASE J, RAMOS O, CRETON C, et al. Debonding energy of PDMS: A new analysis of a classic adhesion scenario[J]. The European Physical Journal E, 2013, 36:1-10.

[31] ZHOU X J, TIAN P F, SHER C W, et al. Growth, transfer printing and colour conversion techniques towards full-colour micro-LED display[J]. Progress in Quantum Electronics, 2020, 71:1-31.

[32] MARINOV V R. 52-4: Laser-Enabled Extremely-High Rate Technology for μLED Assembly[J]. SID

Symposium Digest of Technical Papers, 2018, 49(1):692-695.

[33] CHOI M, JANG B K, LEE W, et al. Stretchable active matrix inorganic light-emitting diode display enabled by overlay-aligned roll-transfer printing[J]. Advanced Functional Materials, 2017, 27(11):1606005.

[34] PARK H, BAIK K H, KIM J, et al. A facile method for highly uniform GaN-based nanorod light-emitting diodes with InGaN/GaN multi-quantum-wells[J]. Optics Express, 2013, 21(10):12908-12913.

[35] PARK S H, KIM T J, LEE H E, et al. Universal selective transfer printing via micro-vacuum force[J]. Nature communications, 2023, 14(1):7744.

[36] SMITH J M, LEY R, SONG M S, et al. Comparison of size-dependent characteristics of blue and green InGaN microLEDs down to 1 μm in diameter[J]. Applied Physics Letters, 2020, 116(7):071102.

[37] WANG T, CHEN R, ZHOU H B, et al. P-90: A New PWM Pixel Circuit for Micro-LED Displaly with 60Hz Driving and 120Hz Lighting[J]. SID Symposium Digest of Technical Papers, 2020, 51(1):1707-1710.

[38] HONG Y, JUNG E K, HONG S, et al. 61-2: A Novel Micro-LED Pixel Circuit Using n-type LTPS TFT with Pulse Width Modulation Driving[J]. SID Symposium Digest of Technical Papers, 2021, 52(1):868-871.

[39] KIM J, SHIN S, KANG K, et al. 15-1: PWM Pixel Circuit with LTPS TFTs for Micro-LED Displays[J]. SID Symposium Digest of Technical Papers, 2019, 50(1):192-195.

[40] JEN K, CHEN Y, CHANG Y, et al. P-27: A Novel PWM Driving Pixel Circuit with Metal-Oxide TFTs for MicroLED Displays[J]. SID Symposium Digest of Technical Papers, 2022, 53(1):1137-1140.

[41] TEMPLIER F, BERNARD J. 18-3: A new approach for fabricating high-performance microLED displays[J]. SID Symposium Digest of Technical Papers, 2019, 50(1):240-243.

[42] SHAEFFER D K, BAROUGHI M F, WANG X F, et al. LOCAL PASSIVE MATRIX DISPLAY:US2022208091A1[P]. 2022-06-30.

8.7　习题

1．面向新形态（可拉伸/柔性）显示，哪种自发光型显示技术（OLED、Mini-LED 及 Micro-LED）更具有可行性与应用前景？

2．请简述不同 GaN LED 生长衬底的研究现状，并分析它们在未来 Mini-LED 及 Micro-LED 显示中的应用潜力及挑战。

3．请简述 Micro-LED 显示的两大集成技术（巨量转移和单片集成）的特点及挑战，并展望它们在 Micro-LED 显示细分领域（微显、中尺寸及大尺寸）的杀手级应用。

4．鉴于 LED 器件在高载流子注入下的发光量子效率下垂/效率下降，请查阅文献分析它可能存在的其他解释与原因，并给出出处与分析。

5．面向 AR/VR 应用，目前的硅基液晶（LCoS）、Micro-OLED 技术和 Micro-LED 技术的区别是什么，请简述它们的共同点及未来的技术发展前景。

6．请简述量子点在 Micro-LED 全彩显示的应用原理、现状及未来研究方向（请结合并对比其他 Micro-LED 全彩显示）。

7．请简述 Mini-LED 显示和 Micro-LED 显示的集成方式的异同，并简要阐述 Micro-LED 显示转移和键合制程的最新进展。

第9章

有机发光二极管显示技术

OLED（Organic Light Emitting Diode，有机发光二极管）作为 LED 的一种，也属于一种弱场注入型、电流型的发光器件。与第 7 章和第 8 章的无机 LED 不同在于，其利用了有机材料。其工作原理是将载流子（电子和空穴）注入有机材料中，让其在有机材料内部发生复合，释放出光子，实现发光效果。

相比于 LCD，OLED 作为自发光型显示，具有优秀的色彩、对比度及响应速度等优点。这些特性使得 OLED 在电视、手机、平板电脑及其他显示设备中越来越受欢迎，成为目前最重要的显示技术之一。

同时，有机材料的物理特性使得 OLED 具有独特的优势。相比于无机 LED，OLED 通过将有机材料一层层叠加，可制造出非常薄、轻巧且柔性的 OLED 显示屏（见图 9-1），在制造曲面、柔性、可折叠的显示屏方面具有巨大的潜力，拓展了显示技术的应用领域。

图 9-1　OLED 显示屏

本章首先介绍 OLED 的发展和应用，然后介绍 OLED 的发光原理和器件结构，并根据器件结构加工的关键，结合目前企业的前沿技术，对玻璃基板、背板制程、前面板制程、像素排列、封装等一一展开介绍，最后根据有机材料可弯曲的特点，特别介绍了目前应用研究火热的柔性 AMOLED。

9.1 OLED 的发展和应用

9.1.1 OLED 材料的发展

20 世纪 50 年代，法国南锡大学的物理学家、化学家安德烈·贝纳诺斯（André Bernanose）首次观察到有机材料"吖啶橙"中的交流电致发光。20 世纪 60 年代，纽约大学的马丁·波普（Martin Pope）观察到了"蒽"的直流电致发光。20 世纪 70 年代，英国国家物理实验室的 Roger Partridge 用"聚（N-乙烯基咔唑）"薄膜实现了发光，这是第一个聚合物 LED（Polymer LED，PLED）。

第一个实用的 OLED 器件出现于 1987 年。柯达（Eastman Kodak）的华裔化学家邓青云（Ching Wan Tang）和美国化学家 Steven Van Slyke 实现了一种双层 OLED 结构。一层是传输层，一层是发光层。复合发光发生在有机层，这种结构让工作电压得以降低，效率得以提高。发光层的材料是 8-羟基喹啉铝（Alq_3），一种经典的绿光 OLED 材料。邓青云也因此获得了 2014 年诺贝尔奖的提名（Nobel Prize Shortlist），被誉为"OLED 之父"。

1990 年，剑桥大学的 J. H. Burroughes 利用 100nm 厚的"聚（对苯撑乙烯）"薄膜实现了绿光的聚合物 OLED 器件，通过高品质的薄膜解决了小分子长期稳定性问题。在此之后 OLED 开始迅速发展。早期的 OLED 材料如图 9-2 所示。

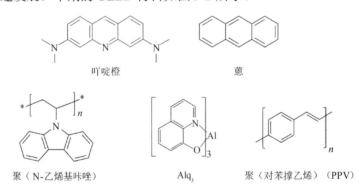

吖啶橙　　　　　　　　蒽

聚（N-乙烯基咔唑）　　　　Alq_3　　　　聚（对苯撑乙烯）（PPV）

图 9-2 早期的 OLED 材料

1995 年，日本山形大学的 J. Kido 实现了白光 OLED，让 OLED 开始能够应用在显示屏背光和照明。

1998 年，美国加利福尼亚大学洛杉矶分校（UCLA）的 M. E. Thompson 和普林斯顿大学的 S. R. Forrest 开发了磷光 OLED 材料（PtOEP，见图 9-3），其 IQE 达到了 90%。磷光 OLED 材料被称为第二代 OLED 材料，里面需要用到重金属元素。

2009—2012 年，日本九州大学的安达千波矢（Chihaya Adachi）开发了有机热致延迟荧光材料（TADF）（如 SnF_2-Porphyrin，见图 9-3）。该材料被称为第三代 OLED 材料，其 IQE 能接近 100%。

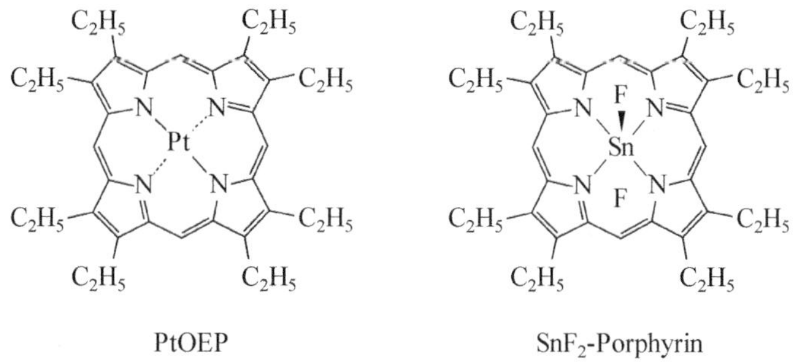

PtOEP　　　　　　　　　　SnF$_2$-Porphyrin

图 9-3　代表性的第二代和第三代 OLED 材料

9.1.2　OLED 显示的应用

早期的 OLED 应用于单色 OLED 显示屏，比如汽车收音机的显示屏。摩托罗拉（Motorola）的 TimePort P8767（1999 年）是第一台应用了 OLED 显示屏的手机。

彩色 OLED 显示屏出现于 21 世纪初。柯达的 LS633（2003 年）是第一台应用了 OLED 显示屏的相机。2003 年左右开始出现彩色 OLED 显示屏的手机。索尼（Sony）的 XEL-1（2007 年）是第一台 OLED 电视，其尺寸为 11 英寸，分辨率为 960 像素×540 像素，对比度达到了突破性的 1000000∶1。

随着全球平板显示产业竞争日益激烈，OLED 显示已得到市场的认可，OLED 技术应用已越来越广泛，涵盖了小到智能手表、手机、平板电脑，大到笔记本电脑、计算机显示器、电视等应用。

从整个平板显示行业来看，根据 DSCC 的数据统计，LCD 和 OLED 两种显示技术的份额最大，占据超过 90%。LCD 相对 OLED 比较成熟，但 LCD 的占比在逐年减少，而 OLED 的占比逐年增加。

除显示领域外，OLED 还应用于照明、医疗等领域。OLED 的照明灯可以做成柔性形态，突破形状限制，进而贴附于曲面表面。另外，OLED 的照明灯采用一整面的发光材料，所以相对于灯泡或 LED 的阵列，OLED 的照明灯的光照可做得均匀和柔和。已出现的应用包括汽车尾灯（如宝马 BMW）、室内照明灯（如 LG OLED Light）等。OLED 在医疗方面，可以用于光生物调节，如红外烤灯和新生儿黄疸的治疗。

9.2　OLED 的发光原理

OLED 作为 LED 的一种，也是电流型的有机发光器件，通过载流子的注入和复合而发光。相比于无机 LED，OLED 采用有机的半导体材料，一层层叠加成 LED 结构。

9.2.1　分子轨道理论

在有机半导体分子中，也有类似于无机半导体的能带。分子聚合时，两个分子的相互作用也会引起分子能级的分裂。当有足够的分子时（如高聚物），分裂能级的差距变小，形成连续的能带。

　　有机半导体中的占据分子轨道（Occupied Molecular Orbital，OMO）就类似于无机半导体中的价带，未占据分子轨道（Unoccupied Molecular Orbital，UMO）就类似于无机半导体中的导带。而最高占据分子轨道（Highest Occupied Molecular Orbital，HOMO）和最低未占据分子轨道（Lowest Unoccupied Molecular Orbital，LUMO）可分别看作价带底和导带顶，HOMO 与 LUMO 之间的能量差也称为"带隙"。辐射复合出的光子的能量取决于带隙，比如 Alq_3 的发射峰在 520～530nm。有机半导体的分子轨道如图 9-4 所示。

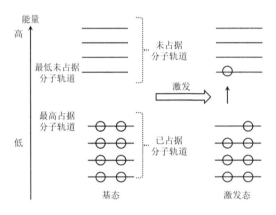

图 9-4　有机半导体的分子轨道

　　有机半导体辐射光子的能量还可以通过掺杂来调控。比如以 Alq_3 作为主体材料，掺入其他带隙的有机分子，可实现不同颜色的光，如图 9-5 所示。

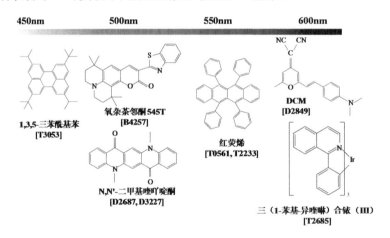

图 9-5　OLED 掺杂材料

9.2.2　OLED 材料发光原理

　　第 4 章曾经提到过，荧光体/磷光体材料分成两大类，亮度衰减快的荧光材料（常用于 CRT 和等离子体显示器、荧光灯、白光 LED）和亮度衰减慢的磷光材料（常用于雷达屏幕和夜光材料）。这里的荧光发光和磷光发光的主要区别在于自旋多重度。荧光是分子从基态

S0 激发到激发态 S2/S1（单重态），再直接回到基态 S0 发光，发光过程很快；而磷光是分子基态 S0 激发到激发态 S2/S1（单重态），再系间跨越至 T1（三重态），通过发光回到基态，因为自旋多重度不同，回到基态需要很长时间。

　　自旋是粒子的固有性质，并不是机械性的旋转运动。自旋具有量子化的角动量。自旋多重度 M 定义为“$M=2\times S+1$”，其中 S 是自旋角动量，等于自旋量子数的代数和，$S=0,1/2,1,3/2,\cdots$。因此自旋多重度 $M=1,2,3,4,5,\cdots$，分别称为单重态，双重态，三重态，四重态，五重态，$\cdots$。

　　对于电子自旋，根据泡利不相容原理——不能有两个或两个以上的费米子处于完全相同的状态，则一个原子轨道上最多可容纳两个电子，这两个电子的自旋方向必须相反，即自旋量子数 $m_s=+1/2$ 或$-1/2$，代表电子的固有角动量，这是自旋 $s=1/2$ 沿某指定轴的射影。因此电子自旋量子数的代数和（自旋角动量）S 可以等于 0 和 1（反向、同向两种），因此 M 等于 1 和 3，即电子激发态的多重度有单重态与三重态，单重态和三重态的比例为 25%：75%，分别对应荧光和磷光，如图 9-6 所示。

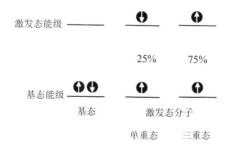

图 9-6　电子激发态的单重态（25%）和三重态（75%）

　　第一代的 OLED 发光材料是有机荧光材料。荧光（单重态）的比例为 25%，因此有机荧光材料的激子利用率或 IQE 上限为 25%。

　　第二代的 OLED 发光材料是有机磷光材料，利用重金属原子（如铂、铱）的耦合效应，可以将 25%的单重态系间跨越（ISC）至三重态，全部通过磷光发光，因此激子利用率或 IQE 上限为 100%。但因为材料中采用重金属原子，成本较高，且光谱带宽较宽，发色不纯。

　　第三代的 OLED 发光材料是有机热致延迟荧光（TADF）材料，由日本九州大学的安达千波矢（Chihaya Adachi）发明。有机 TADF 材料中，75%的三重态通过吸收附近的热能，反向系间跨越（RISC）至单重态，全部通过荧光发射，激子利用率或 IQE 同样能够接近 100%。有机 TADF 材料解决了有机磷光材料的成本问题。

　　图 9-7 展示了三代 OLED 发光材料的原理。

　　现在处于发展中的第四代 OLED 发光材料，被称为超荧光材料，是将有机 TADF 材料和有机荧光材料结合起来的材料，也是由安达千波矢发明的。其原理是先通过 TADF 的反向系间跨越，把三重态都转化成单重态，然后将单重态转移给有机荧光材料，使其发光。

　　第一代有机荧光材料的 IQE 低，光谱窄，但成本低；第二代有机磷光材料的 IQE 虽然接近 100%，但是光谱更分散，成本更高。第三代有机 TADF 材料，改善了成本的问题，但是光谱很宽导致发色不纯、色域不广。第四代超荧光材料，结合了有机 TADF 材料和有机荧光材料的优点，既有接近 100% 的 IQE，又能做到光谱更尖锐（色彩更纯），成本也更低。

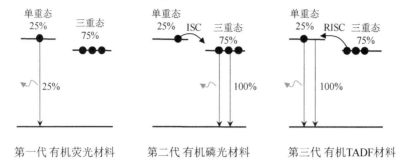

第一代 有机荧光材料　　　第二代 有机磷光材料　　　第三代 有机TADF材料

图 9-7　三代 OLED 发光材料的原理

表 9-1 列举了四代 OLED 发光材料的优缺点。在实际量产中，绿色和红色 OLED 通常采用有机磷光材料，而蓝色 OLED 则采用有机荧光材料，这也是蓝色 OLED 在三色 OLED 中效率相对较低，功耗较高的主要原因。因此，当前的研究重点主要集中在蓝光的有机磷光材料，而 TADF 与超荧光材料也在快速发展中。

表 9-1　四代 OLED 发光材料的优缺点

代（Gen）	有机发光材料	IQE	光谱	成本
1	荧光	25%	窄	低
2	磷光	100%	宽	高
3	TADF	100%	宽	低
4	超荧光	100%	窄	低

9.3　OLED 器件

9.3.1　OLED 器件的结构

双层 OLED 结构（见图 9-8）是最基本的 OLED 结构，也是最早实现的实用的 OLED 结构。其结构是在阴极和阳极（ITO）之间夹了一层发光层（EML）和一层空穴传输层（HTL，起到增强传输、提高量子效率的作用）。

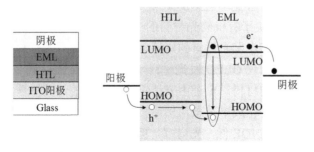

图 9-8　双层 OLED 结构

　　双层 OLED 的工作过程是，首先在 OLED 器件两端施加电压，电子从阴极注入 EML 的 LUMO 中，空穴注入 HTL 的 HOMO 中，进而传输到 EML 的 HOMO 中。静电力使 EML 中的电子和空穴相互靠近，它们结合形成激子。然后激子复合，激发态弛豫，发射出光子。

　　在双层 OLED 的实际使用过程中，人们曾发现了一些问题。当向阳极注入空穴，阴极注入电子时，从电极到有机物层（HTL、EML）会有一定的能极差，即势垒。因此，通过引入两层注入层，即一层电子注入层（Electron Injection Layer，EIL）和一层空穴注入层（Hole Injection Layer，HIL），形成一个四层 OLED 结构，如图 9-9 所示。这种设计能够实现能带的渐进分布，从而促进电荷的有效注入，提高量子效率。

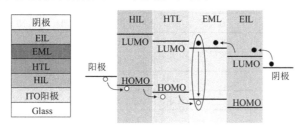

图 9-9　四层 OLED 结构

　　在四层 OLED 结构的基础上，还可以引入一个电子传输层（Electron Transfer Layer，ETL），进一步增强传输能力，提高量子效率，形成五层 OLED 结构，如图 9-10 所示。Alq_3 分子也常被选用为电子传输材料。

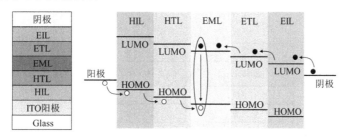

图 9-10　五层 OLED 结构

　　另外，在四层 OLED 结构中，电子和空穴进入 EML 后，还有一定概率未发生复合便通过 EIL 从阴极跑掉，影响复合发光的效率。因此可以引入电子阻挡层（Electron Blocking Layer，EBL）和空穴阻挡层（Hole Blocking Layer，HBL），形成六层 OLED 结构（见图 9-11），阻止电荷到达对面电极而被浪费，提高量子效率。

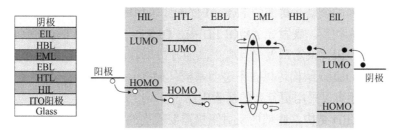

图 9-11　六层 OLED 结构

表 9-2 列举了 OLED 各层材料。需要注意的是，OLED 各层材料不是唯一的，就算同一功能，也可以有非常大的变化性，比如 EBL 材料常见的有各种含氮的多苯环结构，也有其他种类。OLED 材料有很多厂商研发或生产，各家厂商的材料也可能是不同类别的分子，无法一一举例。另外，有机材料的命名方式也很复杂，一般没有具体俗名。

表 9-2 OLED 各层材料举例

膜层	常见材料
阳极	ITO、IZO、Au、Pt、Si
HIL	MoO_3、WO_3、HAT-CN、F4-TCNQ、CuPc、TiOPC、m-MTDATA、2-TNATA
HTL	TPD、NPB、PVK、SpiroTPD、SpiroNPB
EBL	TFB、TIPS pentacene、Irppz
EML	Alq_3、$Almq_3$、TBADN、CBP
HBL	BAlq、BPhen、BCP
ETL	Alq_3、$Almq_3$、PBD、DVPBi、TAZ、OXD
EIL	LiF、Liq、Cs_2CO_3、MgP、MgF_2
阴极	MgAg、Al、Li、Ca、In、ITO、IZO

9.3.2 底发光和顶发光

如图 9-12 所示，基本的 OLED 器件结构分为底发光和顶发光结构。

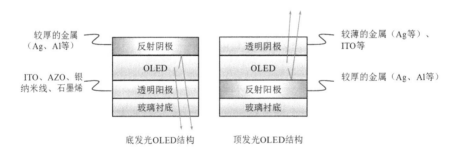

图 9-12 底发光 OLED 结构和顶发光 OLED 结构

底发光是比较早的一种方式，在玻璃衬底上制作透明阳极，用 OLED 材料覆好后再制作一层反射阴极，观看时从玻璃衬底侧进行，OLED 发光穿过阳极和玻璃，射到观测方向，如果有反向的光也可以通过反射阴极反射回来。透明阳极一般采用透过率较高的 ITO，反射阴极一般采用较厚的金属。传统的 PMOLED 一般采用底发光。

顶发光与底发光相反。底发光 AMOLED 中，OLED 下方的 TFT 电路会阻挡 OLED 的发光，降低开口率，因此采用顶发光具有更高的开口率。顶发光 OLED 结构的光线从顶部射出，因此顶发光 OLED 结构可以在不透明基板（如硅、钢、金属，甚至是纸）或聚酰亚胺（PI）上制作，还可以采用更复杂的像素电路。

对于顶发光 OLED 结构，底部的反射阳极需要较高的反射率，而顶部的透明阴极需要在 OLED 上面沉积，则需要高透过率材料。一类选择是透明氧化物导体（ITO、IZO、AZO

等），这些材料透过率高，但需要磁控溅射的工艺来制备，在 OLED 上溅射容易损伤到有机薄膜。因此半透明的金属薄膜（如 Mg、Ag）是更好的选择，金属可通过蒸镀的工艺制备，对 OLED 材料的损伤更小，且电极的功函数可通过金属的种类来选择。

9.3.3　OLED 全彩化

OLED 全彩化的实现有多种方法，如图 9-13 所示。

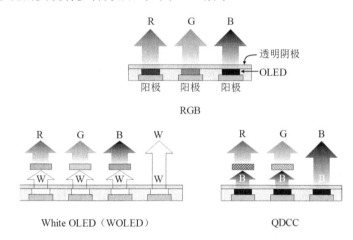

图 9-13　几种 OLED 全彩化策略

最直接的一种方法是直接红绿蓝（Direct RGB），即并列制作 RGB 三色子像素，以实现全彩的显示。

另一种方法是滤色。比如韩国 LG 公司的 White OLED（WOLED）技术，只使用一种发射白光的 OLED，再覆以不同颜色（RGB 三色）的滤色片来实现红绿蓝白（RGBW）4 种颜色的子像素。其中白色子像素可以起到提高亮度的作用。

此外，还有色转换的方法。比如，量子点色转换（QDCC）的方法，使用发射蓝光的 OLED，将红色和绿色的量子点（QD）覆于子像素之上，通过光致发光将蓝光转换为红、绿光，实现 RGB 三色子像素。

9.3.4　OLED 效率和色域的提升

1．材料功函数匹配

功函数代表了材料对电子的吸引程度，为了确保电子和空穴都能够有效地注入 EML，并且均为单向注入，仅在 EML 相遇和复合，就必须考虑传输层/阻挡层的功函数与相邻层材料的匹配程度，降低阴极材料与传输层的电子注入势垒，增加 EML 和 HBL 的空穴传输势垒。

2．主体材料和客体材料的掺杂浓度

在 OLED 中，主体材料通常用于传输电子，客体材料通常用于传输空穴，而在大部分

有机材料中电子的迁移率是低于空穴的，为了保证电子和空穴在 EML 中注入的平衡和 100%的复合率，就需要依靠掺杂等手段来提升载流子的迁移率。通过平衡掺杂浓度以达到稳定的载流子迁移率，从而提高电子与空穴的注入效率，最终提升 OLED 的发光效率。

3．阳极和阴极的等离子体处理

阴极和阳极作为电子和空穴的注入材料，其金属和有机材料界面上的均匀材料表面性能的差异会影响从电极注入有机物层的电荷量。电极与有机物的接触形状显著影响 OLED 性能。而利用等离子体处理可以改善电极表面的性质，从而提高 OLED 的发光效率。这种性能的改善源于等离子体处理可以使电极表面更加平整，具有更好的亲水或疏水性，减少电极与其他材料之间的接触电阻及陷阱散射等，更好地实现与有机物层的黏合，提高电子和空穴的注入效率。

4．微腔效应

OLED 的能带是由分子轨道分裂出来的，其能量分布范围比较宽。因此 OLED 发光光谱比较宽，尤其是前面介绍的磷光和 TADF 材料。带宽（FWHM，半高宽）通常在 100nm 以上，这影响器件发光的色纯度，不利于彩色显示。因此，OLED 中需要额外的设计来改善出光光谱。解决方法包括采用滤色片、采用窄带发光材料、采用微腔结构等。

OLED 上下两面是两层电极，两层电极就类似两个镜面，里面的光会在这两个镜面来回反射。如果两个镜面的距离正好是某波长的整数倍，会对这个波长的反射光发生干涉增强，即相长干涉，否则，会发生干涉相消。这种干涉现象与共振和驻波现象是相同的，如图 9-14 所示。

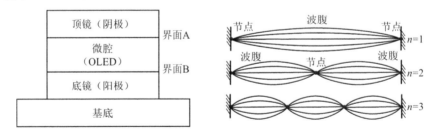

图 9-14　OLED 中的微腔效应

所以在 OLED 中，根据各层材料的折射率、厚度、观察角度，通过调整微腔的厚度，让微腔只对特定波长的光进行干涉增强，对不符合条件的波长的光进行干涉相消，能让顶发光最后射出去的光谱更加尖锐（产生更窄的半高宽），从而提高色纯度，扩大色域，这就是微腔效应。

5．串联（Tandem）结构

串联或叠层结构是将两个或两个以上的电致发光单元用中间层（如具有 N 型层和 P 型层的双层结构）串联起来，形成垂直堆叠结构，从而达到两倍或两倍以上的电流效率，如图 9-15 所示。

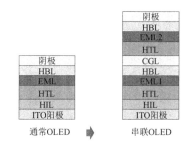

图 9-15　一种串联 OLED 结构

注：CGL（Charge Generation Layer，电荷生成层）作为中间层

9.4　OLED 的制程

当今平板显示（如 LCD 和 OLED）的制程与 CMOS 芯片的微加工原理相似，有很多工艺是相通的，如光刻、刻蚀、沉积等，但是区别也是有的。一是衬底的尺寸不同，CMOS芯片的微加工通常采用 4 英寸、6 英寸、8 英寸、12 英寸的圆形晶圆，但是显示面板通常是在数米的玻璃基板上制作的。二是加工精细度不同，CMOS 芯片内的图案和电路需要做到纳米级别的特征尺寸，而绝大多数的显示面板采用微米级的电路。

9.4.1　玻璃基板

与 CMOS 芯片制程不同，大尺寸的玻璃基板（Glass Substrate Mother Glass）是当前绝大多数 LCD、OLED 显示屏的衬底。

显示产线的规模可按代数划分，如 1 代、2 代、5 代、10 代、10.5 代等，每代产线对应的玻璃基板的尺寸是越来越大的，比如 4 代线对应的玻璃基板的尺寸为 650mm×830mm，而 6 代线对应的玻璃基板的尺寸为 1500mm×1850mm。图 9-16（a）展示了不同世代线的玻璃基板的尺寸。

这么大的玻璃基板不是做一块屏幕，而是根据实际产品应用最终将其切割成小尺寸的。如图 9-16（b）所示，一块 6 代线玻璃基板可做几十块智能手机面板；如果做电视面板，就可能只切出两块面板。

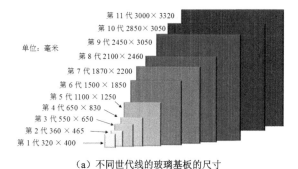

（a）不同世代线的玻璃基板的尺寸

图 9-16　玻璃基板的尺寸和切割示意图

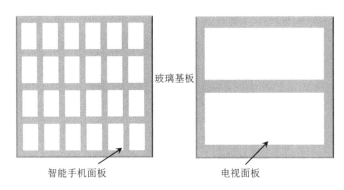

（b）玻璃基板的切割示意图

图 9-16　玻璃基板的尺寸和切割示意图（续）

微加工对衬底的平整度和洁净度有要求。比如制作硅基 CMOS 芯片要求硅晶圆为单晶硅，要切割出非常平整、光滑、洁净的平面。玻璃基板也有一定的要求。玻璃基板也需要光滑表面，无划痕，纳米级粗糙度；玻璃内部需要避免形成气泡，防止高温时发生一些问题；需要避免表面、内部有肉眼无法看到的异物，表面有颗粒会造成电路缺陷，内部有颗粒会造成光学上的影响。这种显示级的玻璃基板几乎全部依赖进口（自美国、日本、韩国）。

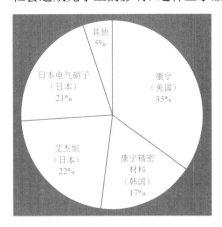

图 9-17　全球玻璃基板市场

如图 9-17 所示，根据 IHS Market 在 2019 年统计的数据，美国的康宁（Corning）占据了全球玻璃基板市场的最大份额。

大尺寸的玻璃基板需要巨大的微加工设备，高世代线中单台设备甚至会占地数十平方米，两层楼高，所以高世代线的工厂面积都很大。目前，在中国大陆，这些加工设备几乎全部依赖进口，比如美国 Applied Materials 的物理气相沉积（PVD）和化学气相沉积（CVD）设备、日本尼康（Nikon）的光刻机、韩国 Wonik IPS 的干法刻蚀机等。建设一条高世代的产线需要的资金规模也是巨大的，可以达到数百亿级人民币的规模。

如图 9-18 所示，OLED 制程分为以下三部分。

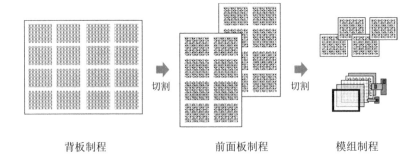

图 9-18　OLED 制程的三部分

（1）背板（Backplane）制程，也叫作 Array 制程。其主要内容是制作基于 TFT 的驱动电路。在整块的背板玻璃上，制作多个屏幕的 TFT 电路，每个屏幕的 TFT 电路都含有数百万到数千万个 TFT 器件。

（2）前面板（Frontplane）制程。其任务是在驱动电路的上面形成 OLED 和封装层。背板制程之后，通常需要把玻璃进行切割，如切成二分之一或四分之一（俗称半切、四切），再进入前面板制程。

（3）模组制程，是在前面板制程完成之后，将半切、四切的玻璃切割成单个屏幕，贴合上其他的模组，比如光学、触摸和控制模块等，将它们集成一体。

9.4.2 背板制程

OLED 的背板制程与 LCD 的背板制程非常相似，都是 TFT 阵列的加工，需要多种沉积、光刻、刻蚀等微加工工艺。下面以一种典型的背栅 TFT 电路为例（见图 9-19），介绍其工艺流程。

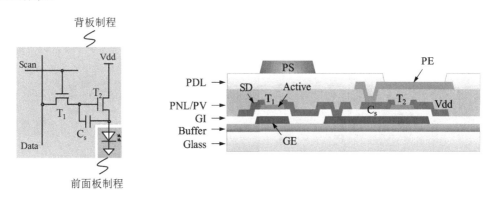

图 9-19 背栅 TFT 的 2T1C 驱动电路

第一步，如图 9-20（a）所示，从玻璃（Glass）基板开始，先沉积一层缓冲层（Buffer），通常为氧化物或氮化物，起到平坦化和隔绝作用，如图 9-20（b）所示。

第二步，在缓冲层上面制作晶体管。首先用磁控溅射沉积金属，再用光刻、刻蚀的方法把背栅金属电极（Gate Electrode，GE）制作出来，如图 9-20（c）所示。在背栅金属电极上生长栅介质（Gate Insulator，GI），一般采用 CVD 制程，如图 9-20（d）所示，然后沉积有源层。有源层（Active）就是薄膜半导体，对 TFT 来说，常用的就是非晶硅、低温多晶硅、非晶金属氧化物（如 IGZO）等材料。沉积完有源层以后，再对有源层进行光刻、刻蚀，形成有源层沟道的图案，如图 9-20（e）所示。

第三步，源漏（Source/Drain，SD）。先给 GI 打孔，把源漏沉积上去再进行图案化，让底下的栅电极能连接出来，通过源漏的金属电极连通到晶体管上，如图 9-20（f）所示。做一层钝化层（PV）和一层平坦化层（PNL），把不平整的 TFT 平面填平，如图 9-20（g）所示。平坦化层一般用有机物，通过涂布的方式流平，钝化层一般起阻挡作用，阻挡水、氧一类的物质扩散。

第四步，制作像素电极（Pixel Electrode，PE），即 OLED 的阳极。阳极最代表性的材料是 ITO 和银。这层也需要做图案化，但是对银用干法刻蚀的方法比较困难，所以这一步用湿法刻蚀的方法较多。像素电极是沉积在平坦化层的表面上的，它通过平坦化层的通孔，连接到下面的 TFT 上，如图 9-20（h）所示。

第五步，像素定义层（Pixel Define Layer，PDL）的沉积和图案化，如图 9-20（i）所示，其作用是把 OLED 材料限定到一个区域中，确定子像素的尺寸和形状。最后还需要沉积和图案化一层隔离柱（Photo Spacer，PS），作为一个间隙、支撑层，如图 9-20（j）所示。在后续的前面板制程中 OLED 蒸镀环节，隔离柱主要用来支撑金属掩膜。

第六步，用光刻胶把整块背板覆盖起来，贴上保护膜，把整块背板切成两块或者四块，进入前面板制程进行 OLED 蒸镀。

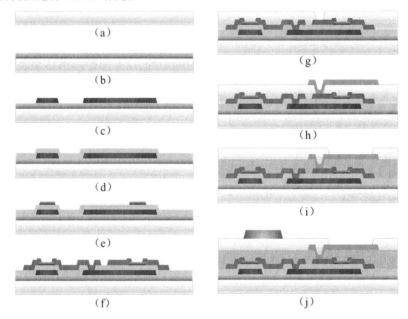

（a）
（b）
（c）
（d）
（e）
（f）
（g）
（h）
（i）
（j）

图 9-20　背栅 TFT 的 2T1C 驱动电路工艺流程

9.4.3　前面板制程

前面板制程是在背板制程基础上，先沉积 OLED 的各个有机物层，再用共阴极把每个子像素连接起来，最后进行 OLED 的封装，如图 9-21 所示。

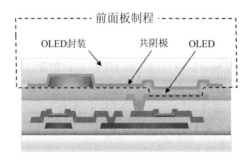

图 9-21　前面板制程

对于前面板来说，OLED 有机材料的沉积是最重要的工艺。OLED 镀膜有各种方法，有真空蒸镀、喷墨打印、接触印刷、激光热转印等。最常见的两种方法是真空蒸镀和喷墨打印，如图 9-22 所示。

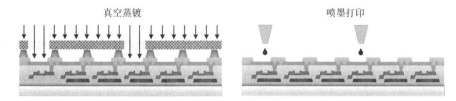

真空蒸镀　　　　　　　　　　　　　　喷墨打印

图 9-22　真空蒸镀和喷墨打印的示意图

真空蒸镀主要指的是热蒸镀，过程是把原料放到一个坩埚中，用电流加热，坩埚升到一定温度，让原料挥发成蒸气，落到目标衬底上，在衬底上重新凝结成固体。热蒸镀适用于低沸点金属、小分子材料（一般分子量低于 800），不能沉积高沸点或易分解物质。热蒸镀适用于多种基板材料。

OLED 的有机物怕水氧，怕溶剂，不宜用光刻、刻蚀的方法来图案化。对于蒸镀 OLED，图案化是在蒸镀的过程中，用金属掩膜来完成的。金属掩膜是数十微米厚的金属板，根据 OLED 子像素的图案打出数十微米尺寸的小孔。蒸镀时，金属掩膜遮盖在目标基板上。OLED 的有机物透过孔洞蒸镀到目标基板上，如图 9-23 所示。

背板制程中制作的散落在各处的隔离柱（PS），在金属掩膜图案化蒸镀中起到了防止掩膜塌陷或接触像素造成污染的作用。

对于 RGB 全彩化的 OLED，RGB 三种颜色的发光层是分三次蒸镀的，如图 9-24 所示。这三层的蒸镀需要采用不同的金属掩膜，原因有二：一是 RGB 三种子像素的形状、尺寸、排列可能不同，二是防止 RGB 材料相互污染。

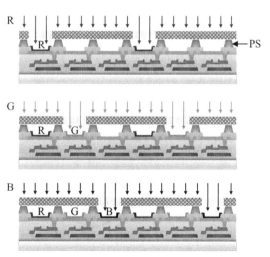

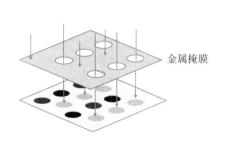

图 9-23　金属掩膜蒸镀同时完成图案化　　　　图 9-24　RGB 三种颜色的发光层依次蒸镀

另外，金属掩膜也不止 RGB 三张，根据不同的技术方案，可能有很多张。根据金属掩膜的图案，其可以分成两大类（见图 9-25）：一类叫作 FMM（Fine Metal Mask），是小开口的金属掩膜，主要用于子像素的 EML，用非常小的开孔去图案化每个子像素；另一类叫作 CMM（Common Metal Mask），是大开口的金属掩膜，主要用于沉积比较大的图案，如阴极、ETL、HTL 等公共层。

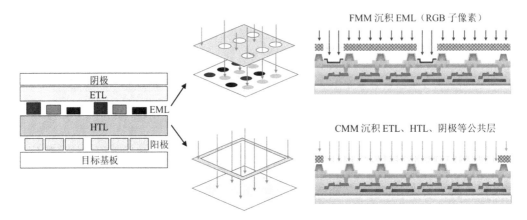

图 9-25 CMM 和 FMM 两类金属掩膜

因此，OLED 前面板制程涉及通过 CMM 和 FMM 两类金属掩膜交替沉积的多道工序，甚至有十几层膜层需要沉积。

蒸镀时，金属掩膜尤其是 FMM 会挡住大部分蒸镀物质，使大多数有机发光材料沉积在金属掩膜上，同时造成金属掩膜的污染。比如，成熟的 AMOLED 设计中，像素的开口率可能只有 10%量级，即面板上只有 10%的面积是发光材料，90%的材料被浪费了。这也是 OLED 材料昂贵、成本高的一个原因。

9.4.4 OLED 的像素排列

如图 9-26 所示，LCD 是受光型显示，需要尽可能地增大开口率（Aperture Ratio，像素占屏幕面积的比例）以增加背光的透过。而相比于 LCD，OLED 的开口率很小，通常不超过 20%。其像素排列方式也不是 LCD 中常见的 RGB 并排，而是 Pentile（钻石）和 Delta（三角）等排列方式。

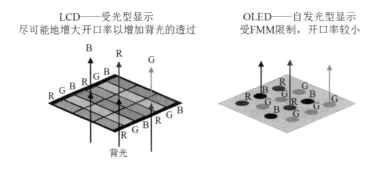

图 9-26 LCD 和 OLED 的开口率差异和像素排列差异

除设计因素外，很大一部分因素受制于 FMM 的开口尺寸。如果 OLED 也采用与 LCD

一样的大开口率、RGB 排列，则要求 FMM 上孔与孔之间的距离很近，分隔孔的金属梁会变得非常窄，这样的 FMM 难以制作成型，而且易损坏。所以大开口率、RGB 排列对于 OLED 不合适，因此 OLED 多采用小开口率，以及 Pentile（钻石）和 Delta（三角）等排列方式，如图 9-27 所示。

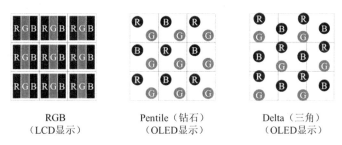

RGB
（LCD显示）　　　Pentile（钻石）
（OLED显示）　　　Delta（三角）
（OLED显示）

图 9-27　LCD 和 OLED 中常见的像素排列方式

需要注意的是，LCD 和 OLED 的像素排列方式不同的同时，子像素的数量也是不同的。比如，图 9-27 中同样 3×3 的 9 个像素，LCD 有 3×9=27 个子像素，而 OLED 只有 2×9=18 个子像素。

正因为 OLED 比 LCD 少了 1/3 的子像素，同样是 4K 分辨率的电视，LCD 经常被消费者称为"真 4K"，而 OLED 经常被称为"假 4K"。

为了弥补子像素的减少，OLED 需要复用子像素，同时要控制显示图像边缘的溢色，所以 OLED 需要通过各种子像素渲染（Sub-Pixel Rendering，SPR）算法计算每个子像素所需的亮度。

9.4.5　印刷 OLED

针对 OLED 材料利用率低的缺点，人们提出了喷墨打印（IJP）的方法。喷墨打印是将油墨逐滴喷射并形成点阵式图案的印刷工艺，也是"图案化"+"沉积"同步完成的方法。其原理与办公用的喷墨打印机一样，有"墨水盒"和"喷头"，根据设计图案，喷头把墨水滴到想要的地方。喷墨打印具有极高的材料利用率（>90%），几乎无材料浪费。喷墨打印 OLED 的示意图如图 9-28 所示。

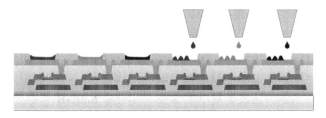

图 9-28　喷墨打印 OLED 的示意图

喷墨打印可打印的材料有很多，包括可溶小分子、大分子量聚合物（如 PEDOT、Poly-TPD 等）、纳米粒子（如纳米银线、纳米 ZnO、量子点）等。

同时，喷墨打印技术存在一些问题，如较低的精度和分辨率、基板腐蚀、有害有机溶剂的挥发、膜层之间的互溶、咖啡环效应和卫星点问题等。

真空蒸镀 OLED 和喷墨打印 OLED 的对比如表 9-3 所示。

表 9-3 真空蒸镀 OLED 和喷墨打印 OLED 的对比

项目	真空蒸镀 OLED	喷墨打印 OLED
材料种类	小分子（分子量<800）	可溶小分子、大分子量聚合物、纳米粒子等
材料利用率	低（<20%）	高（最高 100%）
成本	高	低
结构	可堆叠	叠构互相溶解
性能	效率高、色域大、分辨率高	效率低、色域小、分辨率低
寿命	相对长	相对短
特点	结构、性能优势； 成熟，主流技术	材料、成本优势； 发展中，大屏有希望

除了喷墨打印外，OLED 还有其他的印刷方式，比如：

（1）接触印刷，即在一个衬底上涂布 OLED 墨水，用印章把不需要的图案粘走，把衬底上留下的 OLED 图案按压到目标基板上完成转移。

（2）激光热转印（Laser Induced Thermal Imaging，LITI），这是一种由 3M 公司和三星公司提出的方法。具体是将印有 OLED 材料的施主薄膜压到目标基板上，实现紧密的接触，然后用激光束照射，导致 OLED 材料从施主薄膜脱离黏附，转印到目标基板上。三色的 OLED 需要分别热转印含有 RGB 三色的施主薄膜。

另外值得指出的是，在中国大陆，蒸镀 OLED 的关键材料和关键设备几乎全部依赖于进口，而在印刷 OLED 的材料上，中国大陆则有望提升竞争力。

9.4.6 eLEAP 技术

eLEAP 技术的名称是"environment positive, Lithography with maskless deposition, Extreme long life, low power, and high luminance, Any shape Patterning"，它是 JDI（Japan Display Inc.，日本显示器公司）于 2022 年 5 月宣布开发出的世界上第一个使用无掩膜沉积和光刻工艺面向大规模生产的 OLED 技术。eLEAP 可以更精确地对 RGB 像素进行图案化，将开口率从原来的 28% 提高到 60%，是 FMM 技术产生的开口率的 2 倍以上。

eLEAP 的具体制程如下：首先，在整个玻璃基板表面形成第一种颜色的发光像素单元，使用光刻工艺对其进行图案化处理，仅留下发光像素部分、去除不需要的部分。其次，把第二种颜色涂在第一种颜色上面，覆盖整个玻璃基板表面，再次使用光刻工艺进行图案化处理，去除不需要的部分。通过重复以上作业，即可形成 RGB 分别独立的发光像素单元。eLEAP 技术中的重要一点是 OLED 怕水氧、怕溶剂，不能直接对 OLED 进行光刻、刻蚀，而是需要设计特殊的工艺来保护光刻中要保留的 OLED 像素部分。

由于 eLEAP 技术采用的是光刻工艺，因此可以使用最新世代大尺寸玻璃基板来生产。eLEAP 技术解决了 FMM 技术在应用于大尺寸 OLED 面板时，大尺寸荫罩在蒸镀制程中易产生变形与材料过度使用等问题，有望打破大尺寸 OLED 制造量产受限之困。开口率的增加还可以显著提高屏幕的显示亮度和使用寿命。同时，由于光刻工艺的微米级精度，eLEAP 技术可以缩小像素间距，因此 eLEAP 技术可实现现有 OLED 技术以上的高精细化。

9.4.7 OLED 封装

由于 OLED 采用有机材料，因此十分怕潮湿、怕氧化；同时 OLED 的阴极材料通常是纳米厚度的活泼金属，同样怕水氧。因此，OLED 必须妥善密封，否则，水和氧气通过孔隙侵入 OLED 会造成黑点（Dark Spots）、像素萎缩（Pixel Shrink）等不良现象，且黑点会逐渐变大。

封装的衡量标准是水和氧气阻隔性，对应的物理量是水氧透过率（WVTR），其单位是 $g\cdot m^{-2}\cdot d^{-1}$。比如食品包装所要求的 WVTR 在 $10^0\sim 10^{-2} g\cdot m^{-2}\cdot d^{-1}$ 的量级；光伏（太阳能电池板）封装所要求的 WVTR 在 $10^{-4} g\cdot m^{-2}\cdot d^{-1}$ 的量级；而 OLED 封装的标准是很严苛的，在 $10^{-6}\sim 10^{-8} g\cdot m^{-2}\cdot d^{-1}$ 的量级。

为了理解 OLED 封装对 WVTR 的要求有多高，我们可引入图 9-29 中的比喻。我们想象给一个 100m×50m 的足球场覆盖一层膜来隔绝水和氧气透入其中。对于食品包装的标准，一个月时间，会有一瓶至一桶的量级的水渗透进去；对于光伏封装的标准，一个月时间，会有一勺量级的水渗透进去；而对于 OLED 封装的标准，一个月时间，则只能允许一滴水的量级渗透进去。

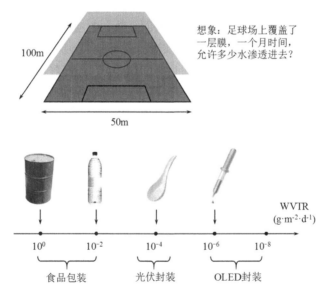

图 9-29 WVTR 的量级对比

因此，刚性 OLED 的封装通常采用水氧阻隔效果比较好的玻璃。比如用凹槽玻璃扣在 OLED 玻璃基板上，把 OLED 全部包起来，然后通过边框胶黏合于玻璃基板。两层玻璃之间通常还要内封有吸气剂，用于吸收水汽。用玻璃封装 OLED 的几种方法如图 9-30 所示。

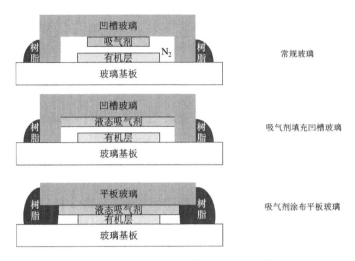

图 9-30　用玻璃封装 OLED 的几种方法

9.5　柔性 AMOLED

我们在第 1 章就已经介绍，"形态"（指硬件的尺寸、形状和其他物理规格）在推动显示技术发展中扮演着关键的角色。

柔性是一种关键的形态。对于柔性屏，我们最熟知的应用是近几年出现的柔性屏智能手机，有内折、外折等各种方式的折叠，其实现方式都是通过柔性 AMOLED 来实现的。柔性 AMOLED 是具有可弯折、可卷曲形态的 AMOLED，其形态轻薄，"薄如蝉翼"，可卷曲、可折叠。需要指出的是，虽然目前大部分 OLED 手机并不是折叠屏手机，但其实其中几乎都应用了柔性 AMOLED 屏，通过 COP 技术将屏幕的"下巴"折叠，来减小边框。

柔性 AMOLED 有多种应用场景，除了手机，也在时尚领域得到了应用，如时尚穿搭中。此外，飞机行李舱的曲面上、人造装饰树的叶子上、晚会等文娱活动中都能看见柔性屏的存在。

9.5.1　膜层堆叠

柔性 AMOLED 技术充满着复杂性，需要解决材料、工艺、器件、电路系统等多个领域的难题。首先，最关键的问题是，柔性 AMOLED 为什么"柔"？

材料的应力-应变曲线如图 9-31 所示，起初接近原点的曲线呈线性，这一部分表示弹性形变。在这一段弹性形变的范围内，材料可以恢复原状，若超出该范围，则会导致永久性变形。因此，从膜层堆叠角度，我们要保证图 9-32 中的所有膜层处在弹性形变的范围内，这样才能让屏幕在弯折以后复原。

如图 9-33 所示，膜层弯折时会有一个厚度位置上不受应变，这个位置称为中性面。中性面上下的各膜层受到的应变是不同的，图 9-33 中的中性面以上受拉伸应变，中性面以下受压缩应变，且越接近表层的应变越大，所受应变与中性面的距离成正比，与弯折半径成反比。

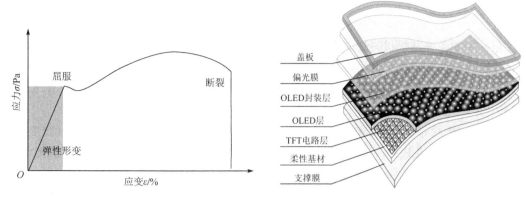

图 9-31　材料的应力-应变曲线　　　　　　　图 9-32　柔性 AMOLED 的膜层结构

　　膜层堆叠的难度在于降低各膜层应变，让所有的膜层材料都工作在弹性形变的区间中，因此需要以下几种方法。

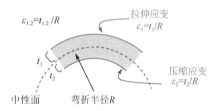

图 9-33　膜层弯折的应变分布

　　（1）选择合理的弯折半径 R。

　　（2）降低模组的厚度，让各膜层厚度尽可能小。

　　（3）将比较脆的、怕弯折的材料置于中性面附近，以让其受到最小应力，减少弯折时损的可能。

　　（4）降低材料的模量，即使用比较"软"的材料，比如把硬质基板换成高分子材料。

　　具体到每个膜层，从刚性 OLED 到柔性 OLED，如图 9-34 所示，代表性的膜层替代方法如下。

　　（1）将玻璃基板换成柔性基板。

　　（2）将封装玻璃换成薄膜封装。

　　（3）如果有触摸传感器，则将外挂式触摸传感器换成内嵌式触摸传感器。

　　（4）将偏光片换成涂布式偏光片或采用无偏光片技术（如 COE）。

　　（5）将玻璃盖板换成柔性盖板等。

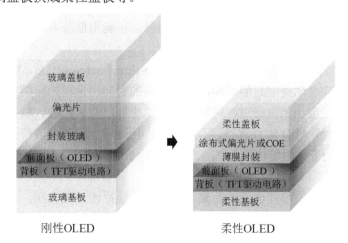

图 9-34　刚性 OLED 和柔性 OLED 的膜层差异

9.5.2 柔性基板

最常用的柔性基板材料是 PI（聚酰亚胺）。PI 是有机物，呈现橘黄色，可从溶液固化成膜。PI 有很好的物理化学性质，并且耐高温、耐化学腐蚀、强度高。PI 在电学上绝缘性好，可以做各种绝缘应用，包括涂料、胶、塑料等，如电子设备中的黄色绝缘胶带（如 Kapton Tape）、柔性电路板等。

首先将 PI 涂布在临时玻璃基板上，PI 固化成膜，然后在 PI 膜上制作背板（TFT 驱动电路）、前面板（OLED），进行薄膜封装，贴上临时保护膜，最后通过离型的方法把 PI 取下来，如图 9-35 所示。离型的方法有机械离型、激光离型［或称激光剥离（LLO）］、催化剂离型等。LLO 是用激光照射 PI 和玻璃的界面，通过物理化学变化，使 PI 从玻璃上脱落下来的方法。

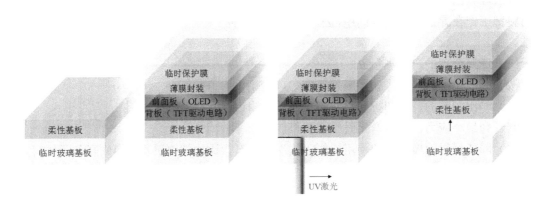

图 9-35　柔性基板的激光离型

9.5.3 柔性封装

由于 OLED 采用有机材料，需要避免水与氧气，因此必须进行封装。刚性 OLED 用玻璃进行封装，对水氧阻隔效果很好。但柔性 OLED 封装不能用刚性玻璃，只能选择一些柔性材料进行封装，其阻隔能力通常不如玻璃。同时，不能用框胶方式进行封装，否则会产生框胶剥离、OLED 挤压等问题，如图 9-36 所示。

柔性 OLED 的封装方法被称为薄膜封装（Thin-Film Encapsulation，TFE），其结构是多层有机物、无机物交替的叠层封装结构，这种结构的封装层也称为薄膜封装。无机物相对致密，其主要作用是阻挡水氧透过，材料一般用氮化硅、氮氧化硅、氧化铝、氧化钛等，通过 PECVD、溅射或 ALD 进行沉积。有机物的作用是增加水氧扩散路程、平坦化、降低应力，材料一般使用亚克力单体、六甲基二硅氧烷（HMDSO）等，沉积方式是有机气相沉积（OVPD）、喷墨打印、CVD 等。

无机层相对硬、脆，可能会因为污染物粒子或其他原因形成孔洞，导致水氧通过孔洞扩散。而有机层夹在无机层中间，会增加水氧到下一个孔洞的扩散路程，扩散路程不是垂直厚度而是更长的水平路径，因此可以延长 OLED 寿命，如图 9-37 中最下面的示意图所示。这种多层叠加最早由 Vitex 公司提出，由三星公司实现量产。随着后来技术工艺的优化，叠构的层数逐渐减少，TFE 变得更薄，减少到了三层或二层。沉积仍然要在很大的设备上进行。

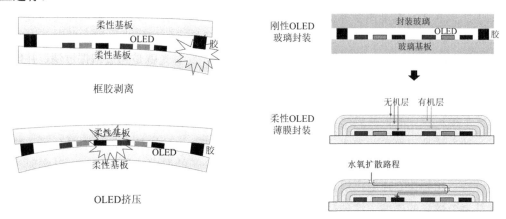

图 9-36　框胶封装柔性 OLED 会产生的问题

图 9-37　用玻璃封装的刚性 OLED 和用柔性材料封装的柔性 OLED

9.5.4　偏光片

偏光片（偏振片）在第 2 章中介绍过，主要利用的是物质的二向色性，比如电气石类的物质能强烈吸收某一方向振动的光，而与之垂直方向振动的光则吸收很少。人造的偏光片可以由有机高分子延展而成，把 PVA（聚乙烯醇）分子染色并拉伸，把分子链拉直，用 TAC（三醋酸纤维素）夹住，这样形成偏光片。

偏光片在 LCD 中与液晶取向配合，来实现像素的明暗。而偏光片在 AMOLED 中用于防止环境光反射，保证对比度。OLED 的阴极和阳极底板含有金属，容易形成镜面反射，所以没有偏光片的 OLED 屏在黑画面下呈现镜面银色，对比度很低，特别在强光下。而有偏光片的 OLED 屏的黑画面呈现黑色，点亮后对比度高。

常见的 OLED 的偏光片结构如图 9-38 所示，线偏光膜专门过滤某一个方向的偏振光，下面还有补偿膜，通过双折射，把线偏振光转换成圆偏振光。

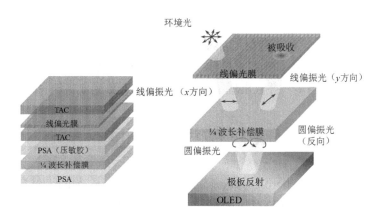

图 9-38　常见的 OLED 的偏光片结构

具体原理是，环境光（如太阳光或灯光）的偏振方向是随机的，没有规律。环境光通过第一层线偏光膜被过滤出单一方向的线偏振光（x 方向），经过补偿膜后会变成圆偏振光。OLED 阴极和阳极都是用金属做的，不可避免会有镜面反射，反射后圆偏振光的旋转方向就会发生翻转，翻转后回到补偿膜再出来，就又被转换回线偏振光，但方向和入射时的偏振方向成 90°，此时反射光会被偏光膜吸收掉。总之，反射光就是通过偏振过滤、补偿后消除掉的，所以我们的手机、计算机、电视关掉后看起来都是黑色的。

然而，图 9-38 中的偏光片的总厚度可达几十微米到上百微米，这与柔性 AMOLED 尽可能减小模组厚度的设计思路是相悖的。因此，人们提出了几种新的方法。

一种方法是用涂布的方式，把偏光物质涂到 OLED 上。比如，溶质液晶分子溶解到溶剂中后，在干燥过程中可形成液晶状态，利用液晶分子的取向性排列，就可以实现二向色性的性质，起到偏光片的作用。这种涂布式偏光片可以大幅度降低 OLED 偏光片厚度到几微米甚至 1 微米的厚度。这种技术还处于发展中，其偏光性能有待提升。

另一种方法是封装上滤色（COE）技术。这种方法是在 OLED 的封装层表面制作一层与 OLED 子像素相对应的 RGB 滤色片，并在子像素之间的空隙使用黑色材料填充。其中的黑色材料能做到对环境光的全波长高效吸收；而 RGB 三原色的滤色片，能保证 OLED 发射的光线透过，并进一步提纯。同时，滤色片也能有效吸收环境光中非 RGB 的其他波长光线。

9.5.5　盖板

刚性 AMOLED 的最外层的屏幕盖板通常是玻璃盖板，比如很多设备采用的康宁大猩猩玻璃（Corning Gorilla Glass），是一种铝硅钢化玻璃，其莫氏硬度在 6 以上，约等于石英的硬度。

而对于柔性 AMOLED 的盖板来说，达到高透过率、高强度的同时具有柔性是很难的。很多折叠屏手机盖板，折久了会出现折痕、材料疲劳或底部脱胶等问题，面对高硬度物体的摩擦也会有刮花的问题。目前折叠屏手机采用的柔性盖板材料通常有两种：无色聚酰亚胺（CPI）和超薄玻璃（UTG）。

CPI 也是一种 PI，其透明度高于常规的黄色 PI，CPI 具有较好的柔性。而 UTG 是几十微米厚度的玻璃，如康宁的柔性玻璃。UTG 的硬度高一些，但成本也更高。两者各有优势，会长期共存。

早期的折叠屏手机，比如三星的 Galaxy Fold 一代，采用的是 CPI 盖板，比较容易刮花。据统计，在 2020 年应用 CPI 的折叠屏手机是应用 UTG 的 6 倍多。随着 UTG 技术的进步，UTG 的应用越来越多，并且出现了 CPI+UTG 复合盖板的方案。

9.6　微型 OLED

微型有机发光二极管（Micro-Organic Light Emission Diode，Micro-OLED）也称为硅上 OLED（OLED-on-Silicon，OLEDoS），是一种集成了 CMOS 芯片和 OLED 的显示技术。其工作原理与普通 OLED 的相似（见图 9-39），只是背板采用了集成度更高、驱动能力更强的硅基 CMOS 芯片，因此尺寸更小，像素密度和亮度更高，在小型设备和头戴式显示器等场景中具有广泛的应用前景。

然而 Micro-OLED 的寿命短的问题需要解决。除了封装技术，OLED 的亮度与其寿命直接相关，而 Micro-OLED 的高亮度将不可避免地加速器件寿命的缩短。目前主要的措施有修改阳极结构、使用多层堆栈、设计更薄的 HTL 和更厚的 ETL 等，以延长寿命等。

Micro-OLED 的微型形态使得该技术在市场上得到了全面的发展，但是目前已经提出的新封装方法、材料和电极改性方式等仍不能满足市场需求。因此，在 Micro-OLED 技术飞速发展的当下，结合其技术特点和市场定位，高分辨率的 VR 是不错的选择，但在 AR 等受外界环境光影响的场景中仍有很大的提升空间。

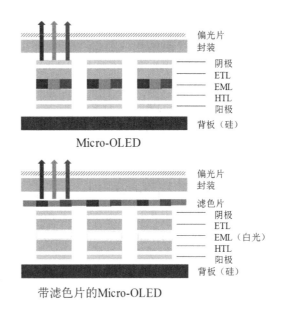

图 9-39　常见的 Micro-OLED 结构

9.7　本章小结

本章首先介绍了 OLED 的基本原理，从分子轨道理论出发，介绍了注入、形成激子、发射的原理过程，以及 4 个世代的 OLED 发光材料（有机荧光材料、有机磷光材料、有机 TADF 材料、超荧光材料）；然后介绍了 OLED 器件的结构、OLED 器件的出光（底发光和顶发光），以及 OLED 全彩化等；最后详细讨论了 OLED 的制程，包括背板、前面板、模组三段，还讨论了 OLED 的像素排列。

本章一大重点是柔性 AMOLED。AMOLED 的形态具有轻薄、可弯曲折叠的优点，适合于移动便携的产品。AMOLED 技术很复杂，涉及弹性形变、低模量材料、厚度减薄等设计思路，以及柔性基板、薄膜封装、柔性盖板等关键材料。

过去由于有机材料的稳定性，长时间通电的 OLED 存在烧屏问题。随着有机化学等学科的发展，OLED 的寿命得到大幅延长，并且已极大地获得了市场的认可，未来 OLED 仍是显示领域中不可或缺的技术。同时伴随柔性电子学的发展，柔性 AMOLED 依然是柔性显示最具潜力的解决方案之一。另外，OLED 还有 Micro-OLED 这样更小尺寸、更高像素密度的微型显示。OLED 未来一定会绽放更大的光彩。

9.8　参考文献

[1]　TANG C W, VANSLYKE S A. Organic electroluminescent diodes[J]. Applied Physics Letters, 1987, 51(12):913-915.

[2] BURROUGHES J H, BRADLEY D D C, BROWN A R, et al. Light-emitting diodes based on conjugated polymers[J]. Nature, 1990, 347(6293):539-541.

[3] KIDO J, KIMURA M, NAGAI K. Multilayer White Light-Emitting Organic Electroluminescent Device[J]. Science, 1995, 267(5202):1332-1334.

[4] BALDO M A, O'BRIEN D F, YOU Y, et al. Highly efficient phosphorescent emission from organic electroluminescent devices[J]. Nature, 1998, 395(6698):151-154.

[5] ENDO A, OGASAWARA M, TAKAHASHI A, et al. Thermally Activated Delayed Fluorescence from Sn^{4+}–Porphyrin Complexes and Their Application to Organic Light Emitting Diodes — A Novel Mechanism for Electroluminescence[J]. Advanced Materials, 2009, 21(47):4802-4806.

[6] JEON Y, CHOI H R, LIM M, et al. A Wearable Photobiomodulation Patch Using a Flexible Red-Wavelength OLED and Its In Vitro Differential Cell Proliferation Effects[J]. Advanced Materials Technologies, 2018, 3(5):1700391.

[7] CHOI S, JEON Y, KWON J H, et al. Wearable Photomedicine for Neonatal Jaundice Treatment Using Blue Organic Light-Emitting Diodes (OLEDs): Toward Textile-Based Wearable Phototherapeutics[J]. Advanced Science, 2022, 9(35):2204622.

[8] UOYAMA H, GOUSHI K, SHIZU K, et al. Highly efficient organic light-emitting diodes from delayed fluorescence[J]. Nature, 2012, 492:234-238.

[9] WU C C, CHEN C W, LIN C L, et al. Advanced Organic Light-Emitting Devices for Enhancing Display Performances[J]. Journal of Display Technology, 2005, 1(2):248-266.

[10] MA J, PIAO X, LIU J, et al. Optical simulation and optimization of ITO-free top-emitting white organic light-emitting devices for lighting or display[J]. Organic Electronics, 2011, 12(6):923-935.

[11] DE GANS B J, SCHUBERT U S. Inkjet printing of well-defined polymer dots and arrays[J]. Langmuir,2004, 20(18):7789-93.

[12] CHABINYC M L, WONG W S, ARIAS A C, et al. Printing Methods and Materials for Large-Area Electronic Devices[J]. Proceedings of the IEEE, 2005, 93(8):1491-1499.

[13] STREET R A, WONG W S, READY S E, et al. Jet printing flexible displays[J]. Materials Today, 2006, 9(4):32-37.

[14] DEEGAN R, BAKAJIN O, DUPONT T, et al. Capillary flow as the cause of ring stains from dried liquid drops[J]. Nature, 1997, 389:827-829.

[15] LAN L, ZOU J, JIANG C, et al. Inkjet printing for electroluminescent devices: emissive materials, film formation, and display prototypes[J]. Frontiers of Optoelectronics, 2017, 10(4):329-352.

[16] ZHENG X, LIU Y, ZHU Y, et al. Efficient inkjet-printed blue OLED with boosted charge transport using host doping for application in pixelated display[J]. Optical Materials, 2020, 101:109755.

[17] ANDO M, IMAI T, YASUMATSU R, et al. High-resolution Printing of OLED Displays[J]. SID Symposium Digest of Technical Papers, 2012, 43(1):929-932.

[18] JIN H, STURM J C. Super-high-resolution transfer printing for full-color OLED display patterning[J]. Journal of the Society for Information Display, 2012, 18(2):141-145.

[19] LEE S T, SUH M C, KANG T M, et al. LITI (Laser Induced Thermal Imaging) Technology for High-Resolution

and Large-Sized AMOLED[J]. SID Symposium Digest of Technical Papers, 2012, 38(1):1588-1591.

[20] HAM H, PARK J, KIM Y. Thermal and barrier properties of liquid getter-filled encapsulations for OLEDs[J]. Organic Electronics, 2011, 12(12):2174-2179.

[21] KIM S, KWON H J, LEE S, et al. Low-Power Flexible Organic Light-Emitting Diode Display Device[J]. Advanced Materials, 2011, 23(31):3511-3516.

[22] YANG H, ZHAO Y, HOU J, et al. Organic light-emitting devices with double-block layer[J]. Microelectronics Journal, 2006, 37(11):1271-1275.

[23] ZENG L, LIU S. 24.5: High-Performance Electron-Blocking Layer Materials for OLED[J]. SID Symposium Digest of Technical Papers, 2021, 52(S2): 325-327.

[24] LI Y, CHEN H, ZHANG J. Carrier Blocking Layer Materials and Application in Organic Photodetectors[J]. Nanomaterials, 2021, 11:1404.

[25] BOINTON T, JONES G, DE SANCTIS A, et al. Large-area functionalized CVD graphene for work function matched transparent electrodes[J]. Scientific Reports, 2015, 5:16464.

[26] LIN S J, UENG H Y, JUANG F. S. Effects of thickness of organic and multilayer anode on luminance efficiency in top-emission organic light emitting diodes[J]. Japanese journal of applied physics, 2006, 45(4S):3717.

[27] YAHYA M, FADAVIESLAM M R. The effects of argon plasma treatment on ITO properties and the performance of OLED devices[J]. Optical Materials, 2021, 120:111400.

[28] LIAO L S, KLUBEK K P, TANG C W. High-efficiency tandem organic light-emitting diodes[J]. Applied Physics Letters, 2004, 84(2):167-169.

[29] FUNG M K, L I Y Q, LIAO L S. Tandem organic light-emitting diodes[J]. Advanced Materials, 2016, 28(47):10381-10408.

9.9　习题

1. OLED 面板厂商为什么要不断提高生产代线？8.6 代线和 6 代线的技术，除了尺寸，还有什么差异？

2. 请调研和罗列最新世代 OLED 材料的最新研发进展。

3. 请简述说明 OLED 的全彩化策略，并调研目前主流面板厂商量产 OLED 产品的全彩化方案。

4. 请简述面向量产应用时真空蒸镀与喷墨打印制程沉积 OLED 有机材料的优缺点，并调研两种制程在量产中的应用现状。

5. 柔性 OLED 制程中涉及离型制程，即柔性基板与硬质玻璃基板的分离，请简述该制程还有哪些本书以外的新进展及应用。

6. 请调研文献，简述新形态（柔性乃至可拉伸）OLED 还有哪些潜在应用场景。

7. 请调研 eLEAP 技术的方案，试与喷墨打印及 FMM 制程方案对比，简述 eLEAP 技术在 OLED 制程中的研究进展及优势。

第10章

薄膜晶体管与显示驱动技术

本章介绍背板层中的薄膜晶体管（TFT）的基本结构，以及用于显示驱动的各类像素电路、集成驱动电路的基本功能。背板负责每个像素的明暗显示，主要由充当开关的 TFT 组成。

10.1　无源矩阵和有源矩阵

10.1.1　无源矩阵

前面章节已经数次提到无源矩阵（Passive Matrix，PM），又称为被动矩阵，它是一种逐行扫描的驱动方式。如图 10-1 所示，无论是 LCD 还是 OLED 显示，都是在行线（扫描线）与列线（数据线）交错的位置为像素点，采用叠层交错的方式，逐行扫描选通一行后发光，利用视觉暂留显示每帧图像，但是这种驱动方式存在很大的弊端，包括尺寸受限、亮度受限、邻近像素串扰等问题。

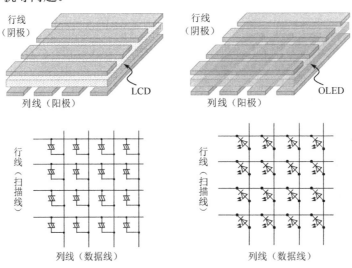

图 10-1　LCD 和 OLED 显示的 PM 驱动结构图

这里以 PM 驱动的 OLED（PMOLED）为例进行详细介绍。PMOLED 驱动芯片是通过 COB、COF 或 FPC 等方式与面板连接的，行线、列线都由硅基 CMOS 驱动，行线选通而列线类似电流源输出大小不同的电流，如图 10-2 所示。

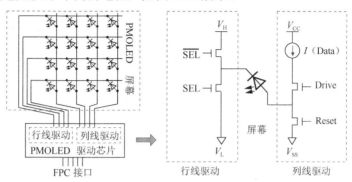

图 10-2　PMOLED 驱动电路的基本结构

对于 PMOLED，其行数和亮度都是有限制的，每行只在扫描到此行时发光，则每行信号的占空比是 1/行数。当扫描速度够快时，通过视觉暂留和残影的效果就可以形成完整图像。对于一帧的显示时间，如果是 1/刷新率，则点亮时间是(1/刷新率)/行数，如图 10-3 所示。每个像素的亮度为像素光强（cd）/［像素面积（m^2）×占空比］，因此相同亮度下，行数越多，需要的像素光强（单个 OLED 亮度）越高。

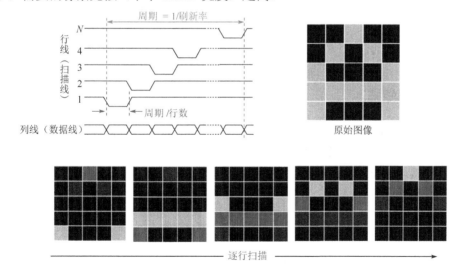

图 10-3　PMOLED 像素扫描行数和亮度

PMOLED 面临串扰的问题，即点亮一个像素的同时，周围的像素也会发光。串扰的产生有两方面的原因：从结构上看，OLED 膜是一整面的，横向不绝缘，因此电流流经某一个像素时，势必会对其他像素产生影响；从驱动上看，为了点亮某一个像素，电流也从其他行线、列线经过，就会产生影响，如图 10-4 所示。

对于要求高分辨率的显示屏来说，其串扰问题会更加严重，图 10-5 左右两侧的电路仅画法不同，但实际完全一样，相当于电流从 A 点传入，经过与行线 1 交点处的 OLED 再流出，可以看出，除了想要点亮的 A1 管，周围的几个 OLED 也都有通路完成电流的流经。尤其点亮密集的像素，周围电流和其余像素产生的影响也会出现叠加。

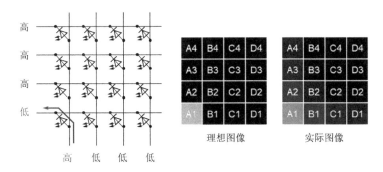

图 10-4　PMOLED 的串扰产生的图像显示对比

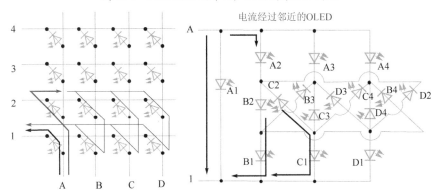

图 10-5　高分辨率 PMOLED 的串扰

10.1.2　半有源矩阵

为了解决无源驱动的共性问题（串扰），可以采用一种半有源矩阵（Semi-Active Matrix，Semi-AM）策略，采用单个晶体管驱动 LED，具体原理为通过行线的扫描信号选通每行的晶体管或 TFT，来解决邻近像素之间的串扰问题，如图 10-6 所示。

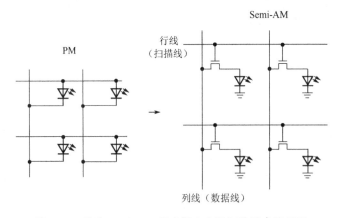

图 10-6　通过 Semi-AM 驱动解决无源矩阵的串扰问题

10.1.3　有源矩阵

由于 PM 驱动面临的诸多问题，Semi-AM 驱动也只能做到每行选通，无法实现真正的单个像素独立显示，因此有源矩阵（Active Matrix，AM），在 LCD、OLED 等的驱动中展现了更多的优势，也成为大面积、高像素密度显示的首选，具体的代表性驱动电路如图 10-7 所示。AM 驱动的 LCD 有时称为 TFT-LCD，因为其中的有源器件是 TFT；AM 驱动的 OLED 通常称为 AMOLED。AM 驱动利用有源器件（如二极管或晶体管的阵列）来控制像素，本章主要以晶体管作为主动驱动器件来进行讲解。AM 驱动可以保证没有串扰的影响，同时像素可以保持常亮，所以相同像素亮度下，AM 的亮度更高。此外还可实现更大的尺寸，分辨率也会更高。表 10-1 中列举了 PMOLED 与 AMOLED 的对比。

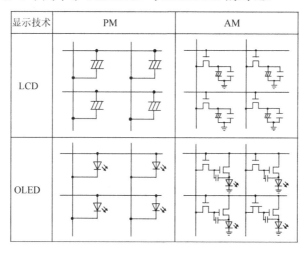

图 10-7　LCD 与 OLED 的 PM、AM 代表性驱动电路图示对比

表 10-1　PMOLED 与 AMOLED 的对比

项目	PMOLED	AMOLED
驱动特点	采用扫描的方式，瞬间注入高电流；单个 OLED 亮度随行数增加而变化	利用 TFT 对每像素发光进行控制；单个 AMOLED 亮度不随行数增加而变化
显示性能	单色或彩色；小尺寸（<3 英寸）；低分辨率；拼接显示	彩色；中大尺寸；中高分辨率；高亮度
相对优点	结构简单、技术门槛低、成本低	低电压、低功耗、长寿命
相对缺点	小尺寸、低分辨率；高功耗、易老化、短寿命；串扰问题	高技术门槛、高成本、高投资
应用领域	车载显示器、手环、手表、仪器仪表等	智能手表、手机、平板电脑、笔记本电脑、电视等

10.2　TFT 基础

AM 中最重要的器件是有源器件。有源器件指的是需要电源来实现其特定功能的电子

元件，用于显示驱动的有源器件可以是二极管或晶体管。晶体管是一种用于放大或开关电信号的半导体器件，是基本电子元件之一，通常有 3 个或 4 个端口。这些有源器件对于自发光器件来说都是用来提供持续性电流的，可以保持像素常亮。

在平板显示的 AM 中最常见的晶体管是 TFT，也有用于 AM 的硅基金属氧化物半导体场效应晶体管（MOSFET）、GaN 场效应晶体管等。

10.2.1　晶体管

晶体管的历史可以追溯到 20 世纪初。在 1925 年（Lilienfeld）和 1934 年（Oskar Heil），就已经有场效应晶体管（Field-Effect Transistor，FET）的发明专利。1947 年，贝尔实验室（Bell Lab）的威廉·肖克利（William Shockley）所领导的小组（还有 John Bardeen、Walter Brattain）发明了晶体管，并于 1956 年获得了诺贝尔物理学奖。他们发明的第一个晶体管是基于锗（Ge）的点接触晶体管。1954 年，贝尔实验室才用硅做了晶体管。

20 世纪 60 年代，出现了两种重要的晶体管，一种是 1963 年出现的 MOSFET（见图 10-8），另一种是 1962 年出现的 TFT。两种器件的结构非常类似，都包括栅极、栅绝缘层、有源层和源极、漏极这些基本部件，而且各部件的位置也大体一致。但两者在基底材料的选择、栅绝缘层的制备方法、有源层的选择，以及电极层与有源层之间的相互位置关系等方面存在重要的区别。

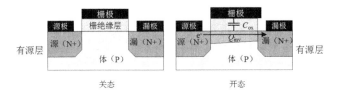

图 10-8　MOSFET 的结构和原理

20 世纪 60 年代是集成电路起步的阶段，当时 TFT 与 MOSFET 都有潜力成为集成电路的基本构成器件，展开了激烈的竞争。开始阶段两者不相上下，后来 MOSFET 随着摩尔定律的发展，性价比提升越来越快，逐渐胜出。

20 世纪 70 年代，LED 技术开始发展，业界急需一种能在大面积玻璃上制备的半导体器件作为 AM 驱动的开关，而只有 TFT 恰好能够满足这种需求，由此发展成为今天庞大的平板显示市场。可以说 TFT 技术是伴随着平板显示技术发展起来的。

10.2.2　TFT 基本原理

TFT 也是一种场效应晶体管，是目前显示驱动的主要组成部分，其整体较薄，一般在绝缘基板上制备（如玻璃、PI 等），这与 MOSFET 的衬底是半导体材料（如硅晶片）不同。TFT 在 20 世纪 60 年代开发出来，当时用的半导体材料是 CdSe、InAs 等，直到 1979 年非晶硅 TFT 的出现，开启了 AM-LCD 的时代。

在结构上划分，TFT 包括背栅和顶栅两大类（见图 10-9），在物理原理上其与 MOSFET 基本相同，除了有些因半导体厚度和绝缘基板引起的次级效应等会在原有的 MOSFET 的基础上有一定的修正，可以类比 MOSFET 中的 SOI（Silicon-On-Insulator）结构来分析。

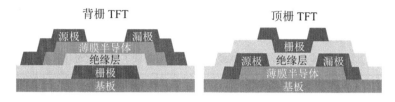

图 10-9 背栅 TFT 和顶栅 TFT 的基本结构图

首先回顾一下 MOSFET 的物理原理和电流公式（萨支唐方程）。MOSFET 分三个主要的工作区域：截止区、开态下的线性区和饱和区（见图 10-10），线性区指漏源电流 I_{ds} 随栅源电压 V_{gs} 和漏源电压 V_{ds} 线性变化，当栅极和源极之间的电压不断增大到饱和区时，I_{ds} 将不再随 V_{ds} 变化，仅与 V_{gs} 有关，具体公式如下。

在关（OFF）态情况下，处于截止区，$V_{gs}<V_T$，V_T 是阈值电压。近似的有：

$$I_{ds} \approx 0$$

在开（ON）态情况下，$V_{gs}>V_T$，若 $V_{ds}<V_{gs}-V_T$，则处于线性区，此时

$$I_{ds} = \mu C_{ox} \frac{W}{L} \left(V_{gs} - V_T - \frac{1}{2} V_{ds} \right) V_{ds}$$

式中，μ 是迁移率；C_{ox} 是栅电容。

若 $V_{ds}>V_{gs}-V_T$，则处于饱和区，此时

$$I_{ds} = \mu C_{ox} \frac{W}{L} (V_{gs} - V_T)^2$$

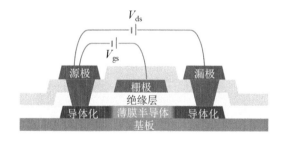

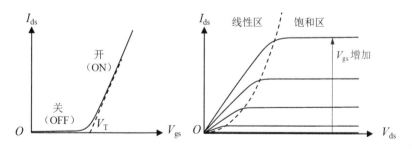

图 10-10 TFT 基本工作原理图

目前已量产的 TFT 中，沟道（有源层）材料，即薄膜半导体材料以非晶硅（a-Si）、低

温多晶硅（LTPS）、非晶氧化物（AOS）为主。三者在迁移率、工艺和应用上有不同的性质，各有优劣，其 TFT 的大致对比如表 10-2 和图 10-11 所示，下面对这些薄膜半导体材料的 TFT 进行详细的介绍。

表 10-2 不同类型薄膜半导体材料的 TFT 的性能对比

性能	非晶硅	低温多晶硅	非晶氧化物
TFT 极性	NMOS	PMOS/NMOS	NMOS
迁移率/（cm²/Vs）	0.5～1	50～100	5～50
开关比	低	中	高
制程温度/℃	300 左右	500 左右	400 左右
制程复杂度	低	高	中
均一性	高	低	高
稳定性	低	高	中
优势	技术相对成熟；制程简单	高驱动能力（高 PPI/刷新率/亮度）	功耗低
劣势	低 PPI；对光/温度敏感	功耗高；成本高；尺寸小	驱动能力低；对光/水/氧/温度敏感
应用	主要用于驱动 LCD 屏幕	现在多用于驱动小屏幕 OLED，如手机	现在多用于驱动大屏幕 LCD 和 OLED，如电视

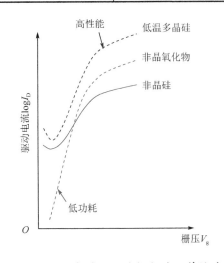

图 10-11 不同类型 TFT 的电流-电压特性对比

10.2.3 非晶硅

晶体本身分为单晶、多晶和非晶，如图 10-12 所示。非晶硅又称为不定型硅，常被产业界俗称为"A 硅"。硅的化学键是由 sp3 轨道形成的，方向性很强，每个夹角为 109.5°。而非晶硅是硅的同素异形体，不存在周期性晶格结构，原子呈无序排列，无序性会导致化学键扭曲、断裂，形成缺陷。

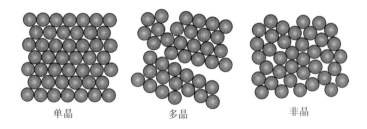

图 10-12　单晶、多晶、非晶的晶格结构

非晶硅本身的缺陷可以从两类化学键来分析：①弱键：原子排列的无序性会导致化学键扭曲，并没有呈现合适的角度和距离，使得该化学键较弱，容易断裂。②悬挂键：原子排列的无序性会导致化学键断裂，形成只有一个电子的悬挂键；未配对的电子，容易与自由电子配对，从而束缚自由电子。弱键和悬挂键的结构如图 10-13 所示。

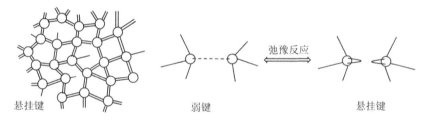

图 10-13　弱键和悬挂键的结构

弱键和悬挂键对非晶硅的能带结构有很大的负面影响。弱键产生的缺陷态分布在价带和导带附近，这类浅缺陷态会散射电子，降低电子的迁移率。而悬挂键产生的缺陷态分布在禁带中心附近，即中间带隙束缚态，这类深缺陷态会俘获电子，使其回到价带，缩短电子的寿命。弱键和悬挂键的缺陷态位置分布如图 10-14 所示。

一般的晶态半导体带隙指的是价带顶部和导带底部之间的能量差（通常以电子伏特 eV 的单位表示），它是将电子从价带提升到导带所需的能量。而与之对应就是非晶态半导体的迁移率隙，指的是能带中间的扩展态电子和带尾区的定域态之间存在的迁移率突变的能量差。在非晶硅中，导带和价带之间，整个迁移率隙为 1.7～1.8eV，和硅的 1.12eV 有一定的差距。悬挂键产生的深缺陷态位于带中，弱键产生的浅缺陷态位于带尾，带尾缺陷态的态密度呈现指数变化 $D_c(E)=D_{c0}\times\exp[(E_c-E)/E_{urc}]$，其中，$E$ 为能量，E_c 为导带底的能量，D_{c0} 为导带底的态密度，

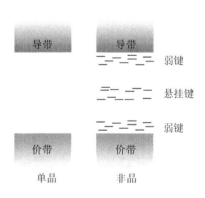

图 10-14　弱键和悬挂键的缺陷态位置分布

E_{urc} 为乌尔巴赫能量（Urbach Energy），具体分布如图 10-15 所示。

不过非晶硅中的悬挂键和弱键具有一定的特性，其可以被氢填充，适当的氢能够降低非晶硅的缺陷态的态密度，增加载流子的迁移率和寿命，达到半导体材料标准。目前，工业中更多采用的是氢化非晶硅（a-Si:H），应用于 TFT、太阳能电池、光敏传感器、光传感

器等领域。氢化非晶硅示意图如图 10-16 所示。

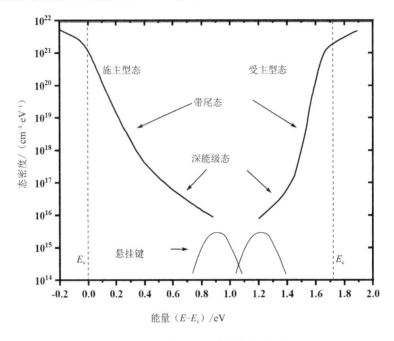

图 10-15 非晶硅的态密度分布图

由于非晶硅/氢化非晶硅可以大面积、低成本的生产，因而在实际的生产应用中广受青睐，而单晶硅则需要通过提拉单晶法来获取，整体的加工成本、生产尺寸等都受到限制，这也是大规模显示选择非晶硅的主要原因。非晶硅的制备主要采用等离子体增强化学气相沉积（PECVD）工艺，利用甲硅烷（SiH_4）分解，脱掉氢（H）元素，生成硅（Si）的单质，如图 10-17 所示。

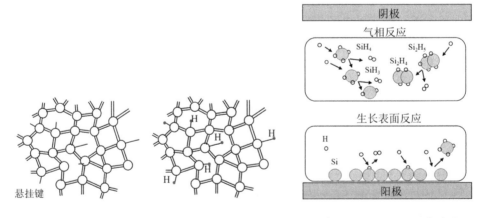

图 10-16 氢化非晶硅示意图   图 10-17 采用 PECVD 工艺制备非晶硅的原理

10.2.4 多晶硅

多晶硅由许多单晶的晶粒组成，结构介于非晶硅和单晶硅之间，各晶粒的大小、排列方向不同。因为多晶硅的缺陷主要分布在晶界内，各晶粒中的原子排列和单晶硅相同，为长程有序，而不同于非晶硅，非晶硅整体的原子排列均是杂乱无章的，因此多晶硅比非晶硅的迁移率高，可极大提升显示面板性能。但晶粒排列方式的不同，就会出现晶界，其存在于晶粒和晶粒之间。由于晶界两边的晶粒质点排列取向有一定差异，因而晶界上的原子排列是不规则且存在畸变的，使得系统的自由能升高，更不稳定，从而产生大量的结构缺陷（悬挂键、弱键、点缺陷等），称为晶界缺陷。晶界缺陷不仅作为电荷的陷阱俘获载流子，而且形成势垒散射载流子的运动，如图 10-18 所示。因此要让多晶硅的性能得到提升，就需要晶粒尺寸尽量大，减少晶界。

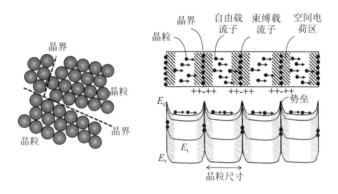

图 10-18　多晶硅的晶粒和晶界

　　多晶硅的传统制备方法是对非晶硅进行高温退火（高于 900℃ 的温度），但由于 TFT 是在玻璃、PI 等绝缘基板上制备的，而这类显示基板显然不能耐受此高温，因此人们开发出了低温多晶硅（LTPS）技术，即在相对较低的温度（≤650℃）下制备多晶硅，主要通过对非晶硅进行激光退火来制备多晶硅。具体来说，是利用准分子激光（XeCl 等紫外激光）辐照熔化非晶硅以形成多晶硅的晶粒，这项工艺被称为准分子激光退火（Excimer Laser Annealing，ELA），目前主要用到的是线激光。但是这种激光设备价格昂贵、寿命有限，且生产尺寸受限制（通常为 6 代线尺寸），生产出的 LTPS 均一性差。尽管 LTPS 成本更高，均一性和尺寸受限，但是相比于非晶硅和单晶硅，其制作的器件的性能和在显示上的应用仍然有一定的优势。非晶硅、多晶硅、单晶硅的对比如表 10-3 所示。

表 10-3　非晶硅、多晶硅、单晶硅的对比

项目	非晶硅	多晶硅	单晶硅
迁移率/（cm²/Vs）	0.5~1	50~100	>1000
适用产线	11 代线及以下	8.6、6 代线及以下	12 英寸半导体线
成本	低	中	高
应用场景	显示	显示	集成电路
图示			

10.2.5　非晶氧化物

非晶氧化物（Amorphous Oxide Semiconductor，AOS）中比较有代表性的是氧化铟镓锌（InGaZnO 或 IGZO）。选择铟、镓、锌这三类金属也是因为其性质相似，在元素周期表中的位置相近，将铟、镓、锌、氧四类原子无规则地混合在一起，控制不同的比例，就可以形成不同性质的 IGZO。

硅的 sp3 有较强的方向性，单晶硅和非晶硅的性质差别较大，而氧化物半导体的导带由金属的 s 轨道构成，价带由氧的 p 轨道形成，无方向性，轨道有交叠电子即可通过，所以原子的无序排列对电子的传导影响不显著，硅和氧化物半导体的轨道示意图如图 10-19 所示。

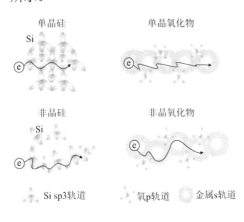

图 10-19　硅和氧化物半导体的轨道示意图

从具体的电子结构上看，非晶硅的无序排列会引起三类缺陷。无序排列会引起带尾，导致金属离子周围的氧空位（原本有氧原子的区域缺少了氧原子）形成大量缺陷态，同时外界的氢原子扩散进入 IGZO，形成浅施主，如图 10-20 所示。浅缺陷态（氢原子形成的缺陷态，以及金属离子周围的氧空位）一方面可以提供电子，另一方面也会束缚、散射电子；深缺陷态（远离金属离子的氧空位导致的大量的缺陷态）会束缚电子，缩短其寿命。此外，IGZO 的带隙也要比多晶硅、单晶硅大很多，大约为 3.2eV，由于价带主要是由氧的 p 轨道形成的，在空间上不连续，而不容易形成空穴的导电通路，因而 IGZO 的导电主要通过电子的运动来实现，即 AOS TFT 主要是 N 型晶体管。

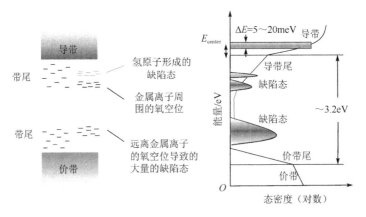

图 10-20　IGZO 缺陷态密度分布

选择合适的化学成分和退火条件可以调控 IGZO 的迁移率和载流子密度，如图 10-21 所示。根据与氧的结合能力，Ga＞Zn＞In，三者成分比例不同，对 IGZO 的影响也不同。

Ga 可以抑制载流子，起到稳定结构的作用，也就是说，Ga 越多，载流子越少；而对于 Zn 来说，ZnO 容易形成晶体，产生晶界缺陷，会影响带尾态；In 本身可以提高导电性，In 的 5s 轨道与导带有关，5s 轨道球形对称，可以降低晶格无序性的影响。

在一些具体的研究中，可见 IGZO 组分会对 TFT 性能产生影响。In 增加可以提高迁移率和载流子密度，使得电流增大，阈值电压负向移动，TFT 更难关断；Ga 增加可以降低迁移率和载流子密度，使得电流减小，阈值电压正向移动，TFT 更难开启；Zn 增加会使非晶的 IGZO 出现多晶化现象，降低带尾态密度，使得亚阈值摆幅（SS）变陡，具体如图 10-22 所示。

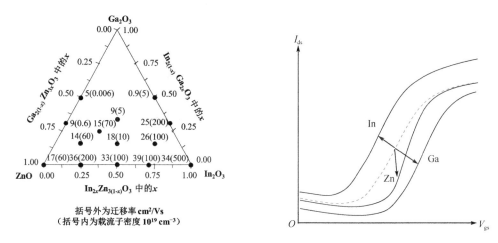

图 10-21　IGZO 组分不同对迁移率和载流子密度的影响　　图 10-22　IGZO 组分对 TFT 性能的影响

除金属组分的影响外，还有氧组分的影响，也就是 IGZO 内氧空位和氢原子同样会对 TFT 性能产生影响。首先，氧作为施主，在氧空位（VO）形成的地方，会留下两个电子，氧空位多，首先，导电性强，V_T 负向移动，电流变大，如图 10-23（a）所示。其次，致密的 IGZO 薄膜一般具有更高的电子迁移率。疏松的 IGZO 薄膜中，氧空位电子距离金属离子较远，电子不容易运动，而致密的 IGZO 薄膜中，氧空位电子距离金属离子较近，电子容易运动；同时氧空位多，稳定性差。外界扩散进来的氢原子与 IGZO 中的氧结合，会生成氢氧根并释放 1 个电子，氢原子作为施主，如果其数量越多，则释放的电子也越多，首先，使得 IGZO 更加导通，V_T 负向移动，电流变大，如图 10-23（b）所示；其次，氢能够通过钝化深陷阱态和界面陷阱态来降低回滞现象。

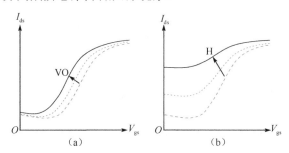

图 10-23　氧空位（VO）和氢原子（H）对 IGZO TFT 的影响

10.2.6 TFT 性能与显示性能

TFT 本身的各种性能（包括迁移率、开关比、SS、稳定性等）对显示面板会造成各种影响。这里用迁移率和开关比举几个直观的例子。

迁移率对显示的影响主要体现在以下几个方面，首先是亮度，在 LCD 中迁移率的增大意味着 TFT 器件尺寸可以缩小，从而增大开口率，增加背光的透过，进而提高亮度；OLED 中，TFT 电流的增大直接提高 OLED 亮度。其次是像素尺寸，高迁移率的 TFT，可以用更小的尺寸提供所需电流，进而提高像素密度或分辨率，如图 10-24 所示。最后是刷新率，高迁移率能更快写入和建立发光，提高响应速度，进而可以提高刷新率。

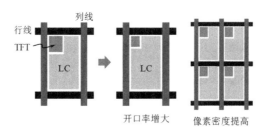

图 10-24　TFT 对 LCD 像素尺寸和亮度影响的原理

关态电流或开关比影响刷新率。例如，在 2T1C 像素电路中，开关 TFT 在发光期内缓缓漏电，亮度发生变化，需要更频繁地刷新；并且更小的漏电流可长久保持亮度，在低功耗的应用场景降低刷新率和动态功耗，如图 10-25 所示。

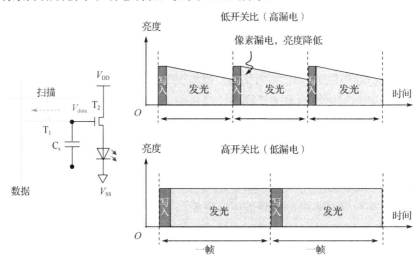

图 10-25　开关比对显示的影响（灰色的电路表示关断）

总的来说，非晶硅开态电流小，迁移率小，但是技术更成熟，制程简单且可以大规模制备；多晶硅性能最好，迁移率大，但是关态电流大且制程复杂；非晶氧化物介于二者之间，开关比高且功耗低，但是相对于非晶硅制程较复杂。因此，三类半导体材料在 TFT 制程上各有优劣。

10.3 TFT 的结构和制造

TFT 的结构和制造对 TFT 的性能和显示面板的结构至关重要。根据栅、栅介质的工艺次序不同，以及半导体层和栅、源漏金属层交错的位置不同，TFT 有如下基本分类：底栅/背栅型（Bottom-Gated）、顶栅型（Top-Gated）和交错型（Staggered）、共面型（Coplanar），如图 10-26 所示。

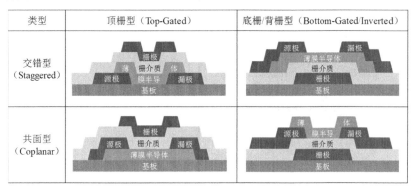

图 10-26 TFT 的基本结构

10.3.1 底栅 TFT

以交错型的底栅 TFT 为例，代表性的制备工艺是背沟道刻蚀（Back Channel Etch，BCE），这种工艺多见于非晶硅、非晶氧化物等薄膜半导体。由于源漏金属沉积和刻蚀对沟道背面（上表面）造成污染和缺陷，导致 TFT 关态漏电流增大，因此在源漏电极图案化刻蚀后，需要继续对沟道背面进行刻蚀，消除沟道背面污染和缺陷的影响，具体流程如图 10-27 所示。

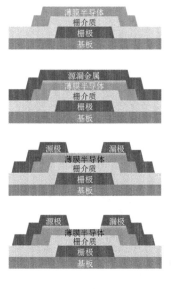

- 薄膜半导体沉积

- 源漏金属沉积
- 对沟道背面造成污染

- 源漏电极图案化刻蚀
- 对沟道背面造成污染和缺陷

- 沟道背面刻蚀
- 消除沟道背面污染和缺陷

图 10-27 BCE TFT 工艺流程图

此外，可以利用 BCE 工艺，通过在沟道（薄膜半导体）的背面（上表面）沉积一层高掺杂薄膜半导体层，在源漏刻蚀后再去除沟道背面的高掺杂半导体层，具体流程如图 10-28 所示。这类工艺的好处是既可以降低接触电阻，又可以消除沟道背面污染和缺陷的影响。

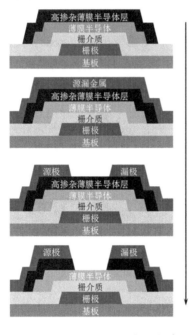

图 10-28 BCE TFT 加入高掺杂薄膜半导体层后沟道背面刻蚀流程图

此外还有刻蚀阻挡（Etch-Stop，ES 或 Etch-Stop Layer，ESL）TFT，多见于非晶硅、非晶氧化物等，在有源层和源漏金属之间增加一层刻蚀阻挡层（Etch-Stop Layer，ESL），如氧化硅，目的是防止源漏金属沉积和刻蚀工艺对沟道背面造成污染和缺陷，具体流程如图 10-29 所示。

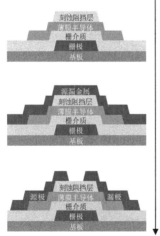

图 10-29 ES TFT 沟道背面刻蚀流程图

同样地，ES TFT 就是在刻蚀阻挡层的上面沉积一层高掺杂薄膜半导体层，与施加高掺杂薄膜半导体层的 BCE 工艺相似，这样可以降低接触电阻，具体流程如图 10-30 所示。

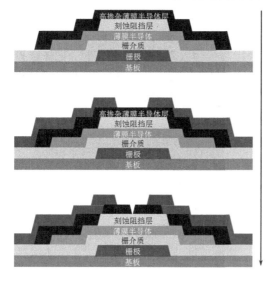

图 10-30　ES TFT 加入高掺杂薄膜半导体层后沟道背面刻蚀流程图

10.3.2　顶栅 TFT

前面的几种 TFT 结构均为底栅结构，下面介绍顶栅 TFT 的制备。

对于共面型的顶栅 TFT，有重叠（Overlap）、欠重叠（Underlap）、自对准（Self-aligned）三种结构，如图 10-31 所示。重叠结构的栅极和源漏金属之间有重叠，寄生电容较大，好处是栅极对整个薄膜半导体沟道都有调制作用；欠重叠结构的寄生电容较小，不再有重叠电容，只剩下边缘电容，但是栅极对源漏肖特基结的调节较差；自对准结构以栅极作为掩膜版对源漏扩展区（S/D Extension）进行导体化，源漏金属-半导体接触形成欧姆接触，接触电阻更小，同时因为栅极与源漏金属无重叠，寄生电容也较小。

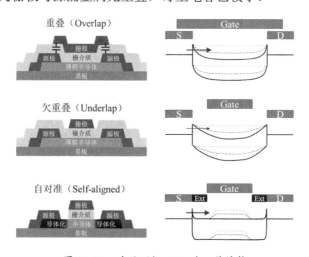

图 10-31　共面顶栅 TFT 的三种结构

　　以上三类工艺中，自对准工艺最为复杂，常见于非晶氧化物和 LTPS。自对准工艺以图案化的栅极作为掩膜版，刻蚀栅介质，并且通过离子注入、扩散/激活等离子体处理等工艺，把栅极投影以外的半导体（源漏扩展区）"导体化"（简并掺杂），最后沉积并图案化源漏电极。具体流程会根据薄膜半导体材料的不同而有差异，主要差别在于导体化前是否先刻蚀栅介质。LTPS 通常可以隔着栅介质，通过离子注入和扩散/激活工艺，把栅极投影以外的半导体导体化（见图 10-32），所以刻蚀栅介质不是必需步骤。在一些非晶氧化物的工艺中，还可以先刻蚀栅介质，露出源漏扩展区后，通过等离子体处理工艺，把栅极投影以外的半导体导体化（见图 10-33）。

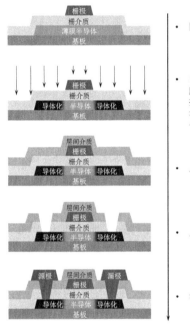

图 10-32　自对准工艺流程图（隔着栅介质做导体化工艺）

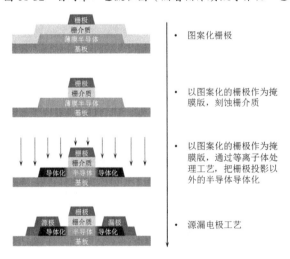

图 10-33　自对准工艺流程图（先刻蚀栅介质后导体化）

自对准工艺中经常带有一层层间介质（ILD），用来分离栅极金属和源漏金属两个金属层，需要在沉积和图案化源漏电极之前沉积并图案化，其材料通常是 SiO_2 一类的绝缘体，如图 10-34 所示。值得注意的是，沉积层间介质这道工艺中，PECVD 条件含氢（H）量较高，所引发的 H 扩散也可以将某些非晶氧化物的源漏扩展区导体化，即可省去等离子体导体化工艺。

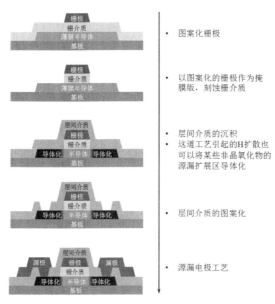

图 10-34 带层间介质的顶栅自对准 TFT

因此，顶栅自对准 TFT 中源漏扩展区导体化至少需要三种不同的工艺，如图 10-35 所示。

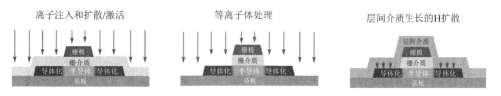

图 10-35 源漏扩展区导体化的三种工艺

10.4 基本像素电路

本节将介绍简单的像素电路，包括 1T1C、2T1C，以及常见的 PWM 和 PAM 等驱动方式，并对驱动原理进行分析。

10.4.1 LCD 和 OLED 的基本像素电路差异

LCD 的基本像素电路为 1T1C，即由一个晶体管和一个电容组成，而有源矩阵 OLED 的像素电路最基本的是 2T1C。因为 LCD 为电压型器件，电压存入电容就可以让液晶分子发生偏转；而 OLED 为电流型器件，除了一个开关 TFT，还需要一个驱动 TFT 作为电流源，持续性地提供电流来点亮 OLED，具体如图 10-36 所示。

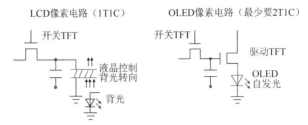

图 10-36　LCD 和 OLED 的基本像素电路

　　详细来看，LCD 需要背光源，且 LCD 作为电压型器件，由电压控制液晶的转向和光的偏振态，从而控制通过滤色片和偏光片的光通量。一旦写入，即使 TFT 关闭，液晶两端电压可以保持，从而亮度可维持。LCD 结构如图 10-37（a）所示。

　　OLED 属于自发光型电流器件，流经 OLED 的电流控制 OLED 的发光强度。OLED 持续发光则需要驱动电路提供持续的驱动电流，如图 10-37（b）所示。

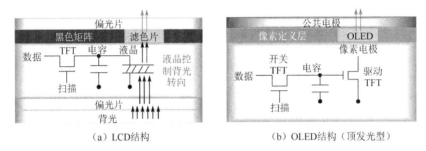

（a）LCD结构　　　　　　　（b）OLED结构（顶发光型）

图 10-37　LCD 结构和 OLED 结构

10.4.2　2T1C 像素电路

　　具体来看，AMOLED 的 2T1C 像素电路如图 10-38 所示，包括一个 OLED、两个 TFT（"2T"）、扫描线、数据线和一个存储电容（"1C"）。其中，V_{data} 是图像信号（电压）；Scan 是扫描信号（数字）；T_1 是开关 TFT，开启时将图像信号写入存储电容；T_2 是驱动 TFT，将图像信号（电压）转变为驱动电流；C_{st} 是存储电容，在一帧的周期内存储图像信号。

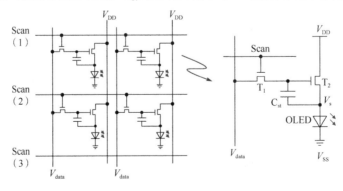

图 10-38　AMOLED 的 2T1C 像素电路

在 2T1C AMOLED 工作的过程中，第一个阶段是编程阶段，T_1 栅极（扫描信号 Scan）接高电平，T_1 打开，信号 V_{data} 通过 T_1 写入电容 C_{st}，即 T_2 的栅极。第二个阶段是发光阶段，T_1 栅极（扫描信号 Scan）接低电平，T_1 截止，存储在 C_{st} 中的电荷维持 T_2 的栅极电位，使得整个帧周期中流过 OLED 的电流恒定，如图 10-39 所示。流过 OLED 的电流 I_{ds} 如下：

$$I_{\text{ds}} = \frac{1}{2}\mu C_{\text{ox}} \frac{W}{L}(V_{\text{data}} - V_{\text{s}} - V_{\text{T}})^2$$

当需要重新刷新显示第二帧时，再次输入新的脉冲。每次脉冲期间数据线输入相应的数据电压，并存储在电容中。

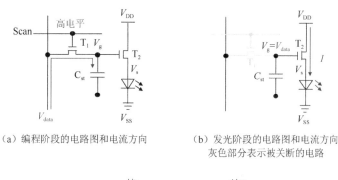

（a）编程阶段的电路图和电流方向　　　（b）发光阶段的电路图和电流方向
　　　　　　　　　　　　　　　　　　　　　灰色部分表示被关断的电路

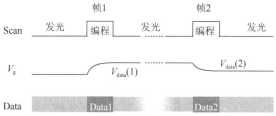

图 10-39　AMOLED 的 2T1C 像素电路的工作流程图

现在分析 2T1C 像素电路的工作点。这里，分析 OLED 电流时可以看出在 OLED 发光期间仅 T_2、C_{st} 和 OLED 这一支路是导通的，且支路上仅有 T_2 一个晶体管，则 OLED 电流与数据电压的关系可以看作二元方程组，由 TFT 和 OLED 分压组成，如下联立求得流过 T_2 和 OLED 的电流 I，以及 T_2 和 OLED 之间节点的电压 V_{s}：

$$\text{TFT 电流：} I = I_{\text{TFT}} = \frac{1}{2}\mu C_{\text{ox}} \frac{W}{L}(V_{\text{data}} - V_{\text{s}} - V_{\text{T}})^2$$

$$\text{OLED 电流：} I = I_{\text{OLED}} = I_0 \left\{ \exp\left[(V_{\text{s}} - V_{\text{SS}})/nkT\right] - 1 \right\}$$

根据上述公式可以看出，对于 2T1C 像素电路，驱动管 T_2 工作区间是有限制的，即 T_2 需要工作在饱和区，因为 TFT 工作在饱和区时，I_{OLED} 不随 $V_{\text{DD}}/V_{\text{SS}}$ 或 OLED 的 V_{T} 的漂移而波动；但 TFT 工作在线性区时，I_{OLED} 会随着 $V_{\text{DD}}/V_{\text{SS}}$ 或 OLED 的漂移而波动，如图 10-40 所示。

另外，在 2T1C 像素电路中，电容 C_{st} 的连接也有一定的说法，一般 C_{st} 的另一极可以接到 TFT 源漏极、V_{DD} 等，如图 10-41 所示，但是在共阴极设计下，C_{st} 一般无法接到 V_{SS}，这是因为在实际的制造中，OLED 的公共阴极无法连回像素电路，其处于像素定义层之上，而电容位于像素定义层之下，很难直接连接，如图 10-42 所示；电容和同一层的 TFT 源漏极或者 V_{DD} 连接更容易。

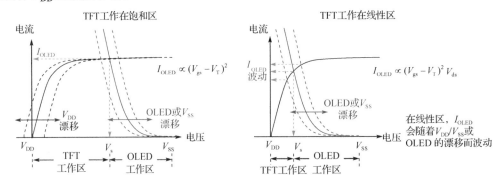

图 10-40　2T1C 像素电路的驱动管工作区间的影响

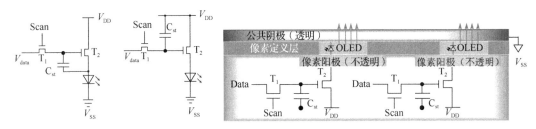

图 10-41　C_{st} 的两种常见连接方式　　图 10-42　AMOLED 横截面图，展示像素各部分的位置和
连接方式像素电路与连接的截面图

　　如果发光器件变为 Micro-LED，那么对像素电路的要求也会同步改变，以 2T1C 像素电路为例，Micro-LED 的 V_T 更小，电流-电压曲线更陡峭，驱动管更易工作在饱和区。因此 AM Micro-LED 的工作电压可以更低，令 V_{DD} 和 V_{SS} 的工作电压差更小，降低功耗。但同样地，Micro-LED 的功耗变低，对应的驱动 TFT 的功耗占比更高（V_{ds}/V_F），如图 10-43所示。

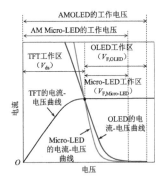

图 10-43　OLED 和 Micro-LED 不同的工作电压要求

　　前面的 2T1C 像素电路都是建立在 N 型 TFT 的基础上的，如非晶硅、非晶氧化物、N型 LTPS。实际上，P 型 TFT 也可实现 2T1C 像素电路，例如 P 型 LTPS，在连接上其实没

有区别，但需要注意的是，扫描信号的极性需要翻转，如图 10-44 所示，因为 N 型 TFT 在高电平时开启，而 P 型 TFT 在低电平时开启。

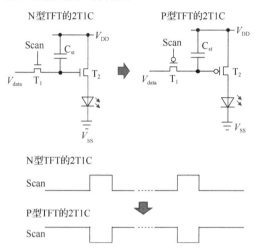

图 10-44　N 型和 P 型 TFT 的 2T1C 像素电路图、扫描波形的区别

10.4.3　PMW 像素电路

我们在第 8 章中讨论过，无源矩阵和半有源矩阵可以实现一部分 PWM 的驱动，但当分辨率提升，最大占空比>1/行数时，无源矩阵和半有源矩阵不再适用。我们需要具有存储功能的有源矩阵 PWM 像素电路。

PWM 像素电路的基本原理如图 10-45 所示，具体工作流程为行选通时，数据（V_{data}）写入信号控制模块，而时间控制信号（V_{sweep}）持续以周期三角波输入信号控制模块。信号控制模块将三角波和数据信号的电压相叠加，模块的输出 $Q=V_{data}+V_{sweep}$，用于后面的信号处理模块。信号处理模块比较 Q 和一个参考电平（V_{ref}）的大小，当 Q 高于 V_{ref} 时，该模块输出负脉冲，开启驱动管。驱动管开启的时间与 Q 高于 V_{ref} 的时间有关，进而完成了 PWM。

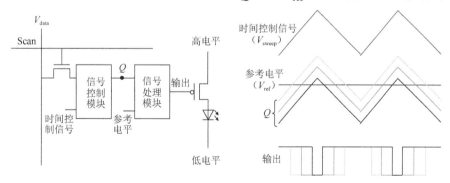

图 10-45　PMW 像素电路的基本原理

该电路的基本电路功能至少需要 5 个晶体管和 2 个存储电容来实现，和其他像素电路类似，驱动过程一般分为数据输入、预充电、发光三个阶段。图 10-46 所示为基础的 5T2C PMW 像素电路，像素电路由一个 PWM TFT（T_2）、一个驱动 TFT（T_5）、三个开关 TFT（T_1、

T_3 和 T_4）、两个电容（C_1 和 C_2）和一个 Micro-LED 组成。该像素电路工作过程可分为三个阶段，具体描述如下。

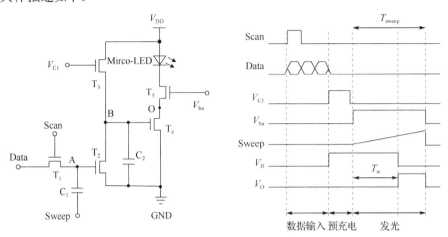

图 10-46 基础的 5T2C PWM 像素电路

①数据输入：当扫描信号（Scan）设置为高电平以接通 T_1 时，将数据电压写入节点 A。此时由于数据信号（V_{data}）的电压被设置为低于 T_2 的阈值电压，所以 T_2 仍处于关闭状态。②预充电：当 V_{C1} 设置为高电平接通 T_3 时，节点 B（V_B）电压通过 T_3 升高至正电源电压（V_{DD}）。③发光：V_{ba} 设置为高水平，在饱和区工作时打开 T_5，Micro-LED 开始发光。由于 C_1 的耦合效应，节点 A（V_A）的电压随着时间控制信号 V_{sweep} 而逐渐升高。在 V_A 达到 T_2 的阈值电压（V_{th2}）后，V_B 通过 T_2 放电到 0V。由于 T_4 被关闭，Micro-LED 停止发光。通过调整 V_{data} 的数据就可以调整发光时长。

实际应用中的电路往往更复杂，比如天马微电子提出了一种 12T1C（12 个晶体管和 1 个存储电容）的电路设计；韩国三星和成均馆大学提出了一种 12T2C 的设计方案，如图 10-47 所示，结合 PWM 和 PAM 两种驱动方式。

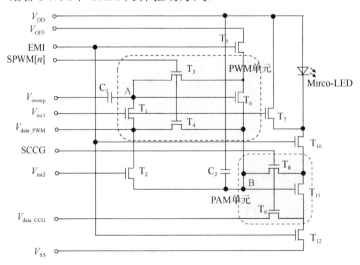

图 10-47 Micro-LED 12T2C 有源矩阵驱动方式示意图

中国台湾的友达光电的 12T3C 像素电路也同时实现了 PWM 和 PAM 两种驱动方式，如图 10-48 所示。

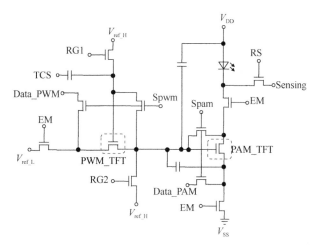

图 10-48　Micro-LED 12T3C 有源矩阵驱动方式示意图

10.5　补偿像素电路

前面提到 2T1C 像素电路的驱动管需要工作在饱和区，可以避免 V_{DD} 波动的影响，但驱动管本身阈值电压的影响却仍然存在。尽管作为基本的像素电路，2T1C 像素电路可以实现将电压信号转变为电流信号而驱动 OLED 发光的目的，然而，这种电路对驱动管（T_2）的阈值电压（V_T）的微小变化很敏感，如图 10-49 所示。

$$I_{ds} = \frac{1}{2}\mu C_{ox} \frac{W}{L}(V_{gs} - V_T)^2$$

2T1C 像素电路始终面临阈值电压的影响，各个像素的 TFT 的阈值电压是不一致的，这会使 OLED 屏幕发光不均，影响显示效果。这种不均一性现象有两类可能的原因。

一是加工工艺。TFT 各个膜层厚度、成分、质量在整个屏幕上不均匀分布，导致每个子像素的驱动管的阈值电压不可能完全相同。

二是 TFT 的稳定性问题。阈值电压会随着工作时间变长而发生漂移，这种稳定性称为"偏压稳定性"，根据其栅极长时间加的电压的正负，分为正偏压稳定性和负偏压稳定性。

随着阈值电压不均和变化对显示的危害越来越严重，就需要设计电路补偿来让流经 OLED 的电流不受 TFT 的阈值电压的影响。

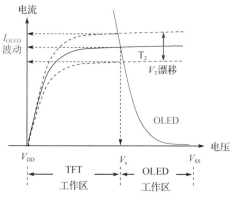

图 10-49　阈值电压对电流的影响

10.5.1 阈值补偿基本思路

阈值补偿分为内部补偿和外部补偿，补偿的基本思路都是在电流公式中将 V_T 包含在 V_g 中，比如：

$$V_g = V_{data} = V_{data0} + V_T$$

在电流公式中，$V_{gs}-V_T$ 可以消去 V_T，如下：

$$I_{OLED} = K(V_{data} - V_{DD} - V_T)^2 = K(V_{data0} + V_T - V_{DD} - V_T)^2 = K(V_{data0} - V_{DD})^2$$

式中，$K = \frac{1}{2}\mu C_{ox}\frac{W}{L}$。但如何让 V_g 中包含 V_T，则需要通过电路采样来提前获取 V_T 的值。目前，主要有两种方式，其一是通过内部电路（像素电路）采样，将 V_T 的信息存储在像素内，即内部补偿；其二是通过外部电路（驱动芯片）采样，将 V_T 的信息存储在面板外，即外部补偿。

它们都是通过充放电来获取阈值电压的。例如，对 N 型 TFT 充电时，如图 10-50 所示，若 $V_g-V_T>V_d$，则 TFT 工作在线性区，TFT 对源节点充电，最终 $V_s=V_d$。若 $V_g-V_T<V_d$，则 TFT 工作在饱和区，TFT 对源节点充电，最终 $V_s=V_g-V_T$。这是由于 TFT 对自己的一端充电，直到 $V_{gs}=V_T$，将自己关断，也就是说，饱和区的 N 型 TFT 对自己充电，会把 V_T 的信息包含进 V_s 中。

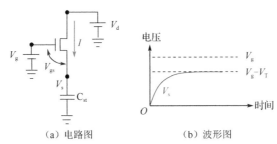

（a）电路图　　　　　　（b）波形图

图 10-50　N 型 TFT 充电过程（为直观显示，接点处的其他支路没有画出）

同样地，阈值电压 V_T 的信息也可以包含进栅极中，这种一般需要先充电后放电。如图 10-51 所示，N 型 TFT 充放电的过程主要分为三个步骤：①栅极接高电平 V_{int}，TFT 导通进行充电；②断开 V_{int}，栅-漏极短接，源极接数据电压 V_{data}，数据电压 V_{data} 比 V_{int} 低，栅极开始放电至 $V_{data}+V_T$，TFT 将自己关断；③断开 V_{data}，断开栅-漏极，栅极将保留 $V_{data}+V_T$，这样便完成 V_T 的取样。

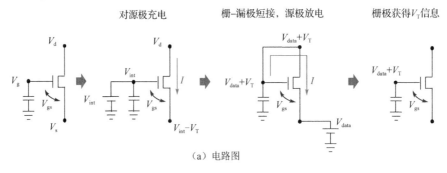

（a）电路图

图 10-51　N 型 TFT 充放电过程

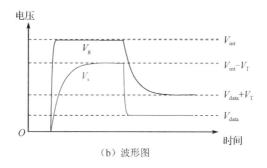

（b）波形图

图 10-51　N 型 TFT 充放电过程（续）

10.5.2　6T1C 内部补偿像素电路

通过上述充放电获取阈值电压的方式，可以构筑内部补偿像素电路，这里的电路需要具备 4 个具体的功能，如图 10-52 所示。①初始化功能：将 V_g 充电到高电平 V_{int}，使 TFT 开启；②写入功能：通过 TFT 自己放电，将 V_g 放电到 $V_{data}+V_T$；③发光功能：可以连接 OLED，将 $V_g=V_{data}+V_T$ 转换成驱动电流，点亮 OLED；④保持功能：让 $V_g=V_{data}+V_T$ 能够长时间保持，需要一个保持电容。

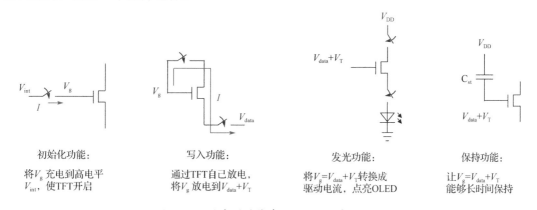

初始化功能：

将 V_g 充电到高电平 V_{int}，使TFT开启

写入功能：

通过TFT自己放电，将 V_g 放电到 $V_{data}+V_T$

发光功能：

将 $V_g=V_{data}+V_T$ 转换成驱动电流，点亮OLED

保持功能：

让 $V_g=V_{data}+V_T$ 能够长时间保持

图 10-52　内部补偿像素电路需要具备的功能

N 型 TFT 内部补偿像素电路的构建可以通过将初始化、写入、发光、保持等功能整合，得到如图 10-53（a）所示的由单刀开关构成的电路，再将图中的单刀开关替换为开关 TFT，得到最终 6T1C 内部补偿像素电路，如图 10-53（b）所示。

图 10-54 所示的 6T1C 内部补偿像素电路（基于 N 型 TFT）是由发光支路和控制支路构成的。在发光支路上，驱动管 T_{dr} 负责将 V_{data} 转换成 OLED 驱动电流，而开关管 T_{e1}、T_{e2} 负责传递 OLED 驱动电流。在两侧控制支路上，开关管 T_{s1} 负责初始化，给栅极预充电；开关管 T_{s2}、T_{s3} 负责放电和写入。信号需要一组扫描（Scan）信号 S_n（n=1, 2, 3, …）和一组使能（Enable）信号 E_n（n=1, 2, 3 …）。整个操作分为三个工作阶段：初始化、写入、发光。第一阶段为初始化阶段，T_{e1}、T_{e2}、T_{s2}、T_{s3} 都关断；T_{s1} 开启，NST 节点充电至高电平 V_{int}。第二阶段为写入阶段，扫描信号 S_n 打开，S_{n-1} 关闭，T_{s1} 关断，T_{s2}、T_{s3} 开启，驱动管的栅极和漏极连接在一起，NST 节点放电至 $V_{data}+V_T$，T_{dr} 将自己关断。第三阶段为发光阶段，

T_{s1}、T_{s2}、T_{s3} 关断，NST 节点保持 $V_{data}+V_T$，T_{e1}、T_{e2} 开启，发光驱动支路打开，T_{dr} 将 $V_{data}+V_T$ 转换成 OLED 电流，OLED 发光。

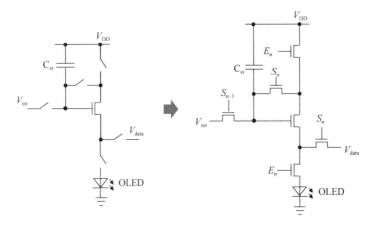

图 10-53 6T1C 内部补偿像素电路的构成方式（将单刀开关替换成开关 TFT）

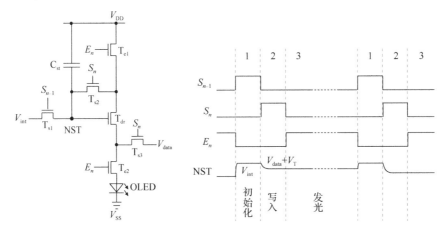

图 10-54 基于 N 型 TFT 的 6T1C 内部补偿像素电路及其时序图

上面描述的内部补偿像素电路（N 型 TFT）的工作流程是先充电再放电，而如果将所有的 N 型 TFT 换为 P 型 TFT，就是先放电再充电，如图 10-55 所示：①P 型 TFT 栅极接低电平 V_{int}，放电至低电平；②断开 V_{int}，将 P 型 TFT 栅-漏极短接，源极接充电电源 V_{data}，栅极充电至 $V_{data}+V_T$，TFT 将自己关断；③断开 V_{data}，断开栅-漏极的连接，栅极保留 $V_{data}+V_T$。利用 P 型 TFT 给自己的栅-源极充电并关断自己的特点，基于 P 型 TFT 的 6T1C 内部补偿像素电路及其时序图如图 10-56 所示，包括初始化、写入、发光和保持的功能，完成 V_T 的读取和补偿后的发光。其整体电路和 N 型 TFT 的 6T1C 内部补偿电路相似，不同之处在于对于驱动管，数据是从源极写入，而栅-漏极的短接通过 T_{s2} 完成。其余的分类基本相同，拥有发光支路和控制支路，工作阶段分三个步骤。在初始化阶段，S_{n-1} 将 T_{s1} 打开，NST 节点初始化；在写入阶段，S_n 打开 T_{s2} 和 T_{s3}，对驱动管的栅极充电至 $V_{data}+V_T$；在发光阶段，使能信号打开整个驱动电路，驱动 OLED 发光。

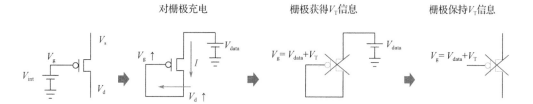

图 10-55　基于 P 型 TFT 的 6T1C 内部补偿像素电路充放电原理图

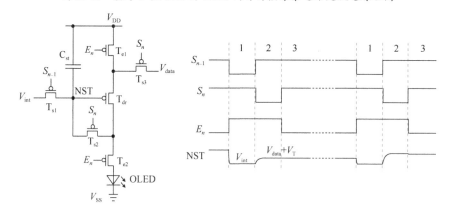

图 10-56　基于 P 型 TFT 的 6T1C 内部补偿像素电路及其时序图

6T1C 内部补偿像素电路作为内部补偿像素电路的一个基本模板，根据实际需求有着诸多变化。比如，实际应用中可能需要在初始化阶段对 OLED 阳极进行复位，那么就可以在上述的 6T1C 内部补偿像素电路中加入一个对 OLED 阳极复位的 TFT，形成如图 10-57 所示的 7T1C 内部补偿像素电路，其中 T_{s4} 负责阳极复位，时序与上面的 6T1C 内部补偿像素电路相同。

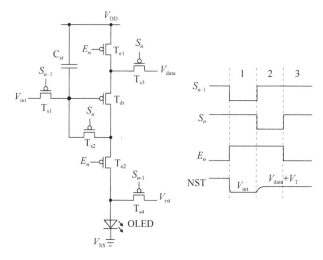

图 10-57　带有阳极复位的 7T1C 内部补偿像素电路及其时序图

图 10-58 展示了友达光电提出的一种带有阳极复位的 6T1C 内部补偿像素电路及其时序图，T_{s4} 同样负责阳极复位，但电路时序略有不同。

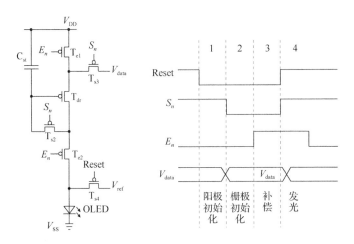

图 10-58　带有阳极复位的 6T1C 内部补偿像素电路及其时序图（来自友达光电）

作为例题，下面再实际分析另一种 6T1C 内部补偿像素电路实例的工作原理（来自首尔大学），如图 10-59 所示。首先确定 T_1 和 T_3 所在的支路为发光支路（V_{DD} 和 V_{SS} 贯通的支路），T_3 是驱动管，存储电容 C_{st} 连接 T_3 的栅极，T_2 横跨驱动管 T_3 的栅极、漏极，说明 V_T 信息将被存储在栅极。具体工作阶段分为 4 部分。

阶段 1 是初始化阶段。Scan 信号为高电平，E_n 为高电平，所有 TFT 开启，驱动管的栅极（g）预充电，节点 b 的电平初始化至 V_{data}。

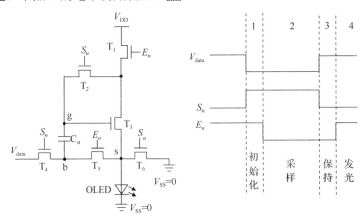

图 10-59　一种 6T1C 内部补偿像素电路及其时序图（来自首尔大学）

阶段 2 是采样阶段。T_1、T_5 关闭，其余 TFT 开启。驱动管栅极（g）放电至 $V_{int}+V_T$ 再关断，b 点电平保持在 V_{data}，C_{st} 两端建立电压差 V_T-V_{data}。T_6 是开启的，以确保电流不流经 OLED。

阶段 3 是保持阶段。Scan 信号和 E_n 为低电平，此时 T_2、T_4、T_6 关闭，C_{st} 两端电压差保持 V_T-V_{data}。

阶段 4 是发光阶段。T_1、T_5 开启，b 和 s 两个节点连通，发光支路导通，驱动管的栅极 g 点电压为 V_T；源极 s 点电压为 V_{data}，则 V_{gs} 是 V_T-V_{data}。那么流过 OLED 的电流就是：

$$I_{OLED} = K(V_{gs} - V_T)^2 = K(-V_{data})^2$$

可见阈值电压 V_T 的影响已经消去了。

10.5.3　4T2C 内部补偿像素电路

下面介绍另外一类内部补偿像素电路 4T2C 的结构,它是在原本 2T1C 像素电路的基础上进行了改动而得的,如图 10-60 所示,与 6T1C 内部补偿像素电路将阈值电压存储在栅极不同。根据 4T2C 内部补偿像素电路的基本结构图,4T2C 内部补偿像素电路在每帧周期内,先对 T_2 的 V_T 信息进行采样,并存入 T_2 的源极,之后在写入数据时,$V_g - V_s - V_T$ 用 V_s 中的 V_T 信息将 V_T 抵消,以此来达到采样和内部补偿的效果。

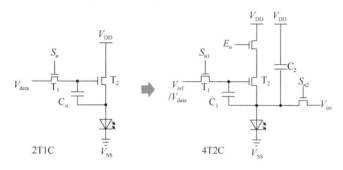

图 10-60　4T2C 内部补偿像素电路的基本结构图

尽管 4T2C 内部补偿像素电路相对来说晶体管数量减少,但是输入信号并未减少,相反对其要求更多。在 4T2C 内部补偿像素电路中,需要二组 Scan 信号即 S_{n1}、S_{n2};一组 Enable 信号 E_n,数据电压需要经过参考电压和数据电压的转换,整个电路将经历 4 个阶段,即初始化、采样、写入、发光,如图 10-61 所示。在阶段 1,T_e 关闭,T_{s1}、T_{s2} 开启,NST/阳极放电到低电平(V_{ref}、V_{int});在阶段 2,T_{s2} 关闭,T_e 开启,T_{dr} 对阳极充电,阳极充电至 $V_{ref} - V_T$,T_{dr} 将自身关闭;在阶段 3,需要利用电容的耦合效应。当 T_e 关闭时,Data 信号从 V_{data} 跳变为 V_{ref},遵循电荷守恒(源极所有的电荷变化等于栅极所有的电荷变化),即

$$\Delta V_s \times \left(C_1 + C_2 + C_{OLED} \right) = \Delta V_g \times C_1$$

式中,NST 节点处的电压变化 ΔV_g 为

$$\Delta V_g = V_{data} - V_{ref}$$

阳极节点处的电压变化 ΔV_s 为

$$\Delta V_s = \frac{C_1}{C_1 + C_2 + C_{OLED}} \left(V_{data} - V_{ref} \right) = c' \left(V_{data} - V_{ref} \right)$$

所以

$$V_s = \left(V_{ref} - V_T \right) + c' \left(V_{data} - V_{ref} \right)$$

式中

$$c' = \frac{C_1}{C_1 + C_2 + C_{OLED}}$$

也就是说,在写入时,阳极电压为 $V_s = \left(V_{ref} - V_T \right) + c' \left(V_{data} - V_{ref} \right)$,一般选取的 $C_1 < C_2$,使 c' 较小。

在阶段 4,T_{s1}、T_{s2} 关闭,T_e 开启,此时 T_{dr} 的栅–源电压为

$$V_{gs} = V_{data} - V_s = V_{data} - \left[V_{ref} - V_T + c'\left(V_{data} - V_{ref}\right) \right] = \left(1 - c'\right)\left(V_{data} - V_{ref}\right) + V_T$$

因此

$$I_{OLED} = K(V_{gs} - V_T)^2 = K(1 - c')^2(V_{data} - V_{ref})^2$$

这里即消除了 V_T 的影响，也就是流经 OLED 的电流只与 V_{data}、V_{ref} 有关。

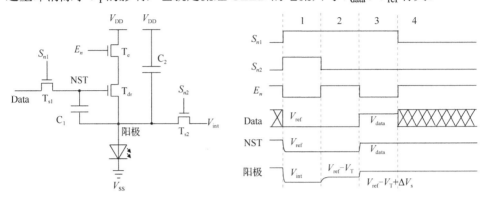

图 10-61　4T2C 内部补偿像素电路及其时序图

从内部时序来看，6T1C 内部补偿像素电路的初始化使用上一行的 Scan 信号（S_{n-1}），且不占用数据线，意味着 6T1C 内部补偿像素电路在上一行写入时，下一行可以同步进入初始化阶段，同时 6T1C 内部补偿像素电路时钟周期与 2T1C 像素电路时钟周期相同，如图 10-62 所示。

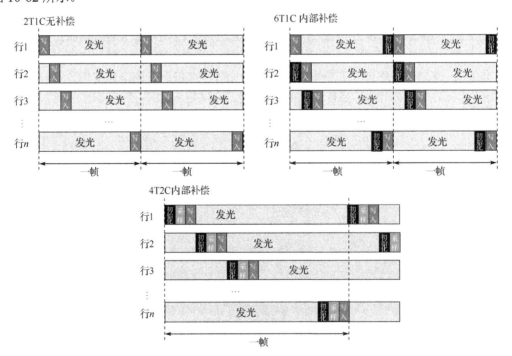

图 10-62　2T1C、6T1C、4T2C 三种像素电路的时序简图

相比之下，4T2C 内部补偿像素电路的时序更加复杂，且初始化、采样、写入三个阶

段都需要占用数据线，不能和下一行进行复用，所以 4T2C 内部补偿像素电路的最小周期更长，相对来说最高刷新率也会降低，如图 10-62 所示。

总的来说，6T1C 内部补偿像素电路与 4T2C 内部补偿像素电路对比起来，6T1C 内部补偿像素电路更复杂，面积大，但其时序简单，V_T 信息存储在 T_{dr} 的栅极更为稳定，因为栅极周围支路关闭且栅极有一个大电容，源极存在打开和贯通，相对并不会非常稳定。最终选择哪一类内部补偿像素电路主要在电路复杂度和控制信号时序之间权衡。6T1C 内部补偿像素电路和 4T2C 内部补偿像素电路的比较如表 10-4 所示。

表 10-4　6T1C 内部补偿像素电路和 4T2C 内部补偿像素电路的比较

项目	6T1C 内部补偿像素电路	4T2C 内部补偿像素电路
电路	复杂、面积大	简单、面积小
控制信号时序	简单	复杂、刷新率低
V_T 信息存储	存储在 T_{dr} 的栅极（稳定）	存储在 T_{dr} 的源极

10.5.4　外部补偿像素电路

阈值补偿除了内部补偿还有外部补偿。相比之下，内部补偿像素电路实现较为复杂，而外部补偿像素电路相对简单，是把每个子像素驱动 TFT 的实时阈值量取出来，存储在屏幕外部（如驱动芯片或存储器），之后根据实时的阈值修正数据电压的大小，这样在计算驱动 OLED 的电流时，同样会通过公式直接减去对应的阈值电压，不会受到影响，外部补偿思路如图 10-63 所示。

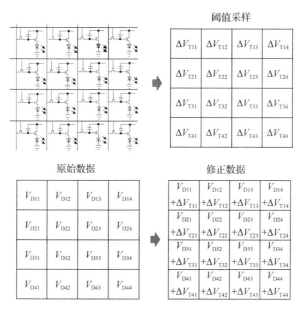

图 10-63　外部补偿思路

具体来看，外部补偿像素电路中的阈值补偿方法是通过将驱动管的源极引出到外部的驱动芯片 ADC 处，而驱动管的源极经过充电后含有一个 V_T 的信息，来将驱动管的 V_T 取出来存放在其中，如图 10-64 所示。面板上的外部补偿像素电路列线除数据（Data）线外还需要采样线，用于采样驱动管的源极电压或流经驱动管的电流。

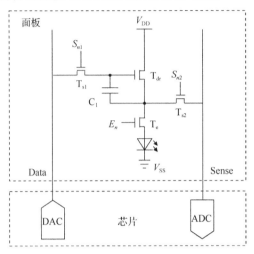

图 10-64　外部补偿像素电路的面板布局

通过采样驱动管的源极电压来进行外部阈值补偿可以分为三个工作阶段。

第一阶段为采样阶段。在这个阶段，T_e 关闭，T_{s1} 开启，数据线提供参考电压 V_{ref} 到驱动管的栅极，驱动管的源极被充电至 $V_{ref}-V_T$。T_{s2} 开启，传感（Sense）线上的电压为 $V_{ref}-V_T$，传感线和数据线的电压差，即 T_{dr} 的阈值电压（$V_T=V_{sense}-V_{ref}$）。可得修正数据电压为 $V_{data}=V_{data0}+V_T$。

第二阶段为写入阶段。在这个阶段，T_{s2} 关闭，数据线提供修正后的数据电压 $V_{data}=V_{data0}+V_T$，栅极被充电至 V_{data}，此时栅极电压其实包含了第一步采样的 V_T。

第三阶段为发光阶段。在这个阶段 T_{s1} 关闭，T_e 开启，T_{dr} 将栅极的 V_{data} 转换成 OLED 驱动电流：

$$I_{OLED} = \frac{1}{2}\mu C_{ox}\frac{W}{L}(V_{gs}-V_T)^2 = \frac{1}{2}\mu C_{ox}\frac{W}{L}(V_{data}-V_s-V_T)^2$$

$$= \frac{1}{2}\mu C_{ox}\frac{W}{L}(V_{data0}+V_T-V_s-V_T)^2 = \frac{1}{2}\mu C_{ox}\frac{W}{L}(V_{data0}-V_s)^2$$

可见此处的 V_T 已经被消掉了。

还可以通过采样流经驱动管的电流，来进行外部阈值补偿。其工作流程同样可以分为三个工作阶段。第一阶段为采样阶段，T_e 关闭，T_{s1} 开启，数据线提供参考电压 V_{ref1} 到驱动管的栅极，驱动管的源极被充电至 $V_{ref1}-V_T$。T_{s2} 开启，传感线上的电流为 I_0；再次令数据线提供参考电压 V_{ref2} 到驱动管的栅极，驱动管的源极被充电至 $V_{ref2}-V_T$。T_{s2} 开启，传感线上的电流为 I_1。根据外部芯片分析两次得到的电流结果，结合晶体管电流公式得到 T_{dr} 的阈值电压 V_T，修正数据电压为 $V_{data}=V_{data0}+V_T$。第二阶段为写入阶段，T_{s2} 关闭，数据线提供修正后的数据电压 V_{data} 到像素电路，驱动管的栅极被充电至 V_{data}，此时的栅极电压其实包含了第一步采样的 V_T。第三阶段为发光阶段，T_{s1} 关闭，T_e 开启，T_{dr} 将栅极的 V_{data} 转换成 OLED 驱动电流。

除了阈值补偿，外部补偿像素电路还可以进行迁移率补偿，从电流公式可以看出，迁移率变化也能引起驱动电流变化，可以通过取电流的方式直接提取驱动电流 I_1 和 I_2，然后解方程组，得到 V_T、μ。具体的方式是首先给数据线一个参考电平存储在驱动管的栅极，并让参考电平控制驱动管输出一个驱动电流，利用采样线的电流计采样流经 OLED 的电流。再改变参考电平，得到第二个电流公式，利用二元一次方程组，得到阈值电压和迁移率的值。

$$I_1 = \frac{1}{2}\mu C_{ox}\frac{W}{L}(V_{ref1} - V_s - V_T)^2$$

$$I_2 = \frac{1}{2}\mu C_{ox}\frac{W}{L}(V_{ref2} - V_s - V_T)^2$$

针对外部补偿的时序，可以采用每帧都采样的方式，但是由于 V_T、μ 不是每帧都剧烈变化，而是属于缓慢变化，因此没必要进行每帧采样，可以选择间隔一定时间再采样的方式。这也说明外部补偿像素电路在时序上，相对内部补偿像素电路更为宽松。

总的来说，内部补偿和外部补偿的区别如表 10-5 所示。从像素的复杂程度看，内部补偿比外部补偿使用的晶体管数量更多，电路更为复杂。此外，外部补偿由于利用的是驱动芯片采样等，可补偿的阈值电压范围更大，还可以进行迁移率补偿。另外，有些复杂的 7T 内部补偿像素电路中可加入对回滞进行调整的功能，这个对于可变刷新率是非常重要的，但是外部补偿则无法在本质上解决回滞问题。因此，实际面板补偿方式的选择，需要从 PPI、驱动芯片的种类、补偿功能等方面考虑。

表 10-5　内部补偿和外部补偿的区别

项目	内部补偿	外部补偿
像素电路	复杂 （6T1C、7T1C、4T2C）	简单 （3T1C、4T1C）
驱动芯片	简单 （DAC）	复杂 （DAC+ADC+存储器）
V_T 补偿	范围小	范围大
μ 补偿	不可以	可以

10.6　集成驱动电路

在区别于传统的显示面板（驱动 IC 必须通过封装与基板进行贴合）的现代新型显示面板中，集成驱动简单描述就是显示面板周围的边框内部的 TFT 电路。集成驱动的集成度越高，显示面板周围的边框就会越窄，在不增加设备整体面积的情况下，可显示区域增大。对于传统的扫描信号驱动，每根 Scan 信号线的数量等于行数，假设每根线宽 10μm，间距 5μm，对于 1080P 的分辨率，边框的宽度等于 16.2mm。如果我们使用集成驱动电路，就可以省去边框 Scan 信号线，让边框更窄，如图 10-65 所示。集成驱动主要有几种常见的表达方式，包括栅集成驱动（Integrated Gate Driver）、扫描信号集成驱动（Integrated Scan-Line Driver）、GOA（Gate Driver On Array）等，另外还有一种发光控制信号驱动 EOA（Emission Driver On Array）。集成驱动是产生逐行扫描脉冲信号，实现窄边框/无边框显示的关键手段。

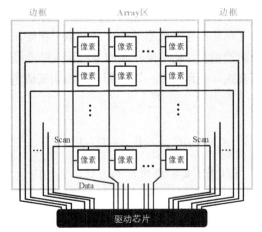

单芯片方案（One-Chip）

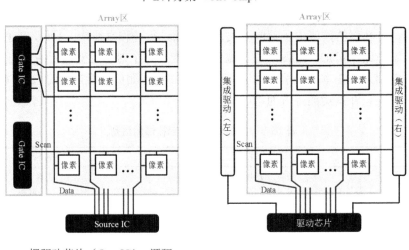

栅驱动芯片（Gate IC）+源驱
动芯片（Source IC）方案

TFT集成驱动方案

图 10-65　各种行驱动方案的区别，集成驱动的边框更窄

10.6.1　GOA 的原理

首先介绍 GOA 的结构。集成驱动的信号需要逐行扫描的脉冲信号，每级 GOA 的功能是用上一行的脉冲信号作为触发，产生新一行的脉冲，单级 GOA 的功能如图 10-66 所示。

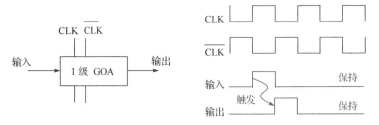

图 10-66　单级 GOA 的功能

对于扫描信号来说，n 行意味着 n 个输出。这需要依次产生脉冲，其他时间保持，类似于多级的移位寄存器。多级 GOA 电路就是由 n 个单级 GOA 单元级联而成的，单元输出脉冲触发下一个单元脉冲，如图 10-67 所示。所有行中只有当前位置为 1，其余位置为 0，然后将 1 依次移位就会得到每行的脉冲。

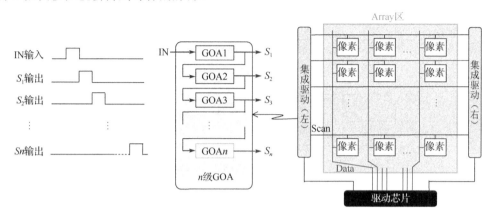

图 10-67 多级 GOA 的功能

根据像素电路的不同，GOA 电路通常分为用于正脉冲的 N 型 GOA 和用于负脉冲的 P 型 GOA，如图 10-68 所示。GOA 的内部需要两个大尺寸的 TFT（T_{pu}、T_{pd}）用于上拉/下拉一整行的 Scan 信号，上拉/下拉输出单元 T_{pu}、T_{pd} 的开关由上拉网络（PUN）、下拉网络（PDN）控制，输入为 IN 和若干个时钟（CLK）信号。

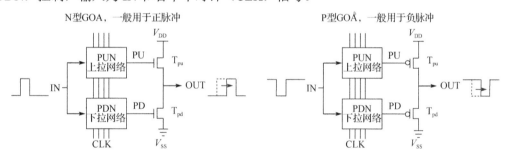

图 10-68 N 型 GOA 和 P 型 GOA 的结构

10.6.2 GOA 电路实例

下面介绍一种 6T GOA 电路的原理，这里面分为 PUN（T_{pu}、T_{u1}、T_{u2}）和 PDN（T_{pd}、T_{d1}、T_{d2}）两部分，具有三个时钟信号，如图 10-69 所示。

从工作状态的阶段来分析，阶段 0 处于初态，上周期结束时，PD 处于高电平，PU 处于低电平，T_{pu} 关断，T_{pd} 开启，保持 OUT 下拉至低电平。

阶段 1 时，IN 电平从低变高，这样 T_{d2} 开启，PD 电平从高变低，导致 T_{pd} 关闭；此外，IN 电平从低变高，T_{u1} 开启，PU 电平从低变高，但由于 V_{DD} 大小的限制，T_{pu} 半开启。

阶段 2 时，CLKn 电平从低变高，T_{pu} 的栅处于浮空状态且栅、漏极之间存在寄生电容，通过电容耦合继续抬高 PU 上的电压，T_{pu} 彻底开启，OUTn 被拉高，产生正的输出脉冲。

这一现象称为自举，即上拉管通过一端的脉冲信号和电容耦合将自身栅极的电压升高，达到开启的过程。

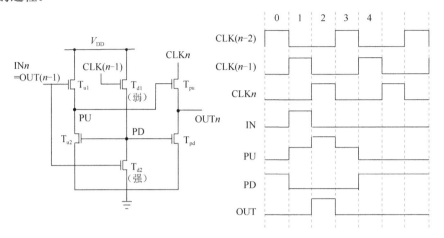

图 10-69　6T GOA 内部结构和时序图

阶段 3 时，CLKn 电平从高变低，OUTn 被拉回低电平。

阶段 4 时，CLK(n-1)电平从低变高，T_{d1} 开启，PD 被拉高，T_{pd} 开启，OUT 保持被拉低状态。后续阶段 PD 电平保持高电平，T_{pd} 保持开启，OUT 被持续拉低，直至下一帧。从原理上看，6T GOA 电路通过 T_{pu} 自举上拉 OUT 形成正脉冲，T_{pd} 持续下拉保持 OUT 低电平一直到下一帧。

再以三星公司的 6T P 型 GOA（见图 10-70）为例分析 GOA 电路的原理，T_1、T_2 分别为大尺寸上拉管、下拉管，栅极信号 PU、PD 由 IN、CLK2/4/6 生成（相邻级之间时钟分别选择 1/3/5 和 2/4/6），其输出的控制信号也与传统 GOA 的有一定差别。但思路上还是 T_{pd} 通过自举下拉 OUT 形成负脉冲，而 T_{pu} 持续上拉保持 OUT 高电平。

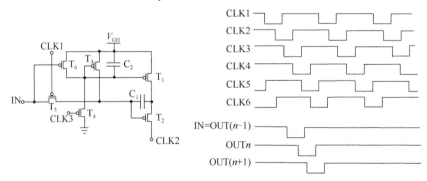

图 10-70　6T P 型 GOA 内部结构和时序图

总的来讲，GOA 是由 n 个 GOA 单元级联而成的，单元输出脉冲触发下一个单元，主要作用是产生逐行扫描脉冲信号以实现窄边框、无边框显示。其工作原理简单概括为输入脉冲给 PU 充电，先使 T_{pu}/T_{pd} 通过自举拉高/低 OUT，形成输出脉冲，然后 T_{pd}/T_{pu} 拉低/高 OUT 直至下一帧。

10.7　互补 TFT 技术

在数字集成电路中，CMOS（Complementary MOS）是一种由两种极性的晶体管（NMOS、PMOS）组成的逻辑电路，具有更大的输出摆幅和更低的静态功耗。如图 10-71 所示，和 NMOS 反相器相比，由于 CMOS 反相器同一时间只有一个晶体管导通，减少了静态的漏电，也使下拉的输出电压更低。

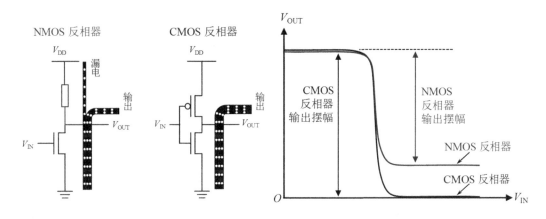

图 10-71　NMOS 和 CMOS 反相器的对比

但是，在本章前面几节中我们采用的驱动电路均为非互补逻辑电路，而没有出现互补。这通常是由于各类 TFT 极性，以及制作成本的限制。

第一类 TFT 材料氢化非晶硅只能做 N 型 TFT，因为此类材料价带附近的缺陷态更多，靠近价带的缺陷态是靠近导带的缺陷态的 100 倍，因此空穴迁移率远低于电子迁移率，且 P 型氢化非晶硅 TFT 的阈值电压为负值且绝对值较大，因而制作出的 P 型 TFT 的阈值电压、亚阈值摆幅 SS、迁移率 μ 都远不如 N 型 TFT，并不适合做对称的 CMOS 结构。氢化非晶硅的 N 型和 P 型 TFT 的转移特性曲线对比如图 10-72 所示。

第二类 TFT 材料非晶氧化物（AOS），也只能做 N 型 TFT，这是由于导带由金属 s 轨道构成，球形轨道容易重叠，电子易导电；而价带由氧 p 轨道构成，缺少重叠，空穴基本都是束缚态，难以运动形成电流。

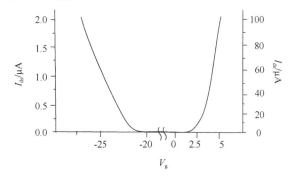

图 10-72　氢化非晶硅的 N 型（右）和 P 型（左）TFT 的转移特性曲线对比

第三类 TFT 材料是低温多晶硅（LTPS）可以做 N 型和 P 型 TFT，但是 P 型 TFT 的偏压稳定性更好。

因此，基于上述原因，为了简化工序，降低成本，TFT 一般只做 N 型或 P 型一种，不一定做互补逻辑。

10.7.1 LTPO 的原理

人们为了结合不同 TFT 材料的器件性能优势，引入了一种低温多晶硅氧化物（LTPO）技术，即 LTPS 和 AOS TFT 的组合。

如表 10-6 所示，LTPS 具有极高的迁移率，但是小带隙导致了关态的高漏电现象；AOS 为高带隙材料，没有自由空穴，所以关态漏电极低。

表 10-6 LTPS、AOS、LTPO 三种 TFT 技术的优劣

优劣势	LTPS	AOS	LTPO（LTPS+AOS）
优势	高驱动能力	低功耗	高驱动能力、低功耗
劣势	高功耗	低驱动能力	制程复杂、成本高

因此 LTPS 适合高 PPI、窄边框、高刷新率的应用，而 AOS 适合大屏幕、低刷新率的应用。LTPO 的核心思路是同时利用 LTPS 的高驱动能力和 AOS 的低功耗优势，实现高驱动力、低功耗，同时可以分别在高低刷新率下工作，实现可变的刷新率。

LTPO 一开始时的应用还是相对较少的，但当前智能设备显示屏朝着更大的屏幕、更高的分辨率、更高的 PPI、更窄的边框、更大的刷新率范围前进，在这样的显示需求下 LTPO 的应用越来越多。

柔宇公司在 2020 年发布的 LTPO，是通过顶栅 LTPS 和底栅 AOS 组合而成的。在典型的 LTPO 中，LTPS 具有大电流和强驱动能力，但也伴随着较大的漏电流；而 AOS 则表现出低关态漏电流和较低的漏电特性，但驱动能力相对较弱。LTPS TFT 和 AOS TFT 的性能对比如图 10-73 所示。

因此，在 LTPO 电路中，两种器件分别有各自的应用。如图 10-74 所示，对于 LTPO 来说，驱动支路上一般为 LTPS，利用其高驱动力（高 I_{on}、高 μ）来提供更大的 OLED 电流；而控制支路一般起到开关作用，因此适合 AOS 这类低功耗器件（低 I_{off}）。

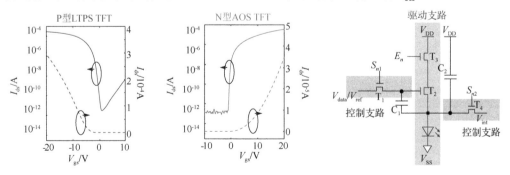

图 10-73 LTPS TFT 和 AOS TFT 的
性能对比

图 10-74 像素电路的驱动支路和控制支路

10.7.2　LTPO 的制程

在 LTPO 的制程中，无论是哪一种结构，都需要先在基板上制备 LTPS TFT，再制备 AOS TFT，这是由于制备工艺温度的差异——在制程温度上，LTPS 为 500℃左右，而 AOS 为 400℃左右。

在 TFT 结构上，LTPS 一般采用顶栅自对准结构，AOS 可以采用顶栅或底栅结构，如图 10-75 所示。

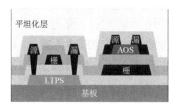

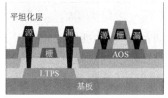
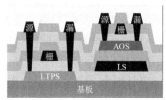

（a）顶栅 LTPS+底栅 AOS　　　　（b）顶栅 LTPS+顶栅 AOS　　　　（c）顶栅 LTPS+带有光障的顶栅 AOS

图 10-75　几种常见的 LTPO 结构

需要额外注意图 10-75（c）所示的 LTPO 结构。与上面两个例子相比，AOS TFT 中多加了一层类似底栅的金属保护层，该层是光障（Light Shield，LS），是为了阻挡来自背部的光线，以及水氧等物质的扩散，防止中间有源层的变化，可以用来提高稳定性。

10.7.3　LTPO 内部补偿像素电路

下面介绍基于 LTPO 的内部补偿像素电路。图 10-76 所示为 7T1C 的 LTPO 内部补偿像素电路及其时序图。驱动支路（T_2、T_4、T_5）采用的是 P 型 LTPS，具有高驱动能力、较小的 TFT 宽度和面积、高稳定性、回滞小的特点；控制支路（T_1、T_3、T_6、T_7）采用 N 型 AOS，低漏电，保存电荷更久，具有更低的刷新率，同时 T_6、T_7 可辅助复位。

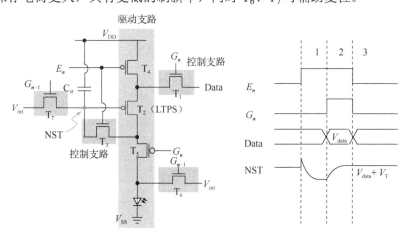

图 10-76　7T1C 的 LTPO 内部补偿像素电路及其时序图

和前面介绍的 6T1C 内部补偿像素电路的工作原理相似，运行的第一阶段为初始化阶段，驱动支路关闭，驱动管栅极存储节点（NST）放电，阳极放电。第二阶段为写入阶段，初始化的晶体管关断,写入支路开启,驱动管对自己的栅极、漏极充电,充电终点为 $V_{data}+V_T$(V_T 为负),说明充电的最终值不会大于 V_{data}。第三阶段为发光阶段,全部的控制支路关闭,发光支路开启,根据阈值电压的补偿原理,电流仅与 V_{data} 和 V_{DD} 有关。这种电路在高刷新率(120Hz)和低刷新率(1Hz)下均可工作。

下面介绍另外一种 6T1C 的 LTPO 内部补偿像素电路,如图 10-77 所示,采用 N 型 LTPS+N 型 AOS,这不是一种常规的互补逻辑电路,而只是为了可变刷新率的应用。该电路的特点是 AOS 管 T_3 用于保持 C_{st} 上的数据电压,较少的漏电可以达到一个长时间的保持作用(1s),电路仍分为控制支路和驱动支路。第一阶段为初始化阶段,对存储节点(N2)充电,对阳极放电。第二阶段为写入阶段,驱动管(T_2)给自己的漏极、栅极放电,放电终点为 $V_{data}+V_T$,当低于临界值时,T_2 自行关断。第三阶段为发光阶段,控制支路全部关闭,T_2 栅极上的控制管 T_3 漏电极少,可长久保持栅极电平 $V_{data}+V_T$,此时发光电流与阈值电压无关。

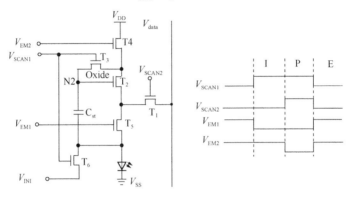

图 10-77　6T1C 的 LTPO 内部补偿像素电路及其时序图

LTPO 除了内部补偿像素电路的应用,还有集成驱动上的应用。将 LTPO 和 LTPS 的集成驱动对比,传统 LTPS GOA 中 TFT 驱动力强、尺寸较小,可实现窄边框设计,但是漏电影响低刷新率工作。而 LTPO GOA 中 LTPS TFT(P 型 LTPS)的上拉/下拉支路提供充足的驱动电流,AOS(N 型 AOS)在部分控制支路中,限制内部关键节点的漏电,如图 10-78 中的例子所示。

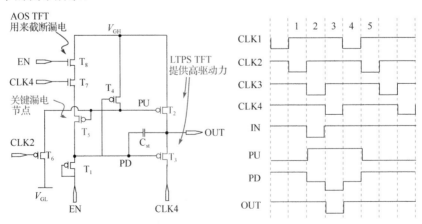

图 10-78　LTPO GOA 电路内部结构及其时序图

　　总的来讲，LTPO 利用了两种 TFT 的优点，即 LTPS 具有高驱动能力和稳定性，AOS 具有低漏电、低功耗的优势，可以组成互补逻辑，但互补逻辑不是主要目的。LTPO 的像素电路和 GOA 电路中，LTPS 放在驱动支路上，提供大电流；AOS 放在控制支路上，降低漏电，实现大范围的动态刷新率（1～120Hz）。

10.8　本章小结

　　TFT 作为一种半导体器件，是构成显示驱动电路的关键组件，在现代显示技术中扮演着至关重要的角色。本章讲述了 TFT 的基本原理、半导体材料、器件的结构和制备工艺，以及 TFT 构成的基本像素电路、带补偿性质的像素电路和集成驱动的基本原理，并介绍了新型显示技术——互补 TFT 技术。

　　尽管显示驱动领域始终在不断发展，各类技术不断更新迭代，但驱动电路协同工作，通过精确的电信号和时序控制，确保每个像素都能准确地响应输入信号，从而形成清晰、高质量的图像才是最终不变的目的。而 TFT 的设计制造，以及电路的设计和优化对于实现高分辨率、高刷新率、低功耗等方面的性能至关重要。

10.9　参考文献

[1]　BRAUN D. Crosstalk in passive matrix polymer LED displays[J]. Synthetic Metals, 1998, 92(2):107-113.

[2]　STUTZMANN M. Weak bond-dangling bond conversion in amorphous silicon[J]. Philosophical Magazine B, 1987, 56(1):63-70.

[3]　TERAKAWA A. Review of thin-film silicon deposition techniques for high-efficiency solar cells developed at Panasonic/Sanyo[J]. Solar Energy Materials and Solar Cells, 2013, 119: 204-208.

[4]　BROTHERTON S D. Introduction to thin film transistors: Physics and Technology of TFTs[M]. Switzerland: Springer Cham, 2013.

[5]　WEIMER P K. The TFT a new thin-film transistor[J]. Proceedings of the IRE, 1962, 50(6):1462-1469.

[6]　BRODY T P, ASARS J A, DIXON G D. A 6×6 inch 20 lines-per-inch liquid-crystal display panel[J]. IEEE Transactions on Electron Devices, 1973, 20(11):995-1001.

[7]　TERAKAWA A. Review of thin-film silicon deposition techniques for high-efficiency solar cells developed at Panasonic/Sanyo[J]. Solar Energy Materials and Solar Cells, 2013, 119:204-208.

[8]　ANDREETA M. Crystallization: Science and Technology[M]. London: Intech Open, 2012.

[9]　WANG X. Simulation study of scaling design, performance characterization, statistical variability and reliability of decananometer MOSFETs[D]. UK: University of Glasgow, 2010.

[10]　KIMURA M, INOUE S, SHIMODA T, et al. Device simulation of carrier transport through grain boundaries in lightly doped polysilicon films and dependence on dopant density[J]. Japanese Journal of Applied Physics, 2001, 40(9R):5237.

[11] KAMIYA T, NOMURA K, HOSONO H. Origins of high mobility and low operation voltage of amorphous oxide TFTs: Electronic structure, electron transport, defects and doping[J]. Journal of display Technology, 2009, 5(7):273-288.

[12] KIM Y H, HAN M K, HAN J I, et al. Effect of metallic composition on electrical properties of solution-processed indium-gallium-zinc-oxide thin-film transistors[J]. IEEE Transactions on Electron Devices, 2010, 57(5):1009-1014.

[13] SHIN J, CHOI D. E ect of Oxygen on the Optical and the Electrical Properties of Amorphous InGaZnO Thin Films Prepared by RF Magnetron Sputtering[J]. Journal of the Korean Physical Society, 2008, 53(4):2019-2023.

[14] TSAO S W, CHANG T C, HUANG S Y, et al. Hydrogen-induced improvements in electrical characteristics of a-IGZO thin-film transistors[J]. Solid-State Electronics, 2010, 54(12):1497-1499.

[15] HUANG Y, HSIANG E L, DENG M Y, et al. Mini-LED, Micro-LED and OLED displays: present status and future perspectives[J]. Light: Science & Applications, 2020, 9(1):105.

[16] STRIAKHILEV D, PARK B, TANG S J. Metal oxide semiconductor thin-film transistor backplanes for displays and imaging[J]. MRS Bulletin, 2021, 46(11):1063-1070.

[17] LEE J H, KIM J H, HAN M K. A new a-Si: H TFT pixel circuit compensating the threshold voltage shift of a-Si: H TFT and OLED for active matrix OLED[J]. IEEE Electron Device Letters, 2005, 26(12):897-899.

[18] DORA P. Shift register useful as a select line scanner for liquid crystal display:US5222082A[P]. 1993-06-22.

[19] ZHOU X, TIAN P, SHER C W, et al. Growth, transfer printing and colour conversion techniques towards full-colour micro-LED display[J]. Progress in Quantum Electronics, 2020, 71:1-31.

[20] WATAKABE H, JINNAI T, SUZUMURA I, et al. 39-2: Development of Advanced LTPS TFT Technology for Low Power Consumption and Narrow Border LCDs[J]. SID Symposium Digest of Technical Papers, 2019, 50(1):541-544.

[21] LUO H, WANG S, KANG J, et al. 24-3: Complementary LTPO technology, pixel circuits and integrated gate drivers for AMOLED displays supporting variable refresh rates[J]. SID Symposium Digest of Technical Papers, 2020, 51(1):351-354.

10.10　习题

1．分析一个 4T1C 的 GOA 电路（见图 10-79），回答下列问题：

（1）上拉和下拉 TFT 分别是什么？

（2）输出端 output(n-1)、output$n$、output(n+1)的方波输出是依次抬高的，请解释 GOA 电路方波输出过程。

2．非晶硅为何必须掺氢？对掺氢的含量有何要求？

3．TFT 对于其电极材料有何要求？当前最广泛的 TFT 金属电极材料是什么？

4．TFT 的器件结构分为哪几种？

5．请标出图 10-80 曲线中的线性区和饱和区。

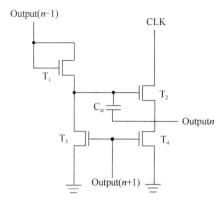

图 10-79　4T1C 的 GOA 电路

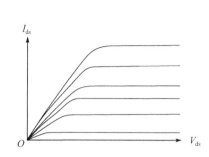

图 10-80　TFT 输出特性曲线

6. 简述如何提取 TFT 器件的阈值电压和场效应迁移率。

7. 分析下列 7T1C 有源驱动像素电路（见图 10-81）的工作过程（分为 4 个阶段，初始化、检测、写入、发光）。

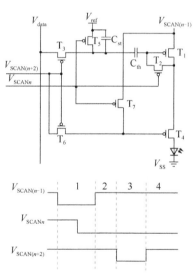

图 10-81　7T1C 有源驱动像素电路

第11章

触摸屏与屏下传感器技术

人机交互（Human-Computer Interaction，HCI）是实现人类与计算机及其他电子设备之间信息交换的通道，是人们与数字世界沟通的关键方式。人机交互的输入是用户向计算机或其他电子设备提供信息或指令的过程，它是用户与系统进行双向沟通和交流的一部分。尽管鼠标和键盘输入是常见的人机交互方式，并在许多场景下表现出色，但是在输入精度、操作速度、直观性、操作方式和应用于移动设备上存在局限性。

触摸屏（Touch Panel，Touch Screen，Touch Pad）是一种人机交互技术，通过接收器感应传感装置电学特性的变化，来响应用户的触摸输入。触摸屏的出现弥补了传统人机交互的不足，使得用户可以用手指或触控笔与显示屏进行互动，提供了更加丰富、直观和自然的交互体验。触摸屏将所有的输入和控制功能集成在一个平面上，节省了空间并方便携带，使设备更加紧凑和便携。触摸屏技术的普及扩展了应用领域，创造了更多的交互方式和应用场景。触摸屏的应用如图 11-1 所示。

图 11-1　触摸屏的应用

11.1　触摸屏技术的发展

20 世纪 40—60 年代，触摸屏技术的雏形就已经出现了，当时它是基于电子束脉冲或光学定位的技术。1965 年 10 月，触摸传感技术才真正地被付诸实践，当时英国马尔文皇家雷达机构的工程师埃里克·阿瑟·约翰逊（Eric Arthur Johnson）首次提出了电容式触摸屏的想法。

20 世纪 70 年代，美国科学家塞缪尔·赫斯特（Samuel Hurst）设计了电阻式触摸屏。1974 年，赫斯特团队手工制造了世界上第一块电阻式触摸屏"AccuTouch"，并在 1977 年获得了专利。1977 年，摩托罗拉公司推出了第一款支持触控笔输入的掌上电脑 Palm Pilot，标志着电阻式触摸屏商业化的开始。

1982 年，多伦多大学的尼米什·梅塔（Nimish Mehta）开发了一种"触摸平板电脑"设备，采用带有摄像头的磨砂玻璃面板，可以识别屏幕上的阴影和黑点，实现了动作的检测，是第一台多点触控设备。随后美国计算机艺术家迈伦·克鲁格（Myron Krueger）构建了一个可以捕捉跟踪手部动作的光学系统，使用投影仪和摄像机来跟踪手部，开创了手势交互的先河。

20 世纪 80 年代，触摸屏开始广泛地商业化使用。1983 年 9 月，惠普（HP）推出了 HP-150，这台计算机配备了 9 英寸的 CRT 显示屏，在显示屏边缘的边框中具有红外发射器和探测器，当红外光束被中断时，HP-150 可以检测用户的手指什么时候与屏幕交互及触摸点的位置。1984 年，贝尔实验室开发了世界上第一台多点触控的电容屏，可以检测多个触摸点。

世界上第一台触摸屏手机 IBM Simon Personal Communicator 诞生于 1992 年，使用了电阻式触摸屏，也是第一台真正的智能手机。1993 年，Apple 发布了 MessagePad（NewTon），配置了可以实现手写笔书写的触摸屏。1999 年，特拉华大学的研究生韦恩·韦斯特曼（Wayne Westerman）在其博士论文中详细介绍了多点触控电容技术背后的机制，该技术成为现代触摸屏设备的主要功能。韦斯特曼与其指导老师约翰·埃利亚斯成立了 FingerWorks 公司，致力于生产基于手势的多点触控产品，如 TouchStream 的基于手势操作的键盘、可以单手手势操作和控制的 IGesture Pad 等，这家公司在 2005 年被 Apple 收购。多点触控的操作如图 11-2 所示。

图 11-2 多点触控的操作

2007 年，Apple 发布了初代 iPhone，使得多点触控技术得到了广泛的应用，并且在 2010 年发布了 iPad，为触摸屏设备打开了新的市场。

11.2 触摸传感技术的原理

触摸屏通过在显示区域上放置一层或多层传感器，将触摸位置、压力和手势信息转化为电信号，来实现对触摸事件的检测和定位。根据触摸屏传感器的工作原理和传输信息的介质，可以将常见的触摸屏分为五大类：电阻式、声波式、光学式、电磁式、电容式，如图 11-3 所示。

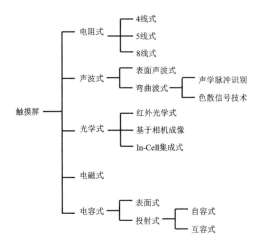

图 11-3　触摸屏的种类

11.2.1 电阻式触摸传感技术

电阻式触摸屏技术是较早实现商业化的触摸屏技术，它通过电阻效应来感知触摸位置，广泛地应用于手机、平板电脑和导航系统上。在 iPhone 问世以前，大部分手机都是基于电阻式触摸屏的。

电阻式触摸屏的结构如图 11-4 所示，上层是涂有 ITO 导电层和表面涂覆层的 PET 膜片，下层是涂有 ITO 的玻璃基板。PET 膜片和玻璃基板之间是微小的绝缘间隔点，通过调节间隙的尺寸和密度可以调节触压触摸屏所需的压力大小。两层导电涂层之间形成一个电阻网格。

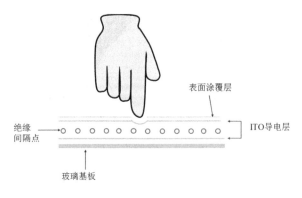

图 11-4　电阻式触摸屏的结构

如图 11-4 所示，当手指或触控笔接触上层的 PET 膜片时，会使触摸层触摸点附近的 ITO 薄膜与下方的 ITO 层接触发生短接，从而使电阻发生变化，电流会流过这个点，并向控制器传输信号，控制器通过对触摸区域的电压采样来提取触摸点的坐标，计算出触摸点 (X,Y) 的位置。因此，当位置已知时，将信息传递给驱动程序，该驱动程序对其进行编码并将其发送到设备的操作系统。这种方式可以通过手指、笔、触控笔等任何物体接触使用。电阻式触摸屏根据导线与控制器连接数目的不同配置，可以分为 4 线电阻式触摸屏、5 线电阻式触摸屏、6 线电阻式触摸屏、7 线电阻式触摸屏和 8 线电阻式触摸屏，其中常用的有 4 线电阻式触摸屏、5 线电阻式触摸屏和 8 线电阻式触摸屏。

传统的 4 线电阻式触摸屏的结构如图 11-5 所示，采用"三明治"的结构，连接到导电片的左右（X）边缘的母线，以及另一个导电片的上下（Y）边缘的母线。当触摸发生时，上下接触的 ITO 层，对触摸屏表现为一对分压器，控制器对 X 施加电压，测量 Y 上触摸点的电压，确定触摸点的水平 X 位置；再对 Y 的上下边缘施加电压，在 X 层中进行测量，得到垂直方向上 Y 的位置。4 线电阻式触摸屏除了可以检测触摸点的坐标，还可以检测触摸点的压力。触摸时压力大小的不同会导致电阻大小的变化，通过量化电阻大小可以检测施加的压力大小。这种触摸屏相对简单，但是通常只能进行单点触摸，在精准度和抗干扰方面也较差。

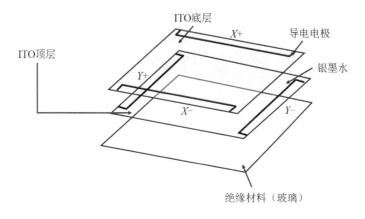

图 11-5 传统的 4 线电阻式触摸屏的结构

5 线电阻式触摸屏［见图 11-6（b）］是对 4 线电阻式触摸屏［见图 11-6（a）］的改进，比 4 线电阻式触摸屏具有更高的精度和稳定性，以及更长的寿命。8 线电阻式触摸屏的结构与 4 线电阻式触摸屏的结构类似，除了 4 个电极，每根导线上额外引出了一根线，可以直接测量传感器上的电压，实现了电压和电流的独立测量，从而提供了更高精度的触摸，同时拥有更好的抗干扰性能。

电阻式触摸屏因为抗污染性好、支持任何物体触摸、简单成本低，在早期乃至现在的电子设备中都得到了广泛的应用，但是存在容易被划伤导致的耐久性差、光学清晰度差和难以满足高要求的触控等缺点。

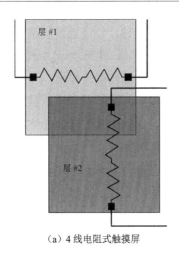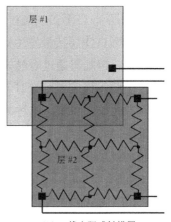

（a）4 线电阻式触摸屏　　　　　　　　（b）5 线电阻式触摸屏

图 11-6　常用的电阻式触摸屏

11.2.2　声波式触摸传感技术

声波式触摸传感技术是利用触摸屏表面或体内传播的声波来检测触摸位置的技术。

表面声波式触摸屏是最常见的一种声波式触摸屏，利用表面声波技术来实现触摸输入。表面声波又称为瑞利波，是一种只在材料表面传播的波。如图 11-7 所示，表面声波式触摸屏中有两对发射器和接收器，发射器发出的声波信号经过反射，在挡板区域沿着各个方向传播，接收器将其转换成电信号。当手指或触控笔靠近时，部分声波被吸收从而发生振幅衰减，通过接收器收到的振幅衰减的时间延迟，可以计算触摸点坐标。此外，还可以通过测量减少的幅度，计算触摸压力大小。

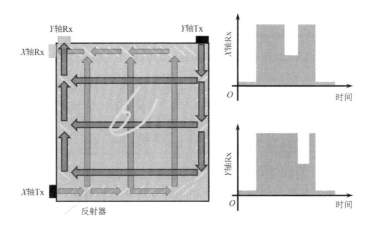

图 11-7　表面声波式触摸屏

表面声波式触摸屏拥有优异的光学性能，可以实现大尺寸的触摸，具有良好的耐用性，通过增加不同角度的反射器，可以实现多点触控。但是其表面容易受到毛发、油脂等污染，从而影响触摸，同时对于小尺寸屏幕和手势操作而言精度差、分辨率较低。

此外，还可以通过采用弯曲波的方式实现触摸，弯曲波是当物体撞击刚性基底表面时产生的机械能的一种形式。与表面波不同，弯曲波不仅在材料的表面传播，还可以在内部传播，这为弯曲波式触摸屏带来了抗划伤的优点。

11.2.3　光学式触摸传感技术

光学式触摸屏是一种利用光学原理实现触摸输入的设备，它使用光学传感器来检测触摸事件的发生，并确定触摸点的位置，响应速度快。下面介绍代其中具有表性的两种——红外光学式触摸屏和基于相机成像的光学式触摸屏。

传统的红外光学式触摸屏，也称为扫描红外（Scanning Infrared，SI）触摸屏，如图 11-8 所示，将红外 LED 放置在屏幕相邻两侧的斜面边缘上，在相反的斜面边缘放置红外光电探测器，利用这样的正交网格来定义触摸的空间。当手指等不透明的物体接触触摸屏时，会遮挡光路，通过红外线被遮挡的位置获得触摸点 X 和 Y 的坐标信息。红外光学式触摸屏可以用于大尺寸的屏幕，其可以保证优良的光学清晰度，但边框厚、成本高。

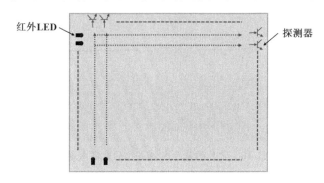

图 11-8　传统的红外光学式触摸屏

基于抑制全内反射（Frustrated Total Internal Reflection，FTIR）原理的红外光学式触摸屏实现了多点触控，如图 11-9 所示，光线在亚克力板内不停地反射，而不会发生逃逸。在因手指触碰而破坏了全内反射的条件后，光将从亚克力板的背面散射出去且被外部的摄像头或传感器捕获，生成图像来提供触摸的位置信息。FTIR 触摸屏除了可以实现多点触控，还能作为真实图像的投影，且捕获的图像的噪声少，实现了高保真。

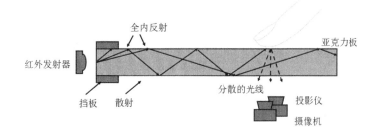

图 11-9　基于 FTIR 原理的红外光学式触摸屏

基于相机成像的光学触摸（Camera-based Optical Touch）技术最早出现在 1979 年 Sperry Rand 公司提出的专利中。常见的基于相机成像的光学式触摸屏如图 11-10 所示。位于屏幕角落的红外 LED 提供光源，屏幕外围有反射器，在显示器的相邻两个（多个）角安装传感器，控制电路对来自相机的图像进行分析处理，并对触摸点的位置进行三角测量，计算 X 轴和 Y 轴的位置。基于相机成像的光学式触摸屏有着良好的耐用性、触摸速度快、大尺寸扩展性等优点，但是在初始的安装和校准上比较困难，并且阳光的直射会影响传感器，额外的传感器也会带来成本的增加。

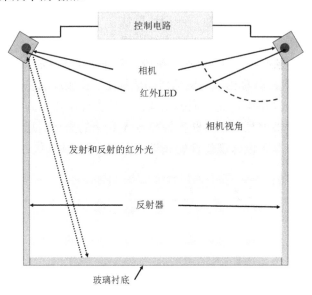

图 11-10 常见的基于相机成像的光学式触摸屏

11.2.4 电磁式触摸传感技术

电磁式触摸传感技术是一种利用电磁感应原理（Electro Magnetic Resonance，EMR）的触控技术。电磁式触摸屏主要包括电磁板和电磁笔，电磁板的整个表面都有网格线，可以产生电磁场，而电磁笔的内部有一个线圈和一个电容，可以接收电磁场并将其转化为电能。当电磁笔接近电磁板时，上面的电磁场会受到干扰，并在 Rx 线圈上产生感应电动势，从而可以检测到电磁笔的位置和动作。通过对笔尖施加压力并获取共振频率的变化，可以实现对笔尖的压力检测。电磁式触摸传感技术的等效原理图如图 11-11 所示。

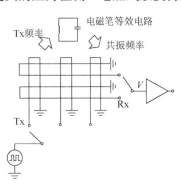

图 11-11 电磁式触摸传感技术的等效原理图

由于整个系统都非常简单，没有多余的元件，因此电磁式触摸屏不易受到破坏，性能稳定，同时电磁式触摸屏由于数据点数量非常多且通信速度快，精确度很高，可以提供更加精细的操作，如绘画和书写。电磁式触摸屏可以检测笔的压力感，使得用户的手写感更加舒适和生动。但是电磁式触摸屏也存在一定的局限性，如需要电磁笔才能进行操作，以及价格昂贵等，目前电磁式触摸传感技术还不是最为主流的触摸传感技术。

11.2.5 电容式触摸传感技术

电容式触摸传感技术是目前十分重要的触摸传感技术，因其有着灵敏度高、耐用性好、光学质量高、支持多点触控等优点，成为智能手机、平板电脑等设备触摸屏的主流方案。为了更好地讲解电容式触摸传感技术，相关内容将在 11.3 节详细展开。

11.3 电容式触摸屏

电容式触摸屏中的电容式触摸传感器由一层或多层透明导体组成，通过溅射或蒸发和图案化（光刻和刻蚀等工艺）沉积在玻璃基板上。当向导体施加交流电时，电容具有导电性，形成电场，当手指或触控笔靠近时，手指与触摸传感器的导体形成一个电容，破坏电场，改变电流。该类触摸屏通过检测电路检测电流的变化，确定触摸的位置。根据形成电容结构原理的不同，可以将电容式触摸传感技术分为表面电容式触摸传感技术和投射电容式触摸传感技术两种，它们分别对应表面电容式触摸屏和投射电容式触摸屏。

11.3.1 表面电容式触摸屏

表面电容式触摸屏的结构十分简单，如图 11-12 所示，在透明基板的一侧上制备一层透明的导电薄膜，在其上再涂上玻璃保护膜。电极分布在 4 个角，分别通过引线与控制器相连接。在 4 个角的电极上施加相同的交流电压信号，这将在面板上形成均匀的电场，此时由于 4 个角上的电位是同相位的，因此屏幕上的电容不会放电，没有电流的变化。由于人体和触摸屏会形成一个耦合电容，当手指触摸面板时，电流会从 4 个角流向手指。为了弥补流走的电荷损失，系统会补充电流到 4 个角，通过测量补充电流的比率来检测触摸点，从而确定触摸点的位置。

表面电容式触摸传感技术适用于大尺寸的显示器，只需轻触就能够实现触摸的功能，而不需要施加压力。与传统的电阻式触摸屏相比，表面电容式触摸屏只有一层玻璃，透光率和清晰度都更高，具有表面坚硬、灵敏度高、使用寿命长等优点，不容易受到灰尘、潮湿环境、油脂等影响。然而，表面电容式触摸屏也有一些缺点，包括有限的分辨率和不兼容多点触控、容易受到噪声影响等。目前，表面电容式触摸屏主要应用于售票厅、自动取款机（ATM）、医疗、街机游戏等交互系统上。

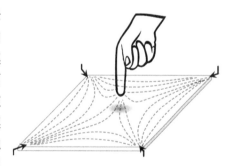

图 11-12 表面电容式触摸屏

11.3.2 投射电容式触摸屏

iPhone 的发布将投射电容式触摸传感技术推向了市场，该技术是目前中小型触摸产品的首选。投射电容式触摸传感技术通常是通过单层或多层图案化的透明电极阵列来实现的。

其中图案化的电极分为沿水平方向（X轴）的传输电极和沿垂直方向（Y轴）的感应电极。当手指靠近触摸屏时，电场被改变，电极本身的电容或相邻电极之间的电容发生改变。通过检测电容的变化判断触摸点位置。投射电容式触摸传感技术支持多点触控，可以实现更加复杂的操作，同时不存在运动的元件，其耐用性更好，使用寿命更长。根据原理的不同，投射电容式触摸传感技术可以进一步分为自容式触摸（Self Capacitive Touch）传感技术和互容式触摸（Mutual Capacitive Touch）传感技术，如图 11-13 所示。

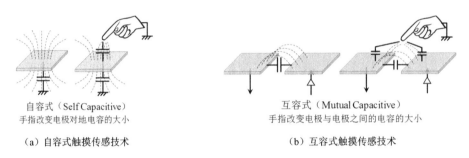

（a）自容式触摸传感技术　　　　　　　　　（b）互容式触摸传感技术

图 11-13　投射电容式触摸传感技术

1. 自容式触摸传感技术

自容式触摸屏的感应电极一端接地，另一端连接采样电路，它是基于测量感应电极相对于地的电容的变化来判断触摸的，因此称为自电容，又称为绝对电容。如图 11-14 所示，当人的手指靠近屏幕时，手指产生的电容 C_T 与系统并联，从而使得系统电容增大。当给电极加电时，由于触摸使系统电容增大，充电和放电会变慢，导致该触摸点上层电极的电流也增大。控制芯片通过检测电流的变化，判断触摸点的位置。

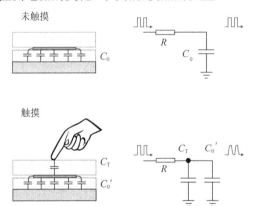

图 11-14　自容式触摸传感技术的检测原理

在自容式触摸屏中，如图 11-15 所示，透明导体电极可以设计成单层电极结构，或者物理隔离的双层电极结构。双层电极触摸屏中的电极通过行和列的排列构成 X-Y 的坐标网格，每行和每列的交点代表一个触摸点坐标对。当触摸发生时，驱动 IC 依次检测每行和每列的电极，总共进行 $X + Y$ 次扫描，来确定触摸点坐标(X,Y)。但这种设计不能实现多点触控的感应，如果发生两点触控，则会产生两个 X 列和两个 Y 列的信号，组合后会出现 4 个坐标点。该现象也被称为"鬼点"（Ghost Point）。为了解决这一问题，可以采用分时法和分区法解决。

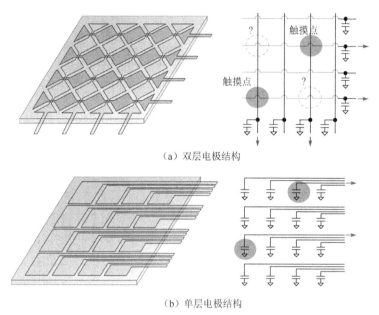

（a）双层电极结构

（b）单层电极结构

图 11-15　自容式触摸屏的电极结构

单层电极下，每个电极代表不同的触摸点坐标对，并通过单独的导线连接到驱动 IC，这样就可以实现多个触摸点的检测，解决了"鬼点"的问题。然而由于大量导线，占据了大量的面积，因此存在盲区。通常需要在电极层下单独添加一层导线走线层来规避，如图 11-16 所示，但是驱动 IC 需要的输入/输出端口也会增加，因此这种设计不适用于大尺寸的面板。

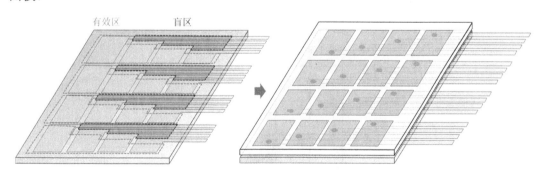

图 11-16　通过增加单独的导线走线层来改善盲区

2. 互容式触摸传感技术

互容式触摸传感技术与自容式触摸传感技术不同，如图 11-17 所示，其通过测量相邻两个电极之间的耦合电容 C_m 的变化，来实现对触摸位置的检测。当手指触摸面板表面时，会影响触摸点周围两个电极之间的边缘电场，两个电极分别产生电容 C_{fTx} 和 C_{fRx}，相当于在系统中串联了电容，从而使得系统电容变小，检测这个变化的电容就可以确定触摸点的位置。

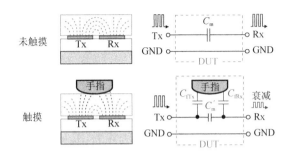

图 11-17 互容式触摸传感技术的检测原理

互容式触摸屏的电极同样是由纵横交错、空间隔离的双层电极构成的阵列网格组成的。如图 11-18 所示，将水平分布的电极设置为发射电极 Tx，将垂直分布的电极设置为接收电极 Rx。

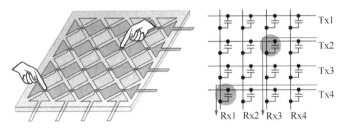

图 11-18 互容式触摸屏的电极结构

相比自容式触摸屏，互容式触摸屏的扫描类型更加复杂。如图 11-19 所示，触控芯片先以交流电逐行驱动每行的 Tx，然后扫描与该行相交的每列 Rx 的响应，测量每个 X-Y 相交处的电容值，并对每行重复这个扫描过程，总共扫描 $X \times Y$ 次，这种寻址方式也被称为"所有点可寻址"。相比之下，这种寻址方式需要花费更多的时间和更高的功耗，处理器的负载更高，但可以真正地实现多点触控。手指引起的互电容的变化往往很小——通常小于 1pF，同时容易受到外界干扰，对整个电路的放大和抗干扰能力都将提出更高的要求。

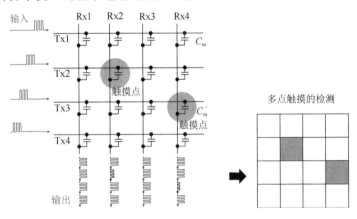

图 11-19 互容式触摸屏的检测原理

自容式触摸传感技术和互容式触摸传感技术是常见的电容式触摸传感技术，因为二者的检测原理不同，有着各自不同的优缺点，在不同场景下应用，两者的对比如表 11-1 所示。

自容式触摸传感技术结构简单，适用于单点或少量触摸点的场景，如滑动、放大、缩小等基本交互操作。互容式触摸传感技术支持多点操作，在许多智能手机、平板电脑等设备上得到了应用。自容式触摸传感技术还可以和互容式触摸传感技术相结合，两者可以随时切换，实现更加灵活的触摸功能。

表 11-1　自容式触摸传感技术与互容式触摸传感技术的比较

性能参数	自容式（双层电极）触摸传感技术	自容式（单层电极）触摸传感技术	互容式触摸传感技术
多点触控	出现"鬼点"	可以实现	可以实现
扫描数据量	$X+Y$	$X \times Y$	$X \times Y$
数据获取速度	串行处理，速度慢		并行处理，速度快
控制电路	相对简单		相对复杂
信噪比（SNR）	较低		较高
抗干扰能力	容易受到 GND 变化的影响		较好
功耗	低		高

11.3.3　外挂式触摸屏

传统的电容式触摸显示模组往往是先独立制作触摸传感器模组和显示屏，然后通过两次贴合组合在一起，如图 11-20 所示。这种触摸传感技术称为外挂式（Out-Cell）触摸传感技术。根据触摸传感器的基材和叠构的不同，又可以将外挂式触摸传感技术进一步细分为 GG（Cover Glass+Glass Sensor）技术、GF（Cover Glass + Sensor Film）技术、GFF（Cover Glass + Sensor Film + Sensor Film）技术、G1F1 技术、GF2 技术等。几种外挂式触摸屏的结构和性能如图 11-21 所示。外挂式触摸屏常常采用 ITO 透明导体作为触摸材料。

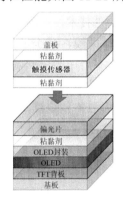

外挂式触摸屏类型					
	GG	GF	GFF	G1F1	GF2
透光性	★★	★★★	★★	★★	★★★
厚度	★	★★★	★★	★★	★★★
精度	★★	★★	★★★	★★	★★★

图 11-20　OLED 外挂式
触摸屏结构

图 11-21　几种外挂式触摸屏的结构和性能

外挂式触摸屏结构简单，技术成熟，可靠性高，目前在许多中大型设备上得到了应用，但在厚度和成像质量上难以满足现在的电子设备的需求，并且随着屏幕尺寸的增加，信噪比会下降。此外，随着柔性屏、可弯曲屏的出现，外挂式触摸屏由于存在多层膜层结构，在重复多次的弯折下容易出现分离等问题。

11.3.4 集成式触摸屏

集成式触摸传感技术是一种将触摸传感器直接集成到显示屏幕中的技术，而不需要添加额外的触摸层或外部传感器。集成式触摸传感技术主要包括 OGS（One Glass Solution）触摸传感技术、On-Cell 触摸传感技术和 In-Cell 触摸传感技术，以及 Hybird In-Cell 触摸传感技术。从图 11-22 中可以看出，从外挂式（Out-Cell）到集成式的堆叠变化可实现触摸传感器厚度的减小。集成式触摸传感技术提供了更好的用户体验，不仅通过减少层叠结构减小了设备的厚度，还减少了透光度、反射、亮度等问题，在智能手机、笔记本电脑等设备中得到了越来越广泛的应用。

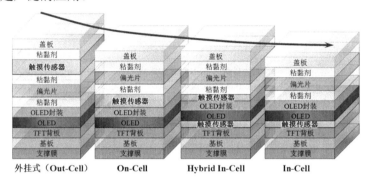

图 11-22 外挂式到集成式的堆叠变化可实现触摸传感器厚度的减小

（图中的盖板可以是盖板玻璃，也可以是柔性盖板）

1. OGS 触摸屏

OGS 触摸传感技术，又称为覆盖层触摸（Touch On Lens，TOL）技术，目前是全贴式液晶电容触摸屏上的主要应用方案。它是一种直接在玻璃上实现触摸传感的技术，如图 11-23 所示，将触摸传感器集成在盖板玻璃上，直接在盖板玻璃内侧镀上 ITO 薄膜，减少了一层玻璃和一次黏合的工作，从而实现更加轻薄、简洁的设计，同时由于没有附加的传感器层，OGS 的触摸屏可以提供更加清晰、更亮的显示效果，加工成本更低。但是由于工艺流程中大片玻璃在制作触控线路之后需要进行切割，切割流程会产生很多锯齿边角和裂纹，降低玻璃的强度，因此需要更加复杂的工程设计来保持器件的稳定性和良率。

目前单片玻璃金属网格（OGM）触摸传感技术（见图 11-24）已经逐渐取代了 OGS 触摸传感技术。因为 OGM 触摸传感技术具有更低的方阻，支持笔操作，同时金属材料的可用性更好，不过由于金属网格与可见区域的反射率不同，所以金属网格可以被人眼观察到，需要进一步的改进。

图 11-23 液晶显示屏中的 OGS 结构

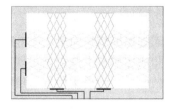

图 11-24 OGM 触摸传感技术

2. On-Cell 触摸屏

单元上触摸（On-Cell Touch，OCT）技术是一种将触摸传感器与显示屏相结合的技术，在基板上镀上透明电极作为 X 电极和 Y 电极，减少了黏合的步骤，减小了屏幕的堆叠厚度，提高了集成度，同时改善了光学和机械性能。在 OCT 屏幕中，如图 11-25 所示，触摸传感器被制作在 LCD 器件的滤色片与液晶模组之间，或者 OLED 封装层与偏光片之间。

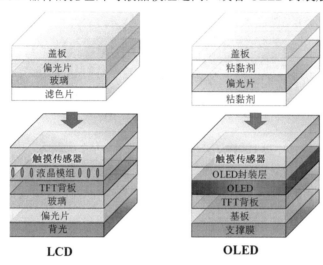

图 11-25　On-Cell 触摸屏的堆叠结构

但是 OCT 技术需要额外的触控芯片，会增加额外的成本。和外挂式触摸屏相比，OCT 屏幕的触摸传感器离手指的距离也更远，离液晶/OLED 和 TFT 背板的距离更近，因此对显示噪声更加敏感，所以抑制显示屏的开关噪声和减小耦合电容，从而达到足够的灵敏度来检测触摸事件的发生也是 OCT 技术需要面临的一大挑战。

3. In-Cell 触摸屏

In-Cell Touch（ICT）技术与 OCT 技术相比，可以进一步减小触摸面板的厚度。ICT 技术将触摸传感器集成到 LCD 或 OLED 的显示电路中，目前主要的设计有两种结构：一种结构如图 11-26 所示，采用两层的感测电极，其中一层将和 LCD 的 TFT 阵列的公共电极 V_{com} 复用，或者和 OLED 的像素电极复用作为驱动电极（Tx），另一层位于 LCD 的滤色片背后或 OLED 封装层上作为接收电极（Rx），这种设计称为 Hybird In-Cell，通常采用的是互容式的方法；另一种结构如图 11-27 所示，通常采用自容式的方法，将触摸传感器的电极完全设计在显示电路中，这种设计称为 Full In-Cell 或 In-Cell。

In-Cell 触摸屏的结构十分简单紧凑，适用于有超薄需求的器件，但是由于 In-Cell 触摸屏中的驱动电极通常和 TFT 的发射极集成在一起，制造的难度增加，同时容易受到器件之间耦合电容、噪声等影响，往往需要设计更加复杂的触摸驱动电路和显示驱动电路来避免干扰。

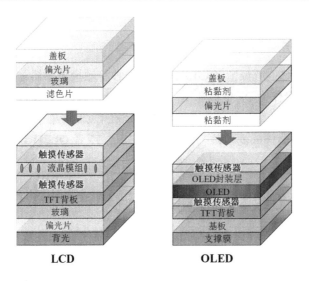

图 11-26　Hybrid In-Cell 触摸屏的堆叠结构

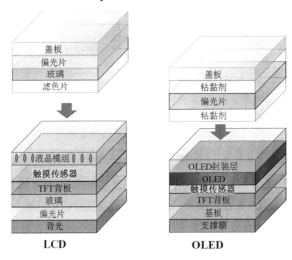

图 11-27　Full In-Cell 触摸屏的堆叠结构

11.3.5　集成式触摸屏遇到的问题

1．负载效应

在触摸屏中，触摸电极可以与 LCD 的 ITO 公共电极或 OLED 的阴极金属极板构成耦合电容（寄生电容），进而构成了如图 11-28 所示的等效分布式 RC 网络。除了图 11-28 中的电容元件，触摸电极还可以与显示驱动信号线（数据/扫描线）构成耦合电容。

触摸屏的传感器层被添加到显示单元上或内部，随着传感器电极与显示电极间距离的减小，分布电容负载将急剧增加，RC 延迟，导致响应时间的增加。随着分布电容负载的增加，信号效率将降低。

RC 负载随着触摸传感器的 Tx 和 Rx 的通道数量和面板尺寸的增加而增加，具体来说，随着面板尺寸的增加，RC 负载的增加呈现接近二次函数相关性。例如，7 英寸面板的 RC 负载约是 2.8 英寸面板的 4 倍。纵横比更大的屏幕，由于 Tx 通道更长，所以其负载也会更高。因此面板尺寸越大的触摸屏受到的寄生参数影响也会越大。

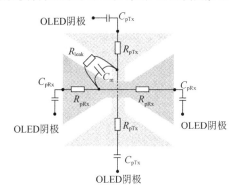

图 11-28　触摸屏中存在的 RC 网络，图示为一个单元

触摸传感器的驱动频率依赖面板的 RC 负载，当 RC 负载过大时，会降低驱动频率，这也是设计大面积尺寸的面板时需要考虑的问题。

2．电噪声干扰

集成式触摸屏的信噪比往往低于外挂式触摸屏的信噪比，由于触摸传感器位于显示单元附近，受到的耦合电容（见图 11-29）和噪声影响都更大。显示电路中电压的阶跃或波动会通过寄生电容造成 Rx 电压的波动，从而影响触摸传感。同样，触摸传感也会影响显示的效果，在 OLED 显示中，像素的电流往往是由存储电容上的电压决定的，这个电压会受到触摸传感的干扰。

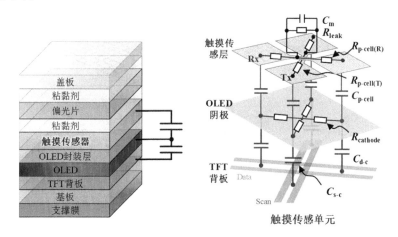

图 11-29　显示与触摸传感之间存在耦合电容

为了减小显示与触摸传感之间的相互干扰，可以采用分时驱动法（Time-Division Driving Method，TDDM），将显示的写入与传感器的驱动在时间上分隔开。如图 11-30 所示，将一个显示帧时间分为多个时隙，从而实现触摸操作和显示采样的异步。不过，显示与触摸传感之间的

噪声是非常复杂的行为，通过这种方法不能完全规避，需要更多的方案来处理噪声的影响。

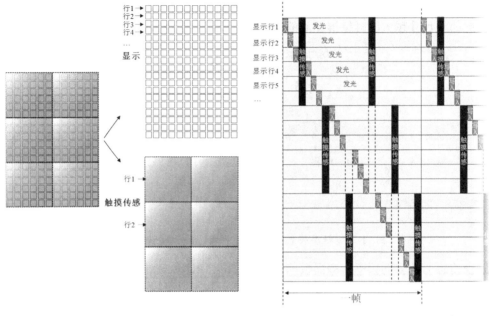

（a）显示阵列和触摸传感阵列之间的位置关系　　　　（b）显示和触摸传感的时序关系

图 11-30　显示与触摸传感之间的分时驱动

注意图 11-30 中的显示阵列的密度和触摸传感阵列的密度是不一样的。通常触摸传感阵列的密度（毫米级） << 显示阵列的密度（几十微米级），因此一个触摸传感单元会覆盖多个像素，如图 11-31 所示。

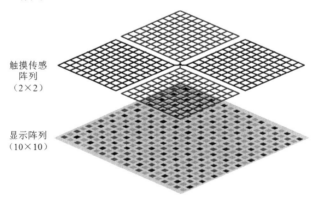

图 11-31　显示阵列的密度和触摸传感阵列的密度相差很大

3．浮地效应

互容式触摸屏中遇到的一大问题就是浮地效应（Floating Ground Issue），也称为低地模式（Low Ground Mode）。

如图 11-32 所示，在理想情况下，人体被认为是导电的，并且和大地连接，换言之，人体就像接触物体与大地之间的电容 C_h。当用户没有手持设备时，或者设备放置在绝缘的表面上时，设备的外壳模拟地不与大地良好接触，因此不能构成良好的回路。此时互容式触摸传感器检测到的触摸信号（电容减小量）信噪比太低，无法判断是否有手指触摸。

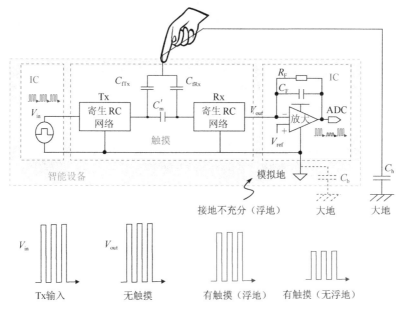

图 11-32　互容式触摸屏面板浮地效应等效电路图

具体来说，手指到设备的模拟地之间的电容 $C_{\text{fg-to-AGND}}$ 在不同情况下的差别很大，设备接地或在手中时，这个电容有上百皮法。而设备浮地时，这个电容极小（约 10pF），使得 C_{m} 的变化量变得微不足道，触摸信号下降，导致检测电路检测到的触摸信号减小甚至无法检测到。互容式触摸中手指到设备的模拟地之间的电容如表 11-2 所示。

表 11-2　互容式触摸中手指到设备的模拟地之间的电容

情形	手指到模拟地的电容 $C_{\text{fg-to-AGND}}$	手指到模拟地的电容值
设备接地	C_{h}	约 100pF
设备在手中	C_{hb}	约 300pF
设备浮地	C_{h} 和 C_{b} 串联	约 10pF

值得注意的是，相对于互容式触摸传感器，自容式触摸传感器通常不会产生浮地效应。因为互容式触摸传感器检测的是电容的减小量，会受到浮地影响，而自容式触摸传感器检测的是电容的增加量。

11.4　电容式触摸屏的电极技术

11.4.1　电极图案

触摸传感器电极的设计对触摸性能有着巨大的影响。

矩形（Straight）（或称为直线、条状、曼哈顿）图案的电极设计是最简单的设计，电极彼此垂直，适用于许多基本的触摸交互。在矩形设计中，通常会使 Rx 电极的数量少于 Tx 电极的数量，以减少对地的寄生电容，提高触摸传感器的速度。

在互容式触摸传感器中，手指只改变 Tx 和 Rx 之间的边缘电容，而不改变 Tx 和 Rx 之间的平行板电容。因此，电极的形状需要特别设计，让边缘边长尽量大。与直线图案的电极相比，菱形（或称钻石形）图案或菱形架桥式图案的电极具有更加复杂的几何形状，是另一种现在常用的设计。如图 11-33 所示，菱形图案的电极减小了两个电极之间的交叠面积，增加了边缘电场，使得电容变化更加明显，常用于提高触摸传感器的灵敏度、精度。

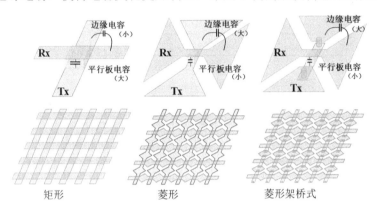

图 11-33　一些互容式触摸传感器的电极图案：矩形、菱形、菱形架桥式

一些实际的触摸传感器电极的设计更为复杂，为了增加边缘电容，往往会采用尖刺、梳状等图案的电极以增加边缘电容。

11.4.2　电极材料

电容式触摸屏的不断发展和突破，也对触摸传感器的电极提出了新的要求，如可绕折性好、负载电阻小、透过率高、受到寄生电容等参数的干扰小、在形变下仍然可以保持良好的工作稳定性等。除了应用广泛的氧化铟锡（Indium Tin Oxide，ITO），低维纳米材料也被提出作为下一代的透明柔性电极材料，如纳米银线（AgNWs）等，而金属网格因其具有低电阻、多次弯折依然保持良好的导电性等优点成为柔性显示触摸技术的有力竞争选手。表 11-3 对比了这三种材料。

表 11-3　几种用于触摸传感器电极的材料

材料	ITO	AgNWs	金属网格
导电性	★	★★	★★★
透过率	★	★★★	★★
成本	★，价格波动	★★	★★★
优点	技术成熟	抗弯折	抗弯折；线宽、间距、金属厚度、种类都可调节
缺点	脆	表面比较粗糙	金属线可以在特定角度看到摩尔纹

ITO 是氧化铟（In_2O_3）和氧化锡（SnO_2）的混合物，通常是由 90% 的 In_2O_3 和 10% 的 SnO_2 混合而成的。ITO 因其较高的透过率（85%～90%）、较低的电阻率（10^{-4}～$10^{-5}\Omega \cdot cm$）

和稳定性等性质，成为传统触摸屏透明电极的主要材料。ITO 主要通过气相沉积法在玻璃或柔性基板上制备。然而目前 ITO 作为电极面临几个问题：①铟是地球上非常稀有的贵金属，因此导致 ITO 的储量短缺和价格波动；②真空沉积制备同样需要昂贵的成本；③ITO 材料具有易脆性，难与柔性触摸屏相适应。相比之下，近些年兴起的 AgNWs 和金属网格具有良好的可绕性和导电性，更加适用于柔性触摸屏。

AgNWs 因其优异的导电性、高透明度和柔韧性，且通过溶液法可以实现大规模生产等优点，能够应用在柔性触摸屏和大尺寸的触摸屏上。AgNWs 的透过率可以达到 97% 以上，其导电性和透过率都可以与 ITO 媲美，甚至超过 ITO。目前 AgNWs 应用中存在的问题包括薄膜电阻的均匀性，以及附着力和表面粗糙度的挑战。对于触摸屏而言，应当保证薄层电阻的偏差低于 10%，以便通过 X 方向和 Y 方向扫描压降来精确定位触摸点坐标，尽管通过机械压制或涂覆 PEDOT（PSS 或石墨烯）的方法，可以提高 AgNWs 的均匀性，减小接触电阻，增加附着力和降低表面粗糙度，但是会耗费更高的成本。

金属网格是一种微米尺度的金属网络结构，通常由铜、银等金属线相交构成。它具有低电阻、高透光率和优异的弯折能力等特点，因此在柔性电子产品等领域有广泛应用。金属网格与 OLED 屏的工艺有着更好的兼容性，金属网格的每个单元刚好可以放下像素单元，从而避免遮挡 OLED 的光路，如图 11-34 所示。同时金属网格具有很好的灵活性，通过改变金属线的线宽和厚度可以进行器件性能的调节，并且已经在商业化的柔性屏中得到了应用。但是由于像素阵列和金属网格均是周期性排列的矩阵，当金属网格过于密集时，将出现摩尔纹，在特定角度可以被肉眼察觉，因此需要通过掺黑工艺、像素单元和网格的设计来调整。

图 11-34　金属网格可以避免遮挡
OLED 的光路

11.5　屏下传感器技术

屏下传感器是指位于显示屏（如智能手机、平板电脑等设备）下方的各种传感器，这些传感器能够通过显示屏感知外部环境或用户的输入。这种技术的发展使得设备在保持外观整洁、减少组件、节省空间的同时，仍然能够具备多种传感器功能。目前主要应用的屏下传感器类型有屏下指纹识别传感器、屏下环境光传感器和屏下摄像头传感器等。

11.5.1　屏下指纹识别传感器

智能手机、笔记本电脑、平板电脑等设备已经成为当今日常生活中不可或缺的社交媒体和信息存储的载体。人们在追求电子设备的便携性、轻薄化的同时，也对个人隐私的保护提出了更高的要求。将生物信息用于个人信息安全保护，不仅可以提升安全性，避免密码泄露的风险，还能够实现快速识别，提高效率。目前，常用的生物识别方法包括指纹、虹膜和面部识别。在实际应用中，指纹识别的错误率较低，在使用中更加方便，在智能手机等设备上得到了广泛的应用。

屏下指纹识别（Under Screen Fingerprint Identification）传感器通常被放置在显示屏玻璃下方，来完成指纹识别和解锁的过程。相比传统的指纹识别，屏下指纹识别不需要在手机正面额外设置一块区域用于识别，大大提高了手机的屏占比。

市面上常用的指纹识别传感器主要有三种：电容式指纹识别传感器、光学式指纹识别传感器和超声波式指纹识别传感器。

1. 电容式指纹识别传感器

传统的电容式指纹识别传感器是常用的类型，在全面屏没有到来之前，几乎所有的手机指纹识别都采用电容式指纹识别传感器。电容式指纹识别传感器的识别模块常位于手机背面、底边或侧边，但是随着全面屏的到来，传统的电容式指纹识别传感器已经无法满足屏幕与机身比例接近 100% 的要求，且在手机背面进行指纹识别的操作并不方便。因此屏下的电容式指纹识别传感器出现了，它的原理是将微电容阵列的二微阵列嵌入芯片中，当手指放置在电容式指纹识别传感器表面时，手指的不均匀性，即指尖的不同区域（分为指纹的脊和谷）与传感器表面的距离不同，将导致电容值的不同。将电容值转换为电流值或电压值，由 ADC 转换成 IC 可读取的数据。电容式指纹识别传感器的原理图如图 11-35 所示。

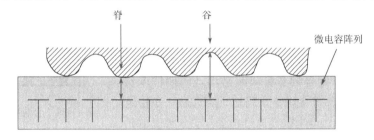

图 11-35　电容式指纹识别传感器的原理图

根据电容检测原理的不同，与电容式触摸传感器相似，电容式指纹识别传感器可以分为自容式指纹识别传感器和互容式指纹识别传感器。这些传感器可以在玻璃基板上或通过在玻璃上黏附聚合物薄膜来制造。利用可批量生产的材料和技术制造的透明电容式指纹识别传感器非常适合智能手机和其他移动设备，也可用于制造大面积指纹触摸组合传感器和柔性/可拉伸电子设备的传感器。

在智能手机市场，薄边框、无物理按键的全面屏设备已经成为常态。电容式指纹识别传感器的缺点在于，隔着玻璃比较难获得高质量的指纹图像。

2. 光学式指纹识别传感器

光学式指纹识别技术是比较早出现的获取指纹的方法，即利用光的折射和反射原理产生图像，通过分析图像的不同明暗部位，利用算法检测特殊区域，从而得到指纹。

早期的光学扫描系统是利用独立的光源和棱镜来实现的。图 11-36 所示为全内反射技术的成像原理，当手指接触棱镜的表面时，指纹的脊会与表面接触，而谷不与表面接触。

光源从左下方进入棱镜，在指纹的谷处发生全反
射，而在脊处发生散射，光线从棱镜右侧出射，
通过镜头聚焦到图像传感器上。这种方法在许多
身份识别的闸机上得到了应用。这种成像方式不
仅设备体积庞大、光路长，而且容易受到手指湿
度和褶皱的影响。为了解决这些问题，光路分离
法、内光色散法和多光谱法等方案被提出，但传
感器中还是会用到大量的棱镜和光学元件，难以
满足小尺寸和集成式设备的需求。

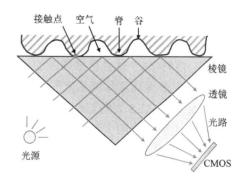

图 11-36　全内反射技术的成像原理

　　光学相干层断层扫描（Optical Coherence
Tomography，OCT）的指纹识别方法利用相干光
来捕获生物组织的深层图像信息，为指纹识别创造了新的研究领域。OCT 最初被引入指纹
识别领域用于反诈骗、活体检测和活体皮下指纹重建等。OCT 成像的主要优点是可以检测
真皮层，也可以在皮肤受损时提供准确的信息。但由于其系统包含激光器等昂贵的光学仪
器，成本昂贵，设备笨重，目前主要应用在医疗领域。

3．超声波式指纹识别传感器

　　超声波式指纹识别传感器是获取指纹图像最精密和准确的仪器。其有两种主要的成
像技术：脉冲回波成像和阻抗成像。超声波式指纹成像基于超声波在各种阻抗介质中传播
时的反射效应。当手指放在手机的触摸板上时，压力传感器检测到压力并发射电脉冲以激
活超声波式指纹识别传感器，从而发射电脉冲波。由于人体组织与空气声阻抗的差异，人
体组织的回波幅度比空气的大，因此可以通过确定每个点的回波幅度来确定指纹图案。超
声波式指纹识别传感器的超声波强度可与医学诊断的相媲美，对人体是安全的。由于超声
波具有很大的穿透力，即使手指上有少量污垢或水分也能识别，并且可以穿透玻璃、铝、
不锈钢、蓝宝石、塑料等材料，提高了设备的适用性和成功率。将超声波式指纹识别传感
器放入小工具中以提高其耐用性也是可行的。

　　超声成像主要依赖于对超声脉冲回波的检测，山丘和山谷会提供独特的回波信号。超
声波式指纹识别传感器的主要部件是超声波换能器，它接收超声波脉冲信号并利用超声波
的反射和衍射特性完成图形重建。超声波式指纹识别技术不受表面杂波的影响，可以穿透
死皮层反映真皮中的指纹图案架构，不仅可以捕获表面可见的指纹，还可以从组织内部获
取可信的信息。

　　超声波式指纹识别传感器成像最为精准，穿透能力更强，可以用于目前光学透过率较
低的新型屏幕。尽管目前超声波式指纹识别传感器专利成本相对较高，但制程成本较低，
未来面向普适应用的前景无限。

11.5.2　屏下环境光传感器

　　屏下环境光传感器（Ambient Light Sensor，ALS）是一种光电探测器，可以提供有关环
境光线的信息，在智能手机、平板电脑、笔记本电脑等设备上普遍应用，主要用来在各种

使用环境下自动调节显示器屏幕光线。

当环境光线过暗时，人眼的瞳孔会放大，若此时设备的光线过亮，则会伤害眼睛；而在白天时，环境亮度过大，此时设备的亮度不够，将由于对比度过低而使人眼无法看清屏幕内容。这时 ALS 就会感知周围的环境光线，将信息传递给处理芯片来自动调节显示器的背光亮度，在提高屏幕可见度的同时还能降低电池功耗，节省电量。电子设备在电量不足时，也会通过 ALS 调低屏幕亮度，从而最大限度地延长电池的工作时间。

ALS 主要包含四大类：CdS 光敏电阻（LDR）、光电晶体管、光电二极管和整合了放大电路的光电 IC（将光电探测器和放大电路组合在一起）。

ALS 有许多重要的性能参数需要检测，包括光谱响应（Spectral Response）、动态范围（Dynamic Range）、光敏度（Lumen Sensitivity，流明灵敏度）、功耗及封装尺寸等。光谱响应反映了 ALS 将不同波长下的入射光从光能转化为电能的能力，通常情况下仅对 400～700nm 的光谱范围有响应。动态范围是 ALS 可以响应的最大照度和最小照度的比值，在太阳照射下，照度大概可以达到 10^5Lux，而当进入暗室后照度甚至达不到 1Lux，ALS 的动态范围越大，可以适用的环境亮度范围也越大。根据设备使用环境的需求，可以设计不同的 ALS 动态范围。光敏度反映了 ALS 对光源辐射响应快慢的能力，在光线进入不同的屏幕玻璃后，光强会发生 25%～50%的衰减，因此 ALS 在低光敏度（<5Lux）下也能正常工作是很重要的。

除此之外，ALS 的线性度（Linearity）、视场（Field of View，FOV）、集成化下的信号调节能力等参数也很重要，在不同的应用中都是需要考虑的因素。

11.5.3　屏下摄像头传感器

智能手机朝着全面屏发展，以获取最佳的用户体验，这一趋势使得前置摄像头被放置在设备的屏幕下方，这就是我们常说的屏下摄像头。屏下摄像头（Under Display Camera，UDC）技术，是在 AMOLED 手机屏幕的顶部区域的下方安装前置摄像头传感器的技术，屏幕上具体是留下一个还是多个黑洞取决于摄像头的数量。

UDC 虽然设计在半透明的屏层下，但依然会降低照片和视频质量。一个原因是来自场景的入射光的一大部分会被显示屏阻挡，在现有的设备中，除了在很亮的场景下，其他的场景有多达四分之三的光线被阻挡，因此所拍照片的信噪比（SNR）可能很低。另一个原因是显示屏上的各种周期性图案会产生光线的干涉、衍射，导致图像模糊。

为了解决图像质量问题，各大公司和团队也在进行研究，可以通过以下方法解决。

（1）增加 UDC 区域的透光率。比如韩国 LG 将透明聚酰亚胺基板用于具有 UDC 的 OLED 面板上，而不是采用目前用于 OLED 面板的传统聚酰亚胺基板，目标是使前置摄像头上方显示屏的表面透光率达到 20%，以后将达到 40%。

（2）通过图像恢复算法改善图像成像的噪声。此外，引入噪声自适应学习来控制噪声水平，可根据用户偏好提供最佳图像显示结果。小米发布的 Mix 4 在 6.67 英寸的 AMOLED 屏幕下，配备了一个 20MP 的自拍相机，采用微钻石像素图案并结合算法，确保最小的光折射，相机上方区域的像素密度为 400PPI，使得光线可以到达相机传感器上。

（3）显示屏内的图形设计。维信诺最初采用透明阳极的方案制作屏下摄像头，但逐渐演化到像素的数量删减和尺寸缩小。目前维信诺正在采用创新性的驱动方案，该方案包括驱动电路边置、单驱多和多驱多的新型驱动电路方案等。

11.5.4　其他的屏下传感器

在智能手机上，除了上述提到的传感器，还有其他的屏下传感器。例如，屏下距离传感器，其利用红外线等技术，可以感知用户与屏幕的距离，从而实现一些自动控制功能，如接打电话时屏幕根据用户和屏幕的距离实现亮屏和暗屏。还有屏下心率检测传感器，心率检测应用于穿戴式设备上并不少见，其检测的主要方式是光学检测，将光束打到手腕皮肤上，通过传感器检测反射光强的变化，结合算法计算心率值。而小米 11 的屏下心率检测传感器，将 AMOLED 屏幕显示单元作为光源，将光学指纹传感器作为接收端，将心率检测功能融合到指纹模组中，利用光学指纹传感器来检测反射光强的变化，从而实现心率的检测。屏下传感器在提升设备外观、整合多功能、提高用户体验，以及提高安全性等方面都有着重要的作用，为现代电子设备的发展和创新提供了新的可能。

11.6　本章小结

触摸屏作为一种新型的人机交互输入方式和媒介，与传统的键盘和鼠标等输入方式相比，输入操作更加简单、方便和生动。从手机、笔记本电脑、平板电脑等消费电子，到商场、银行、工厂的触摸操作系统，无不方便了人们的日常生活和生产工作。本章深入探讨了触摸传感技术的发展、工作原理、实际应用和未来趋势。

触摸传感技术的不断演进和创新，为人们的日常生活带来了更加直观、便捷和灵活的触摸交互方式，无论是触摸屏上的手势操作还是屏下传感器技术的发展，都为科技领域的进一步发展开辟了道路。

11.7　参考文献

[1] HODGES S, IZADI S, BUTLER A, et al. ThinSight: versatile multi-touch sensing for thin form-factor displays[C/OL]//Proceedings of the 20th annual ACM symposium on User interface software and technology. Newport Rhode Island USA: ACM, 2007:259-268.

[2] KANG J, GUAN X, LUO H, et al. P-142: On the Equivalent Circuit Models of Flexible AMOLED On-Cell Touch Panels[J/OL]. SID Symposium Digest of Technical Papers, 2019, 50(1): 1759-1762.

[3] CHO H W, LEE I, LEE H J, et al. 35-1: The Mechanism and Solution of Horizontal Line Defects by Mutual Interference of Flexible OLED and Touch Sensor[J]. SID Symposium Digest of Technical Papers, 2020, 51(1):489-92.

[4] HUANG L, WEN C, XU Y. P-16.12: Development of High Performance In-cell Touch Panel based on Oxide TFT[J/OL]. SID Symposium Digest of Technical Papers, 2021, 52(S2):1101-1105.

[5] TAKADA N, TANAKA C, TANAKA T, et al. Large Size In-Cell Capacitive Touch Panel and Force Touch

Development for Automotive Displays[J]. IEICE Trans. Electron, 2019, 102-C(11):795-801.

[6] SUGITA Y, KIDA K, YAMAGISHI S J I T E. In-Cell Projected Capacitive Touch Panel Technology[J]. IEICE Trans. Electron, 2013, 96-C:1384-1390.

[7] WANG Y, ZHOU J, LI H, et al. FlexTouch: Enabling Large-Scale Interaction Sensing Beyond Touchscreens Using Flexible and Conductive Materials [J]. Interact. Mob. Wearable Ubiquitous Technol, 2019, 3(3):1-20.

[8] HUMMES O O, KOPPE M, KRUEGER V, et al. Downhole Tools With Electro-Mechanical And Electro-Hydraulic Drives:US20110147086[P]. 2011-06-23.

[9] LEE A. Advancing Touch Technology for Flexible Emissive Displays[J]. Information Display, 2020, 36:24-27.

[10] WALKER G, FIHN M. LCD In-Cell Touch[J]. Information Display, 2010, 26(3):8-14.

[11] CHEN J, HO J C, CHEN G, et al. 78-1: Invited Paper: Foldable AMOLED Integrated with On-cell Touch and Edge Sealing Technologies[J]. SID Symposium Digest of Technical Papers, 2016, 47(1):1041.

[12] BLUSH J, CHASE W, DEN BOER W, et al. 70-4L: Late-News Paper: Large-Area Single-Layer Capacitive Touch Panel [J]. SID Symposium Digest of Technical Papers, 2017, 48(1):1031.

[13] PARK H S, KIM Y J, HAN M K. Touch-Sensitive Active-Matrix Display with Liquid-Crystal Capacitance Detector Arrays[J]. Japanese Journal of Applied Physics, 2010, 49(3S):03CC1.

[14] BARRETT G, OMOTE R. Projected-Capacitive Touch Technology[J]. Information Display, 2010, 26(3):16-21.

[15] TANG Y Y, LAI C C, LIN C C. 17-1: Self-Capacitive Touch Sensor Design for OLED On-Cell Touch[J]. SID Symposium Digest of Technical Papers, 2022, 53(1):178.

[16] XU J W, GUO Z J, FAN W J, et al. P-16.8: Research on anti-visibility characteristics of OGM touch screen[J]. SID Symposium Digest of Technical Papers, 2021, 52(S2):1085.

[17] LIU S Y, LI W H, WANG Y J, et al. One Glass Single ITO Layer Solution for Large Size Projected-Capacitive Touch Panels [J]. Journal of Display Technology, 2015, 11(9):725.

[18] KWON O K, AN J S, HONG S K. Capacitive Touch Systems With Styli for Touch Sensors: A Review[J]. IEEE Sensors Journal, 2018, 18(12):4832-4846.

[19] MAXWELL I E. An Overview of Optical-Touch Technologies[J]. Information Display, 2007, 23(12):26-30.

[20] WALKER G. A review of technologies for sensing contact location on the surface of a display [J]. Jnl Soc Info Display, 2012, 20(8):413-440.

[21] LI K. 40.4: New generation of capacitive Sensors of EELY—Out cell and On cell[J].SID Symposium Digest of Technical Papers, 2018, 49:435-437.

[22] KIM C, LEE D S, KIM J H, et al. 60.2: Invited Paper: Advanced In-cell Touch Technology for Large Sized Liquid Crystal Displays[J]. Sid Symposium Digest of Technical Papers, 2015, 46(1):895-898.

[23] HUANG S H, SU W J, KO C M, et al. 35-2: Influence of Low Ground Mass and Moisture Touch in On-Cell Touch with Foldable AMOLED[J]. SID Symposium Digest of Technical Papers, 2020, 51:493-496.

[24] LU F, LI Z, ZHOU Z, et al. Integrated Self-Capacitance Touch Panel for Flexible OLED Display[J]. SID International Symposium: Digest of Technology Papers, 2022, 53(1):182.

[25] HONG C, Seo W. Yang, J, et al. A Single-Layer Capacitive Touch Sensor for Vehicle Display[J].SID International Symposium: Digest of Technology Papers, 2016, 47(1):315-317.

[26] YE H, XIONG J, WANG Q. When VLC Meets Under-Screen Camera[C]. Proceedings of the 21st Annual International Conference on Mobile Systems, Applications and Services, Helsinki, Finland, 2023.

[27] ONORATO P, ROSI T, TUFINO E, et al. Using smartphone cameras and ambient light sensors in distance learning: the attenuation law as experimental determination of gamma correction[J]. Physics Education, 2021, 56(4):045007.

[28] WEN E, SEAH W, NG B, et al. UbiTouch: ubiquitous smartphone touchpads using built-in proximity and ambient light sensors[C]. THE 2016 ACM International Joint Conference. New York, USA, 2016.

[29] DUTTA S. Point of care sensing and biosensing using ambient light sensor of smartphone: Critical review[J]. TrAC Trends in Analytical Chemistry, 2019, 10:393.

[30] SPREITZER R. PIN Skimming: Exploiting the Ambient-Light Sensor in Mobile Devices[J]. ACM, 2014:51.

[31] WANG H, LIN Y, LI Y, et al. P-132: An Under-Display Camera Optical Structure for Full-Screen LCD[J]. SID Symposium Digest of Technical Papers, 2020, 51(1):1881-1882.

[32] MAEDA K, NAGAI T, SAKAI T, et al. P-174L: Late-News Poster: The System-LCD with Monolithic Ambient-Light Sensor System[J]. SID Symposium Digest of Technical Papers, 2012, 36(1):356-359.

[33] KWON K, KANG E, LEE S, et al. Controllable Image Restoration for Under-Display Camera in Smartphones[C]. Conference on Computer Vision and Pattern Recognition (CVPR), Nashville, TN, USA, 2021.

[34] JEON Y E, LEE Y J, JANG M K, et al. Capacitive sensor array for fingerprint recognition[C]. 2016 10th International Conference on Sensing Technology (ICST), Nanjing, China, 2016.

[35] SATO T, SHIMADA S, MURAKAMI H, et al. ALiSA: A Visible-Light Positioning System Using the Ambient Light Sensor Assembly in a Smartphone[J]. IEEE Sensors Journal, 2022, 22(6): 4989-5000.

[36] YU Y, NIU Q, LI X, et al. A Review of Fingerprint Sensors: Mechanism, Characteristics, and Applications[J]. Micromachines, 2023, 14(6):1253.

[37] LIU J C, HSIUNG Y S, LU M S C. A CMOS Micromachined Capacitive Sensor Array for Fingerprint Detection[J/OL]. IEEE Sensors Journal, 2012, 12(5):1004-1010.

[38] HASHIDO R, SUZUKI A, IWATA A, et al. A capacitive fingerprint sensor chip using low-temperature poly-Si TFTs on a glass substrate and a novel and unique sensing method[J]. IEEE Journal of Solid-State Circuits, 2003, 38(2):274-280.

[39] LIM S, ZHOU Y, EMERTON N, et al. 74-1: Image Restoration for Display-Integrated Camera[J/OL]. SID Symposium Digest of Technical Papers, 2020, 51(1):1102-1105.

11.8　习题

1. 电阻式触摸屏和电容式触摸屏之间的主要区别是什么？在哪些情况下更适合使用哪种触摸屏？

2. 什么是多点触控技术（Multi-Touch），并详细说明其在实际应用中的用途。

3. 为什么电容式触摸屏常用于智能手机和平板电脑？其优势是什么？

4. 在工业自动化中，如何使用电阻式触摸屏来控制机器和监视系统？

5. 电容式触摸屏如何工作？它利用什么原理来检测触摸？

第12章

其他新型显示技术

新型显示技术的发展趋势推动了显示行业的创新和竞争，比如第 2 章介绍的量子点背光和 Mini-LED 分区背光提高了 LCD 产品的质量、性能和用户体验；第 9 章介绍的柔性 AMOLED 为产品带来新的形态设计和功能。随着科技的不断进步和技术的不断成熟，各种新型显示技术将继续演进和拓展应用领域，为各种设备和行业带来更多可能性。

如图 12-1 所示，除 LCD 和 OLED 外，还有多种新型显示技术尚处于研究开发阶段，并未大规模进入市场。前面的章节我们介绍了其中的 Mini-LED、Micro-LED，本章将继续介绍几种新型显示技术，包括激光显示、量子点显示、全息显示等，它们都具有独特的应用前景，有望给显示产业带来更多变革。

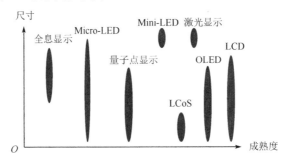

图 12-1　显示技术的尺寸和成熟度

12.1　量子点显示

12.1.1　量子点的基本原理

第 2 章、第 8 章中多次提到过量子点（Quantum Dot，QD）。量子点是一种半导体纳米晶体，其尺寸通常为 2～10nm，具有壳-核结构，外侧修饰有配体，如图 12-2（a）所示。量子点的核一般是由 CdSe、CdTe 或 InAs 材料组成的。壳通常是由带隙较大的材料组成的，也可由真空介质组成。由于外层半导体的带隙要比核的带隙大，因此量子点的电子波函数会被局限于量子点核中，激子在三个空间方向上被束缚住，形成有限深势阱，从而使量子点的发光效率提高。单一种类的半导体纳米材料，仅通过粒径的微小变化就能够产生不同波长的光谱，如图 12-2（b）所示。这种特性使得量子点在光电子学和纳米技术领域具有广泛的应用前景。

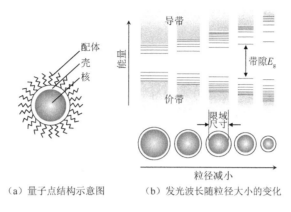

（a）量子点结构示意图　　　（b）发光波长随粒径大小的变化

图 12-2　量子点

量子点的配体具有多重功能。

（1）钝化缺陷，防止发生非辐射复合（SRH），从而提高量子点的光致发光效率。

（2）配体的选择和调控对于维持量子点的稳定结构至关重要，它们能够影响量子点的溶解性、量子点之间的距离等因素。

（3）在配体上采用光交联和光裂解技术，可以用于制备光敏胶的量子点。

（4）电致发光量子点的发光利用的是载流子注入的原理，而配体可以增强载流子注入。

虽然量子点本身是无机物，性质相对稳定，但量子点的寿命依然是个挑战，这是因为量子点的寿命主要取决于其外围配体（有机物）。配体维持量子点的稳定性和性能，然而，当配体脱落或失去作用时，量子点表面的缺陷将暴露出来，会导致非辐射复合的发生。这种复合过程会影响量子点的发光效率和寿命。

12.1.2　量子点显示的形态

量子点可以光致发光（PL），也可以电致发光（EL）。光致发光，即光子引发量子点材料发光；电致发光，即电子引发量子点材料发光。

通过调控量子点尺寸和结构，可以制成不同波长的光源，因此其在显示技术中有重要应用，主要应用包括：①基于光致发光特性，制成量子点背光源（QBLU），如 QD-LCD；②基于电致发光特性，制成量子点发光二极管（QLED）。

基于量子点的显示得到了广泛的研究，而商家的宣传五花八门，会混淆视听，市面上容易混淆的 4 种量子点显示技术的结构示意图如图 12-3 所示。下面简单进行区分。

（1）QDOG（QD On Glass）：玻璃上量子点。这种技术中，量子点涂覆在玻璃导光板表面，代替传统导光板，导光板将背光源发出的光线导向到液晶，光线通过量子点涂层时，量子点通过色转换改变其光谱，产生更纯的红色和绿色分量，进而改善色域。这种量子点发光的原理是光致发光。

（2）QDEF（QD Enhancement Film）：量子点色彩增强膜。这种技术与 QDOG 相似，但是量子点在一层额外的膜上，背光源发出的光线途经这层膜时，通过量子点改善其光谱。这种量子点发光的原理是光致发光。

（3）QDCC（QD Color Conversion）：量子点色转换。这种技术用于自发光型显示，如 OLED、Micro-LED。红色和绿色的量子点制作在部分蓝光 OLED/Micro-LED 上面，通过色转换将蓝光转换成红、绿色光。这种量子点发光的原理是光致发光。

（4）QDEL（QD Electro Luminescence，或 ELQD）：电致发光量子点。这种技术用于自发光型显示，但是量子点自己构成发光的单元。通过注入电子和空穴，在量子点上复合发光。这种量子点发光的原理是电致发光。

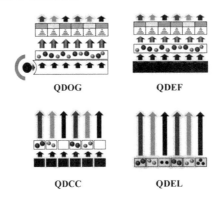

QDOG　　　　QDEF

QDCC　　　　QDEL

图 12-3　市面上容易混淆的 4 种量子点显示技术的结构示意图

上述 4 种量子点显示技术中，只有 QDEL 利用了电致发光的原理，其他技术均基于光致发光，QDOG 和 QDEF 用于改善 LCD 背光光谱，QDCC 用于改善 OLED/Micro-LED 发光，三者都利用了量子点的光致发光特性，将蓝光转换为红绿光，比如三星的 QD-OLED 显示，就是采用的 QDCC 技术。

LCD 中，量子点背光（QDOG、QDEF）、Mini-LED 局部背光，或者两者的结合仍是 LCD 技术，只是在背光技术上做了更多文章，这是 LCD 技术发展的一个趋势。

QDEL 是一种利用量子点的电致发光特性的新型 LED 技术。它不再需要与 LCD 技术结合，而是通过电驱动，使量子点本身发光并通过混色产生图像，就像 OLED 一样，是自发光的显示，是真正意义上的量子点发光二极管。QDEL 显示技术目前还处于实验室研发阶段，从实验室研发阶段到生产阶段还需要时间，需要解决制备工艺、发光亮度、寿命和效率等多方面的问题。

12.1.3　电致发光量子点

电致发光量子点器件也是 LED 器件，可以称为量子点 LED（Quantum Dot LED，QD-LED或 QLED）。注意不要与三星的电视产品"QLED""QD-OLED"混淆。三星的电视产品"QLED"指的是量子点背光 LCD 电视，"QD-OLED"指的是带有 QDCC 的 OLED 电视。

QLED 的发光原理与各种 LED 一致，都是通过注入电子和空穴的辐射复合来发光的。QLED 的激子复合是在量子点半导体中发生的，波长由量子点的尺寸（带隙）调控。图 12-4

展示了一种 QLED 的能带结构，包括阴极、阳极、量子点、电子传输层（ETL）和空穴传输层（HTL）。ETL 可采用 ZnO 纳米微粒，因为其电子迁移率较高；而 HTL 可采用有机物，因为其空穴迁移率较高。

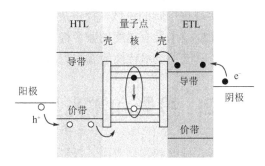

图 12-4　一种 QLED 的能带结构

因为量子点材料有很多种，再加上发光波长可以通过量子点尺寸调控，所以 QLED 可以覆盖全部可见光范围，如图 12-5 所示。

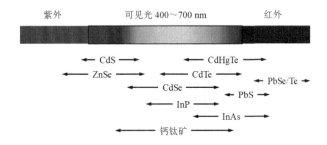

图 12-5　量子点可覆盖全部可见光范围

需要注意的是，包含镉（Cd）的材料（如 CdSe）曾被广泛用于制备高效率的量子点。然而，随着人们对环境保护和健康安全的关注增加，以及对有毒元素使用限制的要求，很多国家和地区已禁止使用含有镉的材料。因此，研究人员纷纷转向开发不含镉的量子点材料，即 Cd-free 量子点。这些 Cd-free 量子点材料一直是研究的热点，涉及多种替代元素和化合物，如 ZnSe、ZnSeTe、CIGS、InP 等。这些新型材料的研究旨在保持量子点的优异光电性能的同时，降低对环境和人体的潜在危害。

12.1.4　量子点显示的制备

量子点显示的制备有多种方法，主要方法包括光刻、打印及转印。

（1）光刻：前面提到，在量子点的配体上采用光交联和光裂解的基团，可以制备出量子点的光敏胶，即可以用曝光、显影的方式将量子点薄膜图案化。一个例子是给量子点表面的 Lewis 酸性表面位点修饰上离子对，并通过离子对吸收光子发生光裂解。

（2）打印：喷墨打印（IJP）、电流体动力喷印（EJP）、3D 打印等技术都可以用于制备 QLED。相比传统的光刻工艺，这些打印技术具有一个最显著的优势，那就是节省材料。有些高效的不含镉的量子点材料通常很昂贵，因此材料利用率高（>90%）的打印技术很重要。

（3）转印：是采用弹性体印章转移量子点图案的方法，效率高，且与打印类似，在节省材料上有一定优势。

总的来说，相比 OLED，QLED 在色域、功率效率及制备成本等方面具备显著优势。由于量子点的特性，QLED 能够实现更广阔的色域，提供更高的亮度和更准确的色彩表现。QLED 的制备工艺与现有的 OLED 技术具有高度的兼容性，意味着 QLED 可以相对容易地集成到现有的生产流程中，从而降低了技术转换的成本和风险。

12.2 投影和激光显示

投影显示是将图像以光的形式投射到物体表面（投影幕或墙壁）的技术。它的原理主要依赖于两种技术：LCD 和数字光处理。这些不同的投影原理和光源选择使得投影显示技术在不同场景下具有广泛的应用，从家庭影院到商业演示，乃至大型活动和教育领域都有着广泛的应用。

12.2.1 LCD 投影

LCD 投影也叫作"3LCD"，LCD 投影使用液晶面板来控制投影光的通过，把 LCD 上的色彩和亮度信息投影出来。LCD 投影的原理如图 12-6 所示。LCD 投影的过程如下。

（1）光学系统把强光通过分光镜形成 RGB 三束光，分别透射过 RGB 三块液晶面板。

（2）显示图像信号加到 LCD 上，通过液晶调制光路的通断。

（3）RGB 三束光最后在棱镜中汇聚，由投影镜头投射在屏幕上形成彩色图像。

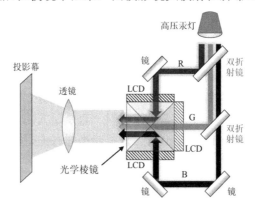

图 12-6 LCD 投影的原理

还有另一种利用 LCD 的投影技术是硅基液晶（Liquid Crystal on Silicon，LCoS）投影。这种投影与传统 LCD 投影很相似，主要区别有以下两点。

（1）显示面板采用了 LCoS。LCoS 的构造也为上下基板构造，中间注入液晶，区别在于 LCoS 的下基板为硅基 CMOS 的基板（在硅片上利用半导体制程制作的驱动面板），而不是玻璃基板。其上基板与 LCD 的上基板相同，为带有 ITO 透明电极的玻璃基板。

（2）LCD 为透射式显示，而 LCoS 的硅基下基板不透明，因此属于反射式显示，需要通过反射光投像。硅基 CMOS 需要磨平后镀上铝当作反射镜。

因为硅基加工工艺更为精细，所以 LCoS 的分辨率高于 LCD 的分辨率。其开口率和光源利用率都要高于 LCD 的开口率和光源利用率。但相应地，LCoS 的成本也高于 LCD 的成本。

12.2.2　数字光处理

数字光处理（Digital Light Processing，DLP）投影是指利用微小的反射镜以数字方式处理光的阵列，通过控制这些微镜的倾斜来产生图像。

DLP 的核心部件是数字微镜器件（Digital Micromirror Device，DMD），是一种由德州仪器开发的光学器件。DMD 是一种芯片，采用 MEMS 工艺制造，上面覆盖着数百万个可旋转的微镜。每个微镜为一个像素，尺寸可小至 14μm×14μm，像素的明暗是通过调整微镜反射角度实现的。DLP 投影的原理如图 12-7 所示。DLP 投影的过程如下。

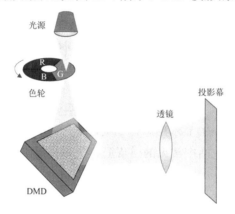

图 12-7　DLP 投影的原理

（1）光源发出的光通过色轮上的滤色片产生 RGB 三基色或 RGBW。

（2）RGB 光射到 DMD 上，DMD 上的微镜阵列以每秒 5000 次的速度开关。

（3）微镜阵列反射入射光，反射后的入射光经透镜后投射出画面。

LCD 投影和 DLP 投影各有优缺点。LCD 投影的成本低，色彩更纯；而 DLP 投影的色彩要差一些，这是因为受到了色轮的影响。不过 DLP 投影的 DMD 像素（微镜）的间隙小，开口率大，显示更清晰，对比度也更高，寿命更长，设备也更容易小型化。

12.2.3　投影的光源

光源在投影显示中起着关键作用，常见的光源包括高压汞灯、LED 和激光。高压汞灯能提供明亮的光线，但功耗较高，寿命相对较短。LED 作为光源具有较低的功耗和更长的寿命，同时能提供良好的色彩表现。

激光作为光源时具有方向性好、亮度高、对比度高和寿命长的优势，能够实现高质量的投影显示效果。激光的一个突出特点是单色性非常好，其光谱带宽<5nm（传统光源的带宽约为 40nm）。

12.2.4 激光显示

利用激光的单色性，显示技术可以实现更大的色域。

激光显示分为扫描式激光显示、投影式激光显示两种。扫描式激光显示是一种基于扫描激光的显示，但由于人眼的安全问题已被淘汰。如今，激光显示主要是指投影式激光显示，即利用激光光源的 DLP 投影显示。激光显示具有大尺寸、超高清、大色域、高舒适度等多个优点，其应用领域逐步拓宽，为人们带来了更加优质、清晰的视觉体验。

当前全彩化的激光显示有两种技术路线。

一种是"激光光源+荧光粉色轮"，利用蓝色的激光源，通过荧光粉色轮进行色转换，转换出其他基色，再照射到 DMD 上进行调制。这种方法的激光显示结构简单，但光效低、色域小、寿命短。

另一种是"三基色激光"，即利用 RGB 三个激光器照射 DMD 进行调制。这种方法的激光显示实现的色域更大、光效和亮度更高，寿命也更长，是激光显示的主要发展方向。

12.3 可拉伸/弹性显示

12.3.1 可拉伸/弹性显示的形态

弹性显示是柔性显示之上的显示形态，比柔性显示更灵活，不仅能弯曲、卷曲，还能拉伸、扭曲、凹凸变形，和生活中常见的橡皮筋、气球类似。刚性、柔性、可拉伸/弹性显示的形态如图 12-8 所示。

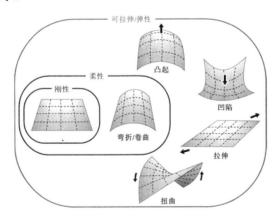

图 12-8 刚性、柔性、可拉伸/弹性显示的形态

这里需要辨析三个学术名词的异同。

（1）柔性（Flexibility）指的是在外界作用下发生形变的能力，它的反义词是刚性（Rigidity）。

（2）可拉伸性、拉伸性（Stretchability/Ductility）指的是在外界拉力/压缩作用下发生形变的能力，它的反义词是脆性（Brittleness）。

（3）弹性（Elasticlty）指的是卸荷后又恢复原状的能力，它的反义词是塑性（Plasticity）。

可拉伸性和弹性之间最大的区别是，前者不要求在材料或器件发生变形后恢复原状的能力（如塑料袋），而后者需要（如橡皮筋）。图 12-9 展示了弹性与可拉伸材料的应力-应变曲线，前段曲线为材料的弹性行为曲线，此时应力与应变呈正比例关系，一旦突破临界点，应力与应变呈非正比例关系，此时材料表现出可拉伸（非弹性）的形态。

可拉伸/弹性显示是通过将显示器件和电路沉积或嵌入可拉伸或弹性基材（如有机硅或聚氨酯）上来构建显示电路的技术，以制作可以承受大应变而不会失效的完整电路。

图 12-10 展示了三种不同形态（刚性、柔性、弹性）的屏幕的应用场景，对于第一种刚性屏，其可以应用于智能可穿戴设备中，如硬质手表。由于皮肤具有高达 30%的可拉伸率，因此硬质基材的手表保形性较差，佩戴体验感也会不理想；对于第二种柔性屏，其弯曲的形态使得其作为手表与手臂的贴合较紧密，用户体验更胜一筹；对于第三种弹性屏，其可拉伸的形态能够完美贴附手腕与手臂上，适应来自手臂的弯曲及手腕的拉伸，用户体验最好，它能随着皮肤的拉伸发生任意的适应性形变。

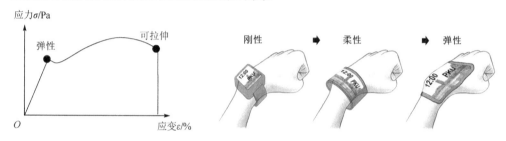

图 12-9　弹性与可拉伸材料的应力-应变曲线

图 12-10　刚性、柔性、弹性形态的
屏幕贴附在手臂和手腕上的示意图

此外，可拉伸/弹性显示还有一些其他的潜在应用，比如作为可穿戴设备、用于医疗健康实时监测和靶向治疗、电子皮肤、车载显示中的挡风玻璃等。

12.3.2　可拉伸/弹性电子的技术路线

为实现可拉伸/弹性电子，一般有两条技术路线，如图 12-11 所示。第一条是以美国西北大学的 John Rogers 研究团队为代表的"结构弹性"（Structure-enabled Stretchability）策略，定义是赋予电子材料弹性性质，第二条是以美国斯坦福大学的鲍哲南研究团队为代表的"材料弹性"（Material-enabled Stretchability），定义是赋予弹性材料电学性质（如导体、半导体等电学性质）。下面具体讨论上述两条主流技术路线。

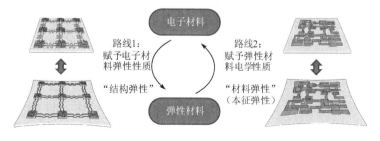

图 12-11　可拉伸/弹性电子的两条技术路线

1．结构弹性

在最简单的情况下，可以使用与刚性印制电路板相同的组件来制造可拉伸电子器件，并切割刚性基板（通常为蛇形图案）以实现平面内的可拉伸性。对于"结构弹性"策略，一般又可以分为以下两种。

（1）二维面内（In-Plane）弹性结构，如蛇形线、岛桥结构（见图 12-12），制程主要涉及平面工艺，与工业上量产的微纳加工工艺是兼容的。

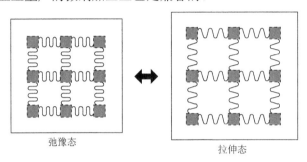

弛豫态　　　　　　　　　　拉伸态

图 12-12　岛桥结构

（2）三维面外（Out-of-Plane）弹性结构，如通过屈曲（Buckling）工程实现波浪形和皱纹结构（Wavy and Wrinkled Structures）。三种三维面外弹性结构如图 12-13 所示。

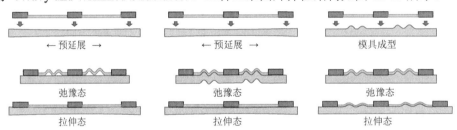

图 12-13　三种三维面外弹性结构

（3）剪纸（Kirigami）和折纸（Origami）结构。

2．材料弹性

许多研究人员也在寻求本征可拉伸的导体，如液态金属等。对于"材料弹性"策略，其核心在于弹性材料的改性。一般弹性材料可分为以下两种。

（1）热固性弹性体：指加热到工艺温度会发生交联固化的弹性体，包括天然橡胶和合成橡胶，如胶乳、丁腈橡胶、混炼型聚氨酯、硅胶、丁基橡胶和氯丁橡胶，均是典型的热固性弹性体，图 12-14（a）展示了丁苯橡胶（聚苯乙烯丁二烯）的结构。

（2）热塑性弹性体：指加热到工艺温度就可以塑造的弹性体。当加热时，各分子链就开始滑动，形成塑性流动。当冷却时，原子和分子链又重新牢固地缠在一起。典型的用于可拉伸电子的热塑性弹性体是苯乙烯-丁二烯-苯乙烯的"嵌段"共聚物（SBS）和苯乙烯-乙烯/丁烯-苯乙烯的"嵌段"共聚物（SEBS）。图 12-14（b）展示了 SBS 的结构。注意，SBS 和丁苯橡胶的组成成分都是苯乙烯和丁二烯，但是因为排列方式的不同，形成了性质不同的弹性体。

热固性弹性体（加热固化）　　　　　　　　　　　热塑性弹性体（加热软化）

丁苯橡胶：苯乙烯和丁二烯的"随机"共聚物　　　苯乙烯-丁二烯-苯乙烯的"嵌段"共聚物

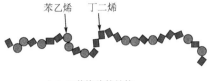

（a）丁苯橡胶的结构

（a）SBS 的结构

图 12-14　热固性弹性体的丁苯橡胶的结构和热塑性弹性体的 SBS 的结构

为实现可拉伸/弹性显示，具体是采用"结构弹性"策略还是"材料弹性"策略呢？对比上述两条技术路线可知，前者更具可行性，原因如下。

本征可拉伸材料有一个致命的缺点，即目前所开发的弹性半导体、导体及介电质等材料在拉伸条件下，其电学和光学性能会骤然下降，使得显示效果及用户体验大大降低。

从微纳加工工艺或量产工艺兼容的角度来看，"结构弹性"策略也更具可行性，可通过转移等策略将硅基或玻璃基器件转移到柔性或可拉伸衬底上，量产难度相对更低；与金属互连线相比，目前大多数弹性材料的导电性依然无法满足驱动前面板的背板电路的要求。

表 12-1 对面向可拉伸/弹性显示应用的结构可拉伸技术与本征可拉伸技术进行了比较。

表 12-1　结构可拉伸技术与本征可拉伸技术的比较

项目	结构可拉伸技术	本征可拉伸技术
结构	刚性岛+结构可拉伸互连导线（岛桥结构）	各结构单元均可拉伸
实现难度	小	大
优势	岛屿上器件可靠性高；与现有产线兼容	图案化难度低；拉伸能力强，像素密度高
挑战	结构复杂，图案化难度高；结构可靠性差；拉伸率和像素密度受限	需开发本征可拉伸材料；需开发全新的制备工艺
开发现状	国内外主流技术路线	暂未突破

12.3.3　可拉伸/弹性显示的结构设计

结构弹性通俗来讲指的是"软硬结合"，即将结构弹性的导体及刚性像素结合实现结构弹性。像素是刚性的，相当于"岛屿"，像素之间用弹性结构"弹簧桥"来建立连接。刚性、柔性显示与弹性显示（岛桥结构）示意图对比如图 12-15 所示。

岛屿和弹簧桥的尺寸要怎样设计呢？如图 12-16 所示，假设像素间距是 p，岛屿长度是 a，弹簧桥的投影长度是 b，则有 $p=a+b$。设 $\alpha = b / p$ 为桥投影长度的占比，则岛桥结构的总拉伸率近似为

$$\varepsilon = \alpha\varepsilon_{\text{wire}}$$

式中，$\varepsilon_{\text{wire}}$ 代表弹簧桥的拉伸率。

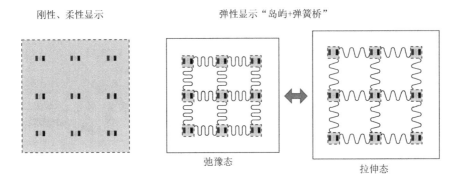

图 12-15　刚性、柔性显示与弹性显示（岛桥结构）示意图对比

显然，对于岛桥结构，其设计思路如下。

（1）提升式 $\varepsilon = \alpha\varepsilon_{\text{wire}}$ 中的 $\varepsilon_{\text{wire}}$。下面具体分析与讨论蛇形线的设计原则。一阶蛇形线的弹性解析模型可用下式来表示：

$$\frac{\varepsilon_{\text{wire}}}{\varepsilon_{\text{yield}}} = \frac{l}{w}\frac{4\eta^3 + 6.85\eta^2 - 1.7\eta + 0.28}{12\eta}$$

式中，$\eta = h/l$，h 指的是蛇形线中直边部分的长度；w 指的是蛇形线的宽度，l 指的是相邻蛇形线直边的线间距；$\varepsilon_{\text{yield}}$ 指的是材料的屈服应变（Yield Strain），为材料的本征特性。蛇形线模型示意图如图 12-17 所示。

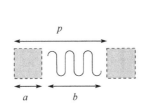

图 12-16　像素间距和岛桥尺寸的关系

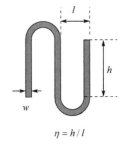

图 12-17　蛇形线模型示意图

因此，为增加弹性，一般可以采用如下三种方式（见图 12-18）：①减小 w，即采用更细的蛇形线；②增加 h，即采用直边更长的蛇形线；③减小 l，即采用密度更大的蛇形线。

图 12-18　蛇形线结构弹性策略中增加弹性的三种方式

此外，有限元分析（Finite Element Analysis，FEA）结果表明，影响蛇形线可拉伸性（弹性）的最大因素是线宽，其次是封装弹性体的模量，而线厚和基材厚度基本不影响。

（2）缩小式 $\varepsilon = \alpha\varepsilon_{\text{wire}}$ 中的 α。在相同像素密度下，岛屿越小，弹簧桥越长，拉伸能力就越大，如图 12-19 所示。因此，应采用尺寸小的发光器件。

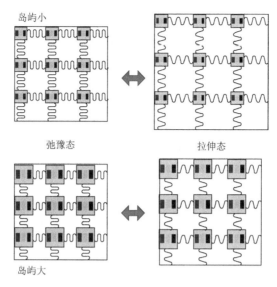

图 12-19　不同的岛屿尺寸与弹簧桥长度在弛豫态与拉伸态的示意图比较

那么，对于可拉伸/弹性显示应用，前面板发光器件主要有两条技术路线，分别是 Micro-LED 前面板和 OLED 前面板，前者的尺寸可以低至几微米量级，后者单个最小只能达到几十微米量级。

另外当它们分别用于可拉伸/弹性显示应用时，OLED 的每个岛屿需要单独封装（Micro-TFE，微薄膜封装），此外封装结构（侧壁，包括 Bank 结构）也会占用面积，因此岛屿需要做得更大，最终使得弹簧桥更短，拉伸能力更差；鉴于无机 LED 不需要像素封装等优良特性，Micro-LED 可以省去封装结构的面积，岛屿可以做得更小，因而弹簧桥更长，拉伸能力更强，如图 12-20 所示。

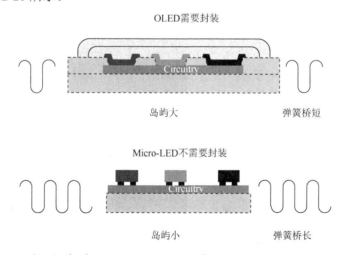

图 12-20　面向可拉伸/弹性显示应用的 OLED 前面板和 Micro-LED 前面板策略对比

12.3.4　可拉伸/弹性显示的制程

综合上述分析与讨论，基于 Micro-LED 前面板的"结构弹性"策略更具量产可行性。

下面将简要介绍关于 Micro-LED 可拉伸/弹性显示的主要制程，如图 12-21 所示。

（1）TFT 背板工艺：在临时玻璃基板上沉积柔性基板，通过标准柔性显示工艺制程，形成岛屿+弹簧状导线，并制备 Micro-LED 绑定电极，最后将柔性基板图案化成岛桥结构。

（2）转移和绑定制程：具体为将 Micro-LED 芯片巨量转移和绑定到岛屿上。

（3）弹性体化工艺：包括基于弹性材料的模组封装和整体结构离型（通常采用激光剥离工艺）。用于模组封装的弹性体可以为硅胶（如聚二甲基硅氧烷）、橡胶、TPE 等有机高分子材料，其要求为低温固化、低模量、高透过率。

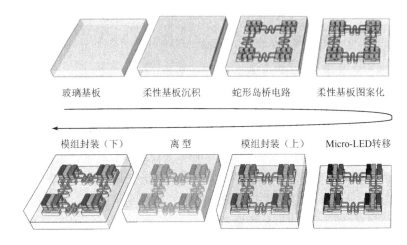

图 12-21　Micro-LED 可拉伸/弹性显示的主要制程

12.3.5　可拉伸/弹性显示的实证

图 12-22 所示为柔宇公司在 2021 年展示的 2.7 英寸全彩"弹性透明显示"原型。其发光器件为 90μm×150μm 的 RGB Mini-LED，像素间距为 0.6mm（42PPI），最大应变为 30%，支持斜向拉伸、自由扭曲、背面戳起等复杂形变。其光学表征结果指出，其色域为 108% DCI-P3，超过 DCI-P3 标准，亮度不低于 200nit。此外，该屏幕在可见光范围内达到最高 50%的透明度，表明其具有在车载显示中贴合于汽车玻璃的球面，并与 AR 技术相结合，直接显示导航信息的潜在应用价值。

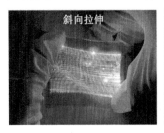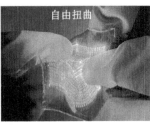

图 12-22　柔宇公司在 2021 年展示的 2.7 英寸全彩"弹性透明显示"原型

2023 年的 SID 显示周上，韩国乐金显示（LG Display）公司展示了 12 英寸、100PPI、高达 20%可拉伸度、高达 1000nit 发光亮度的可拉伸/弹性屏，其具有高灵活性、耐用性和可靠性等优点，最大限度地发挥了商业化的潜力。同时韩国机械材料研究所（Korea Institute of Machinery and Materials）展示了 4 英寸、50PPI、高达 30% 可拉伸度的单色可拉伸/弹性屏。

　　图 12-23 所示为国内外代表性可拉伸/弹性显示研究工作中像素密度与拉伸量关系的对比图，图中虚线表明困扰产学研界最大的难点在于同时实现高密度和高拉伸的弹性显示屏，因为追求其中一个性能（如像素密度）指标的提高需要建立在牺牲另一个性能（如拉伸量）指标的基础上。

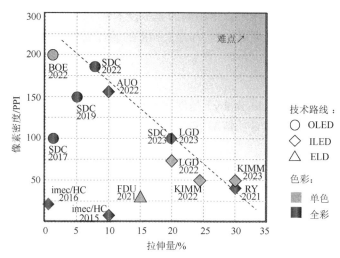

图 12-23　国内外代表性可拉伸/弹性显示研究工作中像素密度与拉伸量关系的对比图

　　通过目前国内外主流技术路线——结构可拉伸技术似乎已很难突破图 12-23 中虚线并朝右上角发展了。因此，全材料可拉伸的本征可拉伸技术很可能是突破像素密度和拉伸量矛盾的一个可行方向，但本征可拉伸仍需要大量的科学和技术突破，比如需开发全套的本征可拉伸材料、需开发全新的制备工艺等。

12.4　全息和光场显示

　　形态始终是推动显示技术发展的关键动力。从 CRT 显示（第一代显示形态）到平板显示（第二代显示形态），再到近些年的柔性可折叠的屏幕技术（第三代显示形态），随着显示技术的发展逐渐出现了更多新形态的显示。人们认为第四代显示形态是立体全息的形态，其可能的技术路线包括 AR/VR 等近眼显示、光场显示等。

12.4.1　近眼显示

　　近眼显示（Near-eye Display）是将图像投影到用户眼睛附近的显示方式。这种技术常见于 VR、AR 或 MR 设备中。例如，头戴式显示器或智能眼镜，使用户能够看到虚拟内容或数字信息，而无须依赖传统屏幕。

VR、AR、MR 代表着不同层次和方式的数字化体验。

VR 全称是 Virtual Reality，即虚拟现实，是完全的虚拟空间，用户通常无法看到现实。

AR 全称是 Augmented Reality，即增强现实，是将虚拟物件投射到现实环境，虚拟和实物之间通常无互动。

MR 全称是 Mixed Reality，即混合现实，是将虚拟内容与真实世界相结合，将虚拟物件投射到现实环境，结合创造出新的环境。MR 最重要的一点是，虚拟的元素和实物是可以互动的。

需要指出的是，近眼显示是可以由不同的显示技术来实现的，如 LCD、LCoS、Micro-LED 微显、Micro-OLED 等都可以作为 VR/AR/MR 的硬件基础。

12.4.2　全息投影

全息显示或全息投影（Holography）是创建出悬浮在空中的三维立体影像的技术，并且能使人们在没有特殊眼镜或设备的情况下观看。真正的全息投影必须包含两个要素。

（1）裸眼、无介质。

（2）可看到立体的全部特征，并有视差效应，即在不同的位置上进行观察时，物体有连续、显著的位移。

实际上，人类的技术离真正的全息投影还很遥远。我们只能在科幻作品中，如《阿凡达》、《星球大战》系列、《钢铁侠》系列电影中看到类似的概念。

不过人类的技术可以做到一些"伪全息投影"，主要是利用光学效应和特殊的布景产生光学错觉。比如虚拟歌手"初音未来"的"全息"演唱会。演唱会中使用光学错位的技术将"初音未来"的虚拟形象投射到舞台上，营造出一个立体且逼真的形象，给观众带来了身临其境的感觉。

图 12-24　佩珀尔幻象的舞台设置

这种伪全息投影并不是太新的技术。其实最早可追溯到 1862 年的佩珀尔幻象（Pepper's ghost）技术，它是一种在舞台表演中产生幻觉的技术，是英国科学家约翰·佩珀尔（John Pepper）展示的一种光学错觉技术。如图 12-24 所示，佩珀尔幻象的基本原理是利用玻璃板或透明薄膜等透明表面，将透明表面后方的隐藏区域中的物体或演员的影像反射出来。

伪全息投影必须在固定的舞台上，观众必须保持在特定的位置和角度才能看到效果，同时这种技术要在黑暗中才能实现，受到光线、影像质量和观看体验的限制。

12.4.3　光场显示

光场显示（Light-Field Display）是使用显示和光学设备，重新构建三维物体发光分布的一种显示，观测者无须佩戴 3D 眼镜即可看到立体的图像。

所谓"光场"，是所有光线的集合和描述，描述了空间中每个点的每个方向上的光强，即 $L(x, y, z, \theta, \varphi)$，其中，$x$、$y$、$z$ 是点的空间坐标；θ、φ 是方向（空间角度）；L 是在这个点上、这个方向上的光强，如图 12-25 所示。

任何三维物体的影像都可以用光场来描述，图 12-26（a）展示了一个三维实物的光场。而如果用一个平板显示来再现该物体的光场，只需要再现一个平面上的光场即可。如图 12-26（b）所示，取 $x = x_1$ 平面上的光场 $L(x_1, y, z, \theta, \varphi)$，我们只需要显示屏将该处 y-z 平面上每个点的各方向光强显示出来。比如对于图 12-26（b）中 $x = x_1$ 平面上的 P 点，该点需要向 A 方向发射绿色（叶子的颜色），而同时向 B 方向发射红色（果皮的颜色）。通过控制平面上每个点每个方向的光强和颜色，即可实现连续的三维显示。

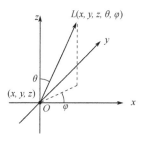

图 12-25　光场的含义

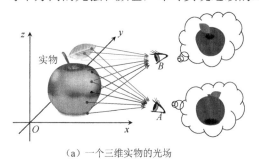

（a）一个三维实物的光场

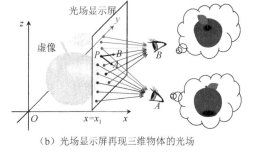

（b）光场显示屏再现三维物体的光场

图 12-26　光场显示屏通过光的方向和强度分布再现三维物体

但是传统的平板显示还无法做到让像素向不同方向发射不同的光。目前常见的实现方法是用高密度的像素阵列搭配微透镜阵列来实现，在同一位置向不同方向发不同的光，如图 12-27 所示。索尼（Sony）、NVIDIA Research 等公司都展示过微透镜阵列的光场显示。这种方法需要像素阵列的分辨率远大于观测得到的分辨率，才能在一个位置上显示出不同方向的信息。

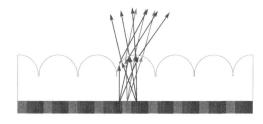

图 12-27　微透镜阵列实现光场

光场显示是目前最接近全息投影的方案，但技术和工程上的挑战也很大。比如，光场显示需要对光线进行高度精确的模拟和计算，还需要大量的计算资源和复杂的算法，对计算能力提出了很高的要求；光场系统的构建涉及复杂的光学设备、传感器、显示模组等，这些设备的成本较高。

12.4.4 神经显示

神经显示是将人眼视觉神经与电子设备相连接，完成数字信息到人眼视觉神经的直接传递。神经显示是没有实体显示屏的显示技术，可以提供更直观、更快速的信息。

神经显示的发展尚在萌芽之中，涉及生物电子、脑机接口等交叉领域的技术，如大脑的视觉构建、信息记忆的输入等。神经显示技术与脑机接口技术将共同构成最理想化的人机交互，很可能成为未来信息技术的基石。

12.5　本章小结

本章介绍了几种尚处于研究开发阶段的新型显示技术，它们都具有独特的应用前景，有望给显示产业带来更多变革。

QLED 能够实现更高的色彩饱和度和更大的色域。在形态上，QLED 同样可以具备轻薄、便携、柔性、透明等特性。QLED 技术被视为下一代显示技术之一。

激光显示相比传统的投影具有许多优势，如高亮度、高对比度、色彩鲜艳、高图像清晰度及节能等。值得一提的是，我国的激光显示产业处于国际领先地位，产业链成熟，已实现批量化生产。2021 年，我国已有激光显示骨干企业 30 多家，年出货量 60 万台。

可拉伸/弹性显示为显示技术提供了全新的形态，目前的主流技术——结构可拉伸技术已很难突破像素密度和拉伸量矛盾，全材料可拉伸的本征可拉伸技术很可能是一个可行方向，但本征可拉伸仍需要大量的科学和技术突破。

光场显示使用显示和光学设备，改变光的强度和方向来显示立体图像。光场显示根据观看者的视角，展示投影物体的景深和角度，创建自然的、视角连续的三维图像，是目前最接近全息投影的方案。光场还可以用于近眼显示，为用户提供更丰富的体验和互动性。

12.6　参考文献

[1] RABOUW F T, DONEGA C D M. Excited-State Dynamics in Colloidal Semiconductor Nanocrystals[J]. Topics in Current Chemistry, 2016, 374(5):58.

[2] BROWN P R, KIM D, LUNT R R, et al. Energy Level Modification in Lead Sulfide Quantum Dot Thin Films through Ligand Exchange[J]. ACS Nano, 2014, 8(6):5863-5872.

[3] YANG J, CHOI M K, YANG U J, et al. Toward Full-Color Electroluminescent Quantum Dot Displays[J]. Nano Letters, 2020, 21:26-33.

[4] CHEN B, PRADHAN N, ZHONG H. From Large-Scale Synthesis to Lighting Device Applications of Ternary I–III–VI Semiconductor Nanocrystals: Inspiring Greener Material Emitters[J]. The Journal of Physical Chemistry Letters, 2018, 9:435-445.

[5] YANG J, CHOI M K, YANG U J, et al. Toward Full-Color Electroluminescent Quantum Dot Displays[J]. Nano Letters, 2020, 21(1):26-33.

[6] WANG Y, FEDIN I, ZHANG H, et al. Direct optical lithography of functional inorganic nanomaterials[J]. Science, 2017, 357(6349):385-388.

[7] HO S J, HSU H C, YEH C W, et al. Inkjet-Printed Salt-Encapsulated Quantum Dot Film for UV-Based RGB Color-Converted Micro-Light Emitting Diode Displays[J]. ACS Applied Materials & Interfaces, 2020, 12(29):33346-33351.

[8] KIM B H, ONSES M S, LIM J B, et al. High-Resolution Patterns of Quantum Dots Formed by Electrohydrodynamic Jet Printing for Light-Emitting Diodes[J]. Nano Letters, 2015, 15(2):969-973.

[9] KIM T H, CHO K S, LEE E K, et al. Full-colour quantum dot displays fabricated by transfer printing[J]. Nature Photonics, 2011, 5(3):176-182.

[10] KANG J, LUO H, TANG W, et al. Enabling Processes and Designs for Tight-Pitch Micro-LED based Stretchable Display[J]. SID Symposium Digest of Technical Papers, 2021, 52:1056-1059.

[11] DANG W, VINCIGUERRA V, LORENZELLI L, et al. Printable stretchable interconnects[J]. Flexible and Printed Electronics, 2017, 2:013003.

[12] VERPLANCKE R, BOSSUYT F, CUYPERS D, et al. Thin-film stretchable electronics technology based on meandering interconnections: fabrication and mechanical performance[J]. Journal of Micromechanics and Microengineering, 2012, 22:015002.

[13] SOSIN S. Interconnect schemes for stretchable array-type microsystems[M]. Netherlands: Ridderprint BV, 2011.

[14] KIM D H, SONG J, CHOI W M, et al. Materials and noncoplanar mesh designs for integrated circuits with linear elastic responses to extreme mechanical deformations[J]. Proceedings of the National Academy of Sciences, 2008, 105(48):18675-18680.

[15] KIM D, CHOI W, AHN J, et al. Complementary metal oxide silicon integrated circuits incorporating monolithically integrated stretchable wavy interconnects[J]. Applied Physics Letters, 2008, 93(4):044102.

[16] HONG Y, LEE B, BYUN J, et al. Strain-engineered Platform Technology for Stretchable Hybrid Electronics[J]. SID Symposium Digest of Technical Papers, 2018, 49:483-485.

[17] MORIKAWA Y, AYUB S, PAUL O, et al. Highly Stretchable Kirigami Structure with Integrated Led Chips and Electrodes for Optogenetic Experiments on Perfused Heart[C]. 2019 20th International Conference on Solid-State Sensors, Actuators and Microsystems & Eurosensors XXXIII (TRANSDUCERS & EUROSENSORS XXXIII), Berlin, Germany, 2019.

[18] TAGHAVI M, HELPS T, ROSSITER J. Electro-ribbon actuators and electro-origami robots[J]. Science Robotics, 2018, 3(25):9795.

[19] ZHANG Y, FU H, SU Y, et al. Mechanics of ultra-stretchable self-similar serpentine interconnects[J]. Acta Materialia, 2013, 61(20):7816-7827.

[20] WANG C, HO S, WANG W, et al. High Resolution Stretchable Micro-LED Displays[J]. SID Symposium Digest of Technical Papers, 2022, 53:521-523.

[21] WANG P, SONG Z, WANG B, et al. A 200 PPI Oval Shape Stretchable AMOLED Display[J]. SID Symposium Digest of Technical Papers, 2022, 53: 524-525.

[22] SHI X, ZUO Y, ZHAI P, et al. Large-area display textiles integrated with functional systems[J]. Nature, 2021, 591(7849):240-245.

[23] MIYAKAWA M, TSUJI H, MINEO K, et al. Highly stretchable backplane technologies for deformable display

applications[J]. SID Symposium Digest of Technical Papers, 2023, 54:1133-1136.

[24] SMITS E C P, KUSTERS R H L, KRONEMEIJER A, et al. A passive matrix stretchable bare die LED display[J]. IMID 2019 DIGEST, 2019:235.

[25] OHMAE H, TOMITA Y, KASAHARA M, et al. Stretchable 45 × 80 RGB LED Display Using Meander Wiring Technology[J]. SID Symposium Digest of Technical Papers, 2015, 46:102-105.

[26] VERPLANCKE R, CAUWE M, VAN PUT S, et al. Invited Paper: Stretchable Passive Matrix LED Display with Thin-Film Based Interconnects[J]. SID Symposium Digest of Technical Papers, 2016, 47:664-667.

[27] JANG B, WON S, KIM J, et al. Auxetic Meta-Display: Stretchable Display without Image Distortion[J]. Advanced Functional Materials, 2022, 32:2113299.

[28] JANG B, KIM H D, JEON S, et al. Highly Stretchable Color MicroLED Meta-Display Without Image Distortion[J]. SID Symposium Digest of Technical Papers, 2023, 54:1137-1139.

[29] CHOI M, JANG B, LEE W, et al. Stretchable Active Matrix Inorganic Light-Emitting Diode Display Enabled by Overlay-Aligned Roll-Transfer Printing[J]. Advanced Functional Materials, 2017, 27:1606005.

[30] JUNG H, PARK C I, GE E M B, et al. Active Matrix Micro-LED Stretchable Display and Technical Challenges[J]. SID Symposium Digest of Technical Papers, 2022, 53: 517-520.

[31] JUNG H, PARK C I, GEE M B, et al. High-resolution active-matrix micro-LED stretchable displays[J]. Journal of the Society for Information Display, 2023, 31:201-210.

[32] BISWAS S, SCHOEBERL A, HAO Y, et al. Integrated multilayer stretchable printed circuit boards paving the way for deformable active matrix[J]. Nature Communications, 2019, 10:4909.

[33] KANG J, LUO H, TANG W, et al. Enabling Processes and Designs for Tight-Pitch Micro-LED based Stretchable Display[J]. SID Symposium Digest of Technical Papers, 2021, 52:1056-1059.

[34] HONG J H, SHIN J M, KIM G M, et al. 9.1-inch stretchable AMOLED display based on LTPS technology[J]. Journal of the Society for Information Display, 2017, 25:194-199.

[35] KIM S, SHIN J M, HONG J H, et al. Three Dimensionally Stretchable AMOLED Display for Freeform Displays[J]. SID Symposium Digest of Technical Papers, 2019, 50:1194-1197.

[36] YOON J, KIM S, PARK J H, et al. Technical Advances in Stretchable Displays for High Pixel Density and High Stretchability[J]. SID Symposium Digest of Technical Papers, 2022, 53:514-516.

[37] HONG J, KIM S, LEE J, et al. Highly Stretchable and Shrinkable AMOLED for Free Deformation[J]. SID Symposium Digest of Technical Papers, 2023, 54:1041-1044.

[38] LE E Y, KIM B J, HU L, et al. Morphable 3D structure for stretchable display[J]. Materials Today, 2022, 53:51-57.

12.7　习题

1．曾经有一种电视叫作背投电视，其应用的是哪种投影技术？为什么这种电视被淘汰了？

2．本征可拉伸技术能突破拉伸显示中像素密度与拉伸量的矛盾吗？为什么？

3．光场显示实际观测到的分辨率与微透镜阵列的密度和显示像素的分辨率有什么样的关系？

第13章

平板显示设计实践

前面 12 章全面介绍了目前各种常见显示技术的原理。本章结合平板显示的特点，提供一套相关设计实践课程的实验素材，内容涵盖从产品设计到模拟仿真的全流程，以帮助读者对实际工程问题有更加深入的理解，进一步掌握电子设计自动化所需的关键技能。

13.1 电子设计自动化简介

电子设计自动化（Electronic Design Automation，EDA）是 20 世纪 60 年代中期从计算机辅助设计（CAD）、计算机辅助制造（CAM）、计算机辅助测试（CAT）和计算机辅助工程（CAE）的概念发展而来的技术。EDA 技术以计算机为工具，设计者首先在 EDA 软件平台上用硬件描述语言（HDL）完成设计，然后由计算机自动地完成电路逻辑的编译、化简、分割、综合、优化、布局、布线和仿真，直至完成对特定目标芯片的适配编译、逻辑映射和编程下载等工作。借助 EDA 工具，工程师将芯片的电路设计、性能分析、Layout 排版等整个过程都交由计算机自动处理完成，极大地提高了电路设计的效率和可操作性，减轻了设计者的劳动强度。EDA 技术的出现不仅更好地保证了电子工程设计各级别的仿真、调试和纠错，为其发展带来强有力的技术支持，而且在电子、通信、化工、航空航天、生物等领域占有越来越重要的地位。

13.1.1 EDA 技术的发展

EDA 技术的发展过程，伴随着近代电子产品设计技术的历史进程，大致分为 3 个阶段。

（1）初级阶段：CAD 阶段，大致在 20 世纪 70 年代，当时中小规模集成电路已经出现，传统的手工制图设计印制电路板（PCB）和集成电路的方法效率低、花费大、制造周期长。人们开始借助于计算机完成 PCB 设计，将产品设计过程中高重复性的繁杂劳动（如布图、布线工作）用二维平面图形编辑与分析的 CAD 工具代替，主要功能是交互图形编辑、设计规则检查、晶体管级版图设计、PCB 布局布线、门级电路模拟仿真和测试。

（2）发展和完善阶段：20 世纪 80 年代是 EDA 技术的发展和完善阶段，即进入 CAE 阶段。由于集成电路规模的逐步扩大和电子系统的日趋复杂，人们进一步开发设计软件，将各个 CAD 工具集成为系统，从而大大加强了电路功能设计和结构设计能力，该时期的 EDA 技术已经延伸到半导体芯片的设计，用于生产可编程半导体芯片。

（3）成熟阶段：20 世纪 90 年代以后，微电子技术突飞猛进，一个芯片上可以集成几百万、几千万乃至上亿个晶体管，这给 EDA 技术提出了更高的要求，也反向促进了 EDA 技术的发展。各公司相继投入开发出大规模的 EDA 软件系统，以及以高级语言描述、系统级仿真和综合技术为特征的 EDA 技术。

13.1.2　EDA 行业现状

EDA 行业市场集中度较高，在全球 EDA 行业中楷登电子（Cadence）、新思科技（Synopsys）和西门子 EDA（Siemens EDA）三家公司属于具有显著领先优势的第一梯队。

其他几家企业，包括我国的华大九天（Empyrean），凭借部分领域的全流程工具和优势，位列全球 EDA 行业的第二梯队。第二梯队的具体企业有 ANSYS、华大九天、Keysight、Altium、Zuken、PDF/Solutions、Silvaco 等。

第三梯队的企业主要聚焦于某些特定领域或用途的点工具，整体规模和产品完整度与前两大梯队的企业存在明显的差距，如国微（SMiT）、概伦（Primarius）、Semitronix、NineCube、芯和（Xpeedic）等。

对于国内 EDA 市场，目前仍由国际三巨头占据主导地位，国内 EDA 供应商所占市场份额较小。华大九天通过十余年发展创新，不断丰富和完善产品功能，提供模拟电路设计全流程 EDA 工具系统、存储电路设计全流程 EDA 工具系统、射频电路设计全流程 EDA 工具系统、数字电路设计全流程 EDA 工具系统、平板显示电路设计全流程 EDA 工具系统、晶圆制造 EDA 工具系统和先进封装设计 EDA 工具等解决方案，并在新功能开发、工具流程补齐、市场占有率等方面持续获得突破。

13.1.3　平板显示电路设计全流程 EDA 工具系统

平板显示电路与模拟电路的设计理念、设计过程和设计原则有一定的相似性。华大九天在已有模拟电路设计工具的基础上，结合平板显示电路设计的特点，开发出了全球领先的平板显示电路设计全流程 EDA 工具系统。

该 EDA 工具系统包含平板显示电路设计器件模型提取工具、平板显示电路设计原理图编辑工具、平板显示电路设计电路仿真工具、平板显示版图编辑工具、平板显示版图物理验证工具、平板显示版图寄生参数提取工具和平板显示电路设计版图后仿真工具等。以上工具被集成在统一的设计平台中，为工程师提供了一套从原理图到版图、从设计到验证的一站式解决方案，为提高平板显示电路设计效率、保证设计质量提供了有力的工具支撑。

华大九天平板显示电路设计全流程 EDA 工具系统的设计流程环节和相应工具如表 13-1 所示。

表 13-1 华大九天平板显示电路设计全流程 EDA 工具系统的设计流程环节和相应工具

序号	设计流程环节	相应工具
1	平板显示电路设计器件模型提取	EsimFPD Model 和 XModelFPD
2	平板显示电路设计原理图编辑	AetherFPD SE
3	平板显示电路设计电路仿真	ALPSFPD
4	平板显示版图编辑	AetherFPD LE
5	平板显示版图物理验证	ArgusFPD
6	平板显示版图寄生参数提取	RCExplorerFPD
7	平板显示电路设计版图后仿真	ALPSFPD
8	平板显示电路设计版图后可靠性分析	ArtemisFPD

13.2 TFT 模型提取

13.2.1 TFT 模型提取原理

模型参数提取是为了获取一组对应模型方程式的参数,利用这套模型参数正确描述器件的电子特性,用来实现对电路设计的预测及分析。模型参数提取主要是利用 EsimFPD 内建的算法及数值分析方法,针对使用者所指定的器件模型和对应的测量数据进行模型参数提取。利用器件模型预测器件电性能的准确性是由模型公式和所用模型参数值的准确度决定的,因此模型参数值的精确提取至关重要。随着器件尺寸不断缩小,模型参数的数量随模型复杂程度的提高而大幅增加。有些参数主要用于数学拟合,没有明确的物理意义,即其数值可能并不唯一;而有些参数则与物理效应相关,应尽量保持其数值在特定范围内;工艺参数与制造工艺紧密相关且具有物理意义,是建模的基础,应在提参建模前确定。

13.2.2 TFT 模型提取工具

华大九天的平板显示电路设计器件模型提取工具 Empyrean EsimFPD Model,针对平板显示工艺,提供 a-Si、LTPS、IGZO、OLED、Micro-LED、Photo-Diode 等器件模型提取流程。该工具内置业界标准的 RPI a-Si、RPI Poly-Si 及公司基于先进工艺器件物理特性和理论自研的紧凑型模型,可以更好地满足平板显示电路设计仿真需求。该工具支持用于表征工艺波动的工艺角及统计模型的提取流程,基于 On-line 大批量测试数据,通过软件内置数据分析算法筛选工艺角目标,程序自动生成工艺角及统计模型。华大九天的平板显示电路设计电路仿真工具 ALPSFPD 可以支持 Hysteresis、Stress 效应表征,为用户提供从模型提取到仿真的完整可靠性分析解决方案。

13.2.3 TFT 模型提取实例

1. 模型提取要求

(1)熟悉器件模型提取工具 EsimFPD Model 的操作使用方法。

（2）根据器件模型提取的详细信息，设定模型参数提取前的默认模型参数。

（3）根据器件的详细工艺信息，设定模型参数提取前的工艺参数。

（4）理解默认模型参数的物理意义。

2．a-Si TFT 模型提取实例

1）启动模型提取工具 EsimFPD Model

在 Design Manager 界面中，单击 Tools 菜单，选择 EsimFPD Model 命令，如图 13-1 所示，启动 EsimFPD Model，如图 13-2 所示。

图 13-1　Design Manager 界面示意图

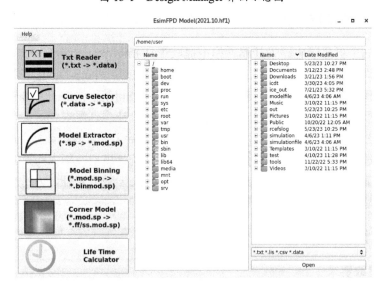

图 13-2　EsimFPD Model 界面示意图

2）导入真实测量数据，进行格式转换（txt→data）

在 EsimFPD Model 界面中，单击 Txt Reader 命令，弹出 Load input file 对话框，如图 13-3 所示，选择 idvd.txt 文件，单击 Open 按钮，弹出 Txt Reader 界面，设置 W 为 100，L 为 3，T 为 27，并设置器件类型为 NMOS，如图 13-4 所示。

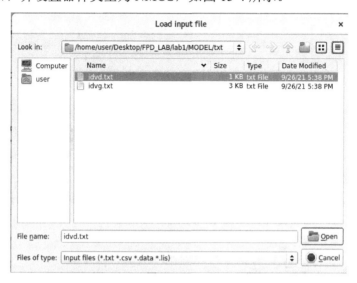

图 13-3　Load input file 对话框示意图

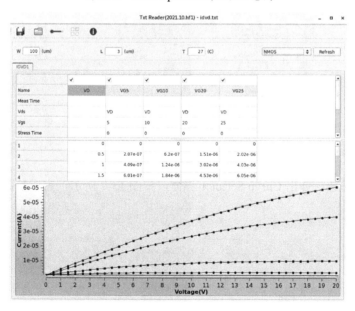

图 13-4　Txt Reader 界面示意图

单击 Txt Reader 界面工具条左上角的保存按钮 💾，弹出 Save data file 对话框，将 Files of type 设置为 data，重新命名 File name 为 idvd.data，单击 Save 按钮，如图 13-5 所示。

重复以上步骤，对 idvg.txt 数据进行综合处理，同时将 idvg.txt 转换为 idvg.data，最后保存 idvg.data。

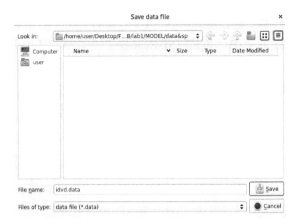

图 13-5　Save data file 对话框示意图

3）生成模型提参文件（data→sp）

在 EsimFPD Model 界面中，单击 Curve Selector 命令，找到 data 文件所在路径，同时选中 idvd.data 和 idvg.data 文件，如图 13-6 所示。

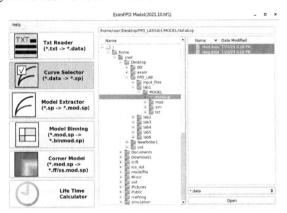

图 13-6　同时选中 idvd.data 和 idvg.data 文件

单击 Open 按钮，弹出 Curve Selector 界面，如图 13-7 所示，完成参数设置。

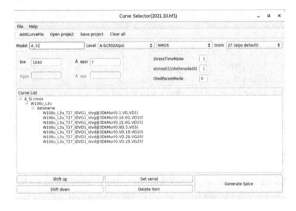

图 13-7　Curve Selector 界面示意图

（1）设置 Model：A_Si（支持自定义命名）。

（2）设置 Level：A-Si（302Alps）。

（3）设置 Device 类型：NMOS。

（4）设置工艺参数：tox（介质层厚度）=1040，epsi（介质层介电常数）=7。

设置完成后，单击 Generate Spice 按钮，弹出 Edit spice file 对话框，如图 13-8 所示；单击 Save 按钮，弹出 ext_A_Si.sp 界面，生成提参文件（spice 文件），如图 13-9 所示。

图 13-8　Edit spice file 对话框示意图

图 13-9　ext_A_Si.sp 界面示意图

支持在 ext_A_Si.sp 界面进行编辑修改，确认无误后，单击 Save and close 按钮，保存 spice 文件。

4）进行自动提参和优化（sp→mod.sp）

在 EsimFPD Model 界面中，单击 Model Extractor 命令，找到 ext_A_Si.sp 文件所在路径，选中 ext_A_Si.sp 文件，如图 13-10 所示。

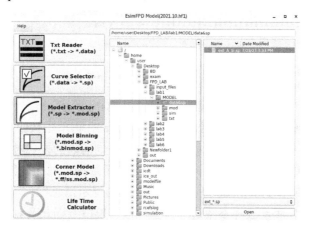

图 13-10　选中 ext_A_Si.sp 文件

单击 Open 按钮，载入 EsimFPD 后，界面显示测量数据与模型计算结果，单击 Id-Vg 按钮和 Id-Vd 按钮，可以分别展示 Id-Vg 曲线提参界面和 Id-Vd 曲线提参界面，如图 13-11

和图 13-12 所示。

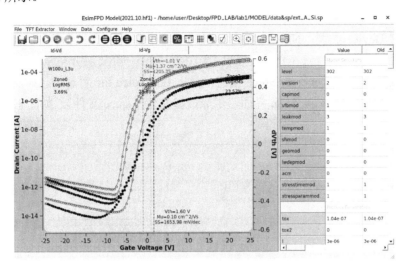

图 13-11　Id-Vg 曲线提参界面示意图

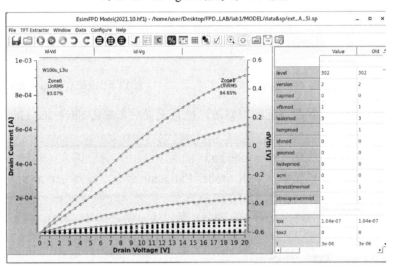

图 13-12　Id-Vd 曲线提参界面示意图

自动提参步骤如下，提参结果界面示意图如图 13-13 所示。

（1）先单击按钮🔘（Brief mode）或🔘（Full mode），再单击按钮🔘，开始自动提取参数。（Brief mode：根据输入的测量数据数目，采取平均间隔的方式对每条电流数据曲线选取 50 个数据点进行快速提取。Full mode：对所有测量数据点进行提参。）

（2）Brief mode 或者 Full mode 提参结束后，弹出提示消息框，单击 OK 按钮。

（3）根据需要可以手动选择参数进行调整。根据模型方程式及对应的模型参数，进行手动提取参数。可双击参数 Value 值，弹出参数滑动条（通过鼠标滚轮调整），曲线形态实时同步变化，可加选不同参数项，实现仅对指定参数项进行调整，可指定参数项可调范围；提参结果界面支持以颜色实时标识变化参数项。

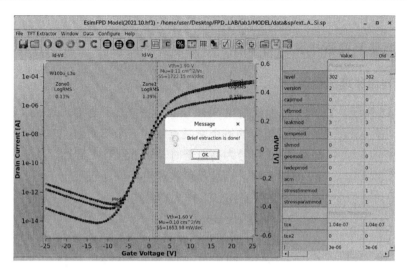

图 13-13　提参结果界面示意图

（4）选择 File→Save Model and Log 命令，弹出 Save model 对话框，自定义 File name，保存模型文件，如图 13-14 所示。

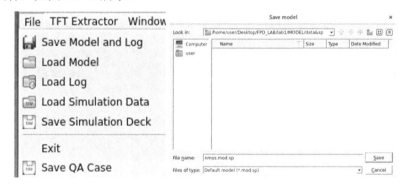

图 13-14　Save model 对话框示意图

（5）一键生成模型仿真网表，快速进行模型特性曲线仿真。

（6）一键生成模型仿真结果，通过不同颜色曲线对比，直观呈现模型的准确性。

13.3　平板显示电路设计和优化

13.3.1　平板显示电路设计原理图编辑工具

平板显示电路设计原理图编辑工具 AetherFPD SE 主要用于对平板显示电路设计的像素单元、控制单元等电路模块进行原理图设计。该工具不仅支持传统的平板显示电路设计的原理图编辑，还通过技术创新支持异形屏显示电路设计的原理图设计，可根据异形形状的定义自动生成电路原理图，改变了用户通过手工编辑异形电路原理图的设计模式，显著提升了设计效率。

13.3.2 平板显示像素电路设计实例

1. 像素电路原理图设计

如图 13-15 所示，TFT-LCD 面板是由 Scan Line（扫描线）与 Data Line（数据线）组成的矩阵结构，在 Array 基板上，矩阵的每个交叉点对应一个 Switch TFT（开关 TFT）。当

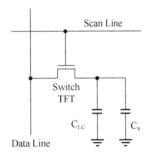

图 13-15　像素电路原理图

Scan Line 信号为高电平时，Switch TFT 导通，Data Line 给 C_{LC} 和 C_s 同时充电，因液晶偏转程度不同而表现出不同的透过率，进而表现为亮度差异。C_s 作为存储电容。

1）创建 Library 和 Cell

如图 13-16 所示，在 Design Manager 界面中，选择 File→New Library 命令，弹出 New Library 对话框，创建一个新的库，可自定义名称，但建议选择大小写英文字母、数字及"_"，尽量避免使用特殊字符（如空格、"/"等），在该对话框的 Technology 选区中单击 Attach To Library 单选按钮或 Do Not Need 单选按钮，如图 13-17 所示。

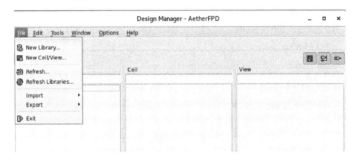

图 13-16　新库的建立

在 Design Manager 界面中，选择 File→New Cell/View 命令，弹出 New Cell/View 对话框，在新建的 lab2 库中创建一个名为 pixel 的新 Cell，保持 View Name 和 View Type 都是 Schematic，如图 13-18 所示；单击 OK 按钮，弹出像素电路原理图编辑界面，如图 13-19 所示。

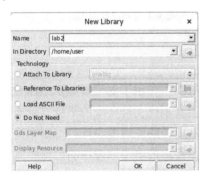

图 13-17　库属性的编辑

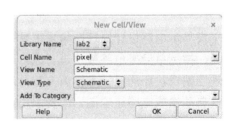

图 13-18　New Cell/View 对话框

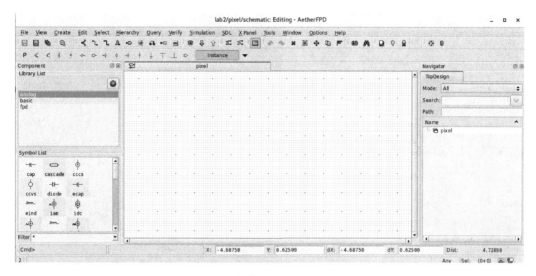

图 13-19　像素电路原理图编辑界面

2）编辑像素电路原理图（Schematic）

在当前的像素电路原理图编辑界面中使用快捷键 I，弹出 Create Instance 对话框，该对话框支持添加新的 Instance 及定义参数。

搭建像素电路原理图，需要一个 ntft 管和 3 个 cap 器件。首先在 Create Instance 对话框中选择 fpd 器件库中的 ntft 器件的 symbol，这是一个基本 NMOS 器件，然后修改参数，将 Width 定义为 W M，Length 定义为 L M，其他参数均采用默认值，如图 13-20 所示。

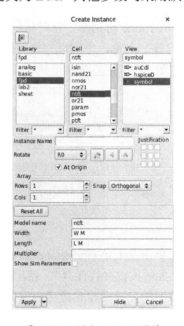

图 13-20　添加 NMOS 器件

重复上述步骤，分别插入 3 个 cap 器件，将 Capacitance 分别定义为 Cgs F、Cpixel F、Cst F，如图 13-21 所示。

图 13-21　添加 cap 器件

在此界面中，按快捷键 W，鼠标显示为连线状态，按要求将器件进行连线；完成连线后按快捷键 P，鼠标变为连 Pin（引脚）状态，弹出 Create Pin 对话框，依次输入 Gate、Data、Pixel、ACOM、CFCOM 5 个名称，中间以空格分隔开，如图 13-22 所示，依次单击鼠标左键，即可完成 Pin 的摆放。

按快捷键 L，弹出 Create Wire Name 对话框，在对话框中依次输入 Gate、Data、Pixel、ACOM、CFCOM 5 个 Label（标签）名称，中间以空格分隔开，如图 13-23 所示，依次单击鼠标左键，即可完成 Label 定义。

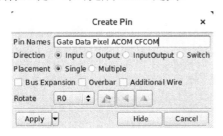

图 13-22　添加 Pin

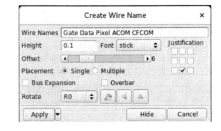

图 13-23　添加 Wire

在确保电路原理图无误后，单击左上角 Check and Save 按钮进行保存（建议每次阶段性修改完成后都单击 Check and Save 按钮进行保存），使用快捷键 F，可根据当前层级已有内容，将像素电路原理图编辑界面的尺寸调整到最适合编辑的大小，图 13-24 所示为像素电路原理图。

3）创建像素电路的 Symbol（符号）

在当前像素电路原理图编辑界面中，选择 Create→Symbol View 命令，在弹出的对话框中自定义 Pin 的位置，将 Symbol Shape 设置为合适的样式，如图 13-25 所示。

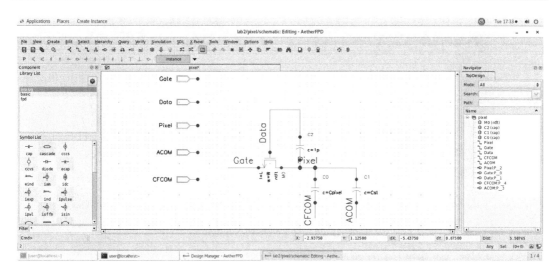

图 13-24　像素电路原理图

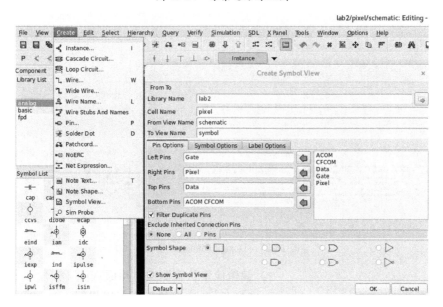

图 13-25　创建像素电路的 Symbol

　　单击 OK 按钮，将自动生成并打开像素电路的 Symbol，如图 13-26 所示，新打开的 Symbol 编辑界面与像素电路原理图编辑界面并列，两个界面可以方便地进行切换；像素电路的 Symbol 产生后，在 Symbol 编辑界面中单击 Check and Save 按钮。

2. 像素仿真测试电路原理图设计

1）创建 Cell

　　回到 Design Manager 界面，在 lab2 的 Cell 列表快速搜索栏内直接输入新 Cell 的名称，如图 13-27 所示，按 Enter 键，弹出 New Cell/View 对话框，单击 OK 按钮，新建一个名为 all 的电路原理图。

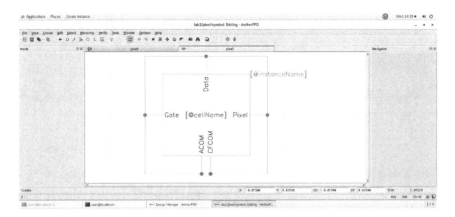

图 13-26　像素电路的 Symbol

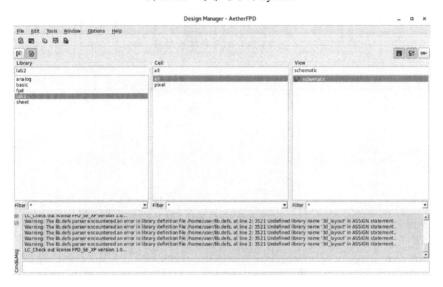

图 13-27　Design Manager 界面

图 13-28　添加像素电路的 Symbol

2）编辑像素仿真测试电路原理图

双击打开 all 电路原理图编辑界面，在 all 电路原理图编辑界面中按快捷键 I，在弹出的 Create Instance 对话框中选择 lab2 库中的 pixel Cell 的 symbol，并定义 3×3 阵列，如图 13-28 所示。在电路原理图中单击鼠标左键，即可完成 3×3 阵列的像素电路的 Symbol 的摆放，如图 13-29 所示。

使用快捷键 Ctrl+A，选中 all 电路原理图编辑界面中的所有 Symbol，选择 Create→Wire Stubs And Names 命令，可实现在 Symbol Pin 处自动生成 Wire，并根据对应 Pin Name 为其赋值，如图 13-30 所示。鼠标选中对应 Wire Name（非 Wire），然后按快捷键 Q 即可完成修改。依次单击并修改如下：

Gate：Gate_left、Gate_middle、Gate_right。

Pixel：pixel<1>～pixel<9>。

Data：Data_up、Data_middle、Data_down。

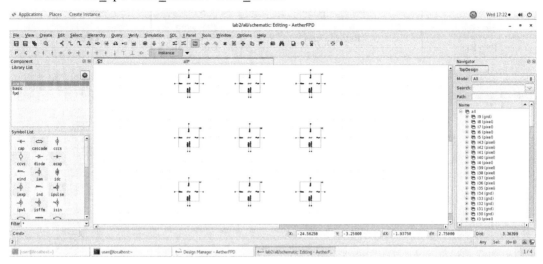

图 13-29　3×3 阵列的像素电路的 Symbol

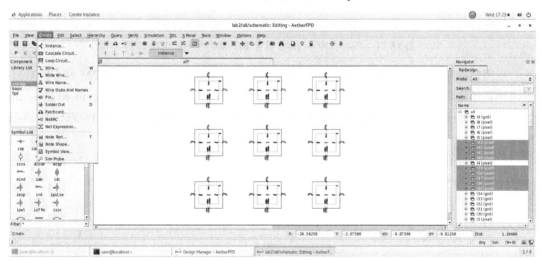

图 13-30　添加 Wire Stubs And Names

考虑电路信号中的 RC 参数影响，在 all Schematic 界面中添加 Gate 信号和 Data 信号 RC 的等效 10π 电路模型，反复使用快捷键 I、W、P、L 等，按表 13-2 中的参数搭建模型，如图 13-31 所示。

表 13-2　像素电路信号的 RC 参数

器件	Resistance	器件	Capacitance
R0	Rfanout_data Ohms	C0	Cfanout_data F
R1～R5	Rdata/5 Ohms	C1～C10	Cdata/10F

续表

器件	Resistance	器件	Capacitance
R8	Rfanout_gate Ohms	C13	Cfanout_gate F
R6~R7	Rgate/5 Ohms	C11~C12	Cgate/10F
R9~R11		C14~C20	

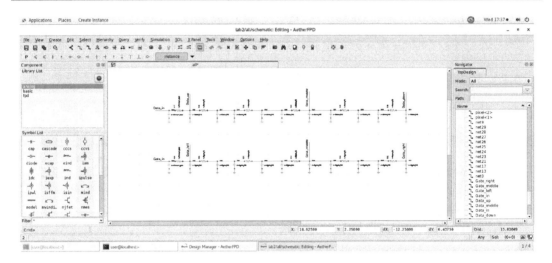

图 13-31　Gate 信号和 Data 信号 RC 的等效 10π 电路模型

使用快捷键 P 分别添加 Pin: pixel<1>~pixel<9>、Gate_in、Data_in、ACOM 和 CFCOM。电路原理图编辑完成后，需进一步添加相应的信号源 ACOM、CFCOM、Gate_in 和 Data_in，如图 13-32 所示。使用快捷键 I 分别添加 2 个 vdc 和 2 个 vpulse 器件，如图 13-33~图 13-36所示。

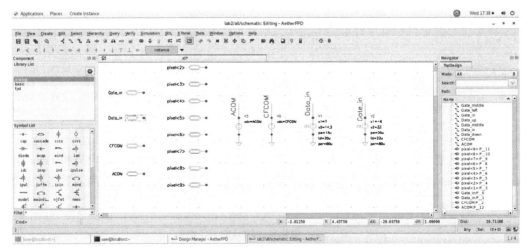

图 13-32　添加 Pin 和信号源

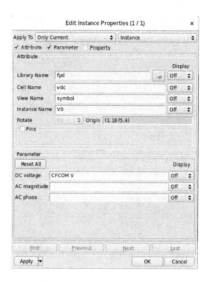

图 13-33　ACOM 信号设置　　　　　　图 13-34　CFCOM 信号设置

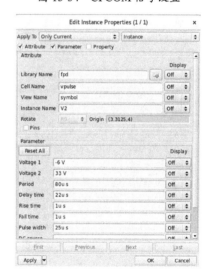

图 13-35　Data 信号设置　　　　　　　图 13-36　Gate 信号设置

在搭建像素仿真测试电路原理图过程中，如果有器件参数填入不合理，还可以选中该器件后使用快捷键 Q，在弹出的 property 对话框中再次修改。最后确认电路原理图无误后，单击左上角的 Check and Save 按钮进行保存，图 13-37 所示为像素仿真测试电路原理图。

3）创建像素仿真测试电路的 Symbol

在 all 电路原理图编辑界面中，选择 Create→Symbol View 命令，在弹出的 Create Symbol View 对话框中，完成 Pin 定义和 Symbol Shape 选择，如图 13-38 所示，单击 OK 按钮，产生 Symbol View（符号视图），如图 13-39 所示，在自动打开的 Symbol 编辑界面中进行检查并保存。全部操作完成后，依次单击界面右上角的×图标，退出 Symbol 编辑界面和 Design Manager 界面。

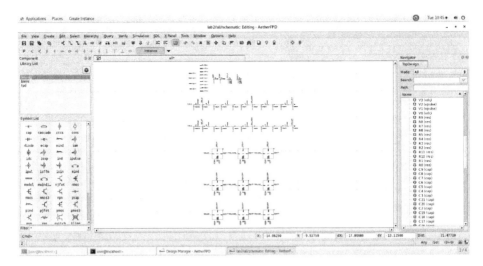

图 13-37 像素仿真测试电路原理图

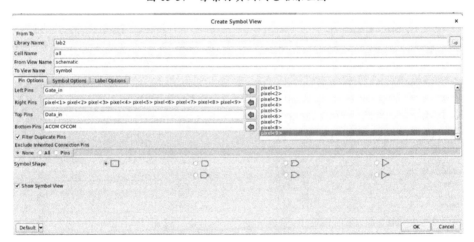

图 13-38 创建 Symbol

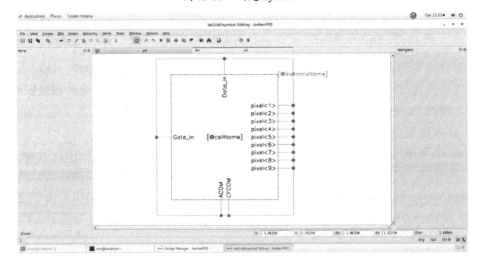

图 13-39 像素仿真测试电路的 Symbol

13.4　平板显示版图设计和优化

13.4.1　平板显示版图编辑工具

平板显示版图编辑工具（AetherFPD LE）提供了适用于常规平板显示设计的版图编辑环境，同时针对异形屏显示设计也提供了完整解决方案，可满足手表（圆形屏等）、手机（水滴屏等）、汽车仪表盘（曲线屏等）等消费电子领域对平板显示电路设计的特殊要求。该工具通过创新的旋转单元编辑技术、异形填充技术及自动布局布线技术，帮助用户高效完成满足异形形状和设计规则约束的版图，大幅提高了异形版图设计的效率和质量。 版图编辑工具能够实现任意几何图形的编辑，包括快速创建、复制、移动、拉伸、裁切、对齐等操作，快速完成版图设计；具有快速创建矩形、多边形、圆形，以及快速 Size Lib/Cell 等功能；能够快速实现图形的 AND/OR/NOT/XOR 逻辑运算，同时具备 Split、Net Trace、Auto Report 等功能以快速完成版图设计和检查。此外，该工具还包含多个自动布线模块，包括等电阻布线、指定电阻的 PLG 布线和梯形布线等模块，可满足用户多种自动连线需求，有效提升版图设计效率和质量。

13.4.2　平板显示版图编辑工具的基础功能

1．Create 菜单常用功能简介

（1）选择 Create→Rectangle（R）命令，单击鼠标左键确定初始点后，按快捷键 H，弹出 Input Coordinates 对话框，输入矩形长和宽（中间以空格或"，"隔开），按 Enter 键结束，即可创建一个矩形，如图 13-40 所示。

（2）通过选择 Create→Circle/Ellipse/Donut 命令，可创建圆形/椭圆形/环形，大小可通过快捷键 H 设定。

选择 Create→Circle 命令，弹出 Create Circle 对话框，如图 13-41 所示，Mode 可设置为 Center-Radius/Boundary。

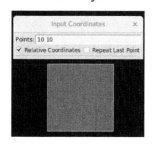

图 13-40　创建矩形

图 13-41　创建圆形

选择 Create→Ellipse 命令，弹出 Create Ellipse 对话框，如图 13-42 所示，Mode 可设置为 Center-Radius/Boundary。

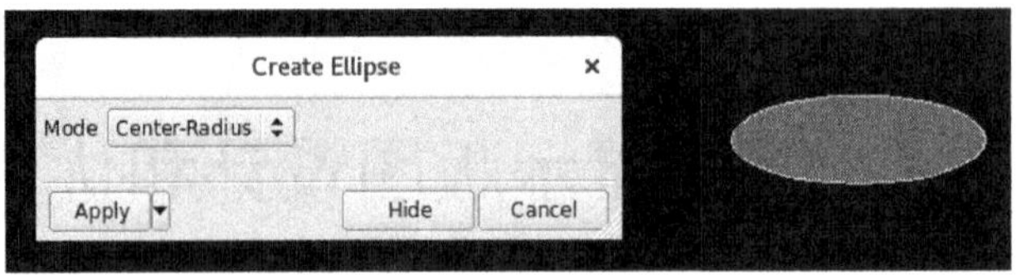

图 13-42　创建椭圆形

选择 Create→Donut 命令，弹出 Create Donut 对话框，如图 13-43 所示，Shape 可设置为 Circle/Rectangle。

图 13-43　创建环形

2. Edit 菜单常用功能简介

（1）选择 Edit→Align（A）命令，按快捷键 F3，弹出 Align 对话框，该对话框可支持 Align Spacing 操作（支持根据参考点/参考边完成一个或多个 Object（对象）的整体/部分 Align 操作；通过 Advanced Align，可实现多个 Object 顶/底/左/右对齐操作），如图 13-44 所示。

（2）选择 Edit→More→Chop（Shift + C）命令，按快捷键 F3，弹出 Chop 对话框，设置 Chop Shape 和 Snap Mode；选中目标，切换形状（无弹出界面时可通过空格键切换），双击完成操作，如图 13-45 所示。

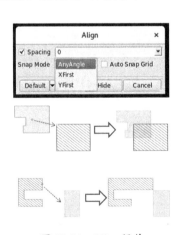

图 13-44　Align 操作

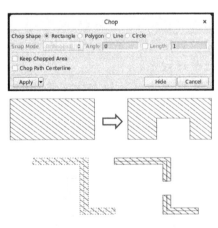

图 13-45　Chop 操作

（3）选择 Edit→Advanced→Merge（Shift+ M），选中同一 Layer（图层）的两个或多个 Object 合并为一个 Object，或者选中的同一 Layer 的两个或多个 Path（线）合并时，将保持合并前 Path 的 End Type（端点类型），如图 13-46 所示。

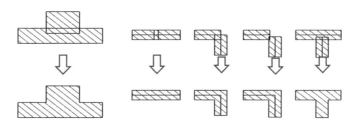

图 13-46　Merge 操作

13.4.3　平板显示像素版图编辑实例

1．搭建像素版图

1）创建 Library 和 Cell

在 Design Manager 界面中，单击 File→New Library 命令，弹出 New Library 对话框，创建一个新的库，任意定义名称并尽量避免使用特殊字符，在 Technology 选区中，单击 Load ASCII File 单选按钮，设置 TF 文件路径为/home/user/Desktop/FPD_LAB/input_files/TF/32inch_chip.tf，如图 13-47 所示。

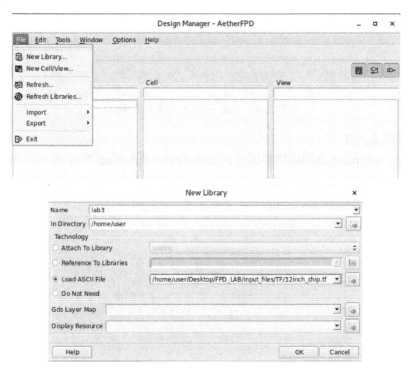

图 13-47　新库的建立和库属性的编辑

在 Design Manager 界面中，单击 File→New Cell/View 命令，弹出 New Cell/View 对话框，在新建的 lab3 库中创建一个名为 sub_pixel 的新 Cell，保持 View Name 和 View Type 都是 Layout，如图 13-48 所示；单击 OK 按钮，弹出 sub_pixel 版图编辑界面，如图 13-49 所示。

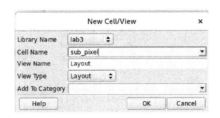

图 13-48　新建 Cell

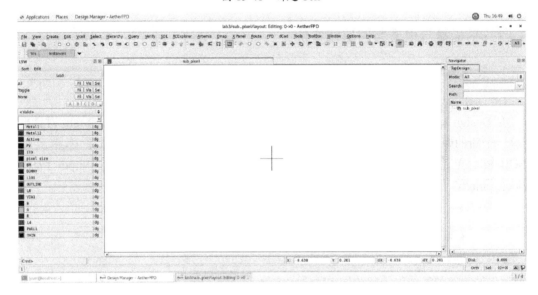

图 13-49　sub_pixel 版图编辑界面

2）计算像素尺寸

在当前的 sub_pixel 版图编辑界面中，选择 FPD→Sub-Pixel Size 命令，弹出 Sub-Pixel Size 对话框，如图 13-50 所示。以 32 英寸显示面板的像素单元尺寸计算为例，在 Sub-Pixel Size 对话框中进行参数设置。

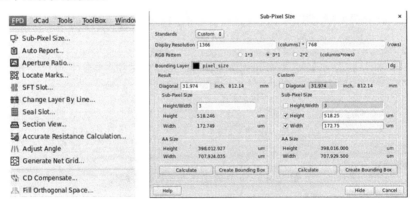

图 13-50　Sub-Pixel Size 对话框

（1）将 Standards 设置为 Custom。

（2）将 Display Resolution（显示面板分辨率）设置为 1366（columns）*768（rows）。

（3）将 RGB Pattern 设置为 3*1（columns*rows）。

（4）将 Diagonal 设置为 31.974inch。

完成以上设置后，单击 Calculate 按钮，将自动计算出 Sub-Pixel 的 Height=518.246μm，Width=172.749μm，四舍五入可将实际的 Sub-Pixel 尺寸设置为 Height=518.25μm，Width=172.75μm，且可计算得到 AA Size；单击 Create Bounding Box 按钮，将在 sub_pixel 版图编辑界面自动生成 Sub-Pixel，如图 13-51 所示。

图 13-51　自动生成 Sub-Pixel

或者在 LSW 视窗中选择 pixel_size 层，通过快捷键 R 绘制矩形，单击选中生成的矩形，按快捷键 Q，在弹出的对话框中设置 Sub-Pixel 的 Width 和 Height，如图 13-52 所示。

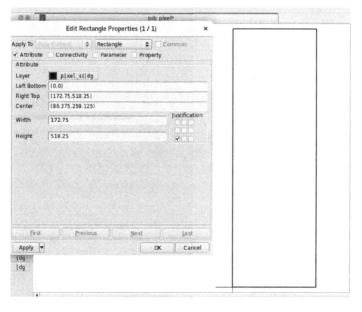

图 13-52　Edit Rectangle Properties 对话框

3）绘制像素栅极（Gate）和共电极（Acom）

以 pixel_size 层作为参照系，首先在 LSW 视窗中，通过单击鼠标左键选择 Metal1 层，绘制矩形和圆形，组合生成作为栅极；然后分别绘制三个矩形组成共电极；单击鼠标左键可定向选择图形；最后重复使用复制（C）、移动（M）等快捷键进行操作，完成栅极和共电极版图设计，如图 13-53 所示。

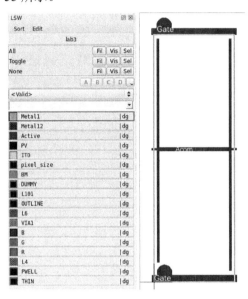

图 13-53　栅极和共电极版图设计

4）绘制 TFT

以 pixel_size 层作为参照系，在 LSW 视窗中，通过单击鼠标左键选择 Metal12 层，绘制 TFT 版图。重复使用 R、A、M、C、Shift+C、Shift+M 等快捷键，完成 TFT 版图设计，如图 13-54 所示。

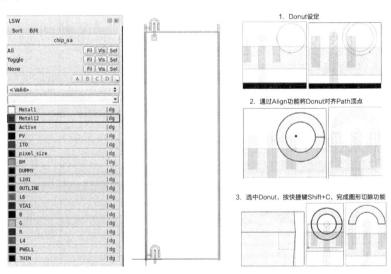

图 13-54　TFT 版图设计，通过 Donut（圆环）组成所需图形

5）绘制像素的非晶硅（a-Si）层

以 Metal12 层作为参照系，在 LSW 视窗中，通过单击鼠标左键选择 Active 层，根据图 13-55 所示的操作完成 a-Si 层版图设计。

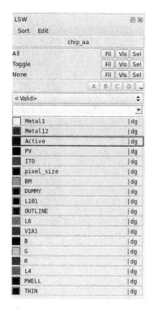

1. 选中 Active 层，画出半径为13.75μm的圆，先对齐 Path 顶点，再次启用 Align 调整对齐距离为 1μm

2. 添加 Rectangle，利用 Align 调整对齐

图 13-55　a-Si 层版图设计

6）绘制像素的通孔（VIA）

以 Metal12 层作为参照系，在 LSW 视窗中，通过单击鼠标左键选择 PV 层，使用 R 快捷键完成通孔版图设计，如图 13-56 所示。

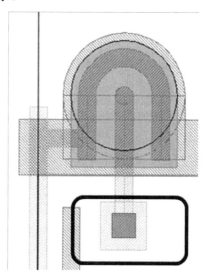

图 13-56　通孔版图设计

7）绘制像素电极（ITO）层

以 pixel_size 层作为参照系，在 LSW 视窗中，先通过单击鼠标左键选择 ITO 层，然后

选择 FPD→SFT Slot 命令，弹出 SFT Slot 对话框，根据像素尺寸设置 ITO 层参数，完成该层版图设计，如图 13-57 所示。

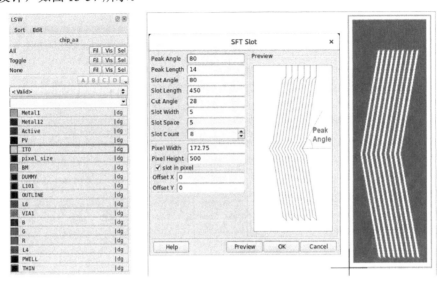

图 13-57　ITO 层版图设计

8）绘制像素的黑色矩阵（BM）

以 pixel_size 层作为参照系，在 LSW 视窗中，通过单击鼠标左键选择 BM 层，按 Shift+P 快捷键，绘制多边形，完成像素的黑色矩阵版图设计，如图 13-58 所示。

9）绘制像素的 RGB 图层

在 Design Manager 界面中，选择 File→New Cell/View 命令，弹出 New Cell/View 对话框，在 lab3 库中创建一个新 Cell，命名为 pixel_rgb，保持 View Name 和 View Type 都是 Layout，如图 13-59 所示；单击 OK 按钮，弹出 pixel_rgb 版图编辑界面。

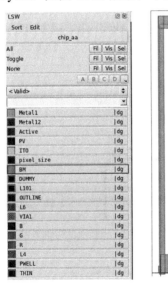

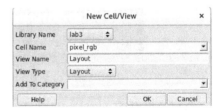

图 13-58　像素的黑色矩阵版图设计　　　　图 13-59　单个像素 Cell 创建

以 pixel_size 层作为参照系，在 LSW 视窗中，通过单击鼠标左键分别选择 R、G、B 层，使用快捷键 R，依次绘制 RGB 的矩形，完成 RGB 版图设计，如图 13-60 所示。

2. 创建像素矩阵

在 Design Manager 界面中，选择 File→New Cell/View 命令，弹出 New Cell/View 对话框，在 lab3 库中创建一个新 Cell，命名为 pixel_matrix，保持 View Name 和 View Type 都是 Layout，如图 13-61 所示；单击 OK 按钮，弹出 pixel_matrix 版图编辑界面。

图 13-60　RGB 版图设计　　　　　　图 13-61　像素矩阵创建

在 pixel_matrix 版图编辑界面，按快捷键 I，分别导入 sub_pixel（1*3）和 pixel_rgb（1*1）布局单元（按快捷键 Shift+F 显示 Cell Name，按快捷键 Ctrl+F 显示图层）；根据 pixel_size 的原点的位置，按快捷键 A，完成 sub_pixel（1*3）和 pixel_rgb（1*1）布局单元的对齐，如图 13-62 所示。

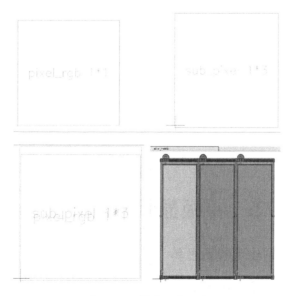

图 13-62　像素矩阵版图

3. 创建面板显示区域

在 Design Manager 界面中,选择 File→New Cell/View 命令,弹出 New Cell/View 对话框,在 lab3 库中创建一个新 Cell,命名为 chip_aa,保持 View Name 和 View Type 都是 Layout,如图 13-63 所示;单击 OK 按钮,弹出 chip_aa 版图编辑界面。

在 chip_aa 版面编辑界面中,按快捷键 I,导入 pixel_matrix 的 Cell,设置 Rows 为 768,Cols 为 1366,X-Pitch 为 518.25,Y-Pitch 为 518.25,如图 13-64 所示。

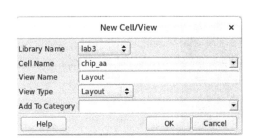

图 13-63　面板显示区域创建

图 13-64　版图设置

chip_aa 版图设计初版完成,如图 13-65 所示。在实际的版图设计过程中,还需要根据需求,进行多次迭代更新。

图 13-65　显示区域版图

13.5　平板显示版图物理验证

13.5.1　平板显示版图物理验证工具

平板显示版图物理验证工具 ArgusFPD 是根据平板显示电路设计特点开发的层次化并

行物理验证工具。它不仅满足传统平板显示电路设计的 DRC（Design Rule Check，设计规则检查）和 LVS（Layout Versus Schematic，版图及原理图一致性）要求，还针对异形屏幕显示设计的特点，开发了圆弧及任意角度旋转图形的高精度器件提取和规则检查技术，保证了物理验证的精度。同时，针对平板显示电路设计的高重复阵列式设计特点，通过设计规则违例识别和聚类技术，显著提升了用户检查和分析的效率，缩短了产品的设计周期。

1. 平板显示 DRC

平板显示 DRC 工具用于检查设计版图与制造加工之间的适配性，对于消除设计错误、降低设计成本和降低设计失败的风险具有重要作用。随着设计规模的急剧增加和工艺复杂度的不断提高，版图设计规则检查所需时间也不断增长，高效的检查方案必不可少。

华大九天的 DRC 工具，能够对版图中所有物理图形是否满足工艺生产要求的设计约束规则进行检查。在功能方面，该工具可以完成距离、图形关系、密度等传统 DRC；也可以应用于 Dummy 图形填充、逻辑运算等版图处理；还可以进行图形、边及角度等类型数据的高精度检查；交互式界面可支持对特定区域的局部检查，提高了验证效率；可以将间距检查结果的最小间距反标回版图，并对 DRC 结果进行排序和过滤，最后自动生成报告。在性能方面，该工具可并行处理海量展平（flatten）数据，包括加载、切分数据模块等，同时智能识别数据中的重复数据；采用动态任务分配技术来平衡 CPU 的负载，有效解决版图数据规模、速度性能等瓶颈问题，提升检查和分析错误的效率，缩短产品设计周期。DRC 工具可集成到原理图和版图设计平台，为设计师提供一站式设计和验证解决方案。

2. 平板显示 LVS 检查

平板显示 LVS 检查工具用于检查版图设计与电路设计之间的一致性，对于消除设计错误、降低设计成本和降低设计失败的风险具有重要作用。

华大九天的平板显示 LVS 检查工具通过提供如下功能，实现版图与原理图的比对检查：层次化版图网表高效提取，该模式支持 Auto 或自定义的 HCELL 匹配，提升检查性能和效率；提供特殊路径检查、短路/开路路径分析 ERC 应用，能够快速去除干扰；提供黑盒子功能，仅检查该部分与上层电路的连接正确性；原理图间直观显示比对差异（SVS）。根据设计版图的图形特点，通过扫描线技术、版图预处理技术等，对各类复杂图形进行高精度的检查及器件提取，精确报告原理图与版图之间的差异，包括实例（Instance）和网络（Net）的数量与连接错误、器件特征数值（如电容大小、TFT 宽长 W/L 数值）匹配、开路/短路等，并可将差异实时反标回版图和原理图，极大地提高了 LVS 检查的效率和准确性，可大幅减少版图设计失误，有效缩短产品的开发周期。

13.5.2　平板显示 DRC 实例

1. 设置 ArgusFPD Interactive-DRC 界面

如图 13-66（a）所示，首先打开一个像素版图，然后在版图编辑界面中选择 Verify→Argus→Run Argus DRC 命令，弹出 ArgusFPD Interactive-DRC 界面，如图 13-66（b）所示。

（1）完成 Rules 页面设置。

① Use Multithreading：默认不勾选，占用一个许可证（License），2 线程运行；手动勾选后，支持多线程加速，但需占用更多的许可证。

② Run Directory：指定输出目录，对应产生的 Outputs 文件存放在此目录中。

③ Rules File：指定 DRC 规则文件（本章实验案例的 DRC 规则文件路径为/home/users/Desktop/FPD_LAB/input_files/argus_rules/DRC.rule）。

④ Recipe：指定规则文件中的检查项目（可部分或全部选择）。

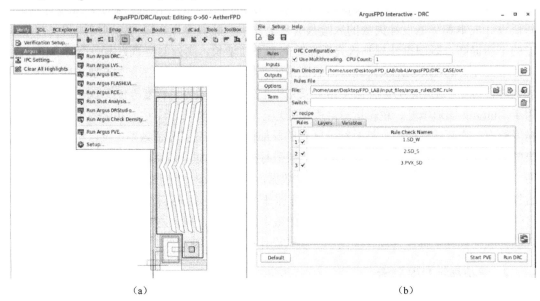

(a)   (b)

图 13-66　版图规则设置

（2）完成 Inputs 页面的 Layout 设置，如图 13-67 所示。

① 支持 Flat/Hierarchical 两种层次结构处理模式，建议选择 Hierarchical，可维持原有 Layout 的层次化设计结构，减少数据处理时间、内存占用和结果数量。

② Format：选择 GDSII，支持选择现有文档或指定 Layout View 自动生成（可自定义名称）。

③ Region：默认不勾选，勾选后支持框选指定矩形/多边形区域进行检查，可同步高亮选择区域进行确认。

（3）完成 Inputs 页面的 Ignore 设置，如图 13-68 所示。

① Ignore Cells：默认不勾选，勾选后支持手动输入或通过 Layout View 自动加选指定 Cell 进行过滤，相当于 DRC 处理时直接删除该 Cell 图形数据（不会更改版图）。

② Block Layers：默认不勾选，勾选后支持指定 Block Layer 区域内的结果自动过滤，列表框中添加 Layer Number，多个 Number 间以空格隔开。

③ Ignore Region：默认不勾选，勾选后支持指定 Block Region 的结果自动过滤。

图 13-67　Inputs 页面的 Layout 设置

图 13-68　Inputs 页面的 Ignore 设置

2．执行 DRC 验证

Outputs 及 Options 页面设置保持默认设置即可，Term 是 DRC 运行界面，将自动打印 DRC 运行的 Log 信息；完成所有设置后，单击右下角 Run DRC 按钮，等待程序结束后，DRC 的 Summary File 文件和 ArgusFPD PVE 界面将自动弹出，关闭 Summary File 文件，保留 ArgusFPD PVE 界面，如图 13-69 所示。ArgusFPD PVE 界面支持 DRC 运行完成后自动打开并载入结果，支持 DRC 运行结果精确反标至版图，支持对 DRC 结果进行自动分类，过滤重复伪错，提升结果查看效率。

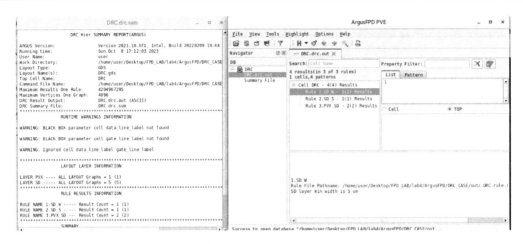

图 13-69　DRC 验证结果

3．DRC 错误反标和修正

单击查看 ArgusFPD PVE 界面 DRC.drc.out 列表中的第一类 SD_W 错误，在此错误的 List 中双击序号 1，版图编辑界面中与之对应的错误位置被自动缩放并高亮显示出来，如图 13-70 所示。同时，ArgusFPD PVE 界面的底部空白处会显示错误说明和提示（需要在 DRC Rule 中设定）：SD 层的宽度不能小于 5μm；针对该错误，在版图编辑界面中将 SD 层的宽度修改成大于或等于 5μm，即可修正该错误。

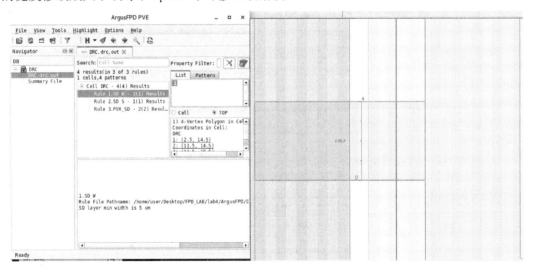

图 13-70　DRC 第一类错误

单击查看 ArgusFPD PVE 界面 DRC.drc.out 列表中的第二类 SD_S 错误，在此错误的 List 中双击序号 1，版图编辑界面中与之对应的错误位置被自动缩放并高亮显示出来，如图 13-71 所示。同时，Argus FPD PVE 界面的底部空白处会显示错误说明和提示：SD 层的间距不能小于 5μm；针对该错误，在版图编辑界面中将 SD 层的间距修改成大于或等于 5μm，即可修正该错误。

单击查看 ArgusFPD PVE 界面 DRC.drc.out 列表中的第三类 PVX_SD 错误，在此错误的 List 中依次双击序号 1 和 2，版图编辑界面中与之对应的错误位置被自动缩放并高亮显示出来，如图 13-72 所示。同时，ArgusFPD PVE 界面的底部空白处会显示错误说明和提示：SD 层和 PVX 层之间的最小包裹间距不能小于 5μm；针对该错误，在版图编辑界面中将 SD 层和 PVX 层之间的最小包裹间距修改成大于或等于 5μm，即可修正该错误。

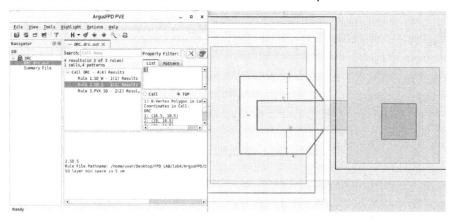

图 13-71　DRC 第二类错误

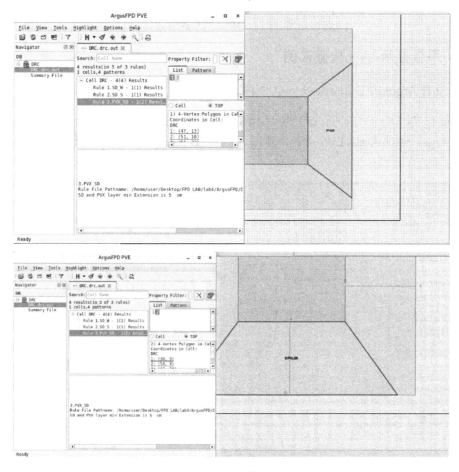

图 13-72　DRC 第三类错误

修正版图中所有错误之后，单击版图编辑界面的保存按钮，重新执行一次 DRC 验证，弹出的 ArgusFPD PVE 界面中 DRC 列表均显示绿色，如图 13-73 所示，证明 DRC 验证通过。

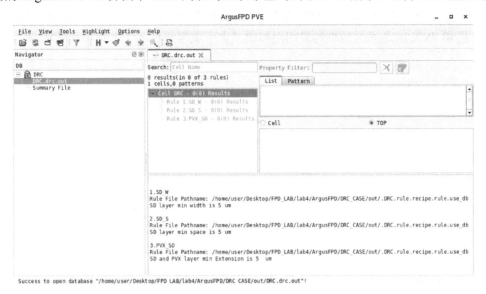

图 13-73　DRC 验证通过

13.5.3　平板显示 LVS 检查实例

1. 设置 ArgusFPD Interactive-LVS 界面

如图 13-74（a）所示，首先打开一个栅极驱动模块的版图，然后在版图编辑界面中选择 Verify→Argus→Run Argus LVS 命令，弹出 ArgusFPD Interactive-LVS 界面，如图 13-74（b）所示。

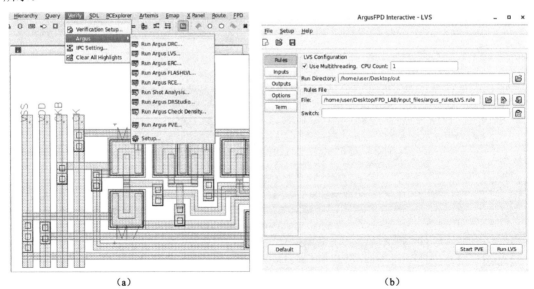

(a)　　　　　　　　　　　　　　　　　(b)

图 13-74　规则设置

（1）完成 Rules 页面设置。

① Use Multithreading：默认不勾选，占用一个许可证，2 线程运行；手动勾选后，支持多线程加速。

② Run Directory：指定输出目录，对应产生的 Outputs 文件存放在此目录中。

③ Rules File：指定 LVS 规则文件（本章实验案例的 LVS 规则文件路径为/home/users/Desktop/FPD_LAB/input_files/argus_rules/LVS.rule）。

（2）完成 Inputs 页面的 Layout 设置，如图 13-75（a）所示。

① 支持 Flat/Hierarchical 两种层次结构处理模式，建议选择 Hierarchical，可维持原有 Layout 的层次化设计结构，减少数据处理时间、内存占用和结果数量。

② Format：选择 GDSII，支持选择现有文档或指定 Layout View 自动生成（可自定义名称）。

③ Region：默认不勾选，勾选后支持框选指定矩形/多边形区域进行检查，可同步高亮选择区域进行确认。

（3）完成 Inputs 页面的 Nelist 设置，如图 13-75（b）所示。

① Format：网表兼容 SPICE 和 CDL 格式。

② File：默认导出 CDL 格式。

③ Export from schematic viewer：默认不勾选，需手动勾选。

（4）Inputs 页面的 H-Cells 保持默认设置即可。

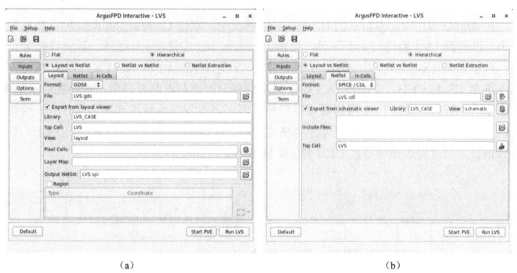

图 13-75　输入设置

2. 执行 LVS 验证

Outputs 及 Options 页面设置保持默认设置即可，Term 是 LVS 运行界面，将自动打印 LVS 运行的 Log 信息；完成所有设置后，单击右下角 Run LVS 按钮，等待程序结束后，LVS 的 Summary File 和 ArgusFPD PVE 界面将自动弹出，关闭 Summary File 文件，保留 ArgusFPD PVE 界面，如图 13-76 所示。ArgusFPD PVE 界面支持 LVS 运行完成后自动打开并载入结果，支持 LVS 运行结果精确反标至版图和电路原理图，支持对 LVS 结果进行自动分类，提升结果查看效率。

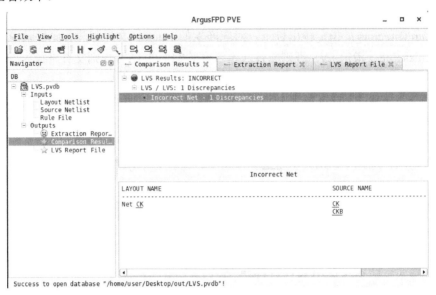

图 13-76 执行 LVS 验证

3．LVS 错误反标和修正

在 ArgusFPD PVE 界面左侧的 Navigator 列表中，双击 Comparison Results，在右侧列表中可以看到 LVS 验证结果不正确，单击 Incorrect Net 左端的+号展开，看到只有 1 个错误，单击 Discrepancies 文本链接，分别双击 LAYOUT NAME 的 Net CK，以及 SOURCE NAME 的 CK 和 CKB，即可将 LVS 错误同步反标至版图和电路原理图，并高亮显示结果，如图 13-77 所示。根据 LVS 报错提示及反标查看，可以发现电路原理图中器件 M6 连接的是信号 CKB 的走线，而在版图上器件 M6 的一端被错误地接到了信号 CK 的走线上，导致 LVS 报错，因此将版图中导致 CKB 和 CK 短路的走线删除即可。

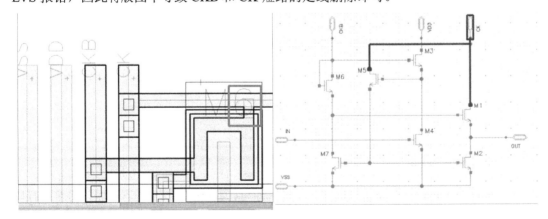

图 13-77 LVS 错误标注

LVS 错误修正之后，单击版图编辑界面的按钮，重新执行一次 LVS 验证，弹出 ArgusFPD

PVE 界面显示 LVS Results：CORRECT，表示 LVS 验证通过，如图 13-78 所示。

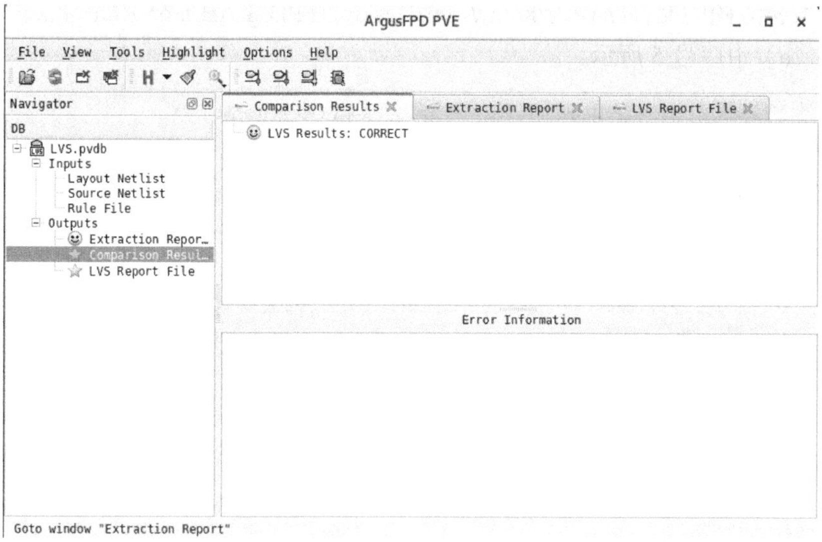

图 13-78　LVS 验证通过

13.6　平板显示版图寄生参数提取

13.6.1　平板显示版图寄生参数提取工具

随着平板显示技术的快速发展，高分辨率像素结构及复杂的金属网格触控图形设计会存在更多寄生效应，如何准确分析并解决寄生电容在电路性能中导致的各种问题，在平板显示设计中变得越来越有挑战性。

华大九天平板显示版图寄生参数提取工具 RCExplorerFPD 为用户提供了高精度平板显示电阻电容提取方案。根据工艺参数堆叠结构对版图中的像素、触控、电路等版图图形进行三维建模，基于高精度三维场求解器电容提取技术和有限元方法的高精度电阻计算技术及自适应网格剖分技术等，进行像素级电阻电容提取、触控面板电阻电容提取和液晶电容提取等功能计算，在保证寄生参数提取精度的同时，极大地提升了计算效率，支持多种形式的结果输出，寄生参数及电路网表可用于版图后仿真及图形设计优化。

该工具可与 AetherFPD 集成，快速读取版图，建立三维结构并将分析结果反标回版图供用户查看确认，为用户提供了完整、高效的一站式设计和验证解决方案。

13.6.2　平板显示版图寄生参数提取实例

1. 全版图寄生参数提取

1）添加像素寄生参数提取的版图（RCE_Pixel）

在 Design Manager 界面中，选择 Tools→Library Path Editor 命令，如图 13-79（a）所示，弹出 Library Path Editor:lib.defs 界面，该界面支持对库进行增加、删除、修改等操作。

选择 Edit→Add Library 命令,添加一个库名称为 RCE_Pixel 的 RC 提取案例版图并保存(本章 RC 提取案例版图的文件路径为/home/user/Desktop/FPD_LAB/lab5/RCE_Pixel/rce_pixel),如图 13-79(b)中序号 5 所示。

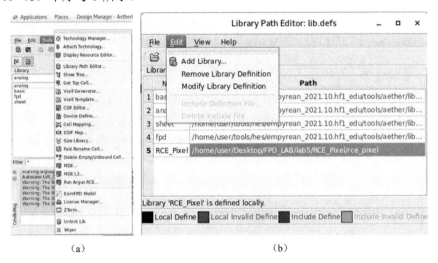

(a)　　　　　　　　　　　　(b)

图 13-79　添加案例版图

2)设置 RC Extraction 对话框

如图 13-80(a)所示,在打开的 Layout 版图中,确认 Label(标签)与实际图形层别对应(Label 的+号必须打到对应的层上),然后在版图编辑界面中选择 RCExplorer→RC Extraction→RC Calculation 命令,弹出 RC Extraction 对话框。

完成 Setting 页面的设置,如图 13-80(b)所示。

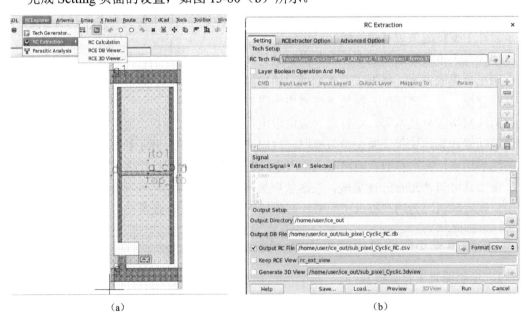

(a)　　　　　　　　　　　　(b)

图 13-80　基础设置

（1）Tech Setup：单击文件夹按钮，添加 ITF 工艺文件（本章实验案例的 ITF 工艺文件路径为/home/user/Desktop/FPD_LAB/input_files/itf/pixcl_dcmo.itf）。

（2）Extract Signal：自动提取当前版图内所有的 Label，默认为 All 模式，即全部提取；当选择 Selected 模式时，双击添加指定信号进行提取，指定输出目录，存放在对应产生的 Outputs 文件中。

（3）支持多种格式输出。

Output DB File：RCE 默认生成文件，可实施高亮反标。

Output RC File：支持 CSV 或 SP 网表格式。

（4）Keep RCE View：在边框及提取模式确定后，可快速查看处理完布尔规则后实际用于提取的版图图形。

（5）Generate 3D View：生成实际三维结构。

勾选 3D FS Capacitance 复选框后才可以使用三维场电容计算。

三维结构可以直接生成，无须额外提取电容。

完成 RCExtractor Option 页面的设置，如图 13-81 所示。

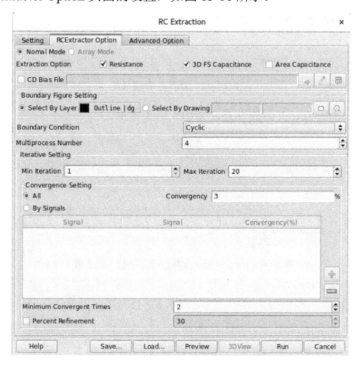

图 13-81　RCExtractor Option 页面的设置

（1）Normal Mode（常规计算模式）：Resistance 计算（电阻计算）、3D FS Capacitance 计算（三维场电容计算）、Area Capacitance 计算（平行板电容计算）。

（2）Array Mode：暂不开放，主要针对大型版图计算。

（3）设置 CD Bias File。

如果未定义布尔操作，此文件中可直接使用 LSW 中的层名。

如果定义了布尔操作，此文件中必须使用布尔操作中"Output Layer"；建议直接使用 SIZE 命令。

该文件中的数据是 Etch 含义，为单边的值（μm）；正数表示内缩，负数表示外扩。若原始宽度为 5μm，设置值为 1，单击 SIZE 命令后，宽度为 5-1×2=3。

（4）Boundary Figure Setting：支持通过指定图形或者手动绘制边界定义寄生参数提取边界。

（5）设置 Boundary Condition。

Mirror 表示边界处为镜像模式展开，等价于自然边界条件，适用于单个结构的电容计算，如图 13-82（a）所示。

Cyclic 表示边界处为重复模式展开，自动进行 3×3 阵列的重复展开，符合实际结构，如图 13-82（b）所示。

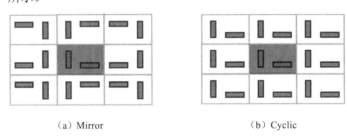

（a）Mirror   （b）Cyclic

图 13-82　边界条件设置

完成 Advanced Option 页面的设置，如图 13-83 所示。

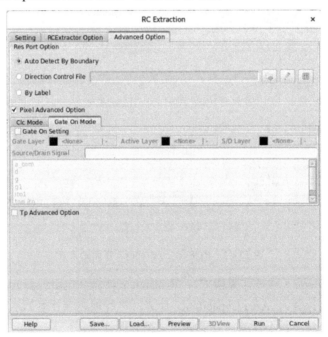

图 13-83　Advanced Option 页面的设置

模拟充电时，如何选择 Clc Mode（Gate OFF Mode）和 Gate ON Mode？

同一列像素的 Gate 大多为低电位，TFT 关断，Data 负载计算以 Gate OFF Mode 为准。
同一行像素的 Gate 均为高电位，TFT 导通，Gate 负载计算以 Gate ON Mode 为准。
TFT 导通/关断模式如图 13-84 所示。

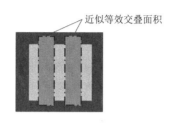
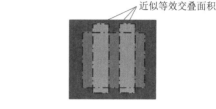

TFT关断时，Active层可近似视为介质　　　　　　　TFT导通时，Active层可近似视为大电阻导体

图 13-84　TFT 导通/关断模式

3）执行 RC 提取

完成所有设置后，单击 RC Extraction 对话框右下角的 Run 按钮，执行 RC 提取，弹出
RCExplorer-Task Manager 界面，如图 13-85 所示。Task Manager 支持多任务并行和进程优
先级功能。

图 13-85　执行 RC 提取

运行结束后会自动弹出 RCExplorer-RCE DB Viewer 界面，分行显示各电阻及电容结
果。双击其中一行，该电阻/电容对应图形将实时高亮反标至版图，便于结果检查与版图优
化。在该界面左下角的 Total Cap 下拉列表中选择指定信号，可计算与该信号相关的电容之
和，如图 13-86 所示。此外，在 RCExplorer-RCE DB Viewer 界面中，选择 Options→Set Unit
命令，可对电阻和电容的单位进行设置。

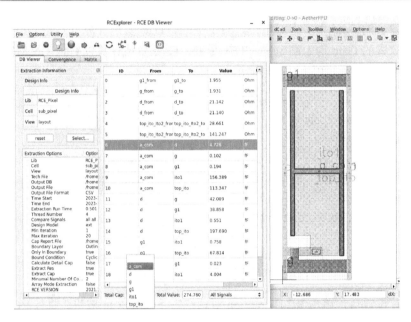

图 13-86　参数提取结果

2. 版图点对点寄生参数提取

1）设置 Tech Generator 对话框

如图 13-87 所示，打开像素寄生参数提取的版图（RCE_Pixel），LSW 视窗中将其他图层隐藏，打开 SD 层，选择 RCExplorer→Tech Generator 命令，弹出 Tech Generator 对话框，单击右侧按钮添加 ITF 工艺文件（本章实验案例的 ITF 工艺文件路径为/home/user/FPD_LAB/input_files/itf/pixel_demo.itf），单击 OK 按钮。

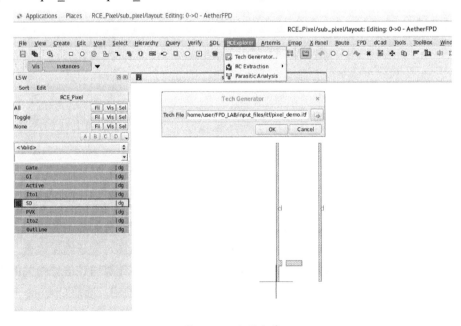

图 13-87　版图加载

2）设置电阻计算参数

选择 FPD→Accurate Resistance Calculation 命令，弹出 Accurate Resistance Calculation 对话框，通过单击对话框中部右侧的加号键，添加对应的图层、定义电阻率和刻蚀量。通过 Via Connection 和 Direct Connection 可定义多图层间连接关系。单击 Start 按钮，选择 SD 层的起始端；单击 End 按钮，选择 SD 层的末端，如图 13-88 所示。

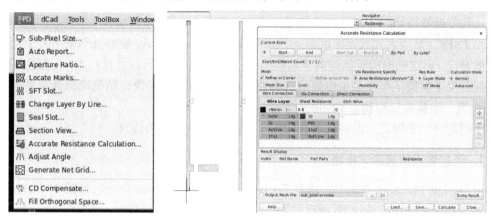

图 13-88　电阻计算参数设置

3）执行点对点电阻计算

完成上述参数设置后，单击 Accurate Resistance Calculation 对话框右下角的 Calculate 按钮，计算得出版图中 SD 层两个端口（版图中分别由 "O" 和 "X" 标记）之间的电阻为 41.78113Ω，结果显示在 Result Display 中，如图 13-89 所示。

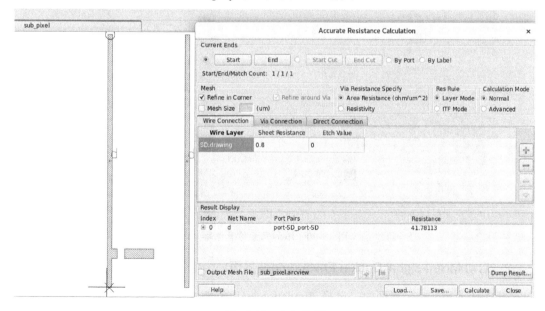

图 13-89　电阻计算

13.7 平板显示电路仿真

随着平板显示产品不断迭代更新，其设计规格和仿真需求也越来越高。高分辨率、高刷新率导致晶体管和寄生 RC 器件数量急剧增加；进行精细化仿真时，又要求仿真电路不进行约减和更高的仿真时长。传统 SPICE 仿真工具遇到了前所未有的挑战，尤其是全面板仿真，其数据规模已经超出了传统仿真工具的处理能力。

ALPSFPD 是华大九天推出的新一代平板显示电路仿真工具，能够处理数千万个元器件规模的设计，通过独有的智能矩阵求解技术、多核并行技术、内存管理技术，在保持 SPICE 精度的前提下突破了平板显示电路的仿真速度和容量瓶颈，可快速精确地仿真像素电路的电压/电流、串扰效应和动态 IR-drop 等。

下面是一个平板显示电路仿真的实例——LCD 面板像素的仿真。

1．添加像素仿真测试电路

在 Design Manager 界面中，选择 Tools→Library Path Editor 命令，如图 13-90（a）所示，弹出 Library Path Editor:lib.defs 界面，该界面支持对库进行增加、删除、修改等操作。选择 Edit→Add Library 命令，添加一个库名称为 simulation 的像素仿真电路原理图（本章 LCD 面板像素仿真实验案例的文件路径为 /home/user/Desktop/FPD_LAB/lab6/ALPS/simulation），如图 13-90（b）中序号 5 所示。

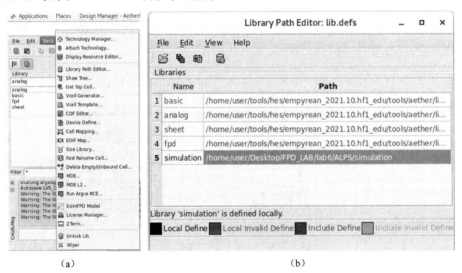

(a)　　　　　　　　　　　　　　　　　　(b)

图 13-90　添加像素仿真电路

2．启动 Mixed-signal Design Environment 界面

在 Design Manager 界面中，选择 simulation→all→schematic 命令，双击 schematic，即可打开像素仿真测试电路，如图 13-91 所示。

在 all 原理图编辑界面中，选择 Tools→MDE 命令，弹出 Mixed-signal Design Environment 界面，如图 13-92 所示。

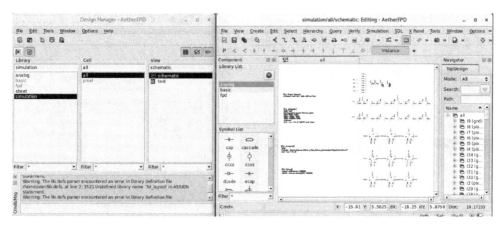

图 13-91　打开像素仿真测试电路

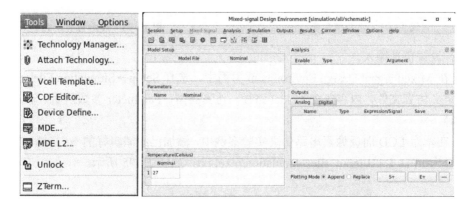

图 13-92　Mixed-signal Design Environment 界面

3. 完成 Mixed-signal Design Environment 界面设置

（1）添加模型库。

① 在 Mixed-signal Design Environment 界面中，选择 Setup→Model Library→Add Model Library 命令，或者在 Model Setup 空白处单击鼠标右键，在弹出的快捷菜单中选择 Add Model Library 命令，如图 13-93 所示。（本章 LCD 面板像素电路仿真实验案例中 model card 文件相对路径为/FPD_LAB/input_files/modelfile/test.sp，并且 model card 文件中器件的 model name 一定要与原理图中器件的 model name 保持一致，否则仿真时会出现报错。）

② Add Corner 命令主要用于添加 Corner Model，Corner Model 是能代表工艺波动状况的边界模型。

（2）添加仿真参数。

① 在 Mixed-signal Design Environment 界面中，选择 Setup→Parameters→Add Parameter 命令，或者在 Model Setup 空白处单击鼠标右键，在弹出的快捷菜单中选择 Add Parameter 命令，如图 13-94 所示。

② 从电路中自动识别仿真参数并添加（选择 Copy From Cellview 命令）。

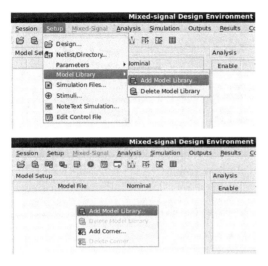

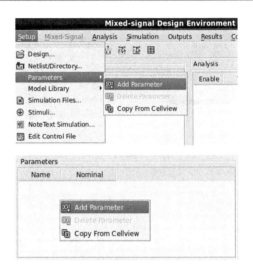

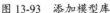

图 13-93　添加模型库　　　　　　　　图 13-94　添加仿真参数

（3）设置仿真输入。

① 在 Mixed-signal Design Environment 界面中，选择 Setup→Simulation Files 命令，用户可自定义仿真文件，内容包含 Model 路径、仿真类型、Parameter 参数声明、输入输出信号定义等。

② 在本章 LCD 面板像素电路仿真实验案例中，添加已经编辑好的 txt 文档，文档文件相对路径为/FPD_LAB/input_files/simulation/pixel.txt，如图 13-95 所示。

图 13-95　设置仿真输入

（4）设置仿真类型。

① 在 Mixed-signal Design Environment 界面中，选择 Analysis→Add Analysis 命令，或者在 Analysis 空白处单击鼠标右键，在弹出的快捷菜单中选择 Add Analysis 命令，如图 13-96（a）所示。

② 可以选择以下常用的几种分析方式：①TRAN：瞬态仿真；②DC：静态工作点扫描；③OP：静态工作点仿真（设定工作点，基于 TRAN 分析）。

③ 选择 TRAN 仿真，Start 时间设置为 0，Stop 时间设置为 1ms，Step 时间设置为 1μs[①]。

---

① 界面图中的 us 应为 μs。

可以在已经添加的 Analysis 上单击鼠标右键，在弹出的快捷菜单中选择 Modify Analysis 命令，在弹出的 Modify Analysis 对话框中对已经添加的 Analysis 进行修改，如图 13-96（b）所示。

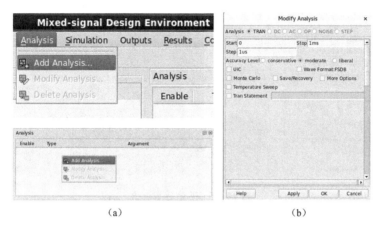

（a）　　　　　　　　　　　（b）

图 13-96　设置仿真类型和仿真参数

（5）设置仿真器、仿真线程数和结果保存路径。

在 Mixed-signal Design Environment 界面中，选择 Setup→Netlist/Directory 命令，弹出 Setup Netlist/Directory 对话框，如图 13-97 所示。在该对话框中，可自定义仿真器、仿真线程数和结果保存路径；多线程并行对大型电路加速显著。

图 13-97　设置仿真器、仿真线程数和结果保存路径

（6）设置仿真输出。

① 保存所有电压数据：在 Mixed-signal Design Environment 界面中，选择 Outputs→Add All Voltages 命令。

② 保存所有电流数据：在 Mixed-signal Design Environment 界面中，选择 Outputs→Add All Currents 命令。

③ 保存某个电压或者电流数据：单击 S+按钮，选中原理图中的 Wire 或者 Instance Port，选中后会被高亮显示（本实验案例中可选择 pixel<3>的 Wire，如图 13-98 所示）。

④ 对 Outputs 结果做数学运算：单击 E+按钮，弹出表达式设定界面，对波形进行预处理并输出。

⑤ 输出存在 Plot 信号时，仿真结束，iWave 波形界面自动弹出（暂不支持所有的电压和电流）。

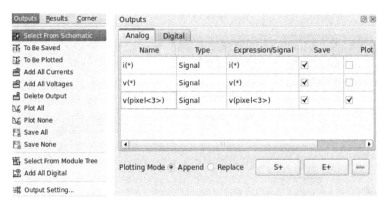

图 13-98 设置仿真输出

（7）设置仿真状态。

① 仿真参数较为复杂，为方便用户操作，AetherFPD SE 支持将当前设置保存为仿真状态；当状态发生改变，退出时未主动保存，则 AetherFPD SE 会弹窗提醒用户，如图 13-99 所示。

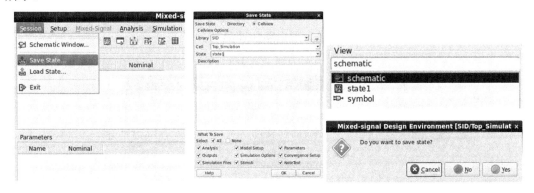

图 13-99 设置仿真状态

② 当以 Directory 形式保存状态时，可通过 Load State 选择载入；当以 Cellview 形式保存状态时，可直接在界面双击进入。在 Session 菜单中选择 Save State 命令，在弹出的对话框中，选中 Cellview 单选按钮，在 Cellview Options 选区中选择相应的 Library、Cell 和 State，单击 OK 按钮保存，之后 State 就会出现在 Design Manager 界面的 View 中。可以选择相应的 State 进行 Load 等操作。

（8）仿真运行。

根据以上设置操作，完成 Mixed-signal Design Environment 界面设置，如图 13-100 所示。在 Mixed-signal Design Environment 界面中，选择 Simulation→Netlist And Run 命令，运行仿真，默认覆盖之前产生的结果文件（若不想覆盖，则可通过选择 Simulation→Options→Output 命令，勾选 History Number 复选框后设置，图略）。

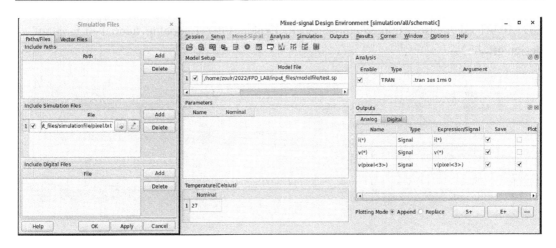

图 13-100　Mixed-signal Design Environment 界面设置

（9）仿真结果分析。

如图 13-101 所示，ZTerm 界面包含所有仿真信息，如网表容量、仿真进度、Error 提示等。仿真运行结束后，将自动弹出集波形显示、波形分析、波形数据输出功能于一体的高兼容性查看工具 iWaveFPD。

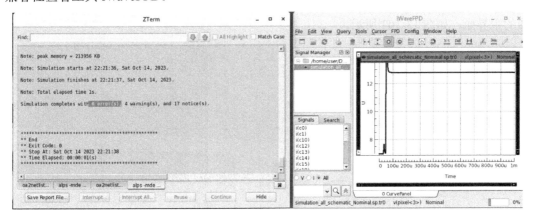

图 13-101　仿真结果分析

13.8　触摸传感器设计实践

TP 是 Touch Panel 的首字母缩写，中文简称触摸屏。本节以 GFF 工艺触摸屏为例，介绍使用 RCE FPD TP 工具完成触摸屏灵敏度的分析工作。

1. 添加 GFF 版图

在 Design Manager 界面中，选择 Tools→Library Path Editor 命令，弹出 Library Path Editor:lib.defs 界面，选择 Edit→Add Library 命令，添加一个库名称为 gff_lib 的版图，如图 13-102 所示。（本章 RCE TP 灵敏度分析实例文件路径为/home/user/tools/hes/empyrean_

2021.10.hf1_edu/tools/rcexplorer/tutorial/data/RCExplorerFPD_Tutorial/tp_tutorial_material/gff_design/gff_lib）。

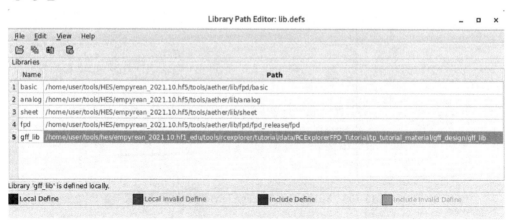

图 13-102　添加 GFF 版图

2．打开 GFF 版图

在 Design Manager 界面中，双击 gff_lib 中的 4x4_mesh Cell 的版图，弹出 4x4_mesh 版图的主界面，如图 13-103 所示。

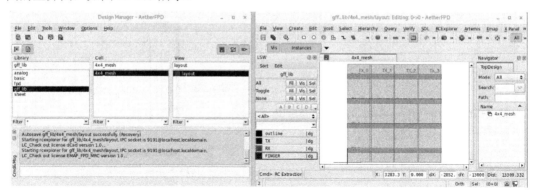

图 13-103　打开 GFF 版图

3．添加 ITF 文档

选择 RCExplorer→Tech Generator 命令，弹出 Tech Generator 对话框，调用已有的 ITF 文档，单击 OK 按钮，即可完成 ITF 文档的添加，如图 13-104 所示。

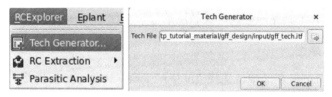

图 13-104　添加 ITF 文档

4．模拟触摸屏静态情况

（1）选择 RCExplorer→RC Extraction→RC Calculation 命令，弹出 RC Extraction 对话框，如图 13-105（a）所示。

（2）单击添加 RC Tech File（本章实验案例 ITF 文件路径为/home/user/tools/hes/empyrean_2021.10.hf1_edu/tools/rcexplorer/tutorial/data/RCExplorerFPD_Tutorial/tp_tutorial_material/gff_design/input/tech.itf）。

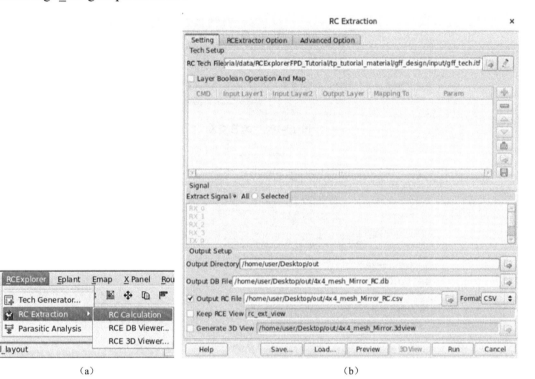

（a）　　　　　　　　　　　　　　　　　　（b）

图 13-105　参数提取

单击 🖉 图标，可对文件进行查看、编辑，工艺文件的堆叠顺序必须与实际工艺淀积顺序相同，如图 13-106 所示。

（3）设置参数提取选项，如图 13-107 所示。

设置计算模式：单击 Normal Mode 单选按钮，勾选 Resistance 和 3D FS Capacitance 复选框。

设置 Boundary Figure Setting：支持通过指定图形或者手动绘制边界定义寄生参数提取边界。

设置 Boundary Condition（触摸屏使用 Mirror 模式）：Mirror 表示边界处为镜像模式展开，等价于自然边界条件，适用于单个结构的电容计算；Cyclic 表示边界处为重复模式展开，自动进行 3×3 阵列，符合实际结构。

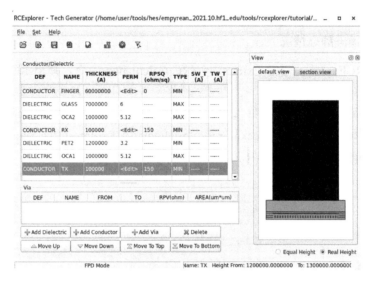

图 13-106　工艺查看

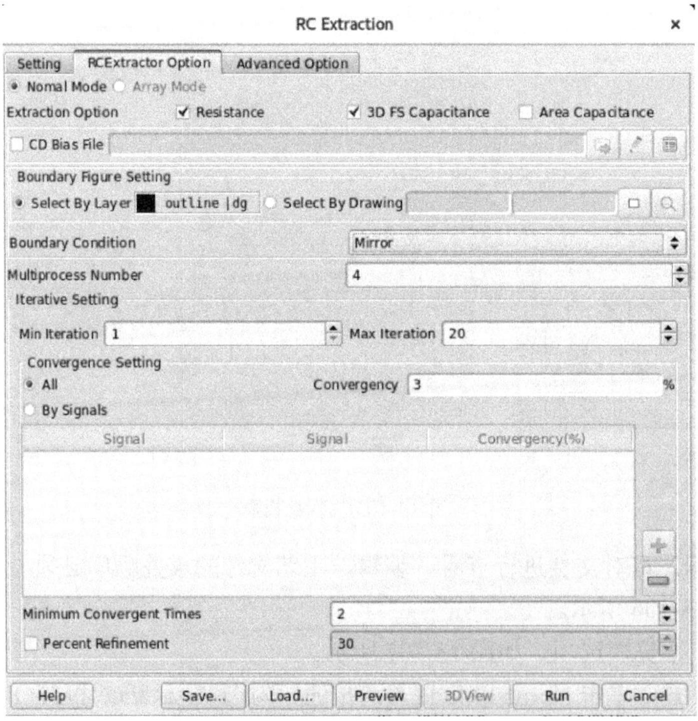

图 13-107　设置参数提取选项

（4）按照图 13-108 所示设置 Advanced Option 选项卡；设置完成后，单击 Run 按钮，弹出 RCExplorer-Task Manager 界面。

如图 13-109 所示，RCExplorer-Task Manager 界面的左侧是当前的所有任务列表（任务 1 是模拟静态的情况，任务 2 是下一步模拟加手指的情况）。底部是当前被选中任务的运行日志。右侧分为上下两栏，上面一栏是系统资源信息，包括 CPU 和内存状况、可用

许可证数目等，下面一栏是被选中的任务对应的 Lib、Cell、View，以及该任务所需要的
许可证明细。

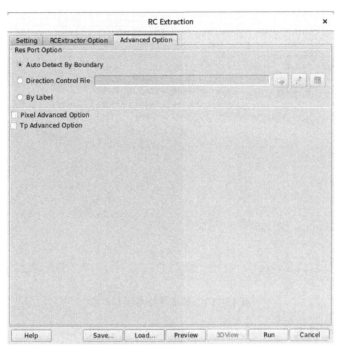

图 13-108　参数提取高级设置 1

图 13-109　RCExplorer-Task Manager 界面

当任务 1 运行完成之后，弹出如图 13-110 所示的 RCExplorer-RCE DB Viewer 界面，图
中所示 RX_1 对 TX_1 的耦合电容是 1.2687pF。至此，触摸屏的静态情况的模拟已经完成。

	RX_0	RX_1	RX_2	RX_3	TX_0	TX_1	TX_2	TX_3
RX_0	4.99941	0.0184327	0.00400365	0.00232156	1.23567	1.25165	1.25165	1.23568
RX_1	0.0184327	5.07734	0.0208283	0.00400382	1.24826	1.2687	1.2687	1.24841
RX_2	0.00400365	0.0208283	5.07709	0.0184469	1.2483	1.26868	1.26846	1.24836
RX_3	0.00232156	0.00400382	0.0184469	4.9995	1.23572	1.25165	1.25166	1.2357
TX_0	1.23567	1.24826	1.2483	1.23572	5.90919	0.908636	0.019594	0.0130103
TX_1	1.25165	1.2687	1.26868	1.25165	0.908636	6.84023	0.871358	0.019544
TX_2	1.25165	1.2687	1.26846	1.25166	0.019594	0.871358	6.8404	0.908974
TX_3	1.23568	1.24841	1.24836	1.2357	0.0130103	0.019544	0.908974	5.90968

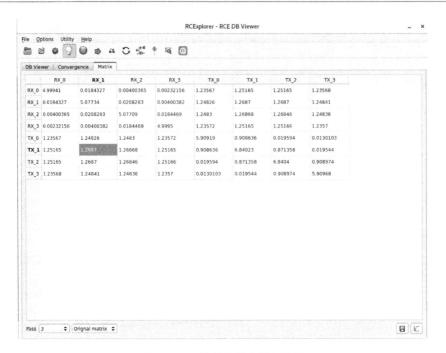

图 13-110　触摸屏静态模拟结果

5. 模拟加手指情况

模拟加手指状态时，需添加 Finger 对应设置，其余流程与上文静态模拟一致。首先打开 RC Extraction 对话框，然后找到 Advanced Option 选项卡，勾选 Tp Advanced Option 复选框，并按照图 13-111 所示进行设置，设置完成后，单击 Run 按钮，弹出 RCExplorer-Task Manager 界面，图 13-109 所示的 RCExplorer-Task Manger 中的任务 2 为加手指的任务模拟。

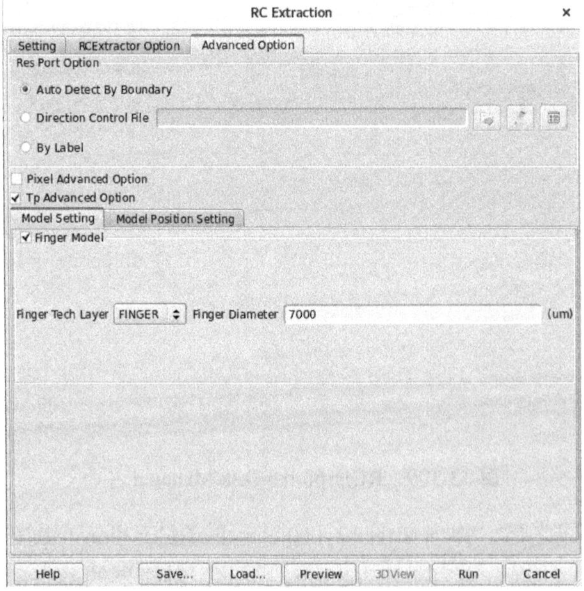

图 13-111　参数提取高级设置 2

当任务 2 运行完成之后，弹出如图 13-112 所示的 RCExplorer-RCE DB Viewer 界面，可以看到，加手指后 RX_1 对 TX_1 的耦合电容变成 1.14579pF。至此，触摸屏加手指的模拟已经完成。

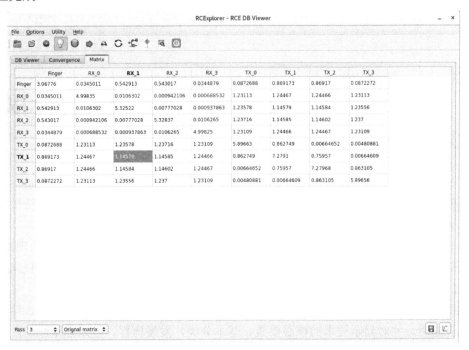

图 13-112　触摸屏加手指模拟结果

6. 触摸屏灵敏度计算

灵敏度定义为不加手指情况下的空载静态电容 C_0 减去加手指情况下的负载动态电容 C_1 相对于空载静态电容 C_0 的百分比。

目前已经分别模拟得到空载静态电容 C_0=1.2687pF，负载动态电容 C_1=1.14579pF。于是可以算出触摸屏的灵敏度

$$\text{Sensitivity} = \frac{C_0 - C_1}{C_0} \times 100\% = \frac{1.2687 - 1.14579}{1.2687} \times 100\% \approx 9.7\%$$

在运行模拟任务时，比如要对 RX 线宽进行优化，可以画出不同的线宽并模拟，这样会有多组灵敏度的数据，将这些数据进行整理、分析就能确定出最优范围。

附录 A

总结与展望

本书内容主要围绕显示技术原理的理论基础与设计实践方法展开，循序渐进，旨在让显示相关领域的学生和科研人员对显示技术有由浅入深的理解。本书的全部介绍性内容至此已完毕，现对全书的整体内容进行总结。

本书整体篇幅共 13 章，全书的前 12 章全面、系统地介绍了显示领域涉及的理论技术。在此基础上，第 13 章由理论技术扩展到设计实践，形象、具体地阐述了由原理技术到产业化实现的关键设计流程。

为便于非显示领域的读者对本书的理解，第 1 章中介绍了显示技术的定义，明确了本书的内容基调，并对显示技术的核心要素、基本分类、发展历程、技术理论原理及技术评估指标等进行了介绍，目的在于帮助读者形成显示技术领域的知识背景框架，为后续的内容介绍做铺垫。

按照显示技术的本质分类，显示技术分为非自发光型（受光型）显示技术和自发光型显示技术两种类型。本书第 2 章和第 3 章介绍受光型显示技术，第 4 章~第 9 章介绍自发光型显示技术。

第 2 章介绍了自 20 世纪 70 年代诞生以来，经历 50 多年的技术考验，依然是主流显示技术之一的液晶显示（LCD）。从光学特性和材料特性的角度，详细阐释了 LCD 的机理、驱动方式、制造工艺、优缺点，以及作为受光型器件所需的光源技术。

第 3 章汇总了反射环境光进行显示的技术——电子纸技术，该类技术的显示原理与我们传统的阅读方式类似。除第 2 章提及的 LCD 技术，该章着重对其他 5 种技术：电致变色显示（ECD）、反转球显示（Gyricon）、电泳显示（EPD）、电润湿显示（EWD）及电流体显示（EFD）展开显示原理、制造工艺和相关市场产品的介绍，并针对当下视觉健康的热点问题，对电子纸的未来发展趋势做了分析和总结。

针对自发光型显示技术，第 4 章和第 5 章分别介绍了电子束显示技术和等离子体显示技术这两种濒临淘汰的显示技术。第 4 章详细介绍了阴极射线管显示、真空荧光显示和场发射显示 3 种电子束显示技术，包括它们的发展历史、结构设计、显示原理及制造工艺等内容。第 5 章介绍了曾经风靡一时的等离子体显示技术，比如在网络热剧《狂飙》中专门提及的等离子电视。这反映了当时该技术的广泛受欢迎程度。第 5 章从辉光放电机理、辉光管结构，以及等离子体显示的结构、驱动和制造工艺等方面，介绍了这一高对比度、高色彩饱和度、高均一性的显示技术曾经大火的原因，也介绍了荧光体老化、功耗等问题使得等离子体显示退出历史舞台的无可奈何。虽然这两章介绍的技术如今已濒临淘汰，比如20 世纪常见的"大背投电视"已经成为过时的产品，但这些显示技术的经验积累为后来自发光型显示技术奠定了重要基础。

随后便是当下主要应用的发光型显示技术的介绍，第 6 章介绍了电致发光显示（ELD）技术，总结了一些目前主流的电致发光显示机理模型，汇总了电致发光器件的结构及其驱动方式，并且介绍了电致发光显示的主要应用和制备方法。更重要的是，特别指出该显示技术与第 7 章发光二极管（LED）显示技术的原理性区别。紧接着，第 7 章便介绍了发光二极管技术的发展历史、发光原理、器件结构、发光效率、制备与封装集成、驱动与应用，以及小型发光二极管（Mini-LED）等重要内容，可以从发光原理、器件结构、制备等多个方面与电致发光显示技术形成比较与区分。

在第 7 章介绍的小型发光二极管的基础之上，第 8 章展开微型发光二极管显示（Micro-LED）技术的介绍，该技术能够获得更高的像素密度和更细腻的画质。该章介绍了器件小型化之后的形态，以及器件小型化之后不可避免带来的新的技术挑战，比如在材料、尺寸效应、性能、集成方式、驱动等方面的一系列问题，同时针对每个问题介绍了国际前沿的相关解决方案。但当前的技术仍在不断发展，这也给读者留下更多的思考空间。

第 9 章在第 7 章的基础上介绍了有机发光二极管（OLED）显示技术，该技术是目前最重要的显示技术之一。与第 7 章和第 8 章技术不同的是，OLED 利用有机材料进行发光，之所以说其重要，是因为相比于 LCD，OLED 在色彩、对比度及响应度上具有较大的优势；同时相比于无机 LED 的结构，OLED 更容易通过层叠有机材料实现轻薄、柔性的显示形态。该章从 OLED 的发展历程、发光原理、器件结构、制程等方面对这一重要技术展开介绍，并拆分当前柔性屏的主体结构，详细介绍了柔性 AMOLED。

第 10 章详细讲解了点亮显示面板的另一关键技术——薄膜晶体管与显示驱动技术。从无源和有源驱动电路出发，阐释两种驱动方案的工作原理，比较二者在显示亮度、结构、性能等方面的优缺点，随后引出有源驱动电路关键器件——薄膜晶体管的讲解，内容主要包括薄膜晶体管的类型和驱动原理，辅以基本像素电路、补偿像素电路的实例讲解，帮助读者加深对显示驱动电路的原理理解。通过进一步介绍集成驱动电路与互补薄膜晶体管技术，帮助读者了解到现代新型显示面板的驱动方案。

随着智能时代的到来，手机、平板、触控电脑等终端设备已经成为人们不可或缺的一部分，交互显示成为人们广泛关注的应用需求之一。第 11 章便介绍了触摸屏与屏下传感器技术。该章简述了触摸传感技术的原理与发展，展开介绍了电阻式、声波式、光学式、电磁式、电容式五大类触摸传感技术的基本原理。针对当前的智能手机、电脑等终端设备的主流触摸传感技术——电容式触摸传感技术，详细介绍了适用于大尺寸显示的表面电容式触摸传感技术和适用于中小尺寸的投射电容式触摸传感技术的原理。进一步地，对于触摸传感模组与显示模组的集成，重点对外挂式和集成式触摸传感技术的原理和问题进行了剖析，并举例介绍了部分当前电容电极的设计图案。此外，对于屏下传感器技术，如屏下指纹识别传感器、屏下环境光传感器、屏下摄像头传感器等也进行了一一介绍。

第 12 章扩展介绍了其他新型显示技术，包括量子点显示、投影和激光显示、可拉伸/弹性显示，以及全息和光场显示。这些技术的出现主要是因为随着显示技术的不断发展，人们对不同场景下的显示需求逐渐提高，如低功耗、高色域、不规则形态显示、立体显示等，同时这些技术也在一定程度上反映了未来显示技术的发展方向。

鉴于理论技术与工业产品之间仍存在繁多的技术细节，本书在最后一章扩展了平板显示设计实践的介绍，这也是本书的特色之一，旨在帮助读者对实际工程问题有具象化的了解。该章节介绍了平板显示设计最主要的 EDA 工具的发展现状，并以国产华大九天 EDA 软件为例，介绍了整个平板显示设计 EDA 操作步骤，具象化了平板显示整体设计流程。

回顾整个显示技术的发展历程，其技术进步对于人们生活的影响是巨大的。1988 年，中央电视台春节联欢晚会的相声节目《攀比》（笑林、李国盛）中，有这样一段对话。

（邻居家的电视机越换越大）

笑："他有我也得有，我也得换！"

李："换！"

笑："我换 78 吋的！"

李："你买到家，那怎么看呢？"

笑："我把电视机搁屋里头，我站楼下看。"

过去的人们在 1988 年的时候，对于 78 英寸（吋）的 CRT 电视，还只能靠想象。实际上，CRT 电视发展到最后，其常见的尺寸最大的也就是到 40 英寸左右，虽然有极个别的厂家做过 60 英寸以上的 CRT 电视，但是其形态极其笨重。时至今日，70 英寸以上的 LCD 电视，用 2000 多元的价格就可以买到，当然也不需要"站在楼下看"。

科学技术的发展是一个不断推陈出新的过程，当前的显示技术发展现状已在本书中介绍完毕，未来的显示技术将会如何发展，需要我们共同去推动技术的革新，保持关注并期待未来的进展。